校企合作计算机类技能实战系列丛书
互联网+创新型“十四五”精品教材

SketchUp草图绘制

主　编◎王　磊　闫雪峰　刘　偲
副主编◎赵　勇　赵龙志　朱明丽
　　　　吴　瑾　黄福红　张　新

哈爾濱工程大學出版社
Harbin Engineering University Press

内 容 简 介

本书以 SketchUp 2024 软件为核心，从软件技能和行业案例的角度出发，系统而全面地介绍了该软件的操作与相关案例。软件技能线：系统介绍了 SketchUp 2024 的使用技巧，内容涵盖软件安装、界面设置、基础操作、图形绘制与编辑、模型测量与标注、材质与效果添加、动画制作与数据交互等核心功能，通过逐步引导，使读者全面掌握 SketchUp 的应用技能。行业案例线：通过丰富的案例操作，如建筑设计、室内设计、景观设计、家具设计、产品设计、工业设计等，帮助读者学会灵活运用所学技能、创建各类专业模型，提升实践应用能力，以满足不同行业的设计需求。

本书结构清晰，语言简洁，实例丰富，既可作为应用型本科院校、职业院校的教材，也可作为建筑设计、室内设计、园林景观设计等领域从业人员的参考用书。

图书在版编目（CIP）数据

SketchUP 草图绘制 ： 微课版 / 王磊，闫雪峰，刘偲主编. -- 哈尔滨 ： 哈尔滨工程大学出版社，2025. 6.
ISBN 978-7-5661-4783-7

Ⅰ. TU201.4

中国国家版本馆 CIP 数据核字第 2025LG8519 号

SketchUp 草图绘制（微课版）
SketchUp CAOTU HUIZHI（WEIKE BAN）

选题策划 张林峰
责任编辑 章银武

出版发行 哈尔滨工程大学出版社
社　　址 哈尔滨市南岗区南通大街 145 号
邮政编码 150001
电　　话 0451-82519989
经　　销 新华书店
印　　刷 三河市中晟雅豪印务有限公司
开　　本 787 mm×1 092 mm　1/16
印　　张 15
字　　数 384 千字
版　　次 2025 年 6 月第 1 版
印　　次 2025 年 6 月第 1 次印刷
书　　号 ISBN 978-7-5661-4783-7
定　　价 69.80 元

http://www.hrbeupress.com
E-mail:heupress@hrbeu.edu.cn

前　言

党的二十大报告指出，“坚持尊重劳动、尊重知识、尊重人才、尊重创造，实施更加积极、更加开放、更加有效的人才政策”“着力形成人才国际竞争的比较优势。加快建设国家战略人才力量”“深化人才发展体制机制改革……把各方面优秀人才集聚到党和人民事业中来”。

➢ 写作驱动

随着数字技术的蓬勃发展，设计领域迎来了前所未有的变革。在这个时代背景下，SketchUp 作为一款强大而直观的三维建模软件，已经成为设计师们不可或缺的工具。本书的出版，正是响应了国家关于推动数字经济发展、加强科技创新的政策导向。通过掌握 SketchUp 草图绘制技术，读者能够更好地将创意转化为具体的设计方案，进而推动设计行业的进步与发展。同时，在深入调研设计行业现状与需求的过程中，我们发现读者在草图绘制方面普遍面临以下痛点。

（1）软件操作复杂：初学者面对 SketchUp 丰富的功能，往往感到无从下手。

（2）设计思维局限：缺乏将创意转化为具体设计方案的有效方法。

（3）缺乏高级应用技巧：在掌握了基础技巧后，往往渴望学习更多高级应用，以提升自身竞争力。

（4）实战案例稀缺：难以找到贴近实际工作需求的教程和案例。

（5）技术更新滞后：难以紧跟 SketchUp 版本更新及新功能应用的步伐。

➢ 本书特色

本书旨在解决上述痛点，为读者提供一本全面而实用的 SketchUp 草图绘制指南。本书的特色如下。

（1）视频教学全方位，轻松学习无忧愁。本书附赠 180 多分钟的同步教学视频，几乎覆盖所有技术操作实例与核心知识点。这种直观的教学方式，如同私人导师一般刻相伴，让读者的学习之路更加顺畅，学习效率倍增！

（2）二维码扫一扫，随时随地看视频。书内重要知识点与实例均配备了专属二维码，只需轻轻一扫，即可在手机端随时随地观看视频教程，让学习不再受时间地点限制。

（3）内容全面系统，遵循科学学习路径。本书精心规划十大核心章节，全面覆盖

SketchUp 2024 的常用工具与命令。同时，本书采用“理论＋实践”的多元化教学模式，既全面又科学，助力读者轻松掌握技能。

（4）实战案例丰富，强化动手能力。本书特别设计了 120 多个实战案例，涵盖各类应用场景，让读者在动手实践中深化理解，做到学以致用。同时，课后实训与综合实例相结合，既可帮助读者巩固基础，又可帮助其提升实战技巧，为其从事设计工作打下坚实基础。

（5）配套资源丰富多样，不断拓展深度与广度。除了全面的视频教程与丰富的素材效果文件，本书还额外赠送电子教案、PPT 教学课件等宝贵资源，可满足读者全方位学习的需求，助其在设计领域不断精进，实现个人价值的飞跃。

本书是读者学习 SketchUp 的必备指南，以实战为核心，融合创新思维，帮助读者在设计之路上乘风破浪、成就非凡作品！

➢ 作者团队

本书由王磊、闫雪峰、刘偲担任主编，由赵勇、赵龙志、朱明丽、吴瑾、黄福红、张新担任副主编。本书的相关资料和售后服务可扫封底微信二维码或登录 www.bjzzwh.com 下载获得。

➢ 特别提示

❖ 版本更新。本书在编写时，是基于 SketchUp 2024 软件的界面和功能截取的实际操作图片。但本书从编辑到出版需要一段时间，SketchUp 的版本可能会升级，其界面和功能也会有变动，请在阅读时根据书中的思路举一反三来学习。

❖ 版权声明：本书及资源中所采用的图片、模型和赠品等素材，均为所属公司、网站或个人所有，本书引用为说明（教学）之用，绝无侵权之意，特此声明。

由于编者水平有限，书中难免存在疏漏和不当之处，敬请广大读者批评指正。

编　者

目　录

第 1 章　SketchUp 2024 入门

第 2 章　SketchUp 基础操作

第 8 章　动画制作与数据交互

第 9 章　卧室室内建模综合实战

第 10 章　楼房建筑建模综合实战

第 1 章 SketchUp 2024 入门

1

SketchUp 作为一款备受欢迎的三维建模软件，以其简洁直观的操作界面和强大的设计功能，赢得了全球设计师的青睐。无论是建筑设计、室内设计还是景观设计的爱好者，SketchUp 都能提供一个展现创意的广阔舞台。本章将逐步讲述 SketchUp 2024 的基本知识、工作界面及其工作环境的设置方法。

本章重点

- 了解 SketchUp 2024 的基本知识
- 了解 SketchUp 2024 的工作界面
- 了解如何设置 SketchUp 2024 的工作环境

思政目标

- 通过“传统纹样 + 现代设计”建模实践，引导读者践行国家“创造性转化、创新性发展”的文化政策导向
- 培养读者利用软件分析功能开展绿色建筑设计，强化可持续发展理念

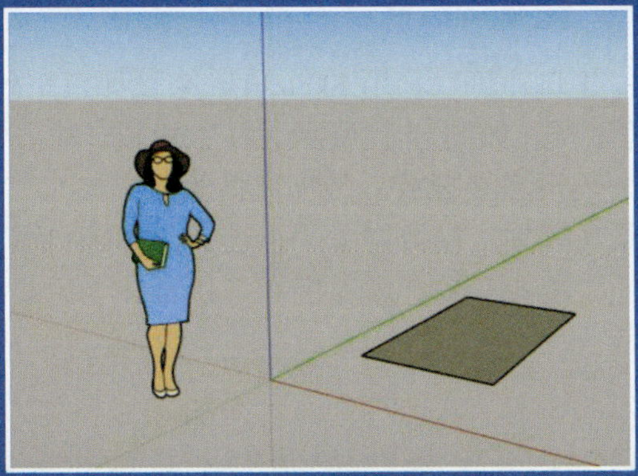

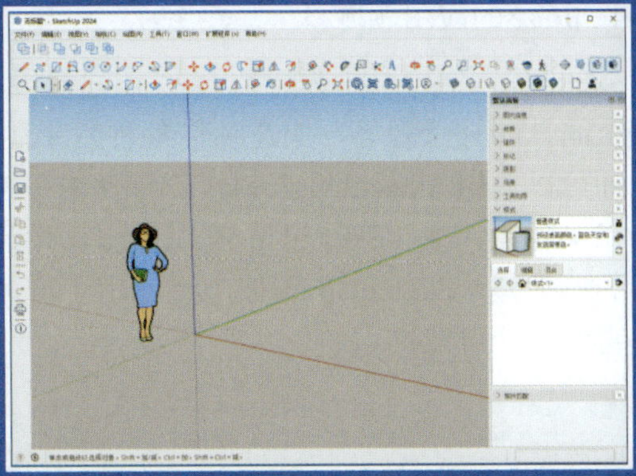

1.1 SketchUp 2024 的基本知识

在当今的数字化设计时代，三维设计软件已成为建筑设计、室内设计和景观设计等领域不可或缺的工具。SketchUp 作为一款功能强大、易于上手的三维设计软件，凭借其开放性、高效性和简便性，在这些领域中得到了广泛应用。

在踏入三维设计的精彩旅程之前，首要任务是熟悉并安装 SketchUp 2024 这一强大的设计工具。SketchUp 2024 不仅继承了前代版本的直观易用特性，更在功能和性能上进行了全面升级，为用户带来了更加流畅和高效的设计体验。本节将主要介绍 SketchUp 2024 的特点和安装方法。

1.1.1 SketchUp 的基本特点

SketchUp 俗称“草图大师”，是一款由 Trimble 公司开发的三维建模软件，以直观易用的界面和强大的建模功能，迅速在设计领域崭露头角。无论是建筑、规划、园林、景观、室内，还是产品和游戏等设计领域，SketchUp 都以其独特的魅力，成为设计师们不可或缺的得力助手。下面是 SketchUp 的基本特点。

1. 直观易用的操作界面

SketchUp 的设计初衷就是让用户能够以非常简单的方式来创建三维模型，因此它的操作界面和工具设计都非常直观易懂。菜单栏、工具栏、绘图区、状态栏等布局清晰，用户能够快速上手，不需复杂的学习过程。此外，SketchUp 还提供了丰富的快捷键和鼠标操作，进一步提升了用户的操作效率。

2. 强大的建模功能

SketchUp 提供了丰富的建模工具，用户可以使用直线、曲线、圆弧等基本图形来构建模型，还可以通过推拉、移动、拉伸等操作来对模型进行编辑。这种简单的操作方式，使得用户可以轻松快速地创建复杂的三维模型。同时，SketchUp 还支持导入和导出多种格式的文件，如 DWG、DXF、JPG、3DS 等，方便用户与其他设计软件进行数据交互和协同工作。

3. 丰富的插件和模型库

SketchUp 拥有庞大的模型库和丰富的插件资源，用户可以在其中找到各种各样的模型和插件，方便自己的设计工作。这些模型和插件不仅涵盖了建筑、家具、景观等多个领域，还提供了丰富的材质和纹理选择，使得用户能够轻松打造出逼真的三维效果。

4. 广泛的应用领域

SketchUp 的应用领域非常广泛。在建筑设计中，建筑师可以利用 SketchUp 来设计建筑外观、室内空间、园林景观等，快速制作各种效果图和施工图，如图 1-1 所示。在室内设计中，室内设计师可以使用 SketchUp 来制作三维室内效果图，展现家具摆放、装饰风格等效果。

在景观设计中，SketchUp 可用于园林设计和景观规划，模拟树木、植被、水体等自然元素的布局。另外，SketchUp 还被广泛应用于产品设计、游戏开发、虚拟现实等领域，为用户提供了丰富的设计可能性。

图 1-1　利用 SketchUp 设计的建筑外观三维效果图示例

1.1.2　安装 SketchUp 2024

安装 SketchUp 2024

SketchUp 软件的运行需.NET Framework 4.5.2（由微软开发的一款强大的应用程序框架）的支持，推荐配置为 2 GHz 以上的处理器、独立显卡、8 GB 以上的内存、2 GB 以上的可用硬盘空间，且图形处理器（graphics processing unit，GPU）的显存在 1 GB 以上。下面介绍安装 SketchUp 2024 的操作方法。

Step 01 打开 SketchUp 安装包所在的文件夹，在 Setup.exe 程序图标上单击鼠标右键，在弹出的快捷菜单中选择“以管理员身份运行”选项，如图 1-2 所示。

Step 02 执行操作后，弹出 SketchUp 对话框，显示安装准备的进度，如图 1-3 所示。

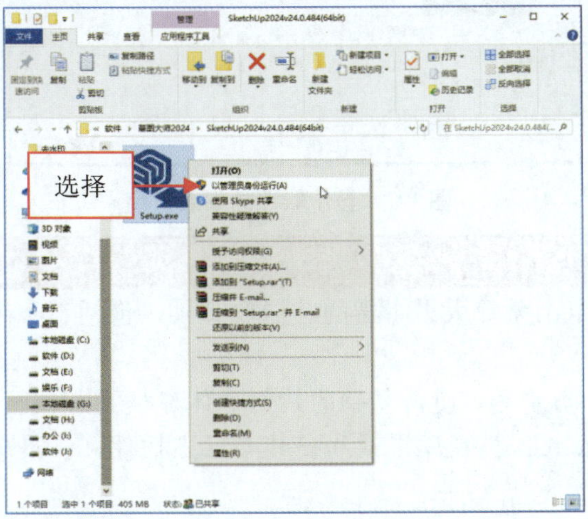

图 1-2　选择“以管理员身份运行”选项

图 1-3　显示安装准备的进度

Step 03 稍等片刻，弹出 SketchUp 2024 对话框，在此可以选择要安装的其他功能，通常保持默认设置即可，单击“更改”按钮，如图 1-4 所示。

Step 04　执行操作后，弹出“浏览文件夹”对话框，选择相应的安装路径，如图 1-5 所示。

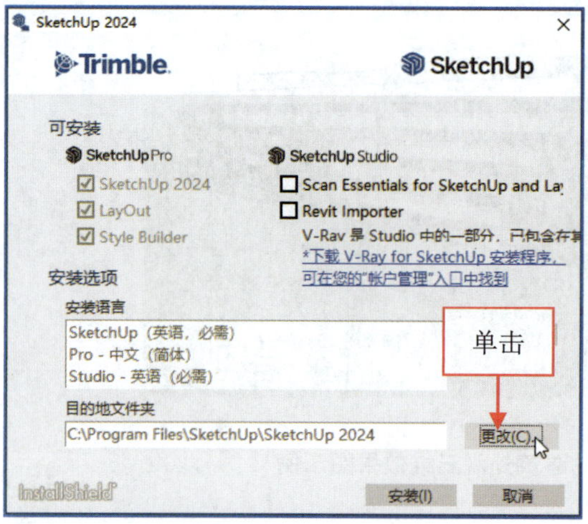

图 1-4　单击“更改”按钮

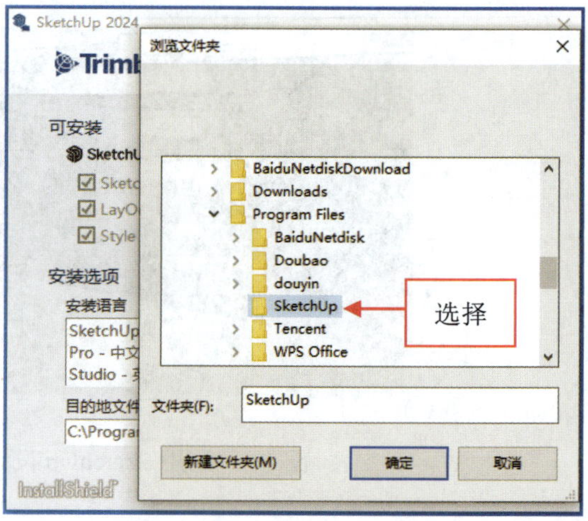

图 1-5　选择相应的安装路径

Step 05　单击“确定”按钮，更改安装位置，单击“安装”按钮，如图 1-6 所示。

Step 06　执行操作后，进入“配置中”界面，显示软件的安装进度，如图 1-7 所示。

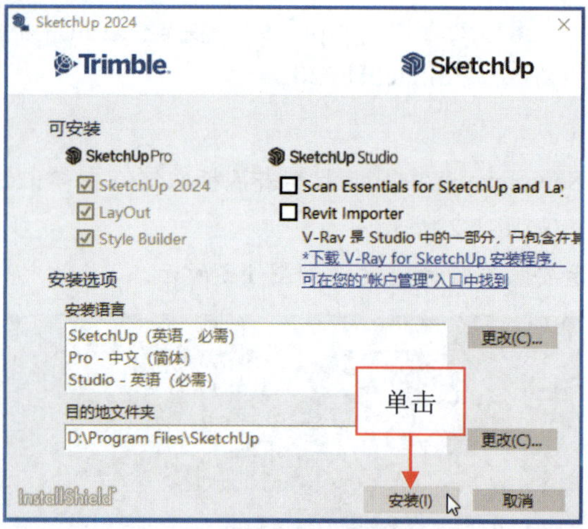

图 1-6　单击“安装”按钮

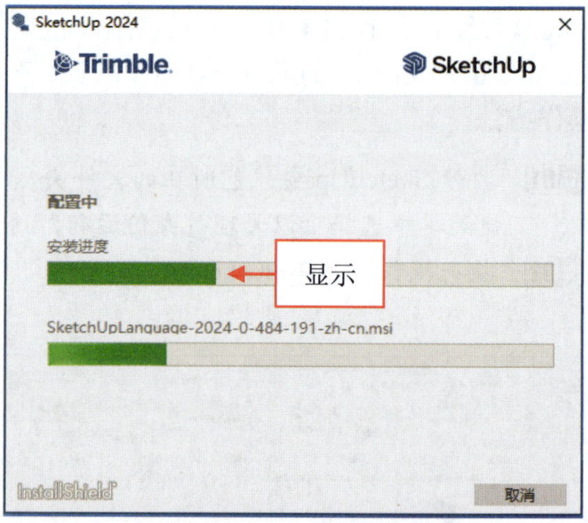

图 1-7　显示软件的安装进度

▶ 专家指点

SketchUp Pro 是 SketchUp 的专业版，提供了比免费版更丰富的功能和工具，包括但不限于以下几种。

（1）**高级建模工具**：如推拉、缩放、旋转、剪切等，使得复杂的几何形体建模更加便捷。

（2）**扩展和插件支持**：用户可以通过 SketchUp 扩展库下载和安装第三方插件，扩展软件功能，提升设计工作效率。

（3）**LayOut 工具**：允许用户将三维模型转换为二维平面图，用于创建详细的施工图、演示图纸、设计文档等。

（4）**材质和纹理**：提供了大量的预设材质库，用户可以直接应用这些材质或自定义纹理到模型中。

（5）**渲染和可视化**：虽然 SketchUp 自身并不提供高级的渲染功能，但它可以与许多渲染插件无缝集成，如 V-Ray、Enscape 等，从而创建出高质量的照片级别渲染效果。

SketchUp Studio 是 SketchUp 提供的一个更为专业、面向团队和企业的解决方案，它通常包含以下特性和服务。

（1）**团队协作**：SketchUp Studio 支持多用户协作，方便团队成员之间的实时沟通和设计修改。

（2）**高级渲染和动画**：SketchUp Studio 提供了更高级别的渲染和动画功能，用于创建更加逼真的视觉效果和动态演示效果。

（3）**资产库和资源管理**：用户可以访问和管理大量的三维模型、材质和其他设计资源，提高设计效率。

（4）**云存储和同步**：支持将项目文件存储到云端，方便团队成员之间的共享和协作。

SketchUp Pro 和 SketchUp Studio 都是 SketchUp 提供的强大设计工具，但它们的定位和功能有所不同，用户在选择时可以根据自己的需求和预算来决定使用哪个版本。

Step07　稍等片刻，即可完成 SketchUp 的安装，并显示“SketchUp 2024 准备就绪”的提示信息，单击“完成”按钮，如图 1-8 所示。

Step08　关闭 SketchUp 2024 的安装对话框，在电脑桌面中可以看到 SketchUp 2024 的启动图标，如图 1-9 所示。

图 1-8　单击“完成”按钮

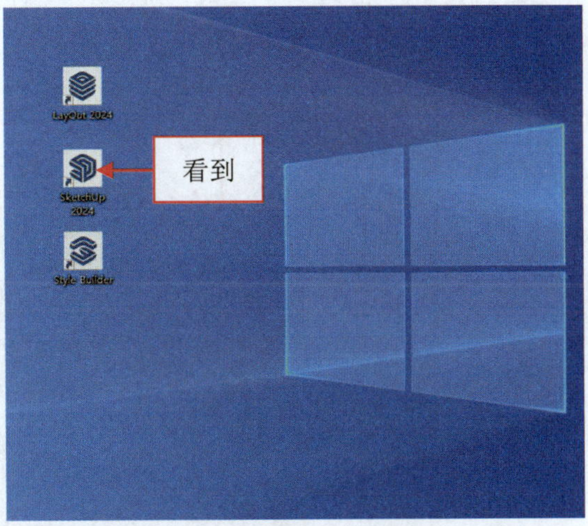

图 1-9　SketchUp 2024 的启动图标

1.2　SketchUp 2024 的工作界面

在系统桌面上双击 SketchUp 2024 的启动图标，将弹出“欢迎使用 SketchUp”对话框，其中包括“主页”和“学习”两个选项卡，如图 1-10 所示。“主页”选项卡中包含了模型模板和最近文件，SketchUp 中的所有模型都是基于模板创建的，这些模板预先定义了模型的背景和单位。单击“更多模板”按钮，可以显示更多的模板供用户选择和使用。

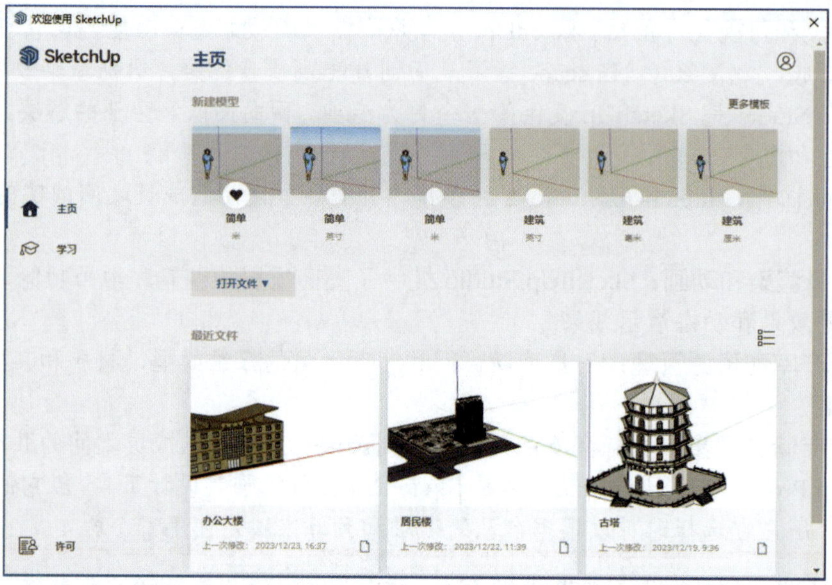

图 1-10　“欢迎使用 SketchUp”对话框

例如，在“新建模板”选项区中选择“简单”模板，即可进入 SketchUp 2024 的工作界面，如图 1-11 所示。可以看到，SketchUp 2024 的默认工作界面采用了清爽的色调和简洁的布局，可以分为标题栏、菜单栏、工具栏、绘图区、默认面板、状态栏和数值输入框等部分，为用户营造了一个专注而高效的设计环境。

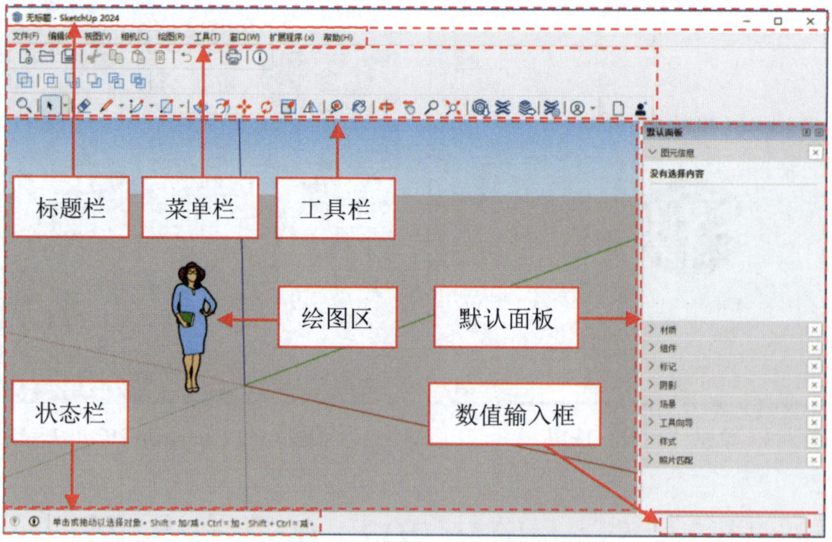

图 1-11　SketchUp 2024 的工作界面

1.2.1　标题栏

SketchUp 2024 的标题栏位于工作界面的顶部，主要用于显示当前打开的文件名、软件版本信息，以及提供标准的窗口控制按钮（如关闭、最小化、最大化），如图 1-12 所示。

图 1-12　标题栏

当启动 SketchUp 2024 并新建一个文件时，标题栏中通常会显示“无标题”或“未命名”，表示该文件尚未保存。一旦保存文件，标题栏将显示文件的名称。如果文件被修改但尚未保存，标题栏中的文件名旁边会显示一个星号（*）作为提示。

标题栏右侧的窗口控制按钮功能如下。

- **“最小化”按钮**▭：将 SketchUp 窗口缩小到任务栏或托盘区域，以便暂时隐藏窗口并释放屏幕空间。
- **“最大化”按钮**□/**“还原”按钮**⧉：在窗口最大化时，此按钮用于将窗口还原到之前的尺寸；在窗口未最大化时，则用于将窗口最大化到全屏。
- **“关闭”按钮**☒：用于关闭当前打开的 SketchUp 窗口。

1.2.2　菜单栏

SketchUp 2024 的菜单栏是用户进行各种操作和功能调用的核心区域，包含了一系列下拉菜单，每个菜单下都包含了相关的命令和功能选项，如图 1-13 所示。菜单栏位于标题栏的下面，用户可以通过单击菜单栏中的各个菜单项来展开下拉菜单，进而选择所需的命令或功能。

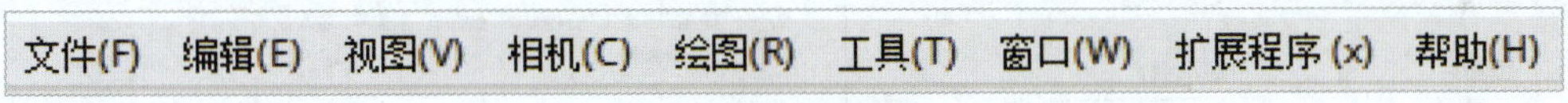

图 1-13　菜单栏

SketchUp 2024 的菜单栏中包含了多个主菜单命令，相关介绍如下。

- **文件**（File）：用于管理文件，包括新建、打开、保存、导出、导入和退出等操作。
- **编辑**（Edit）：提供编辑功能，如撤销、重做、剪切、复制、粘贴、删除和选择等。
- **视图**（View）：控制视图的显示，包括工具栏显示、阴影显示、边线类型等。
- **相机**（Camera）：用于设置和控制相机视图，包括切换标准视图、平行投影、透视显示、缩放窗口等。
- **绘图**（Draw）：提供绘图工具，如直线、圆弧和多边形等。
- **工具**（Tools）：包含一系列工具，如选择、移动、旋转、缩放、偏移等。
- **窗口**（Window）：用于管理软件的窗口设置，包括系统设置、模型信息等。
- **扩展程序**（Extension）：用于安装、管理和使用各种扩展程序（也称为插件），这些扩展程序可以为用户提供额外的功能或工具，以增强软件的性能和灵活性。
- **帮助**（Help）：提供软件的帮助信息。

在 SketchUp 的菜单栏中，有些菜单命令后面会显示一个小三角图标▸，表示该菜单命令带有子菜单。例如，在“视图”菜单中，有一个“表面类型”子菜单，用户可以通过单击“表面类型”子菜单来显示“贴图”等命令，如图 1-14 所示。

在某些子菜单命令后面显示的“......”（省略号），则表明该命令在执行时会弹出一个对话框或要求用户进行进一步的输入或选择等操作。例如，单击“窗口”|“管理面板”命令，如图 1-15 所示。执行操作后，即可弹出“管理面板”对话框，如图 1-16 所示。

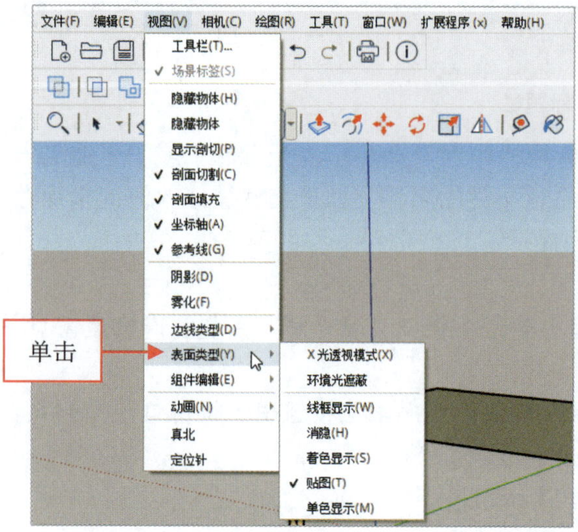

图 1-14 “表面类型”子菜单

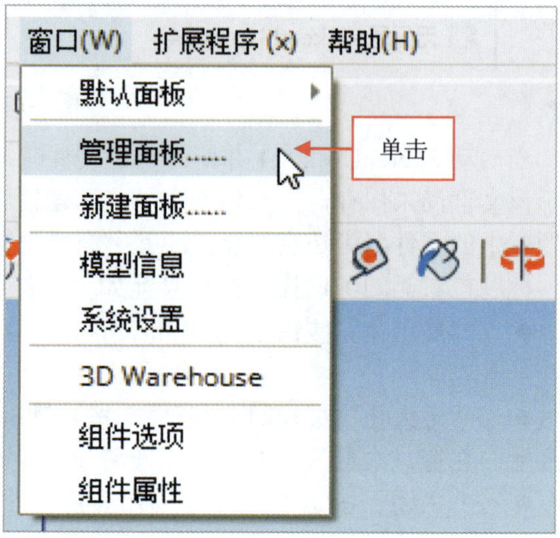

图 1-15 单击“管理面板”命令

除了使用带有子菜单的菜单命令外，SketchUp 还支持直接操作执行的菜单命令。这些命令通常位于菜单栏中的主菜单项下，用户可以直接单击并执行相应命令，而无须进入子菜单。例如，单击“编辑”|“撤销矩形”命令，如图 1-17 所示，可以撤销前面的创建矩形操作。

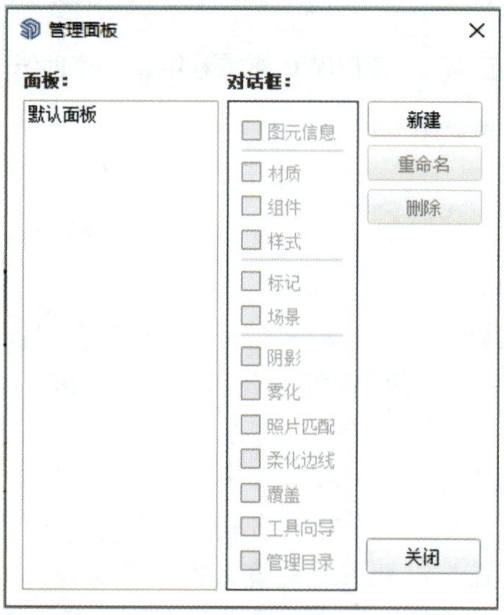

图 1-16 弹出“管理面板”对话框

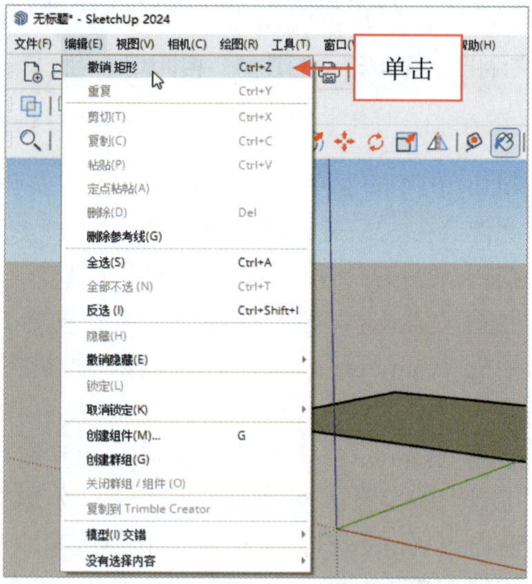

图 1-17 单击“撤销矩形”命令

1.2.3 工具栏

工具栏是 SketchUp 软件界面中的一个重要部分，它提供了一系列快捷工具按钮，使用户能够快速访问和执行常用的命令和功能。这些工具按钮通常按照功能分类，并可以根据用户的需要进行自定义调整。

下面介绍一些 SketchUp 2024 中比较常用的工具栏。

1. “标准”工具栏

“标准”工具栏是 SketchUp 中默认显示的一个工具栏，包含了一些基本的文件操作和管理工具，如新建、打开、保存、剪切、拷贝、粘贴、删除、撤销、重复和打印等，如图 1-18 所示。这些工具对于管理文件和进行基本的编辑操作非常有用。

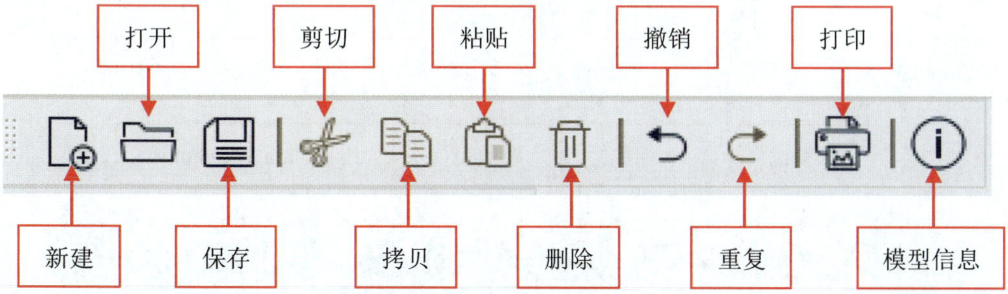

图 1-18　“标准”工具栏

“标准”工具栏中的主要工具介绍如下。

- **新建**：用于创建新的模型文件。
- **打开**：用于打开现有模型文件。
- **保存**：用于设置文件保存路径和文件名，保存当前模型。
- **剪切**：用于将当前内容剪切到剪贴板中。
- **拷贝**：用于将当前内容复制到剪贴板中。
- **粘贴**：用于粘贴剪贴板中的内容。
- **删除**：用于删除选择的图元对象。
- **撤销**：用于取消之前的操作。
- **重复**：撤销一次操作后，用于再次执行该操作。
- **打印**：用于打印当前模型文件。
- **模型信息**：用于打开“模型信息”对话框。

2. “使用入门”工具栏

“使用入门”工具栏中包含了一些基本的绘图工具、编辑工具以及学习资源和帮助提示，可以帮助新用户逐步了解 SketchUp 的基本功能和操作方法，如图 1-19 所示。“使用入门”工具栏中的主要工具（注意，某些工具会在其他工具栏中重复出现）介绍如下。

- **搜索 SketchUp**：输入关键词搜索工具或命令。
- **选择**：这是一个工具组，可用于选择对象。
- **删除**：在要删除的对象上单击，即可将该对象删除。
- **直线**：该工具组用于绘制直线或手绘线对象。
- **圆弧**：该工具组用于绘制圆弧、扇形等对象。
- **形状**：该工具组用于绘制矩形、圆或多边形等对象。
- **推/拉**：用于推进或拉伸平面物体，以创建三维模型。
- **偏移**：用于以离原始线等距的距离复制线条。
- **移动**：用于移动、复制或扭曲选定对象。
- **旋转**：用于沿圆形的路径旋转、拉伸、扭曲或复制对象。

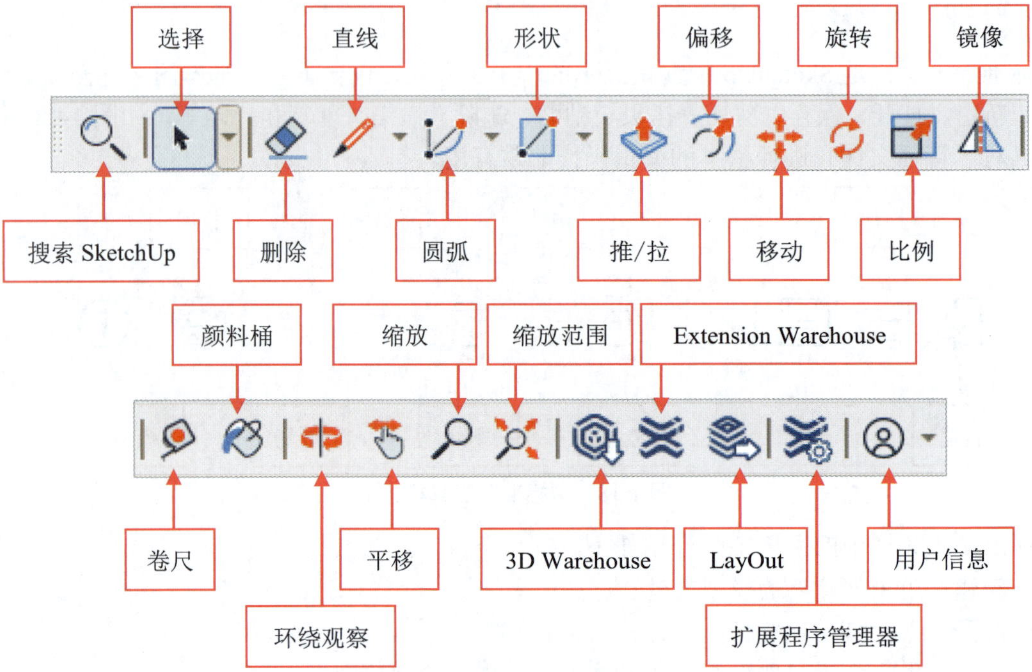

图 1-19 “使用入门”工具栏

- **比例**：用于以与模型中其他对象相对的比例，对几何图形的一部分进行尺寸调整及拉伸处理。
- **镜像**：用于反转或镜像对象。
- **卷尺**：用于测量距离、创建辅助线或调整模型缩放比例。
- **颜料桶**：用于为对象指定材质和颜色。
- **环绕观察**：用于通过调整相机视角的方式进行导航。
- **平移**：用于垂直或水平移动视角，但模型显示大小比例不变。
- **缩放**：用于将视角拉近或拉远，调整整个模型在视图中显示的大小。
- **缩放范围**：用于调整缩放的范围。
- 3D Warehouse（**仓库**）：用于打开 3D Warehouse，用户可以在这里找到各种类型的模型，包括建筑、家具、人物、自然景观等。
- Extension Warehouse（**扩展仓库**）：用于添加扩展程序。
- LayOut（**布局**）：用于打开 LayOut，帮助用户创建包含 SketchUp 模型的设计演示。
- **扩展程序管理器**：用于打开“扩展程序管理器”对话框。
- **用户信息**：用于登录、注销或管理账户。

3. “绘图”工具栏

“绘图”工具栏是 SketchUp 中用于创建二维和三维几何形状的主要工具集合，包括直线、手绘线、矩形、旋转长方形等工具，如图 1-20 所示。这些工具使用户能够轻松地在绘图区中绘制各种形状和线条，为构建三维模型提供基础。

“绘图”工具栏中的主要工具介绍如下。

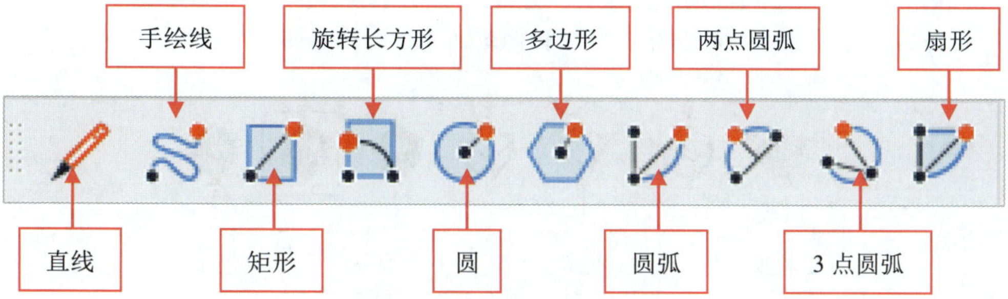

图 1-20 “绘图”工具栏

- **直线**：用于绘制边线或直线对象。
- **手绘线**：用于绘制不规则的手绘线或形状对象。
- **矩形**：用于绘制矩形或正方形对象。
- **旋转长方形**：根据指定的角度绘制长方形对象。
- **圆**：根据相应的中心点和半径绘制圆形对象。
- **多边形**：根据指定的边数绘制多边形对象。
- **圆弧**：根据指定的中心点、半径和终点绘制圆弧对象。
- **两点圆弧**：用于定义端点和弧高绘制圆弧对象。
- **3 点圆弧**：用于指定 3 个点绘制圆弧对象。
- **扇形**：根据指定的中心点、半径和终点绘制一个扇形平面对象。

4. “编辑”工具栏

“编辑”工具栏包含了一系列用于编辑和修改几何体的工具，如移动、推/拉、旋转、路径跟随等工具，如图 1-21 所示，用户可以使用这些工具制作更复杂的效果。其中，路径跟随工具主要用于沿着指定的路径拉伸平面，其他工具的功能介绍可参考“使用入门”工具栏。

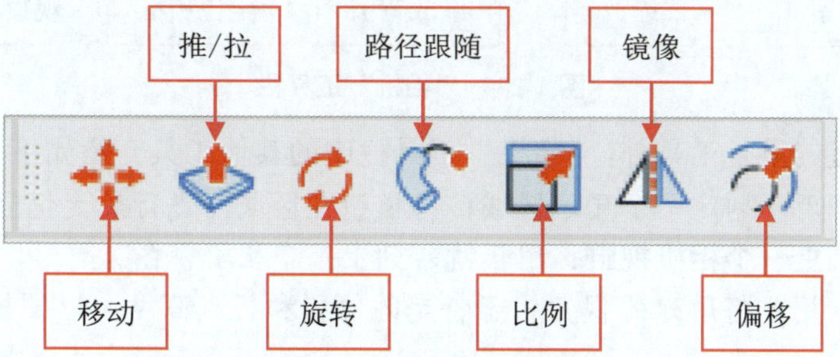

图 1-21 “编辑”工具栏

5. “样式”工具栏

“样式”工具栏用于控制 SketchUp 中模型的显示样式和外观，包括 X 射线、后边线、线框显示、隐藏线、着色显示、贴图、单色显示等工具，如图 1-22 所示。用户可以通过使用这些工具来改变模型的显示效果，以便更好地查看模型效果和分析设计思路。

“样式”工具栏中的主要工具介绍如下。

- **X 射线**：通过打开或关闭平面透视度来透视对象。
- **后边线**：用于切换后边线的可见性。

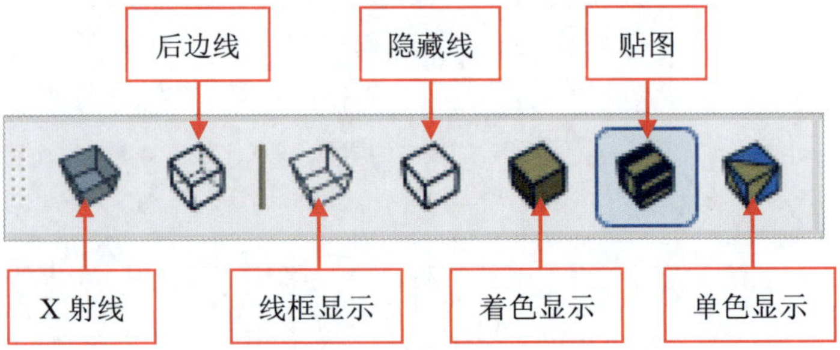

图 1-22 “样式”工具栏

- **线框显示**：用于以线框模式显示视图。
- **隐藏线**：用于显示没有阴影或纹理的平面。
- **着色显示**：用于显示带有阴影但没有纹理的平面。
- **贴图**：用于显示带有阴影并应用了任何纹理图像的平面。
- **单色显示**：用于以默认正面和背面颜色显示各个平面。

6. “相机”工具栏

“相机”工具栏提供了多种视图控制工具，包括环绕观察、平移、缩放、缩放窗口等，使用户能够灵活地调整模型的观察角度和显示状态，如图 1-23 所示。

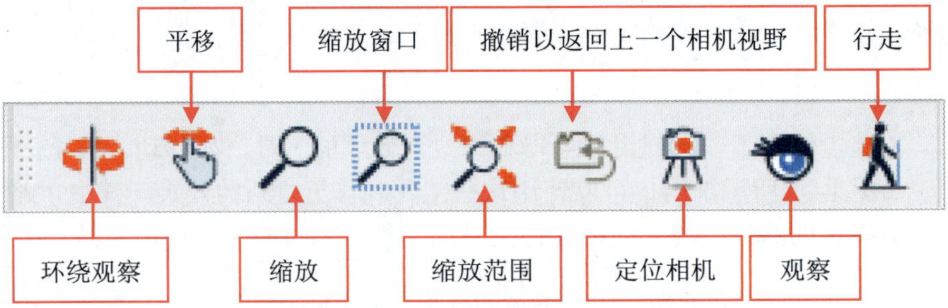

图 1-23 “相机”工具栏

除了前面介绍过的重复工具外，“相机”工具栏中的其他工具介绍如下。

- **缩放窗口**：用于划定一个显示区域，将模型在区域内进行最大化显示。
- **撤销以返回上一个相机视野**：用于跳转到上一个相机视图。
- **定位相机**：用于将用户的视角置于特定的位置和视点高度，以便检查视线或者在模型中漫游。
- **观察**：用于从一个固定视角环顾模型。
- **行走**：单击并按住要前往的位置，即可在模型中漫游。

7. “截面”工具栏

“截面”工具栏中的工具主要用于创建和管理模型剖切面，包括剖切面、显示剖切面、显示剖面和显示剖面填充等工具，如图 1-24 所示。

“截面”工具栏中的主要工具介绍如下。

- **剖切面**：用于创建剖面图以便查看内部几何图形。
- **显示剖切面**：用于切换剖切面的可见性。

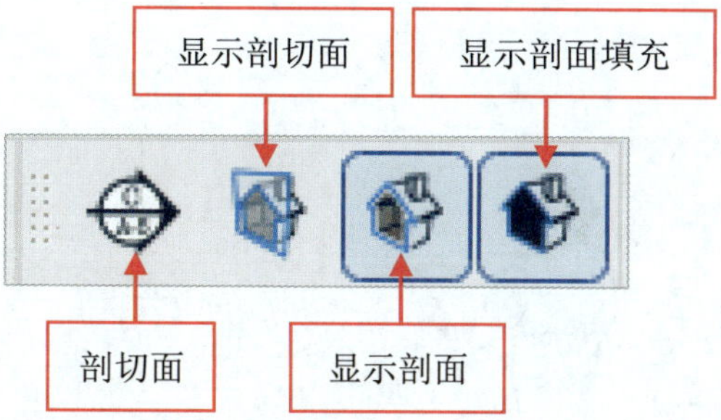

图 1-24　“截面”工具栏

- **显示剖面**：用于显示或隐藏激活的剖面图。
- **显示剖面填充**：用于切换剖面图内填充的显示效果。

8.　**“建筑施工”工具栏**

“建筑施工”工具栏是 SketchUp 中一个非常实用的工具集合，提供了多种与建筑施工相关的辅助线和标注尺寸工具，以及编辑文字的工具，如图 1-25 所示，可使建筑设计和施工图的绘制更加方便快捷。

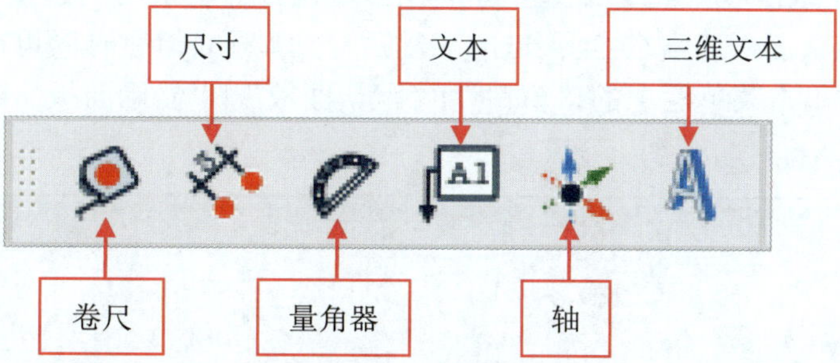

图 1-25　“建筑施工”工具栏

除了前面介绍过的重复工具外，“建筑施工”工具栏中的其他工具介绍如下。

- **尺寸**：通过定义两个点创建线性尺寸。
- **量角器**：用于测量角度并创建有角度的引导线。
- **文本**：用于插入文字或者添加基于引线的详细信息。
- **轴**：用于移动或重新定向整个模型或者单个组/组件的绘图轴。
- **三维文本**：用于创建三维文字效果。

1.2.4　绘图区

绘图区位于 SketchUp 界面的中心位置，占据了大部分屏幕空间，如图 1-26 所示。用户可以在绘图区中通过选择工具栏中的工具来创建和编辑模型。例如，使用矩形工具绘制矩形，使用圆工具绘制圆形，或者使用移动工具移动对象等。

SketchUp 的绘图区中提供了多种参考线和辅助工具，如轴线、辅助线等，可以帮助用户更精确地绘制和定位模型。在绘图过程中，用户可以在绘图区中不断观察模型的效果，并根据需要进行调整和优化。

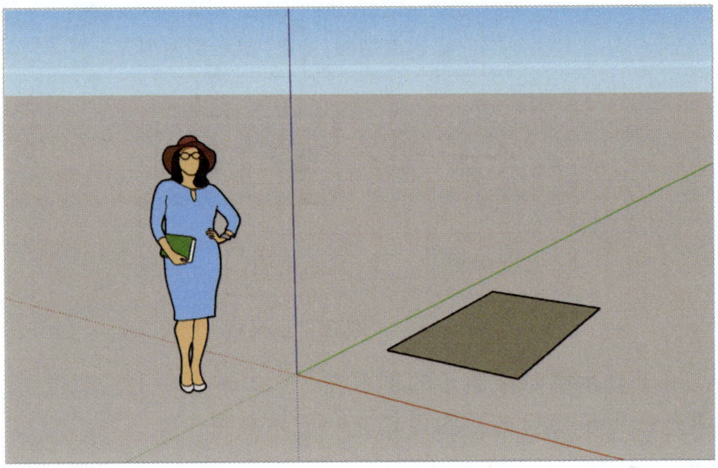

图 1-26　绘图区

1.2.5　默认面板

默认面板是 SketchUp 中的一个重要界面元素，包含了多个用于建模和设计的工具和功能，如图 1-27 所示。默认面板通常在 SketchUp 启动后自动显示，但有时候可能会因为用户操作而隐藏。用户可以通过单击菜单栏中的“窗口”|“默认面板”|“显示面板”命令，来找回隐藏的默认面板。

图 1-27　默认面板

1.2.6　状态栏

状态栏位于绘图区的下方，为用户提供了关于当前操作、命令提示以及 SketchUp 状态的信息。当用户在 SketchUp 中执行某个命令时，状态栏的左端会显示与该命令相关的提示信息，如图 1-28 所示，有助于用户了解当前命令的操作步骤和所需参数。

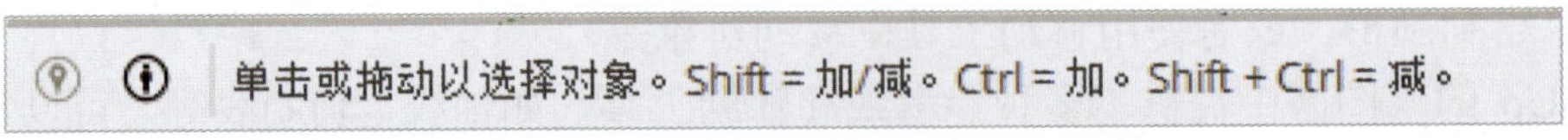

图 1-28　状态栏

状态栏还会显示 SketchUp 的当前状态信息，如是否处于选择状态、是否正在绘制线条等，这些信息对于用户了解软件的运行状态和进行下一步操作至关重要。

1.2.7　数值输入框

数值输入框位于 SketchUp 工作界面的右下角，为用户提供了一种精确控制建模过程的方法。数值输入框是一个小型的文本框，用于显示和输入与当前操作相关的数值信息，如长度、距离、角度、个数等，如图 1-29 所示，这些信息有助于用户了解当前操作的精确度和进度。

图 1-29　数值输入框

1.3　设置 SketchUp 2024 的工作环境

在使用 SketchUp 2024 建模之前，合理设置其工作环境是确保高效、精准建模的基础。本节将介绍设置模型信息和系统信息的方法，以最大化利用 SketchUp 2024 的潜能。

1.3.1　设置 SketchUp 模型信息

设置 SketchUp
模型信息

在 SketchUp 2024 中，设置模型信息是确保模型具有正确属性和优化性能的重要步骤。其具体操作方法如下。

Step 01　在菜单栏中，单击“窗口”|“模型信息”命令，如图 1-30 所示。

Step 02　执行操作后，弹出“模型信息”对话框，切换至“单位”选项卡，如图 1-31 所示。

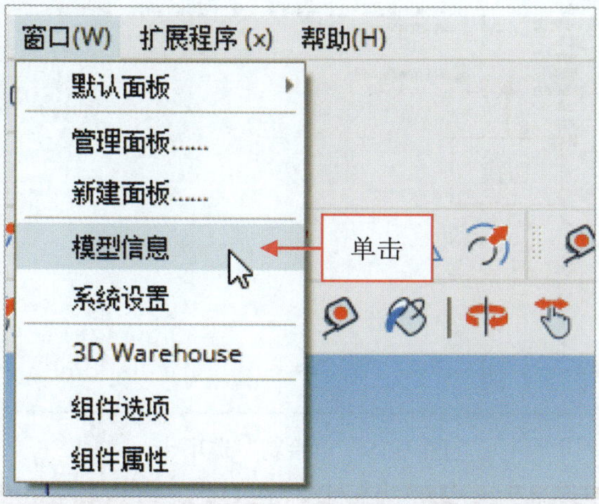

图 1-30　单击“模型信息”命令

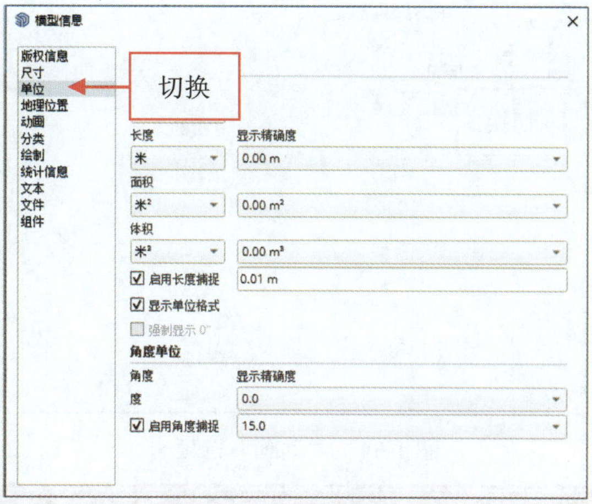

图 1-31　切换至“单位”选项卡

> **▶ 专家指点**
>
> 单击“标准”工具栏中的“模型信息”按钮，也可以弹出“模型信息”对话框，其中包括“版权信息”“尺寸”“单位”“地理位置”“动画”“分类”“绘制”“统计信息”“文本”“文件”“组件”等选项卡。

Step 03 设置“长度”单位为“毫米”、“显示精确度”为 0 mm，如图 1-32 所示，确保模型中的尺寸和比例更加精确。

Step 04 切换至“地理位置”选项卡，如图 1-33 所示，可以方便地设置模型的地理位置信息，如导入经纬度、城市等，有助于模拟真实的太阳光照射状态，对于设计和分析模型非常有用。

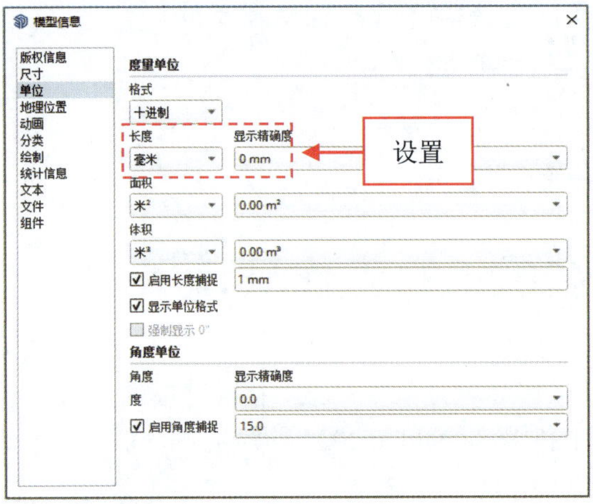

图 1-32　设置相应参数

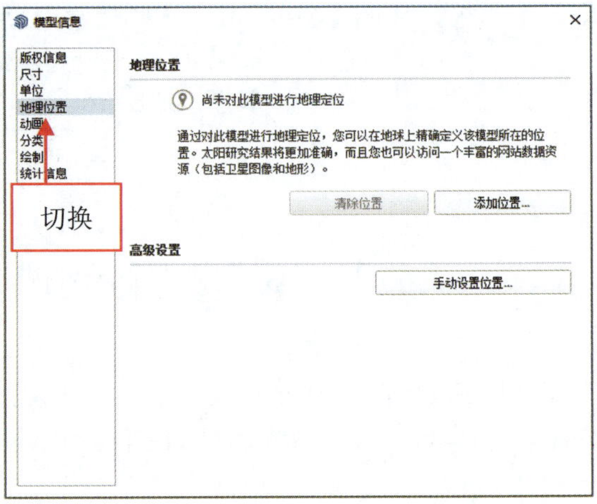

图 1-33　“地理位置”选项卡

Step 05 切换至“动画”选项卡，如图 1-34 所示，可以设置动画的场景切换时间等参数，从而控制动画的播放速度和效果。

Step 06 切换至“绘制”选项卡，如图 1-35 所示，在此可以开启“使用消除锯齿纹理”功能，从而提高模型性能和纹理质量。

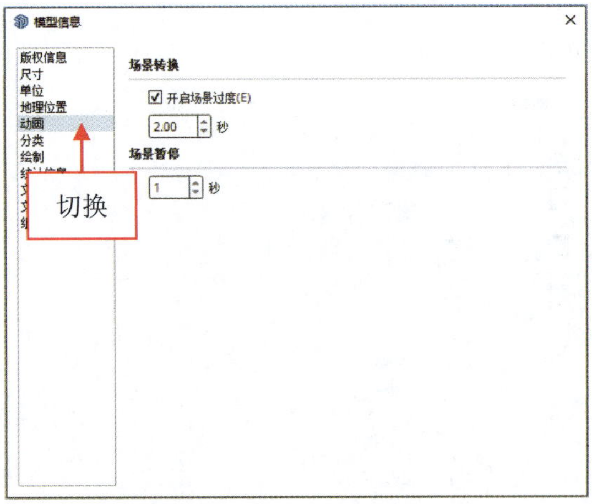

图 1-34　“动画”选项卡

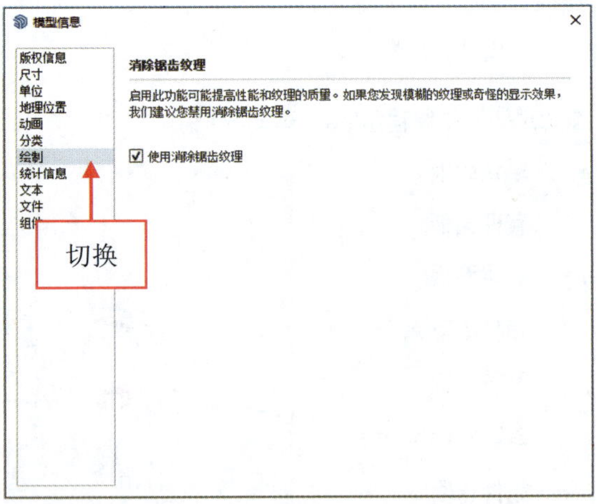

图 1-35　“绘制”选项卡

▶ 专家指点

“使用消除锯齿纹理”功能是 SketchUp 中一个重要的图形显示优化选项。当该功能开启时，SketchUp 会自动对模型中的纹理边缘进行平滑处理，以减少或消除因屏幕分辨率不足或模型复杂度过高而产生的锯齿状边缘。

具体来说，“使用消除锯齿纹理”功能通过算法对纹理边缘的像素进行混合和插值，从而生成更加平滑、自然的边缘效果。这不仅提升了模型的视觉效果，还使得模型在渲染、输出和展示过程中更加专业、精致。

在默认情况下，“使用消除锯齿纹理”功能是开启的，以确保用户能够获得最佳的图形显示质量。然而，在某些情况下，如需要快速渲染或导出模型时，关闭该功能可能会稍微提高渲染速度。但总体而言，开启该功能对于提升模型的整体质量是非常有益的。

Step 07　切换至“统计信息”选项卡，如图 1-36 所示，可以查看当前模型的组件、材质等统计信息，有助于用户管理和优化模型。

Step 08　切换至“文本”选项卡，如图 1-37 所示，可以查看和编辑模型中所有文本对象的字体、大小等样式信息。

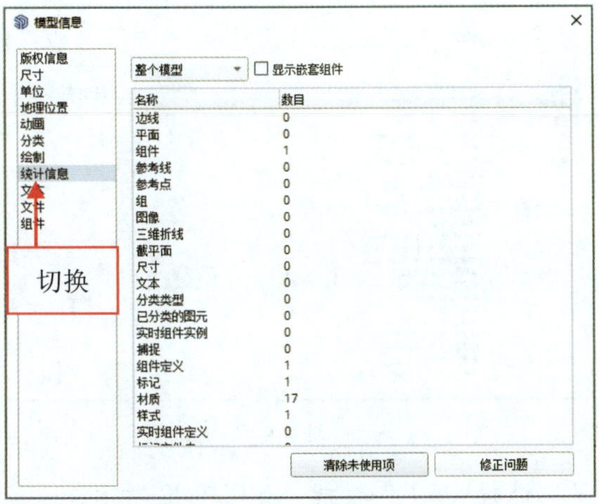

图 1-36　“统计信息”选项卡

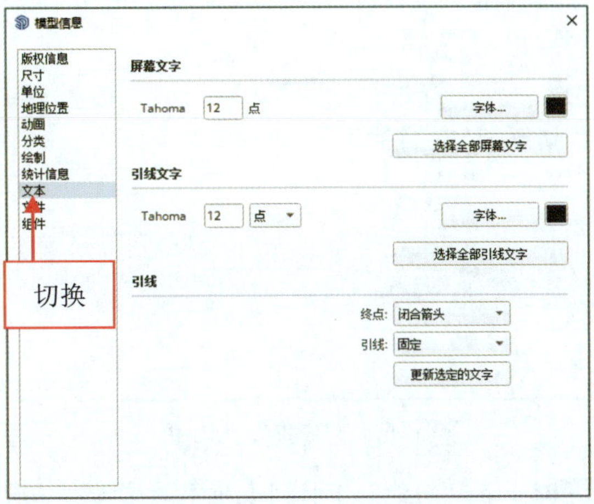

图 1-37　“文本”选项卡

Step 09　切换至“文件”选项卡，如图 1-38 所示，在此可以设置模型文件的保存位置、尺寸、名称和说明等信息。

Step 10　切换至“组件”选项卡，如图 1-39 所示，在此可以调整组件的显示状态，选中“显示组件轴线”复选框后，还可以清晰地看到每个组件的坐标系轴线，方便后续对组件进行精确的位置调整、旋转和缩放等操作。

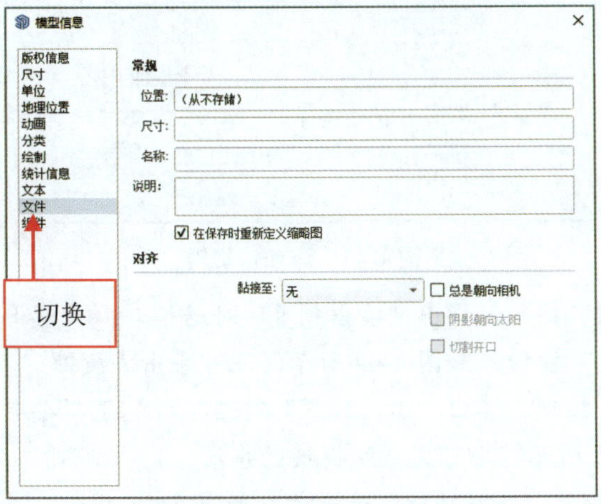

图 1-38　“文件”选项卡

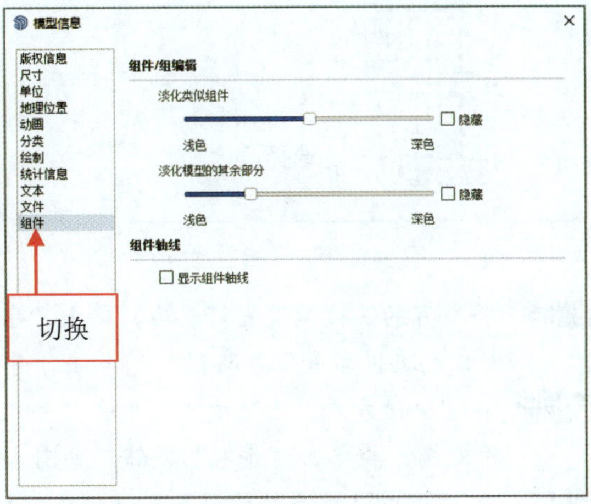

图 1-39　“组件”选项卡

1.3.2 设置 SketchUp 系统信息

设置 SketchUp 系统信息

在使用 SketchUp 2024 绘制草图时，合理配置其系统信息是提升工作效率与性能的关键一步。其具体操作方法如下。

Step 01 在菜单栏中，单击“窗口”|“系统设置”命令，弹出“SketchUp 系统设置”对话框，切换至“常规”选项卡，默认选中了“创建备份”和“自动保存”复选框，用户还可以设置自动保存时间，如图 1-40 所示。

Step 02 切换至“快捷方式”选项卡，如图 1-41 所示。

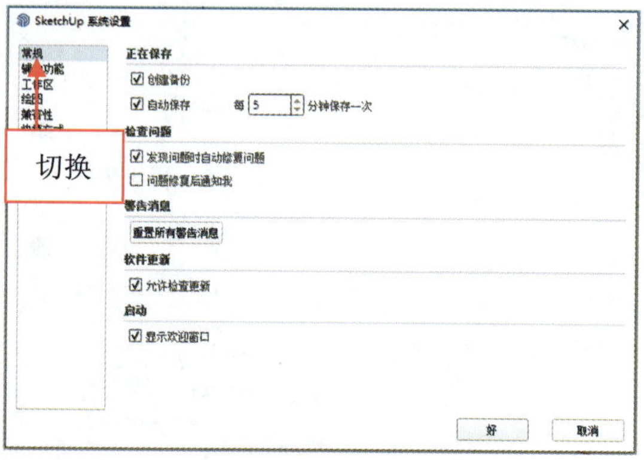

图 1-40 “常规”选项卡

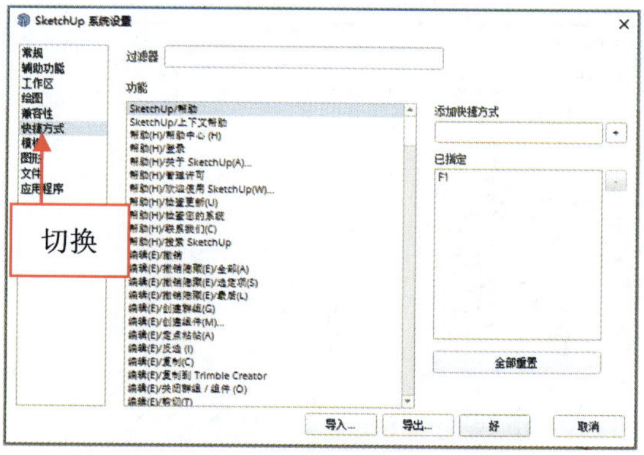

图 1-41 “快捷方式”选项卡

Step 03 在“功能”下拉列表框中，选择“工具（T）/选择（S）”功能，如图 1-42 所示。

Step 04 在“添加快捷方式”文本框中按下要设置的快捷键，如空格键，①单击右侧的“添加”按钮 + ；②即可给相应功能添加快捷键，如图 1-43 所示。

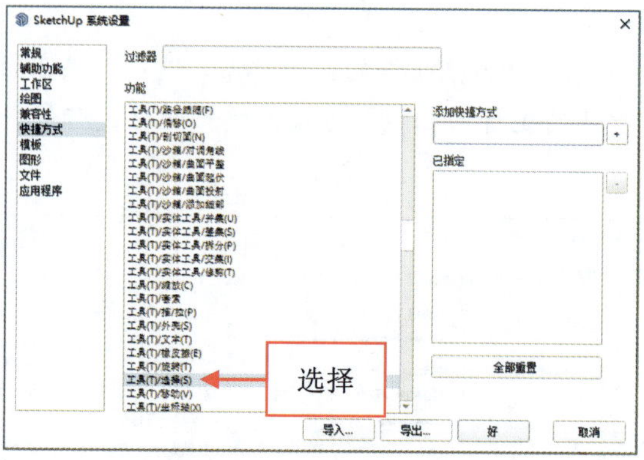

图 1-42 选择相应功能

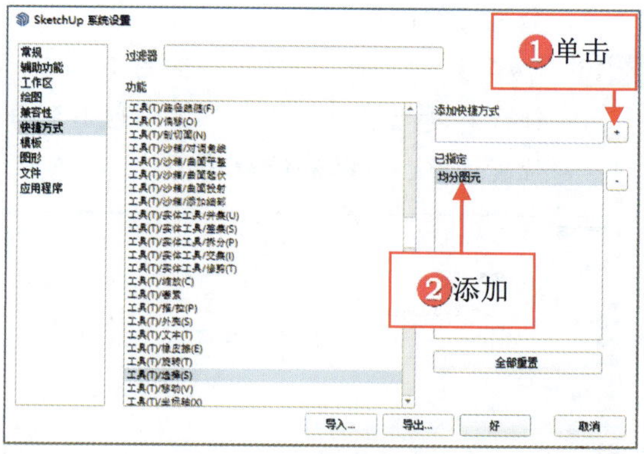

图 1-43 添加快捷键

Step 05 将所有的快捷键设置好以后，单击“导出”按钮，弹出“输出预置”对话框，①设置导出文件的文件名和保存路径；②单击“导出”按钮，如图 1-44 所示，即可导出快捷键。

Step 06 在“快捷方式”选项卡中，单击“导入”按钮，弹出“输入预置”对话框，①选择要导入的文件；②单击“导入”按钮，如图 1-45 所示，即可完成快捷键的导入。

Step 07 在“SketchUp 系统设置”对话框中，切换至“辅助功能”选项卡，如图 1-46 所示，这些选项可以帮助用户自定义绘图轴和颜色。

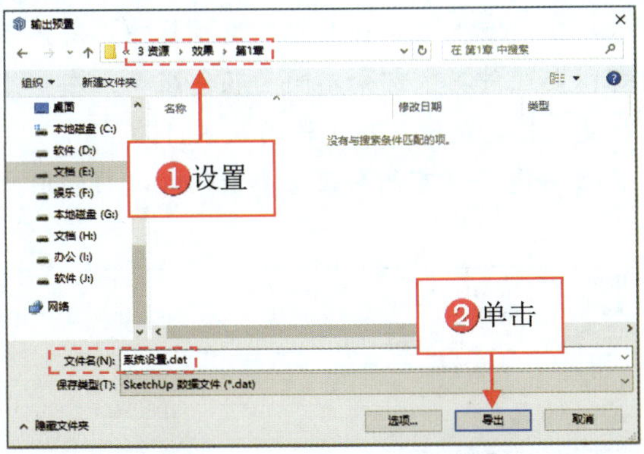

图 1-44 单击“导出”按钮

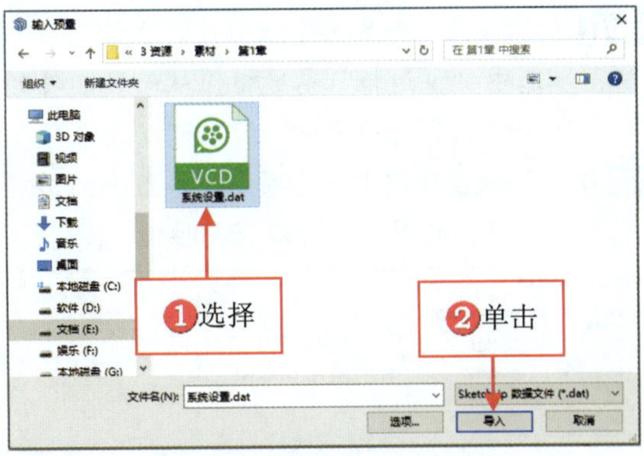

图 1-45 单击“导入”按钮

Step 08 切换至“工作区”选项卡，如图 1-47 所示，在此可以设置不对工具使用大图标。单击“重置工作区”按钮，会将所有工具栏和面板重置到它们最近停靠的位置。

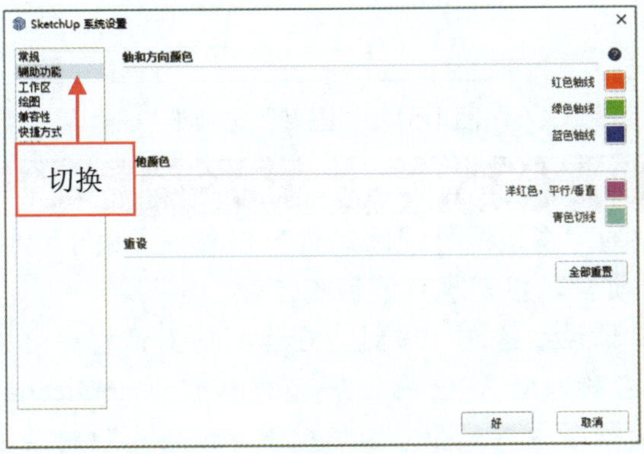

图 1-46 “辅助功能”选项卡

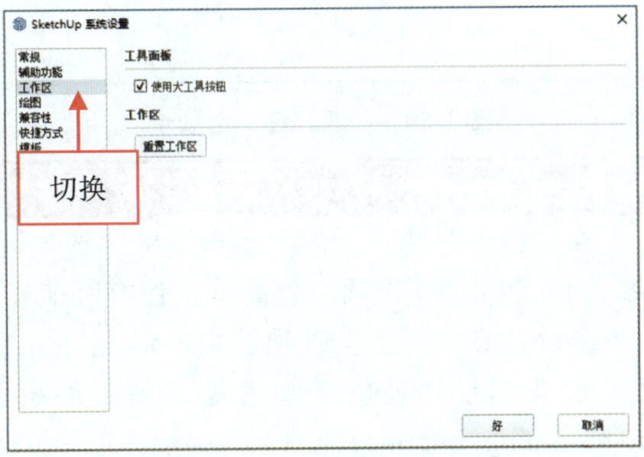

图 1-47 “工作区”选项卡

Step 09 切换至“绘图”选项卡，如图 1-48 所示，这些选项可以帮助用户调整在 SketchUp 中绘制内容的方式。

Step 10 切换至“模板”选项卡，将列出所有可用的模板，如图 1-49 所示，允许用户指定要用作默认绘制模板的模板。

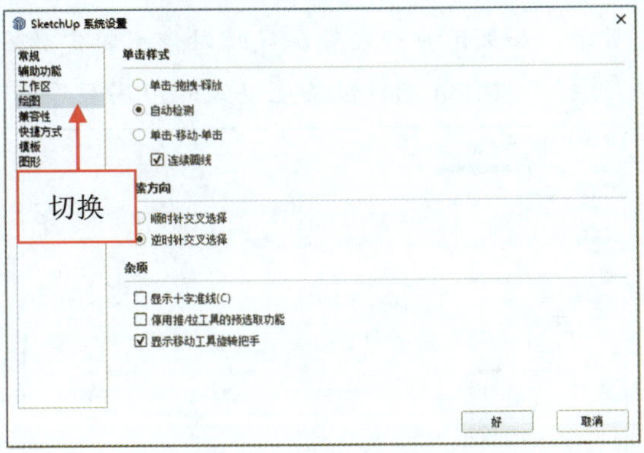

图 1-48 “绘图”选项卡

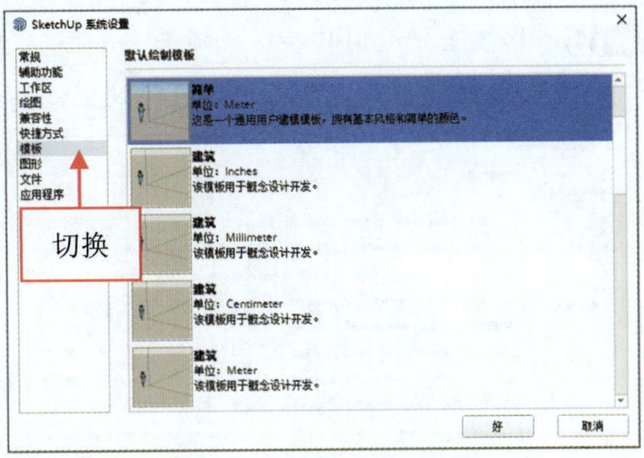

图 1-49 “模板”选项卡

Step 11 切换至“兼容性”选项卡，如图 1-50 所示。在“组件/组突出显示”选项区中，用户可以选中“仅边框”复选框，从而让组件的边缘以与组件其余部分不同的颜色显示；在“鼠标轮样式”选项区中，用户可以选中“反转”复选框，反转鼠标滚轮的默认行为。

Step 12 切换至“图形”选项卡，如图 1-51 所示，此部分包含所有图形设置参数，可以帮助用户设置设备的图形功能以提高性能。

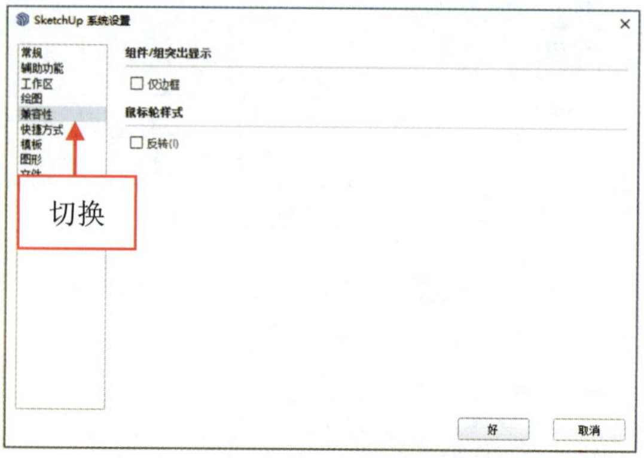

图 1-50 “兼容性”选项卡

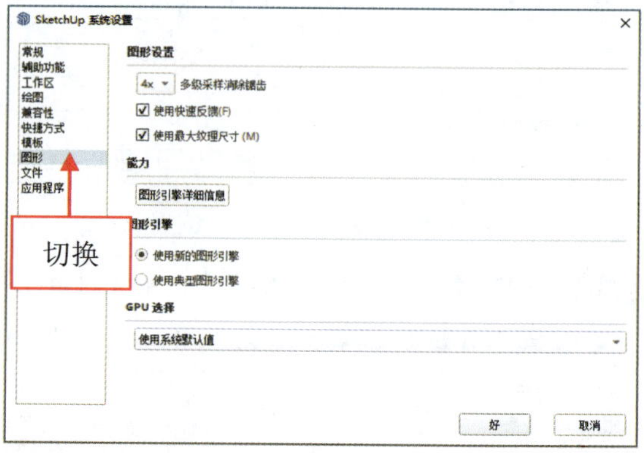

图 1-51 “图形”选项卡

> **▶ 专家指点**
>
> 在“图形”选项卡的“图形设置”选项区中的“多级采样消除锯齿”列表框提供了 0×、2×、4× 和 8× 等选项，较高值虽然有可能提升质量，但是也可能影响性能。
>
> 另外，在“能力”选项区中，单击“图形引擎详细信息”按钮，在弹出的对话框中可以查看设备图形功能的详细信息，如图形引擎名称、图形应用程序编程接口（application programming interface，API）、设备类型和驱动程序版本。在“图形引擎详细信息”对话框中单击“显示 Log（日志）文件”按钮，还可以查看 SketchUp 在新窗口中使用图形引擎的相关信息。在图形引擎方面，用户可以选择使用 SketchUp 的新图形引擎或切换回经典引擎。若设备与新图形引擎不兼容，则默认使用经典引擎。

Step 13 切换至“文件”选项卡，如图 1-52 所示，可以使用其中的每个字段来告诉 SketchUp 默认情况下将相关文件保存在何处。

Step 14 切换至“应用程序”选项卡，如图 1-53 所示，如果用户想在编辑纹理时使用特定的外部图像编辑器，则可在此处进行设置，单击“选择”按钮并选择设备上安装的应用程序即可。

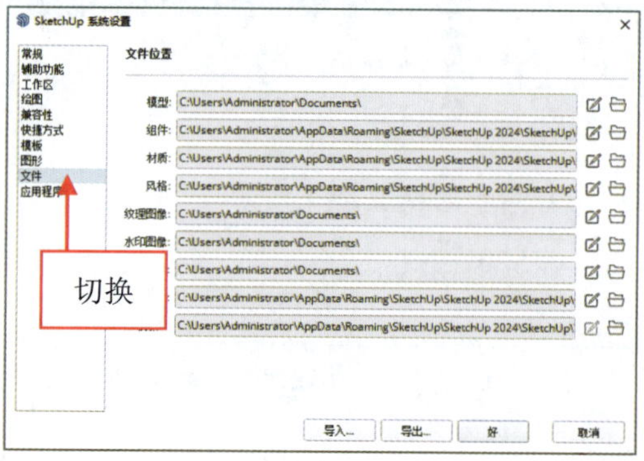

图 1-52 “文件”选项卡

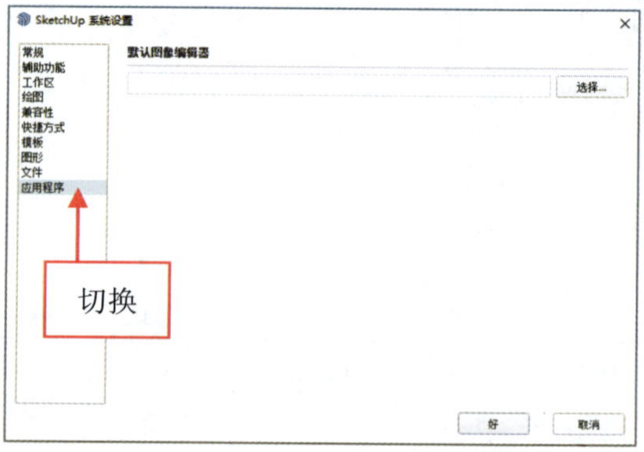

图 1-53 “应用程序”选项卡

本章小结

本章首先介绍了 SketchUp 2024 的基本特点与安装步骤，引导读者走进 SketchUp 的世界并顺利安装这款三维建模软件；其次介绍了 SketchUp 2024 的工作界面，包括标题栏、菜单栏、工具栏、绘图区、默认面板、状态栏以及数值输入框等各个部分的功能和作用，帮助读者熟悉并掌握软件的基本布局和操作；最后介绍了如何设置 SketchUp 2024 的工作环境，包括模型信息和系统信息的设置，以确保软件能够根据个人需求进行定制。通过本章的学习，读者能了解 SketchUp 2024 的基本特点、工作界面及其工作环境的设置方法。

课后实训

课后实训

本次课后实训的主要目标是引导读者深入了解 SketchUp 2024 软件中的工具栏设置功能，并亲手实践如何根据个人使用偏好和日常设计工作流程，设置一个自定义的“标准”工具栏。

设置“标准”工具栏的操作方法如下。

Step 01 在菜单栏中，单击“视图”|“工具栏”命令，如图 1-54 所示。

Step 02 执行操作后，弹出“工具栏”对话框，在“工具栏”选项卡中选中“标准”复选框，如图 1-55 所示。

图 1-54　单击“工具栏”命令

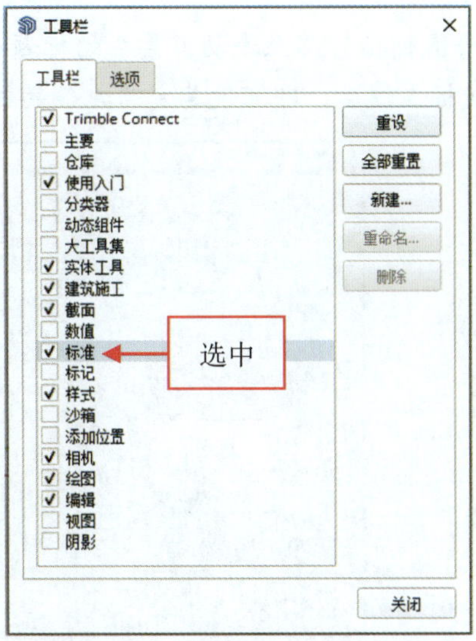

图 1-55　选中“标准”复选框

Step 03 单击“关闭”按钮，即可显示“标准”工具栏，如图 1-56 所示。

Step 04 将鼠标指针移至“标准”工具栏左侧图标上，按住鼠标左键并将其拖曳至绘图区中，松开鼠标左键后，即可使其变为浮动工具栏，如图 1-57 所示。

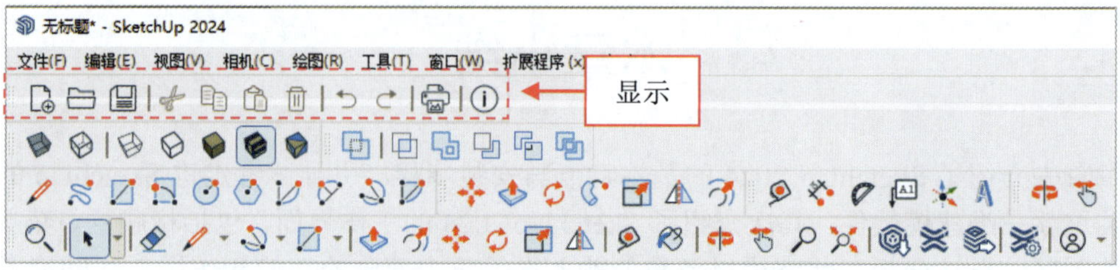

图 1-56　显示“标准”工具栏

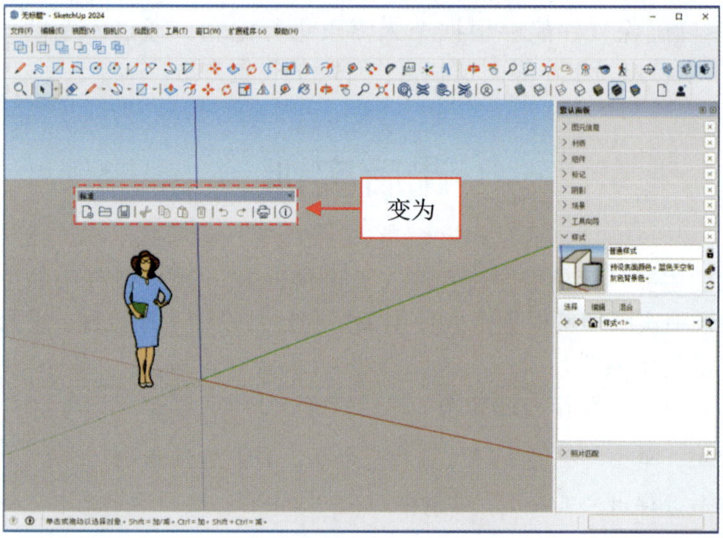

图 1-57　变为浮动工具栏

Step 05 将鼠标指针移至浮动工具栏的标题栏上，按住鼠标左键并将其拖曳至绘图区的左侧，松开鼠标左键后，即可使其变为左侧的固定工具栏，如图 1-58 所示。

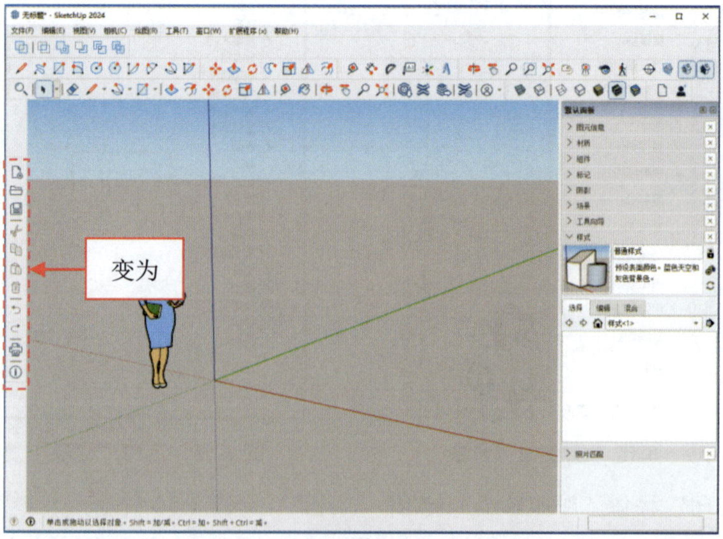

图 1-58　变为左侧的固定工具栏

第 2 章 SketchUp 基础操作

2

SketchUp 以简洁直观的操作界面和强大的三维建模功能，深受设计师、建筑师及广大建模爱好者的青睐。本章将主要讲述 SketchUp 的基础操作技巧，从创建到编辑模型文件，从设置显示样式到变换视图效果，让读者轻松上手，为其后续的专业设计打下坚实基础。

本章重点

- 掌握创建与保存模型文件的方法
- 掌握模型文件的基本编辑方法
- 熟悉设置 SketchUp 显示样式的方法
- 熟悉变换 SketchUp 视图效果的方法

思政目标

- 引导读者严格遵循相关设计规范，树立无障碍环境建设责任意识
- 在模型测量与绘制中，培养读者精益求精的工匠精神

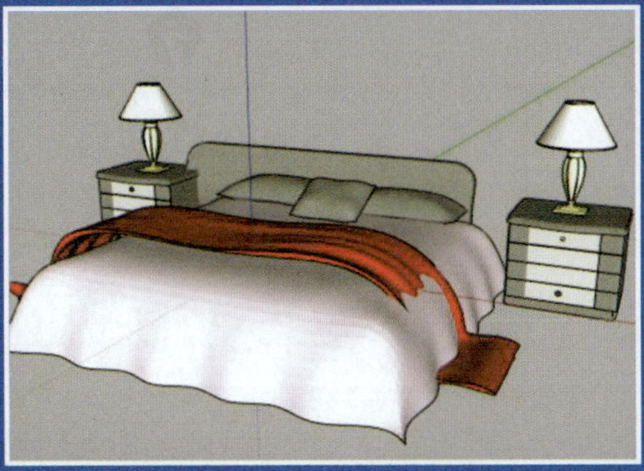

2.1 创建与保存模型文件

在三维建模的过程中，无论是为了保护辛苦创建的模型，还是为了实现与其他软件的协同工作，模型文件的创建、保存与打开等操作都显得尤为重要。掌握这些技能，将极大地提升用户的工作效率和模型的可移植性。

2.1.1 新建模型文件

新建模型文件

在 SketchUp 中，用户可以通过“新建”命令或者“从模板新建”命令新建模型文件。其具体操作方法如下。

Step 01 在菜单栏中，单击“文件”|“从模板新建”命令，如图 2-1 所示。

Step 02 执行操作后，弹出“选择模板”对话框，在“默认模板”选项卡中选择“内部（毫米）”模板，如图 2-2 所示。

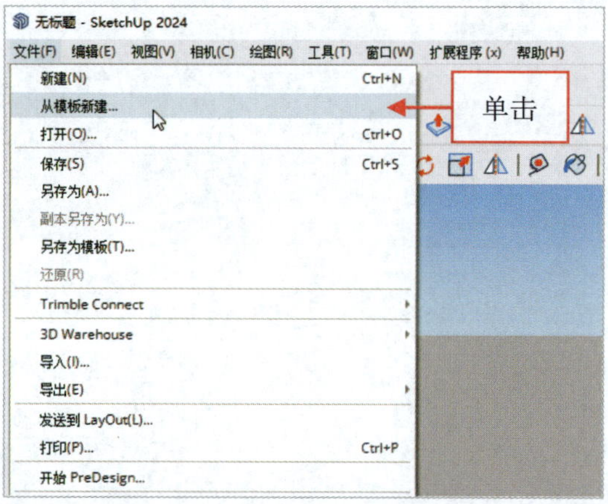

图 2-1 单击“从模板新建”命令

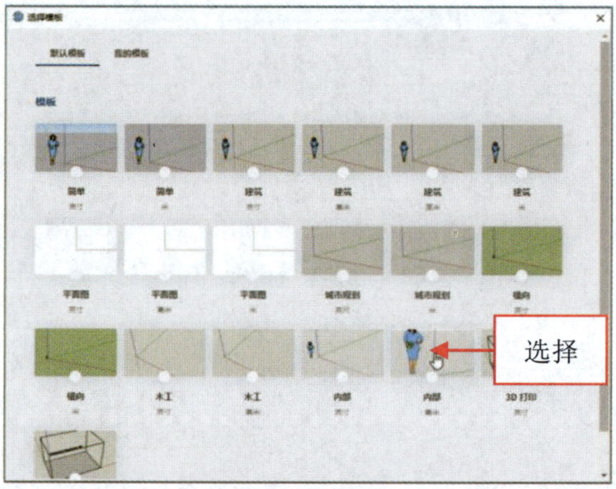

图 2-2 选择“内部（毫米）”模板

Step 03 执行操作后，即可新建一个模型文件，如图 2-3 所示。

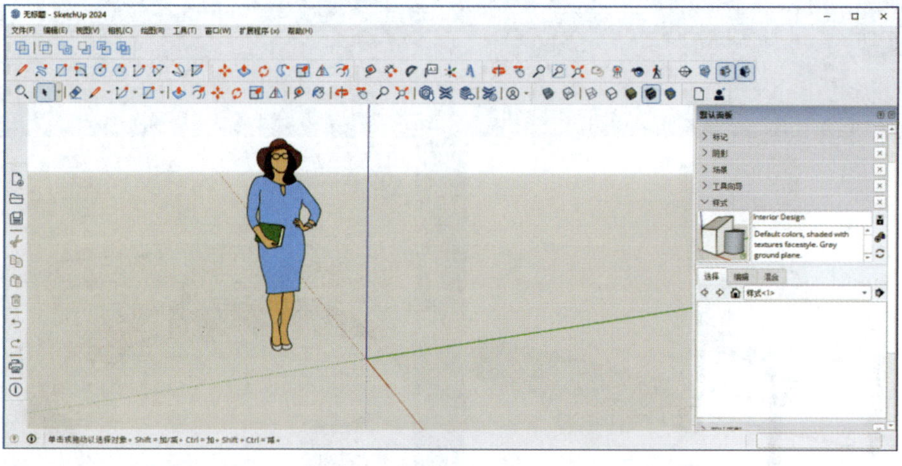

图 2-3 新建一个模型文件

2.1.2 保存模型文件

保存模型文件

新建或编辑模型文件后，用户可以通过“保存”“另存为”“副本另存为”“另存为模板”等命令来保存模型文件。其具体操作方法如下。

Step 01 在上一例效果的基础上，单击“文件”|“保存”命令，如图 2-4 所示。

Step 02 执行操作后，弹出“另存为”对话框，❶设置相应的保存路径和文件名；❷单击“保存”按钮，如图 2-5 所示，即可快速保存模型文件。

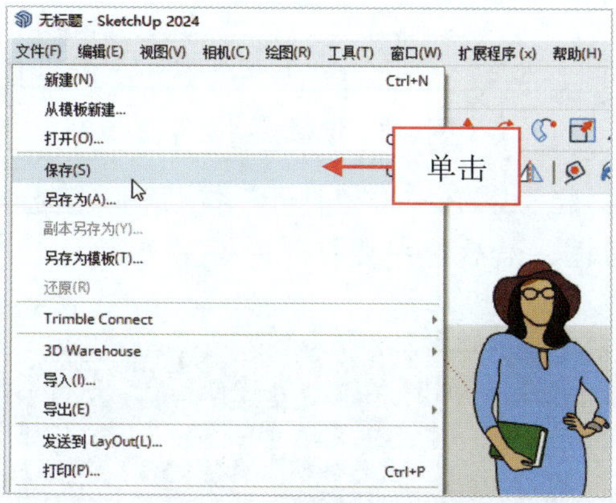

图 2-4 单击“保存”命令

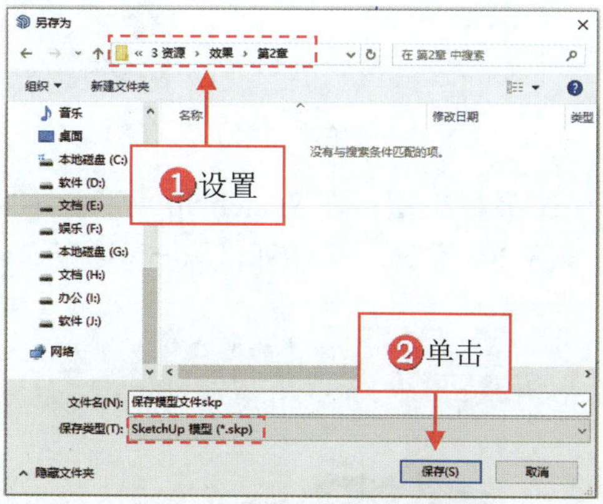

图 2-5 单击“保存”按钮

▶ 专家指点

SketchUp 软件提供了“保存”“另存为”“副本另存为”以及“另存为模板”等命令，以满足不同场景下的保存需求，相关介绍如下。

- **保存**：这是最常用的保存命令，用于在当前文件名和位置下更新模型文件。如果用户在编辑一个已存在的文件，并且希望保留所有更改，那么“保存”命令将是首选。
- **另存为**：当用户需要将模型文件保存到新的位置，或者想要为其赋予一个新的文件名时，“另存为”命令将派上用场。这个命令允许用户灵活选择保存文件的路径和文件名，非常适合在分享文件或备份时使用。
- **副本另存为**：这个命令类似于“另存为”，但它会创建一个当前文件的完全副本，而不会覆盖原始文件，这对于保留工作进度或尝试不同的设计方向非常有用。
- **另存为模板**：如果用户创建了一个包含常用设置、样式或组件的模型，并且希望在未来项目中重复使用这些元素，那么“另存为模板”命令将非常有用。通过将其保存为模板，用户可以轻松地在新的项目中加载和应用这些预设设置。

2.1.3 打开模型文件

打开模型文件

在 SketchUp 中，打开模型文件的方法简单且多样，以下是几种常用的打开方式。

- **菜单命令**：单击菜单栏中的“文件”|“打开”命令，如图 2-6 所示；在弹出的“打开”对话框中，找到并选择要打开的模型文件，如图 2-7 所示；单击“打开”按钮即可打开该模型文件，如图 2-8 所示。

图 2-6　单击“打开”命令

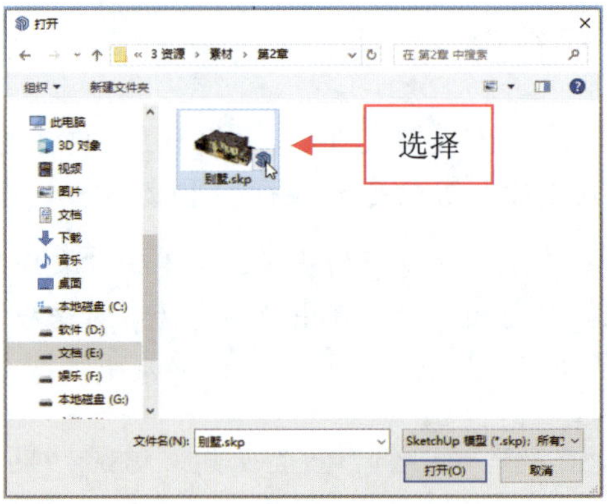

图 2-7　选择模型文件

- **工具栏按钮**：在 SketchUp 的“标准”工具栏上，有一个“打开”按钮，直接单击该按钮，如图 2-9 所示，同样可以弹出“打开”对话框，然后选中要打开的模型文件。

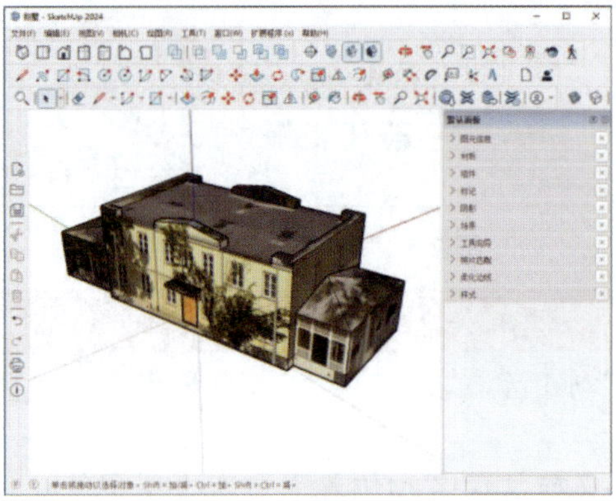

图 2-8　打开模型文件

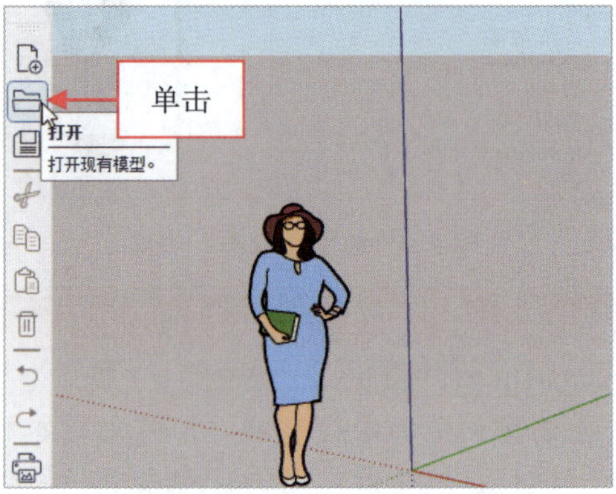

图 2-9　单击“打开”按钮

- **拖放操作**：将模型文件从 Windows 的文件夹或资源管理器中，直接拖曳并放置到 SketchUp 的工作窗口内，也可以快速打开该文件。

这些方法都非常便捷，用户可以根据自己的习惯和需求选择合适的模型文件打开方式。

2.2　模型文件的基本编辑方法

本节将讲述模型文件的基本编辑方法，包括拷贝与粘贴模型对象以快速复制和移动设计元素，选择模型对象以进行精准的操作和修改，以及删除模型对象以清理设计空间。

2.2.1　拷贝与粘贴模型对象

在 SketchUp 中，拷贝与粘贴模型文件是用户常用的操作之一，不仅可以快速复制现有的设计元素，还可以在不同的项目或场景中重复使用这些元素，从而提高工作效率。下面介绍拷贝与粘贴模型对象的操作方法。

拷贝与粘贴模型对象

Step 01 按【Ctrl + O】组合键，打开一个素材模型（资源\素材\第 2 章\椅子.skp），如图 2-10 所示。

Step 02 在“使用入门”工具栏中单击“选择”按钮，选取该工具，选择椅子，如图 2-11 所示。

图 2-10　打开素材模型

图 2-11　选择椅子

Step 03 在菜单栏中，单击“编辑”|“复制”命令，如图 2-12 所示，复制椅子。

Step 04 在菜单栏中，单击“编辑”|“粘贴”命令，移动鼠标指针，确定需要粘贴对象的位置，如图 2-13 所示。

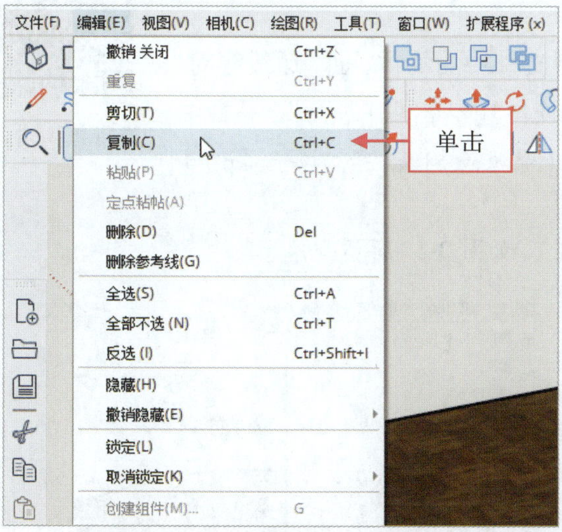

图 2-12　单击“复制”命令

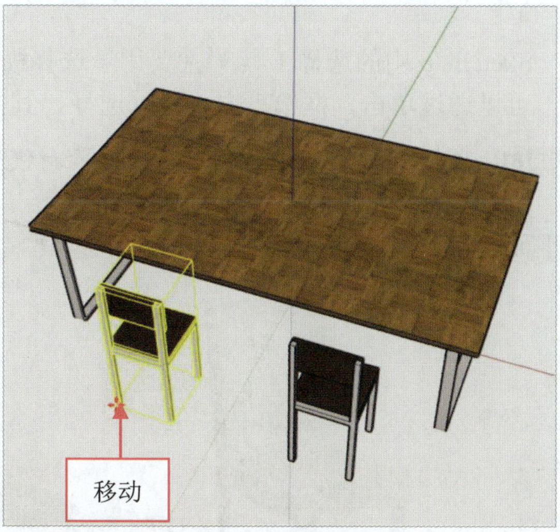

图 2-13　移动鼠标指针

▶ 专家指点

在菜单栏中，单击“编辑”|“定点粘贴”命令，可以在模型中将复制的对象粘贴到原位置上。通过该命令可以将单个模型对象粘贴到另一个组中，而不改变其位置，从而便于组管理和元素组织。

Step 05 确认位置后单击，即可粘贴模型对象，如图 2-14 所示。

Step 06 选择粘贴的模型对象，单击菜单栏中的“编辑”|“剪切”命令，可以剪切模型对象，如图 2-15 所示。

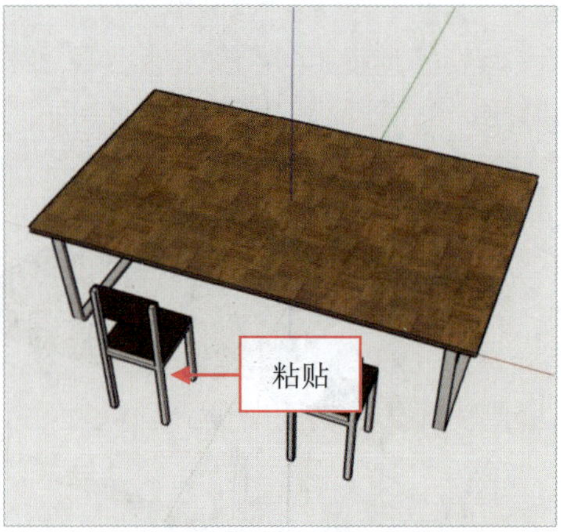

图 2-14　粘贴模型对象

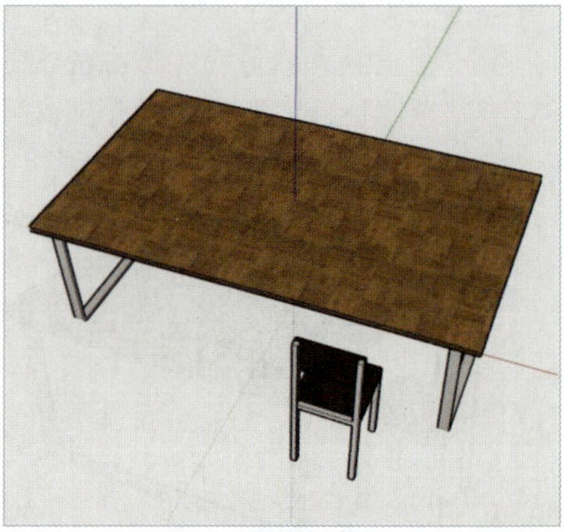

图 2-15　剪切模型对象

▶ 专家指点

通过剪切操作，可以将模型对象从当前位置移除，并暂时存储在 SketchUp 的剪贴板中。之后，用户可以在需要的位置使用“粘贴”命令将其重新放置，从而实现元素的重新定位。

2.2.2　选择模型对象

选择模型对象

SketchUp 中的选择工具主要用于选择模型文件中的物体、面、边线等对象，可以通过单击、框选等方式进行选择。其具体操作方法如下。

Step 01 按【Ctrl + O】组合键，打开一个素材模型（资源\素材\第 2 章\椅子.skp），如图 2-16 所示。

Step 02 在菜单栏中，单击“工具”|“选择”命令，如图 2-17 所示。

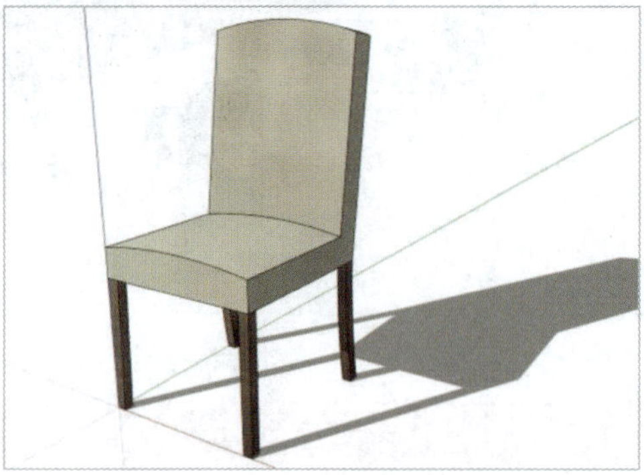

图 2-16　打开素材模型

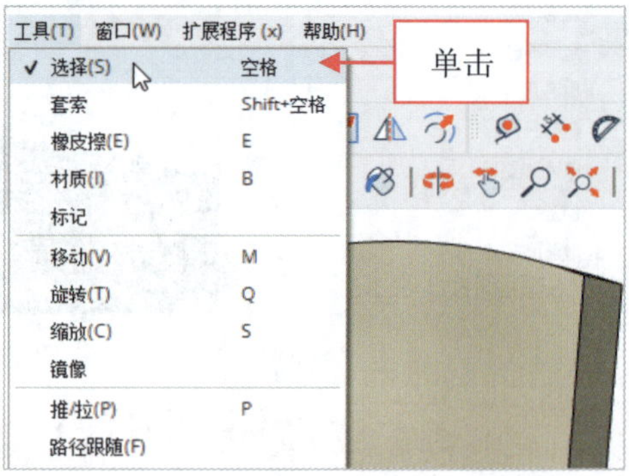

图 2-17　单击“选择”命令

Step 03 在相应模型对象上单击，即可选择该模型对象，如图 2-18 所示。

Step 04 在该模型对象上双击鼠标左键，展开模型，此时单击任意一条边，即可选择该边，同时选中的边会高亮（深蓝色）显示，如图 2-19 所示。

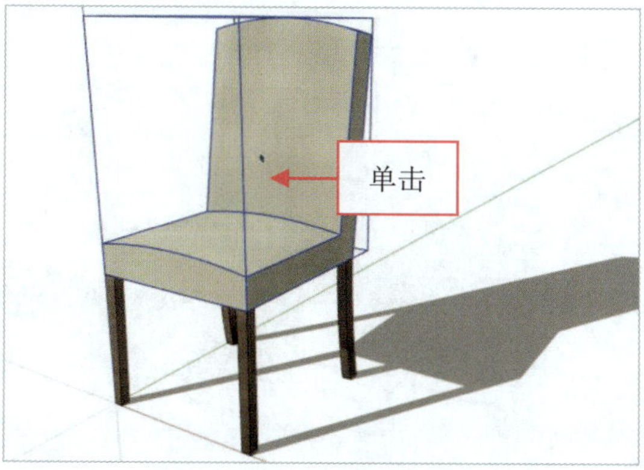

图 2-18　选择模型对象

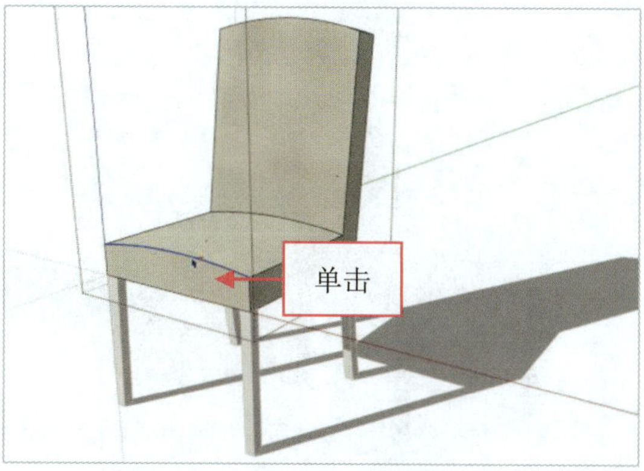

图 2-19　选择边

Step 05　按住【Ctrl】键的同时单击对象，可以实现多选，如图 2-20 所示。

Step 06　按住【Shift】键的同时单击已选中的对象，可以取消选择，如图 2-21 所示。

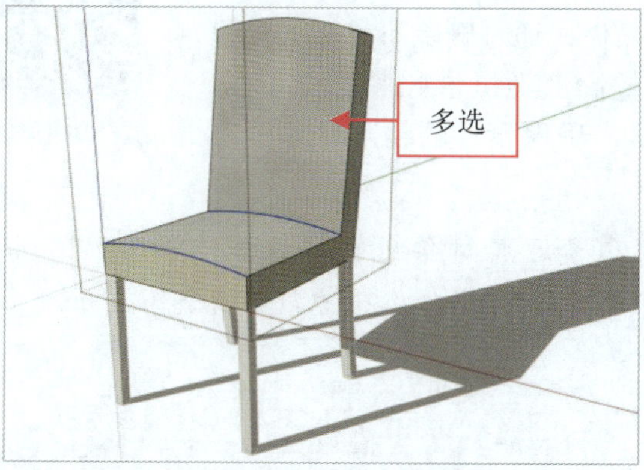

图 2-20　多选模型对象

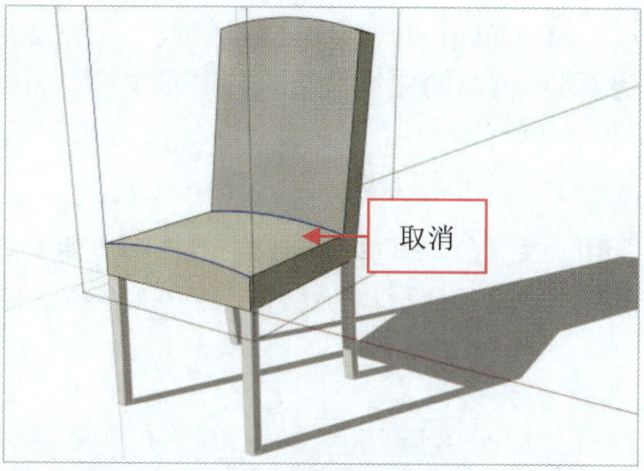

图 2-21　取消选择对象

Step 07　按下鼠标左键并拖曳，可以创建一个选择框，如图 2-22 所示。

Step 08　从左向右框选时，只有完全在框内的对象会被选中，如图 2-23 所示。

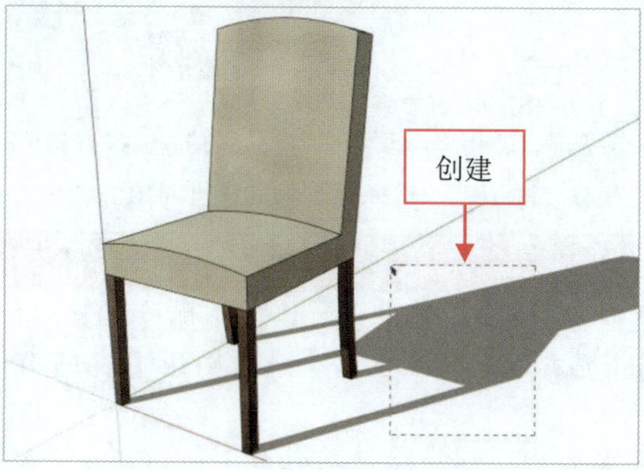

图 2-22　创建一个选择框

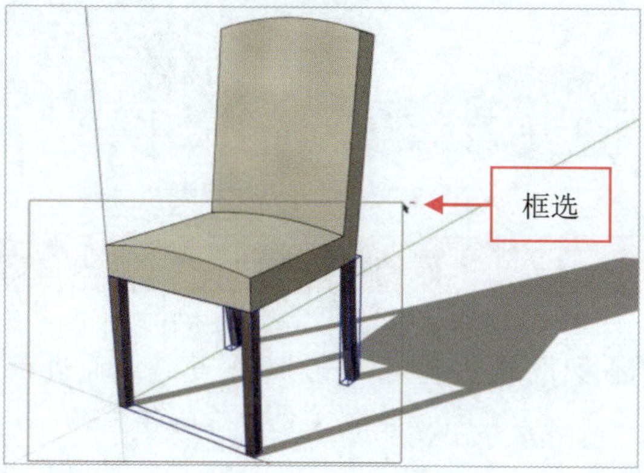

图 2-23　从左向右框选

Step 09　从右向左框选时，框内或接触到框的对象都会被选中，如图 2-24 所示。

Step 10　连续用鼠标左键单击三次，可以选择该线或面所在的整个物体，如图 2-25 所示。

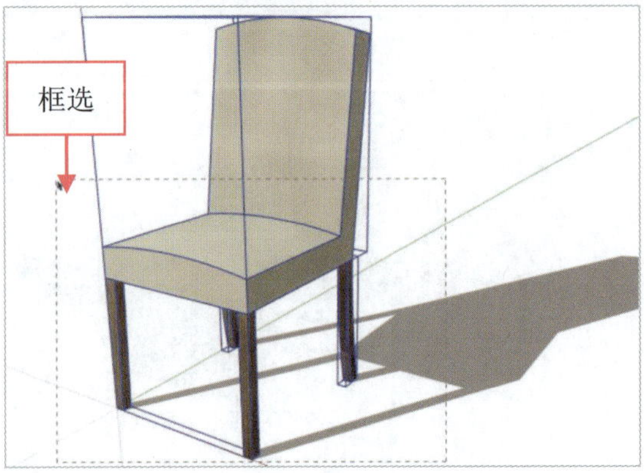

图 2-24　从右向左框选

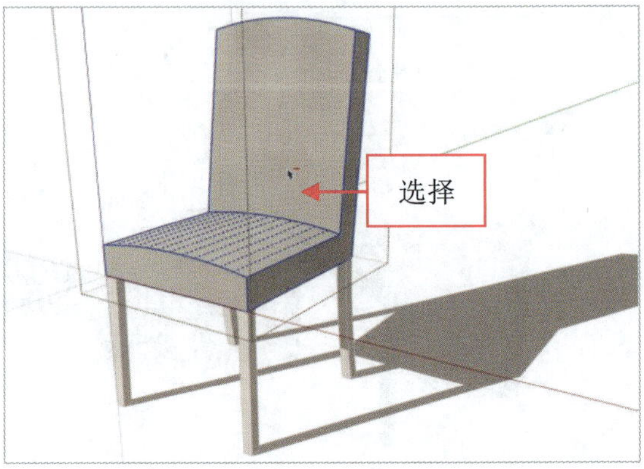

图 2-25　选择整个物体

2.2.3　删除模型对象

删除模型对象

在 SketchUp 中删除模型对象是一个常见的操作，通过删除不必要的模型对象，用户可以简化模型结构，降低文件大小，提高渲染和导出速度。同时，这一操作也有助于用户更加专注于核心设计元素，确保设计的精准性和清晰度。下面介绍删除模型对象的操作方法。

Step 01　按【Ctrl + O】组合键，打开一个素材模型（资源\素材\第 2 章\床.skp），如图 2-26 所示。

Step 02　按空格键切换为选择工具，在绘图区中选择要删除的模型对象，如图 2-27 所示。

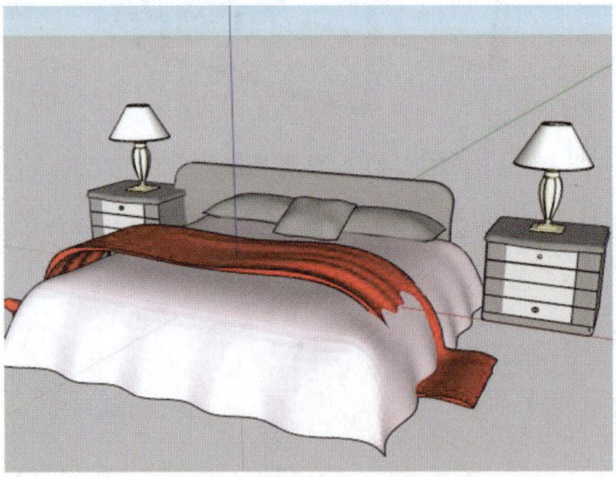

图 2-26　打开素材模型

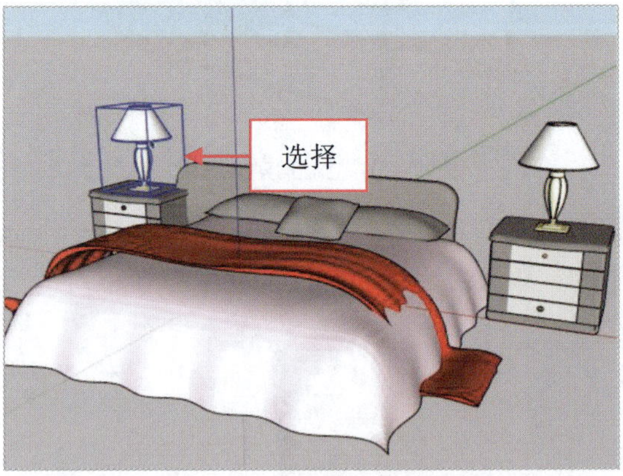

图 2-27　选择要删除的模型对象

▶ 专家指点

按下【Delete】键，可以快速删除选中的模型对象。另外，用户也可以使用删除工具（快捷键【E】），直接单击对象的边缘或面进行删除。在使用删除工具时，按住【Ctrl】键，再单击对象，可以达到柔化边缘的作用。

如果不希望完全删除某些对象，可以选择隐藏它们，在相应模型对象上单击鼠标右键，在弹出的快捷菜单中选择“隐藏”选项即可。被隐藏的对象可以通过“编辑”菜单中的“撤销隐藏”命令来重新显示。

Step 03　使用鼠标右键单击所选对象，在弹出的快捷菜单中选择“删除”选项，如图 2-28 所示。

Step 04　执行操作后，即可删除所选的模型对象，如图 2-29 所示。

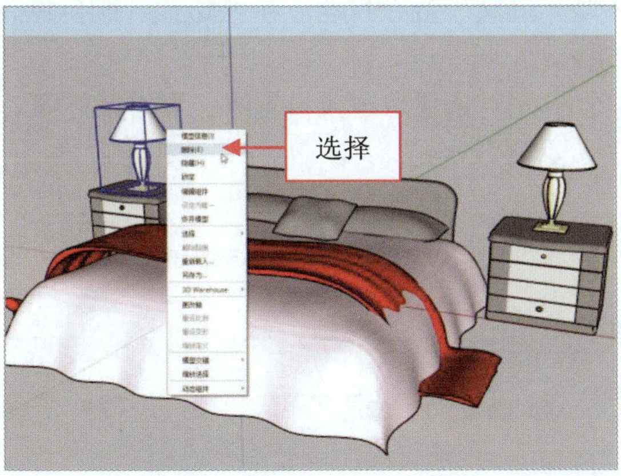

图 2-28　选择“删除”选项

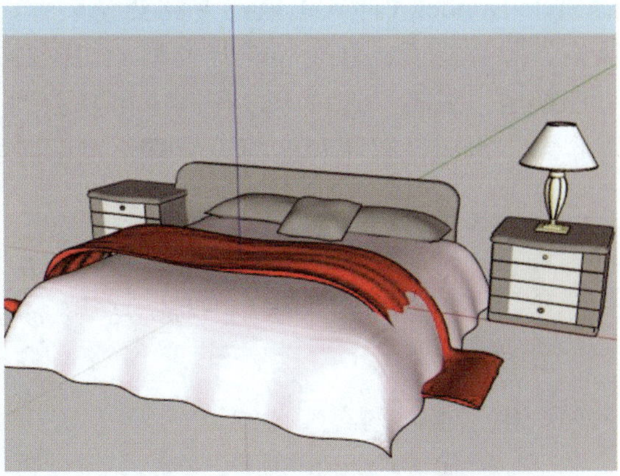

图 2-29　删除所选的模型对象

2.3　设置 SketchUp 显示样式

在 SketchUp 的三维建模世界中，显示样式的设置是展现设计创意、提升视觉效果的关键一环。通过巧妙地调整相关参数，SketchUp 能够呈现出多样化的视觉效果，从精细的模型展示到粗犷的手绘草图风格，应有尽有。本节将讲述 SketchUp 的显示样式设置技巧，帮助用户更好地驾驭 SketchUp，以独特的视角和风格展现设计魅力。

2.3.1　“样式”命令

SketchUp 的“样式”命令是软件中用于调整模型显示样式的重要功能，它允许用户根据需求选择不同的显示模式，以便更好地查看、分析和展示模型。单击“窗口”|“默认面板”|“样式”命令，如图 2-30 所示。执行操作后，即可展开“样式”面板，如图 2-31 所示。

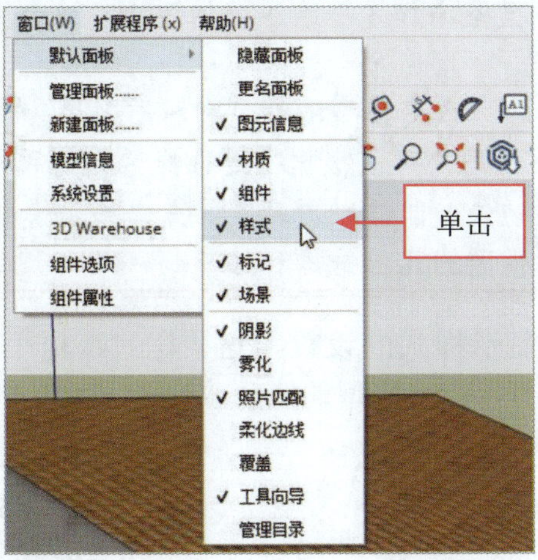

图 2-30　单击“样式”命令

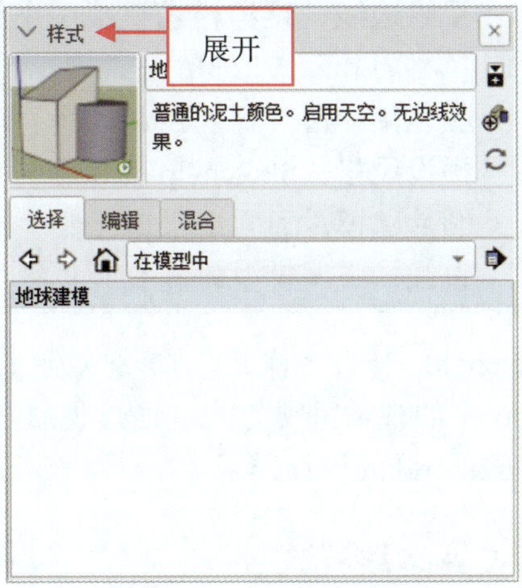

图 2-31　“样式”面板

在“样式”面板的“选择”选项卡中，在路径列表框中选择“样式”选项，可以看到其中包括 Style Builder（样式生成器）竞赛获奖者、环境光遮蔽、混合风格、手绘边线、颜色集、预设风格、照片建模、直线等样式类型，如图 2-32 所示。

切换至“编辑”选项卡，在其中可以看到 5 个图标，分别为边线设置、平面设置、背景设置、水印设置和建模设置，如图 2-33 所示。

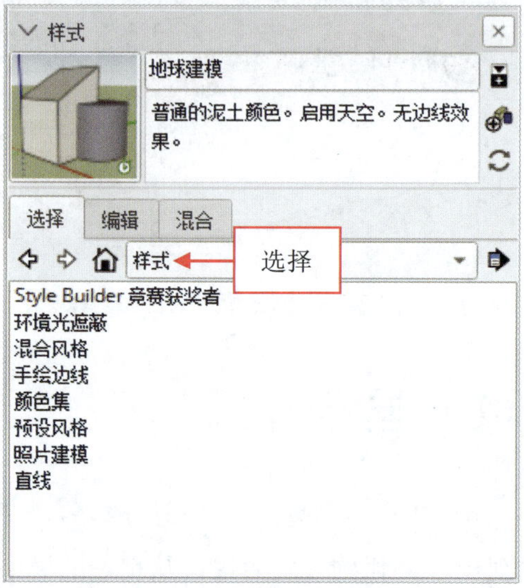

图 2-32　“选择”选项卡

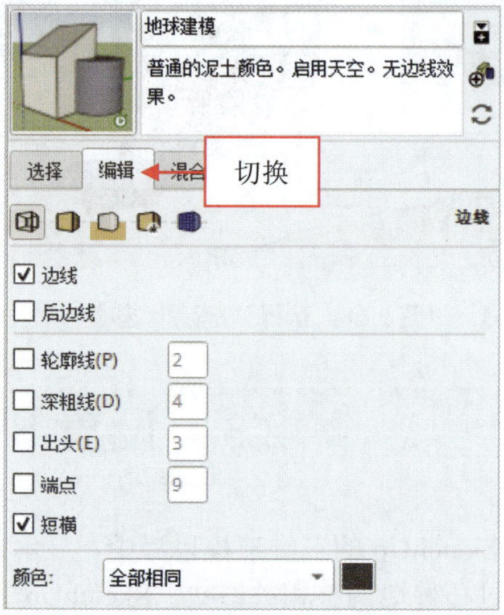

图 2-33　“编辑”选项卡

▶ 专家指点

在“样式”列表中，各主要选项的含义如下。

- **Style Builder 竞赛获奖者：**这是 SketchUp 提供的一种预设样式，通常具有较高的质量和美观度，适合用于展示和渲染模型。
- **环境光遮蔽：**可以使模型看起来更加逼真和立体。
- **混合风格：**允许用户将不同的显示样式组合在一起，以满足特定的展示需求。
- **手绘边线：**这种样式模拟了手绘效果，为模型添加了手绘风格的边线，适合用于草图或手绘风格的展示。
- **颜色集：**用户可以在此选择预设的颜色集，以改变模型的颜色和材质效果。
- **预设风格：**SketchUp 提供了多种预设风格，用户可以根据需要选择适合的风格。
- **照片建模：**通常用于基于照片进行建模的场景，能够以更真实的方式展示模型。
- **直线：**强调模型的直线和边缘，适合展示模型的几何结构和细节。

SketchUp 中的“样式”命令实际上是指模型显示样式的设置，这些样式决定了模型在 SketchUp 中的视觉呈现方式。通过调整样式，用户可以改变模型的线条、阴影、颜色等显示效果，以适应不同的设计需求。

2.3.2　设置边线样式

设置边线样式

边线设置功能允许用户调整模型中边线的显示样式。用户可以选择是否显示边线、边线的粗细、颜色以及是否使用后边线等样式，这对于清晰地展示模型的结构和细节非常有帮助。下面介绍设置边线样式的操作方法。

Step 01　按【Ctrl + O】组合键，打开一个素材模型（资源\素材\第 2 章\房子.skp），如图 2-34 所示。

Step 02　在“样式”面板的“编辑”|“边线设置”选项卡中，取消选中“边线”复选框，如图 2-35 所示。该复选框可以控制模型是否显示边线。

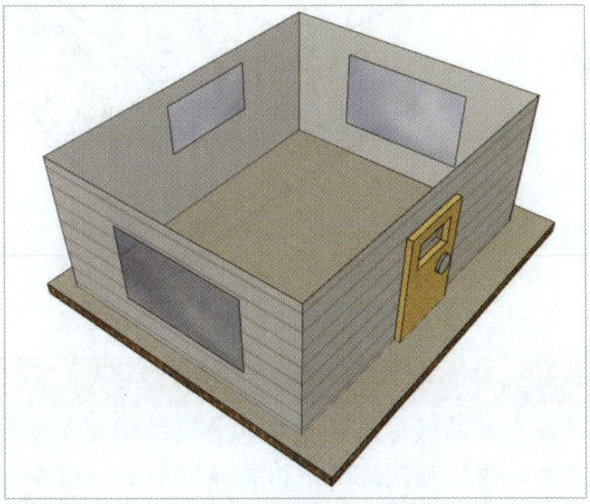

图 2-34　打开素材模型

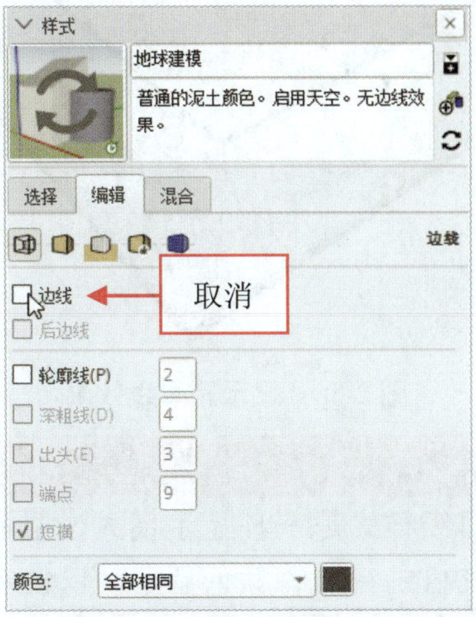

图 2-35　取消选中“边线”复选框

Step 03　执行操作后，模型中面与面交接的地方则不再显示边线，这样模型看上去立体感较差，效果如图 2-36 所示。

Step 04　同时选中“边线”和“后边线”复选框，可以将当前视图中模型后方被遮挡或看不到的线以虚线形式显示，效果如图 2-37 所示。

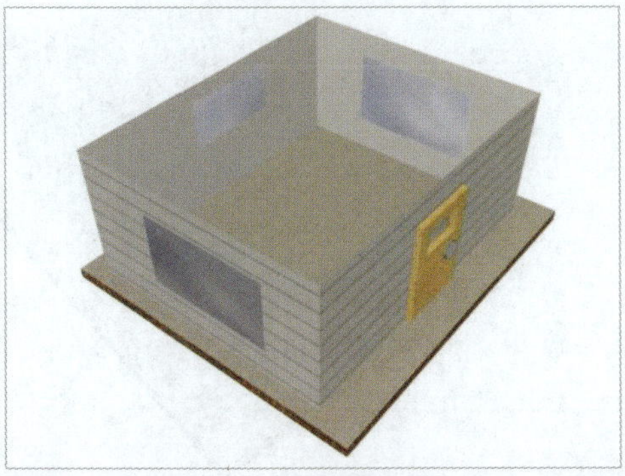

图 2-36　不显示边线效果

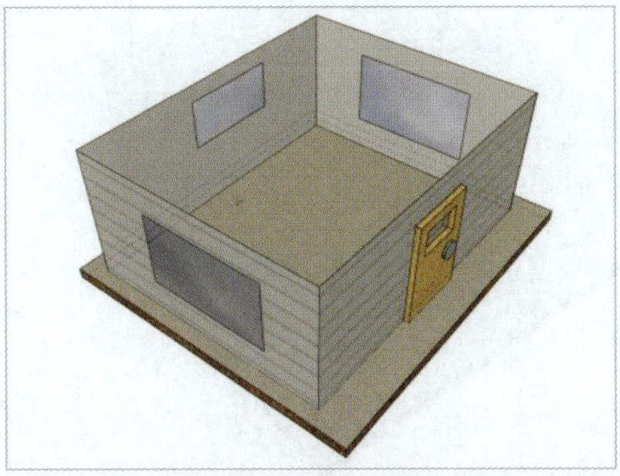

图 2-37　显示后边线效果

▶ 专家指点

后边线这种显示方式，有助于用户更清晰地看到模型中被遮挡部分的基本形态和结构，从而更好地理解和分析模型。

Step 05　选中“轮廓线”复选框，设置其参数为 10（数值越大，轮廓线越粗），可以显示模型的轮廓线，效果如图 2-38 所示。

Step 06 同时选中“边线”和“深粗线”复选框，并设置其参数为 20，则所有边线均以粗线样式显示，效果如图 2-39 所示。

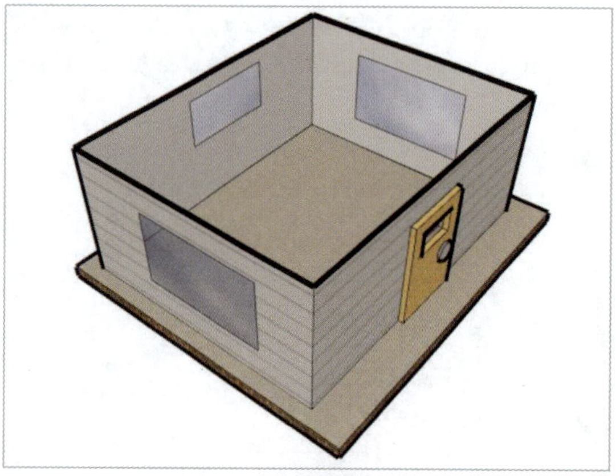

图 2-38　显示轮廓线效果

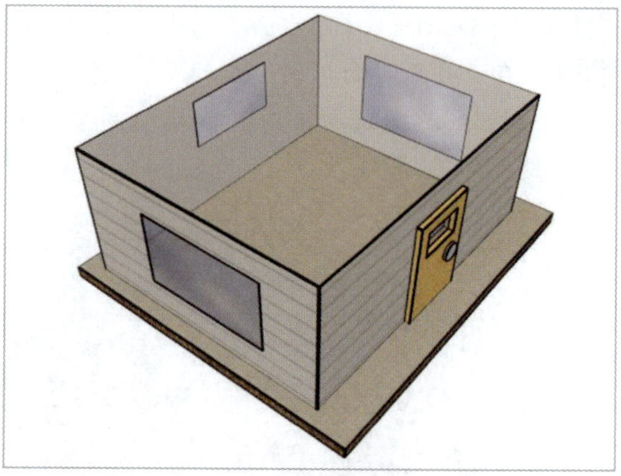

图 2-39　显示深粗线效果

▶ **专家指点**

轮廓线样式是一种显示模式，强调并突出显示模型的外边缘和关键结构线条。这些线条通常以较粗或特殊的颜色显示，以便在复杂的模型中快速识别出物体的形状和边界。

Step 07 同时选中“边线”和“出头”复选框，并设置其参数为 50，可以延长边线的端头部分，使其看上去更像草图，效果如图 2-40 所示。

Step 08 同时选中“边线”和“端点”复选框，并设置其参数为 80，可以强调物体各条边线的端点部分，即让边线的端点部分加粗显示，效果如图 2-41 所示。

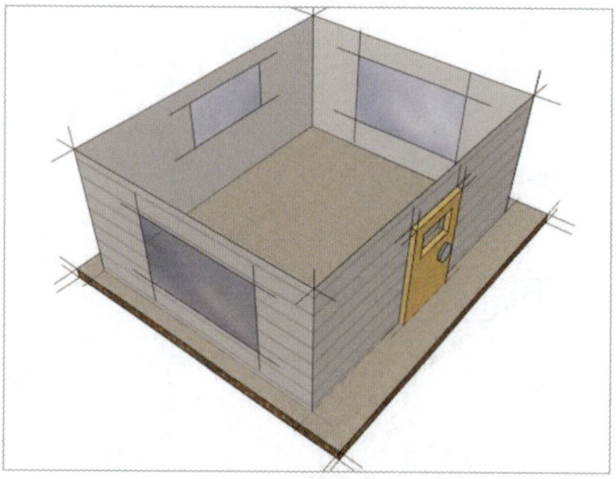

图 2-40　边线出头显示效果

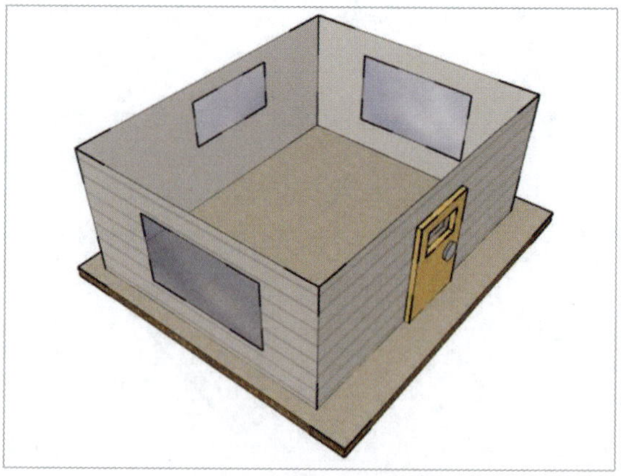

图 2-41　端点加粗显示效果

▶ **专家指点**

出头样式是指线条在终点之后继续进行一定长度的延伸，这种效果是手绘线条的常用表现方式，可以使模型的线条看起来更加生动和自然。通过设置边线出头，模型的边界线相交处会延长，从而增强模型的立体感和视觉效果。

Step 09 单击“颜色”选项右侧的■色块，弹出“选择颜色”对话框，❶设置“拾色器”为 RGB（代表 Red 红、绿 Green、蓝 Blue 这 3 个通道的颜色）；❷同时设置 RGB 参数值均为 255，如图 2-42 所示。

Step 10 单击“确定”按钮，即可将边线修改为白色，背景颜色也会产生变化，效果如图 2-43 所示。

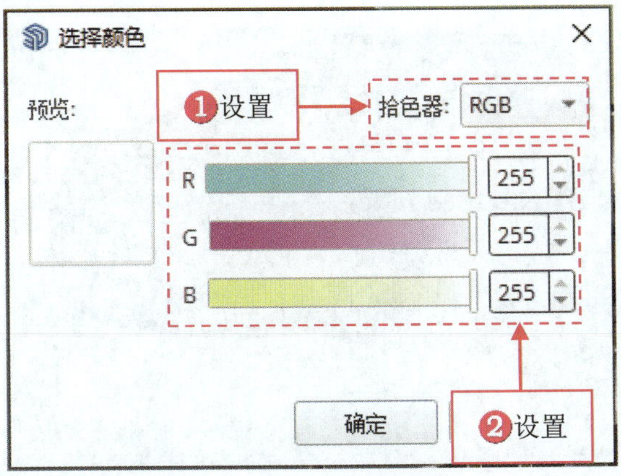

图 2-42　设置 RGB 参数值

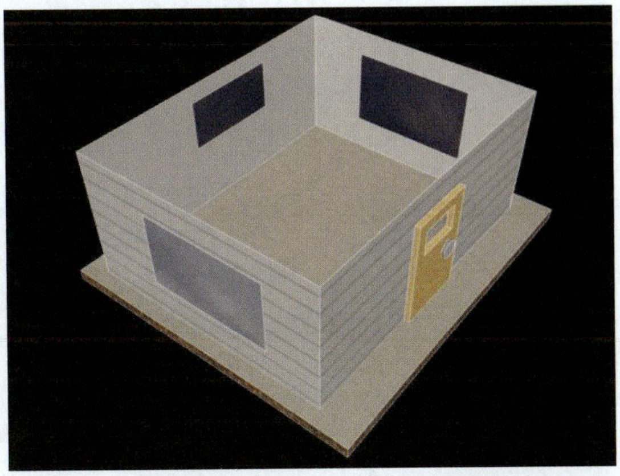

图 2-43　修改边线颜色效果

2.3.3　设置平面样式

平面设置用于调整模型中平面的显示方式，用户可以选择不同的颜色，以更好地模拟真实世界的材质和光照效果，这对于创建逼真的渲染效果特别有用。下面介绍设置平面样式的操作方法。

设置平面样式

Step 01 按【Ctrl + O】组合键，打开一个素材模型（资源\素材\第 2 章\汽车.skp），在“样式”面板的“编辑”选项卡中，单击平面设置图标，切换至对应选项卡，如图 2-44 所示。

Step 02 单击“正面颜色”选项右侧的□色块，弹出“选择颜色”对话框，可以修改正面颜色，通常建议保持默认设置即可，如图 2-45 所示。

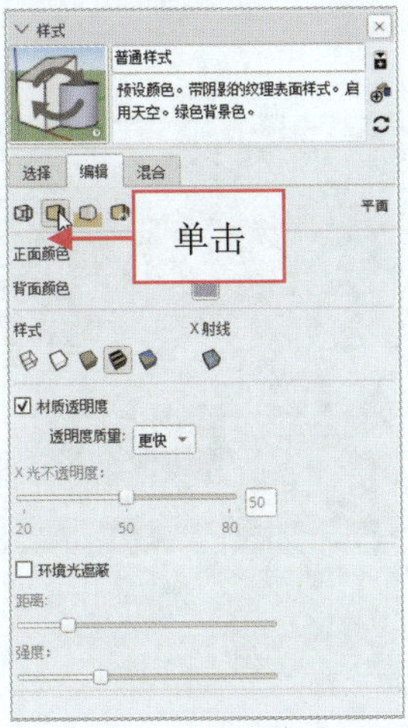

图 2-44　切换至“平面设置”选项卡

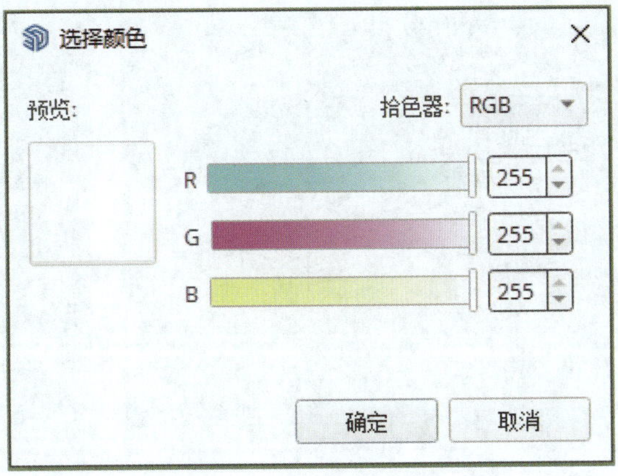

图 2-45　“选择颜色”对话框

Step 03 在“样式”选项区中，可以看到默认使用的是材质贴图模式，即使用纹理显示阴影，物体表面赋予的贴图和材质都会显示出来，效果如图 2-46 所示。

Step 04 在“X 射线”选项区中，单击 X 射线图标，此时物体表面就像被 X 光照射一样，可以看清内部结构，效果如图 2-47 所示。

图 2-46 材质贴图模式显示效果

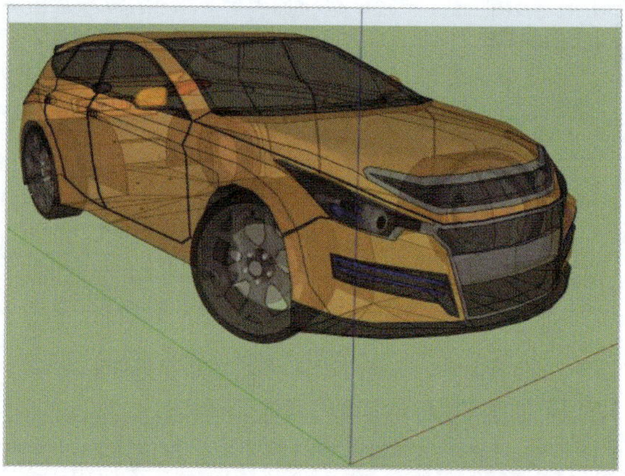

图 2-47 X 射线模式显示效果

▶ 专家指点

在 X 射线模式下，可以将场景中的面转成透明材质显示，并显示出被遮挡的线。具体来说，打开 X 射线模式进行建模，可以轻易看到、选择和捕捉原来被遮挡住的点和边线，从而便捷地做出空间上一些不利于捕捉的点、线，大大节约建模时间。

另外，X 射线模式可以和其他显示模式配合使用，如图 2-47 就是 X 射线模式和材质贴图模式结合使用的显示效果。

Step 05 在“样式”选项区中，单击线框模式图标，可以显示模型的结构线，能够加快模型显示速度，效果如图 2-48 所示。

Step 06 在“样式”选项区中，单击隐藏线模式（又称为消隐模式）图标，场景中所有的面都将以背景色渲染，并覆盖位于其后方的边线，效果如图 2-49 所示。隐藏线模式适用于墨线打印，打印后可以添加手绘效果。

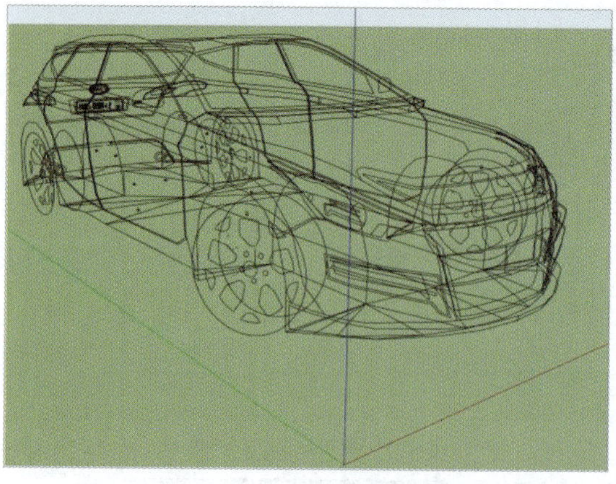

图 2-48 线框模式显示效果

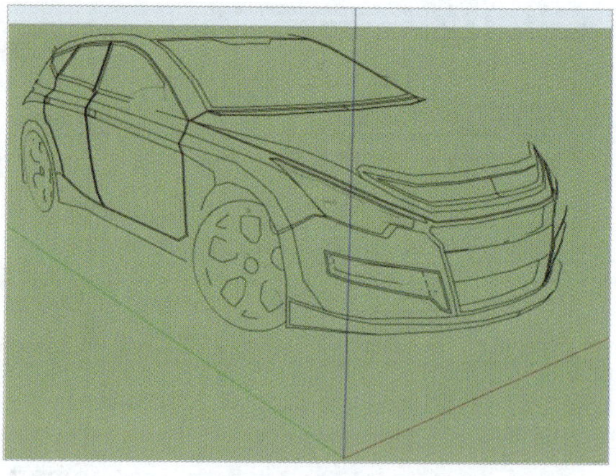

图 2-49 隐藏线模式显示效果

Step 07 在“样式”选项区中，单击阴影模式图标，可以在模型中显示阴影效果，从而增强三维模型的真实感和立体感，效果如图 2-50 所示。

Step 08 在“样式”选项区中，单击单色模式图标，物体表面将按照默认的正面颜色和背面颜色进行显示，效果如图 2-51 所示。

图 2-50 阴影模式显示效果

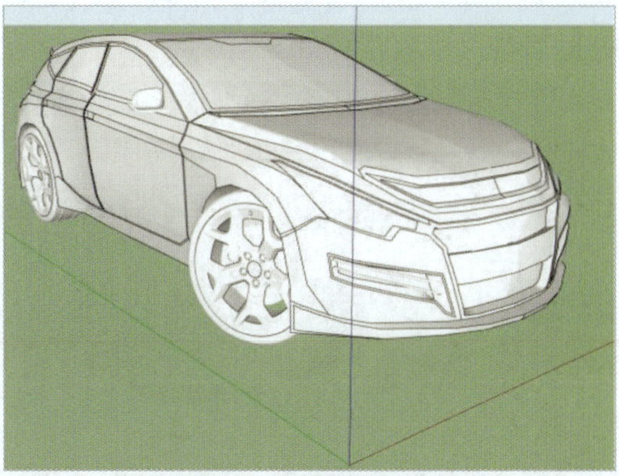

图 2-51 单色模式显示效果

Step 09 恢复默认的显示样式，在“平面设置”选项卡下方，选中“环境光遮蔽”复选框，如图 2-52 所示。

Step 10 环境光遮蔽是一种全局样式设置，它能在模型边缘增加视觉重点和深度感知，使模型看起来更加逼真和立体，效果如图 2-53 所示。

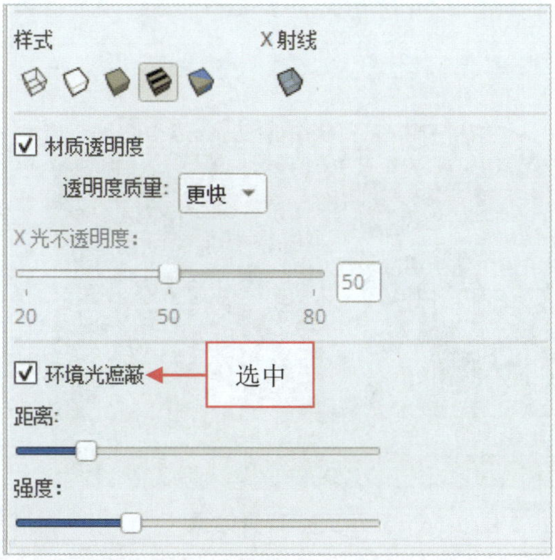

图 2-52 选中“环境光遮蔽”复选框

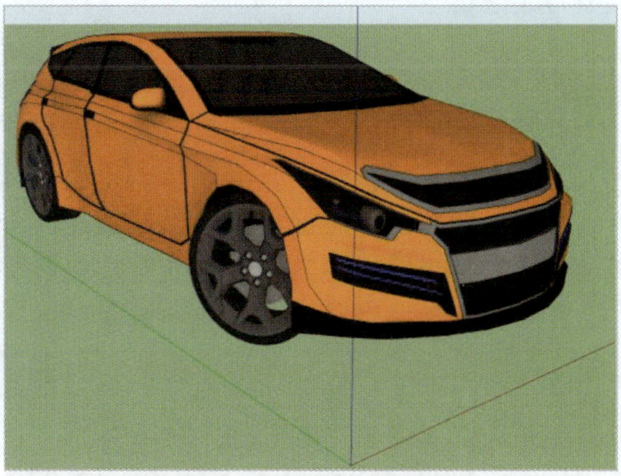

图 2-53 模型显示效果

> **专家指点**
>
> 环境光遮蔽功能可以增强视觉效果，通过模拟光线在物体表面的遮挡情况，使模型边缘和凹陷部分呈现出更深的阴影，从而增强模型的空间感和立体感。另外，环境光遮蔽功能还可以提高设计效率，用户无须使用额外的渲染软件或插件，即可在 SketchUp 中直接实现类似的环境光遮蔽效果，节省时间和资源。

2.3.4 设置背景样式

设置背景样式

用户可以在 SketchUp 中自定义模型的天空、地面和背景颜色，一个合适的背景可以极大地增强模型的视觉效果，使其更加引人入胜。素材与效果对比如图 2-54 所示。

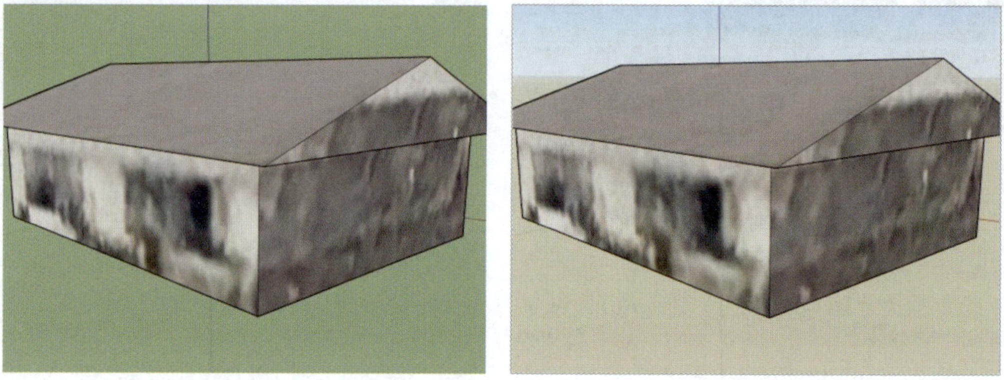

图 2-54 素材与效果对比

下面介绍设置背景样式的操作方法。

Step 01 按【Ctrl + O】组合键，打开一个素材模型（资源\素材\第 2 章\仓库.skp），在“样式”面板的“编辑”选项卡中，单击背景设置图标，切换至对应选项卡，如图 2-55 所示。

Step 02 选中“天空”复选框，显示天空背景效果，如图 2-56 所示。

图 2-55 切换至“背景设置”选项卡

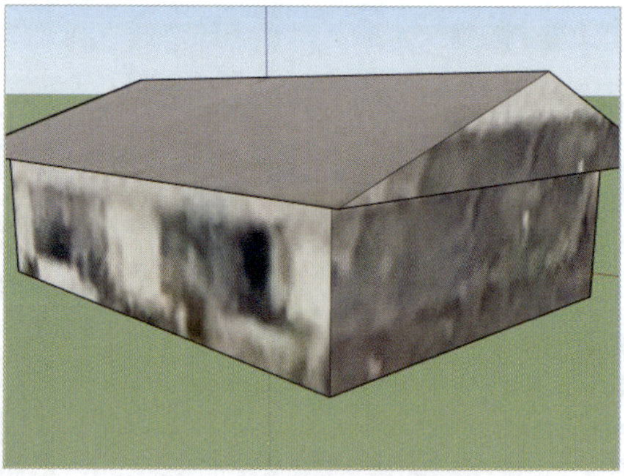

图 2-56 显示天空背景效果

> **▶ 专家指点**
>
> 在绘制图形的过程中，建议关闭天空和地面的背景显示状态，可以避免不必要的元素干扰最终效果，使模型更加突出。

Step 03 单击“天空”复选框右侧的色块，弹出“选择颜色”对话框，可以修改天空的背景颜色，这里保持默认设置即可，如图 2-57 所示。

Step 04 选中“地面”复选框，如图 2-58 所示，即可显示地面背景效果。

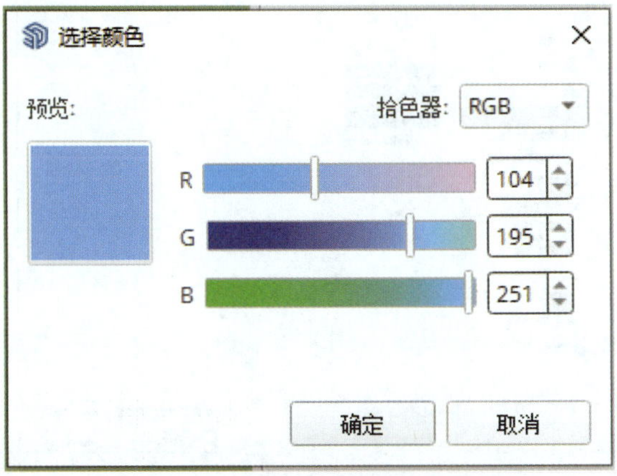

图 2-57 “选择颜色”对话框

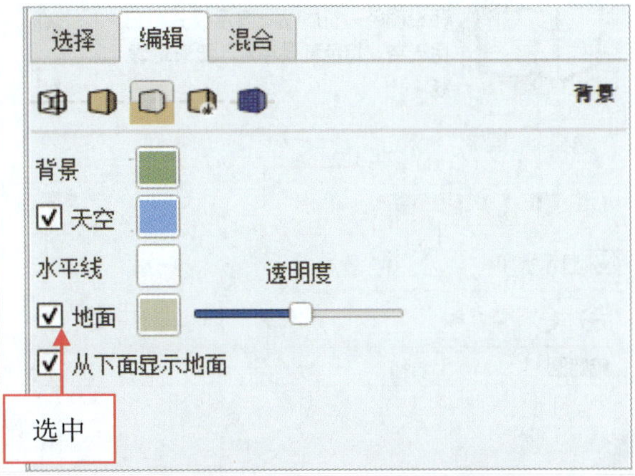

图 2-58 选中“地面”复选框

▶ 专家指点

可以单击“地面”复选框右侧的色块和调整“透明度”参数，来改变地面背景的颜色效果。在调整“透明度”参数时，应根据模型的复杂度和背景的需求来适度调整，以避免产生过于模糊或过于清晰的效果。

2.3.5 设置水印样式

设置水印样式

水印设置功能允许用户在模型前或模型后放置 2D 图像，这一功能为用户提供了在模型中添加背景、标签或其他图像元素的灵活性。素材与效果对比如图 2-59 所示。

图 2-59 素材与效果对比

下面介绍设置水印样式的操作方法。

Step 01 按【Ctrl + O】组合键，打开一个素材模型（资源\素材\第 2 章\树.skp），在“样式”面板的“编辑”选项卡中，单击水印设置图标，切换至对应选项卡，如图 2-60 所示。

Step 02 单击“添加水印”按钮⊕，弹出“选择水印”对话框，在其中选择相应的图像文件，如图 2-61 所示。

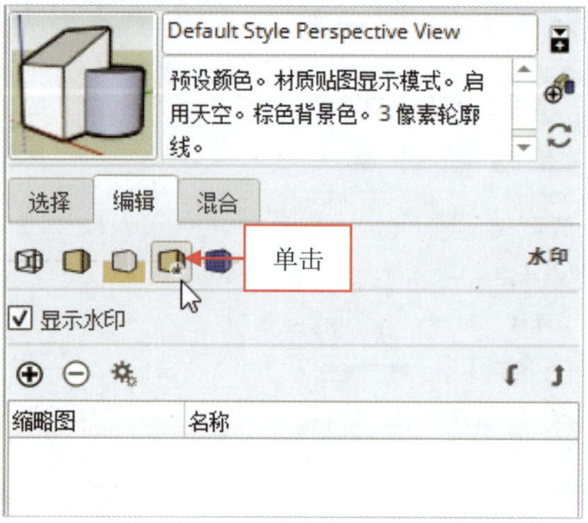

图 2-60　切换至“水印设置”选项卡

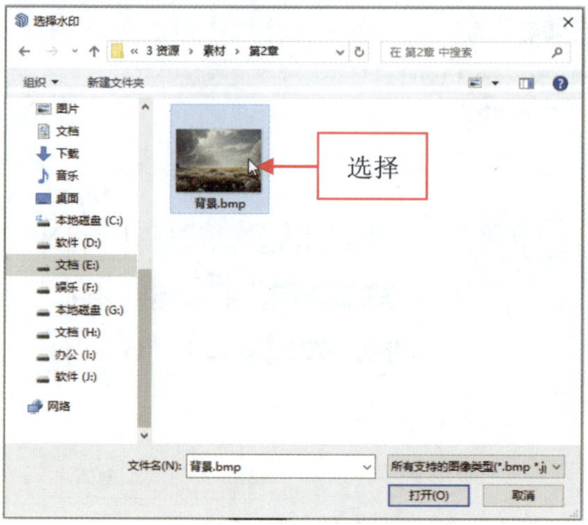

图 2-61　选择相应的图像文件

Step 03　单击“打开”按钮，弹出“创建水印”对话框，选中“背景”单选按钮，如图 2-62 所示。

Step 04　执行操作后，可以将图像置于模型后面作为背景来显示，效果如图 2-63 所示。

图 2-62　选中“背景”单选按钮

图 2-63　作为背景的显示效果

> **▶ 专家指点**
>
> 选中“背景”单选按钮，实际上是指将特定的图像或颜色设定为当前场景的背景层内容。这一操作至关重要，因为它能够显著影响整个设计或场景的氛围与视觉效果。通过将图像放置在背景层上，用户可以巧妙地创造出引人入胜的风景、广袤无垠的天空，或者模拟出将三维模型绘制在带有细腻纹理的表面（诸如粗糙的画布、精致的丝绸或是复古的纸张）上的独特效果。

Step 05　在“创建水印”对话框中，选中“覆盖”单选按钮，可以将图像置于模型前面，从而覆盖模型，效果如图 2-64 所示。

Step 06　单击“下一步”按钮，切换至“创建水印”对话框的下一个界面，选中“创建蒙板”复选框，如图 2-65 所示。

图 2-64　覆盖模型显示效果

图 2-65　选中“创建蒙板”复选框

▶ 专家指点

选中“覆盖”单选按钮，是指将图像置于前景中，并使用标识来标记模型，或指明其状态为“供参考”或“机密”。用户能够调整覆盖图像的透明度、位置、大小以及水印纹理的布局。当创建覆盖水印效果时，这些水印会显示在实体表面、天空或地面上；如果绘图区域中没有实体，则水印将不可见。

Step 07 单击“下一步”按钮，切换至“创建水印”对话框的下一个界面，在此可以设置水印的显示方式，单击“完成”按钮，如图 2-66 所示。

Step 08 执行操作后，即可添加水印样式效果，如图 2-67 所示。

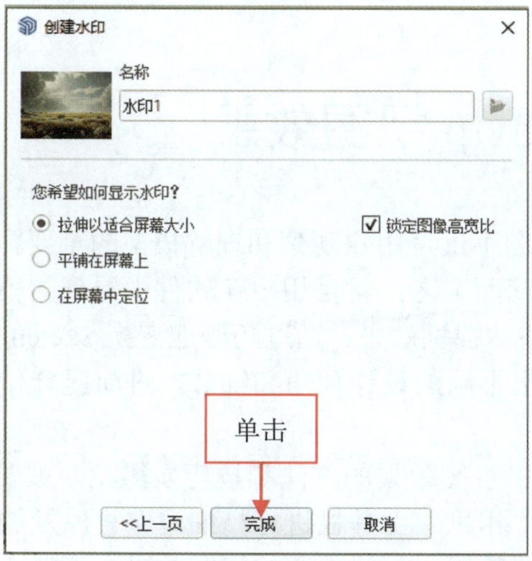

图 2-66　单击“完成”按钮

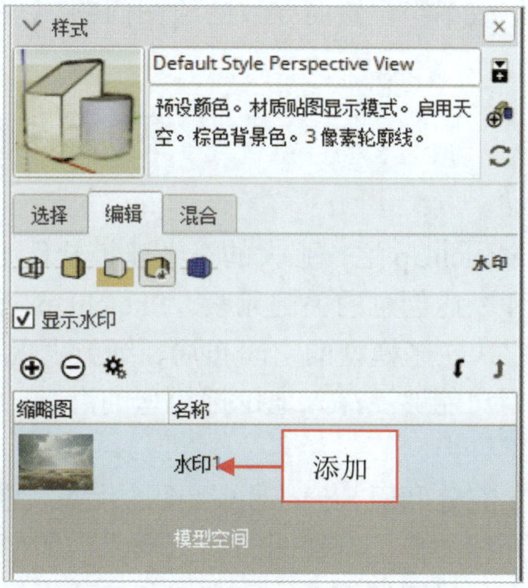

图 2-67　添加水印样式效果

2.3.6　设置建模样式

在“样式”面板的“编辑”选项卡中，单击建模设置图标，切换至对应选项卡。其中通常包含一系列与建模过程相关的选项，如是否显示隐藏的几何图形、是否显示物体等，如图 2-68 所示。这些设置有助于用户在建模过程中更好地控制和优化他们的设计。

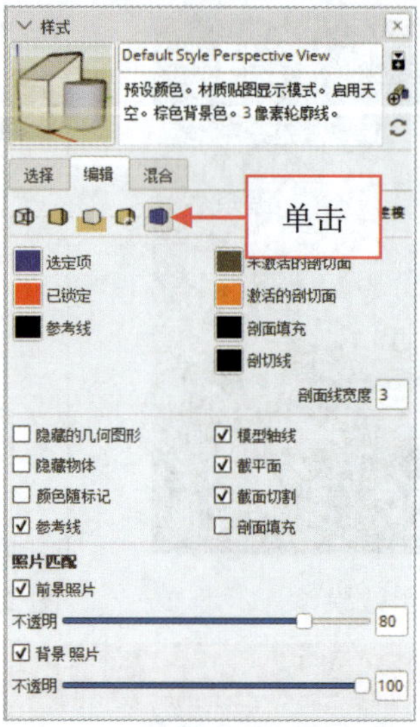

图 2-68　“建模设置”选项卡

“建模设置”选项卡中的选项，涵盖了线条与表面显示颜色的多种设定，同时还提供了线条与表面显示功能的开关选项，为用户提供了极大的自定义空间。用户完全可以根据自己的绘图习惯和需求，灵活调整这些设置，以达到最佳的绘图效果。

值得注意的是，如果没有特别的绘图需求或特定的视觉偏好，建议用户保持“建模设置”选项卡中的默认设置不变。这些默认设置通常是经过精心设计和优化的，旨在为用户提供更为舒适、直观的绘图体验。通过保持默认设置，用户可以确保绘图的一致性和准确性，同时避免因误操作或不当设置而导致的绘图问题。

2.4　变换 SketchUp 视图效果

在 SketchUp 这一强大的三维建模软件中，视图不仅是用户观察和理解模型的重要窗口，更是设计和表达创意的关键元素。SketchUp 视图，简而言之，就是用户在软件中看到的模型展示方式，它决定了模型的空间布局、细节表现以及整体视觉效果。通过巧妙地变换 SketchUp 视图效果，用户能够更深入地挖掘模型的潜力，展现出不同的设计视角和细节，进而提升作品的表现力和感染力。

为了充分利用 SketchUp 视图的优势，掌握变换视图效果的方法和技巧显得尤为重要。本节将详细介绍如何了解视图的显示形式，如何利用“相机”工具栏进行精细调整，以及如何在不同视图之间灵活切换。这些方法和技巧不仅能够帮助用户更好地掌控视图效果，还能激发创新思维，让设计作品更加生动、立体。

2.4.1　视图的显示模式

在 SketchUp 的菜单栏中，单击“相机”命令后，可以看到 3 种视图显示模式，如图 2-69 所示。下面是这 3 种视图显示模式的详细介绍。

- **平行投影**：通常所说的轴测图显示，其实就是平行投影的一种表现形式。在轴测图模式下，所有平行线在绘图窗口中都会保持其原有的水平状态，显示效果如图 2-70 所示。

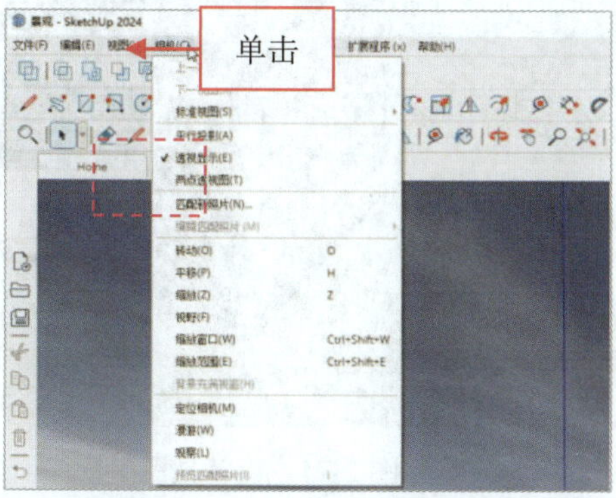

图 2-69　3 种视图显示模式

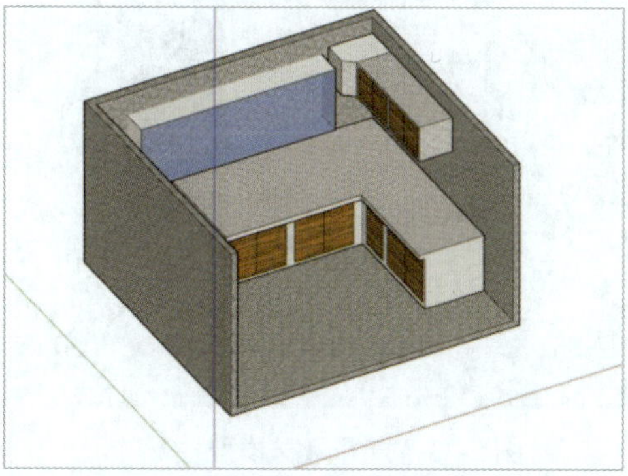

图 2-70　平行投影显示效果

- **透视显示**：模型中的平行线会逐渐汇聚并消失于一个特定的点，即“灭点”，从而呈现出具有透视变形的视觉效果，能够模拟人眼观察物体的自然方式，显示效果如图 2-71 所示。
- **两点透视图**：当视线保持水平时，模型会生成两点透视图效果，物体的每个侧面都会向对应的消失点汇聚，显示效果如图 2-72 所示。

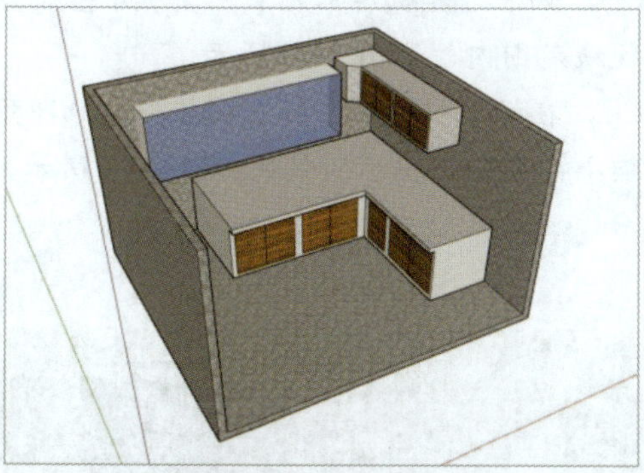

图 2-71　透视显示效果

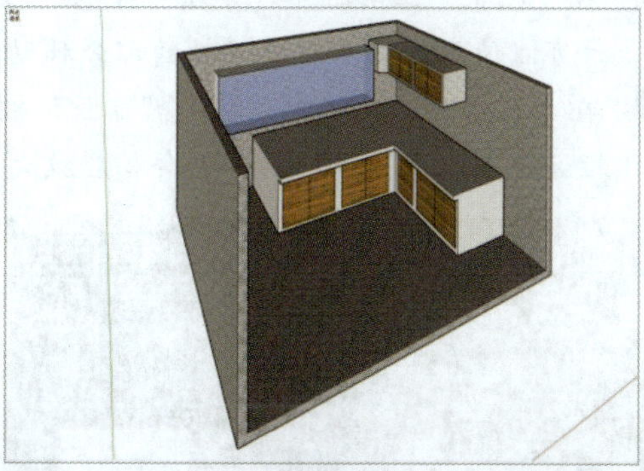

图 2-72　两点透视图显示效果

用户可以根据自己的实际需求选择不同的视图显示模式。在绘制图形的过程中，建议使用软件默认的“透视显示”模式，因为它能提供更清晰、更直观的视觉效果。

2.4.2　使用“相机”工具栏

使用“相机”工具栏

系统操作界面所展示的视图，是通过系统内置的相机镜头捕捉到的模型图像。因此，对相机的操作会直接影响视图的显示效果。下面介绍“相机”工具栏中各个工具的使用方法。

Step 01　按【Ctrl + O】组合键，打开一个素材模型（资源\素材\第 2 章\高楼.skp），如图 2-73 所示。

Step 02　在“相机”工具栏中，单击“环绕观察”按钮，该工具允许相机围绕模型旋转，便于全方位观察模型外观并进行相关操作，如图 2-74 所示。

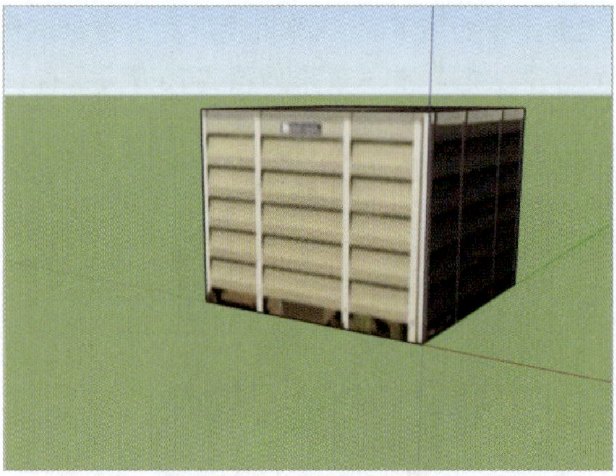

图 2-73　打开素材模型

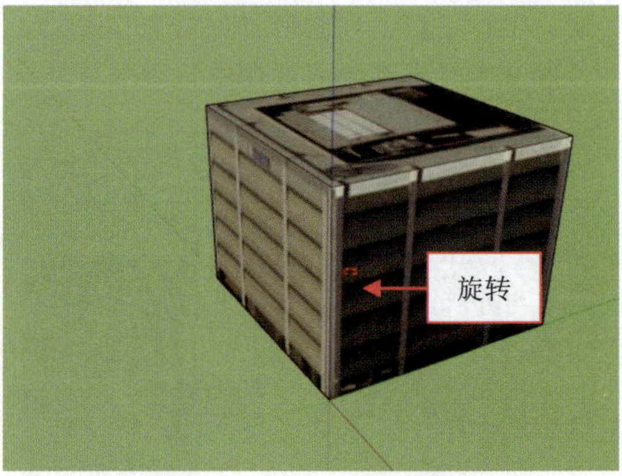

图 2-74　旋转视图

▶ 专家指点

环绕观察工具的系统默认快捷键是鼠标中键（即滚轮），使用时按住鼠标中键（此时鼠标指针会变为环绕观察工具的图标），随后拖曳鼠标即可旋转视图。注意，在旋转视图时，模型的竖直边线默认保持垂直。若按住【C】键，则可解除此限制，但模型会随之翻转。

Step 03 在“相机”工具栏中，单击“平移”按钮，如果计算机屏幕无法完整展示整个模型，此时可以使用该工具将感兴趣的部分移动到视线范围内，如图 2-75 所示。

Step 04 在“相机”工具栏中，单击“缩放”按钮，在场景中按住鼠标左键并拖曳，即可拉近或拉远视点，视图中的物体也会相应放大或缩小，缩小视图后的效果如图 2-76 所示。

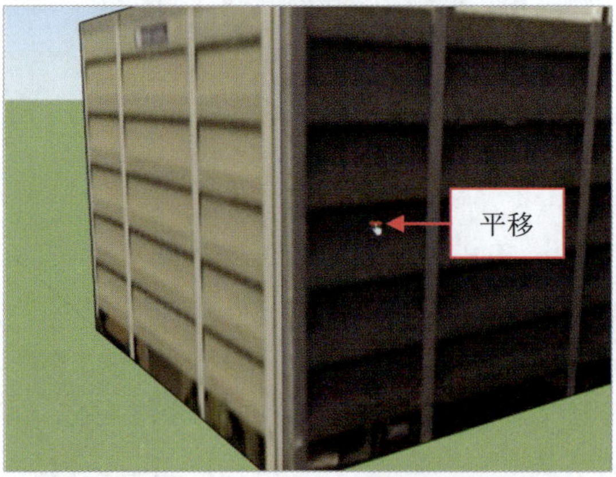

图 2-75　平移视图

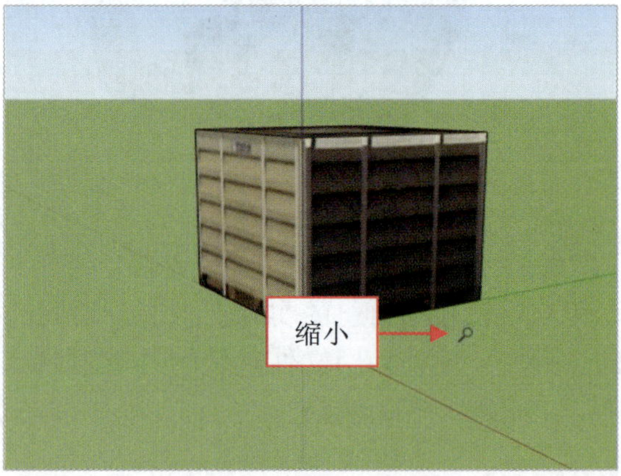

图 2-76　缩小视图

▶ 专家指点

注意，平移操作仅移动视点，模型在场景中的坐标保持不变。平移工具的快捷键为一直按住【Shift】+ 鼠标中键。

缩放工具用于调整视点与模型之间的距离，从而放大或缩小当前视图。另外，缩放工具还能调整透视变形的程度。下面是缩放工具的相关操作技巧。

- **视图居中：**在缩放工具状态下双击视图，可将双击位置居中显示，有时可替代平移操作。

● **改变相机视野**：选择缩放工具后，直接输入**deg（如 60deg），即可设置相机视野为 60°。图 2-77 所示分别为 30°和 60°视野的对比效果。

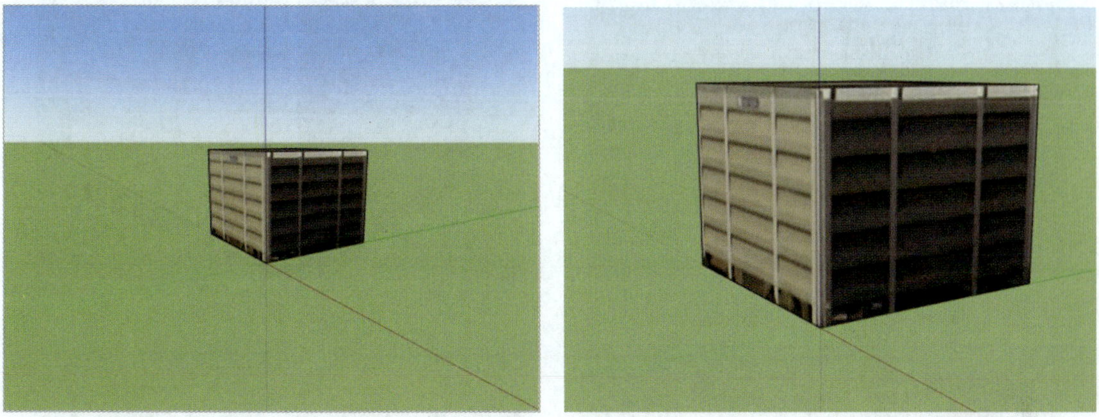

图 2-77　30°和 60°视野的对比效果

● **改变镜头焦距**：选择缩放工具后，直接输入××mm，如 60 mm，即可设置相机焦距为 60 mm。图 2-78 所示分别为 30 mm 和 60 mm 焦距的对比效果。

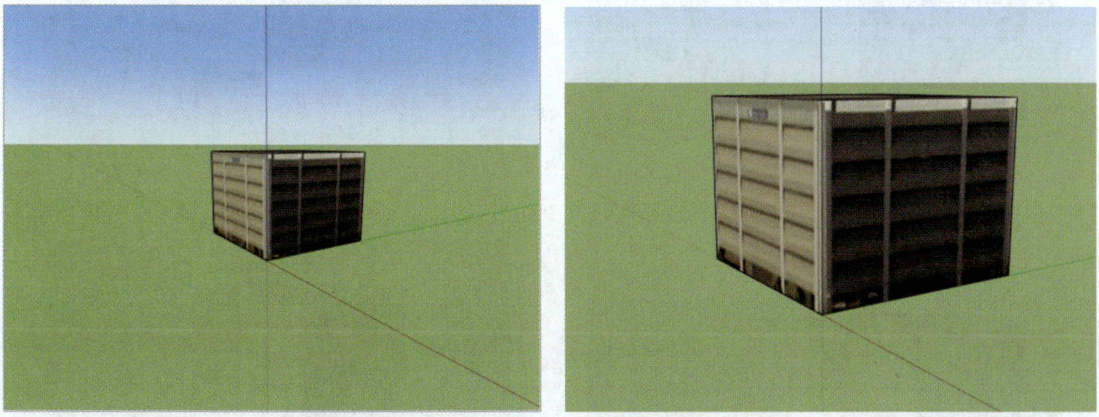

图 2-78　30 mm 和 60 mm 焦距的对比效果

Step 05 在"相机"工具栏中，单击"缩放窗口"按钮，在要放大的区域按住鼠标左键并拖曳，使用该工具拉出一个矩形框，如图 2-79 所示。

Step 06 释放鼠标左键后，在该矩形框内的内容将充满整个视图，如图 2-80 所示。在建模过程中，若需放大局部进行精细操作，即可使用缩放窗口工具。

Step 07 在"相机"工具栏中，单击"缩放范围"按钮，使用该工具可调整视点与模型的距离，确保整个模型都能显示在绘图区中，如图 2-81 所示。

Step 08 在"相机"工具栏中，单击"行走"按钮，在绘图区中单击任意一点，作为视点移动的参考点（会出现黑色十字标识），如图 2-82 所示。

Step 09 按住鼠标左键上下左右拖曳，可以观察模型，如图 2-83 所示。

Step 10 在行走工具状态下按住鼠标中键，可透明执行观察操作，如图 2-84 所示。

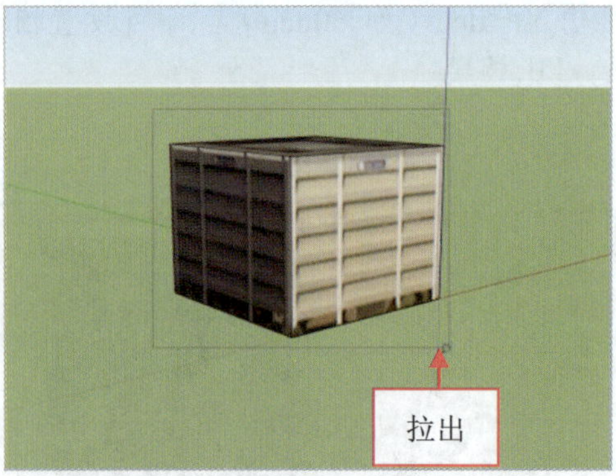

图 2-79　拉出一个矩形框

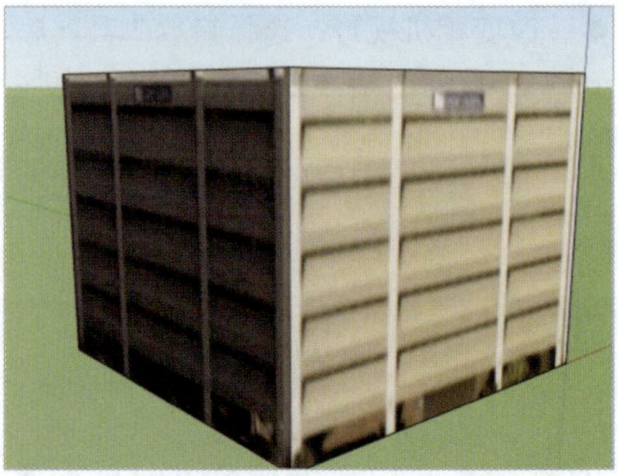

图 2-80　放大视图

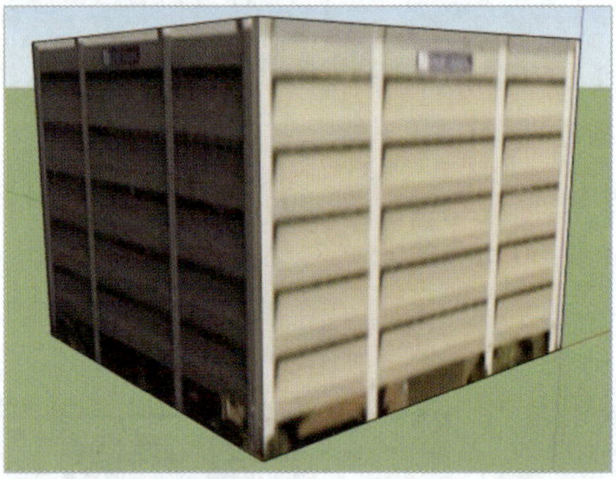

图 2-81　整个模型都能显示在绘图区中

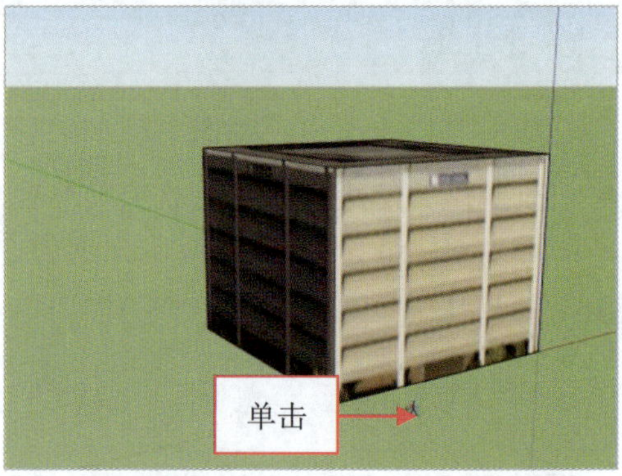

图 2-82　单击任意一点作为参考点

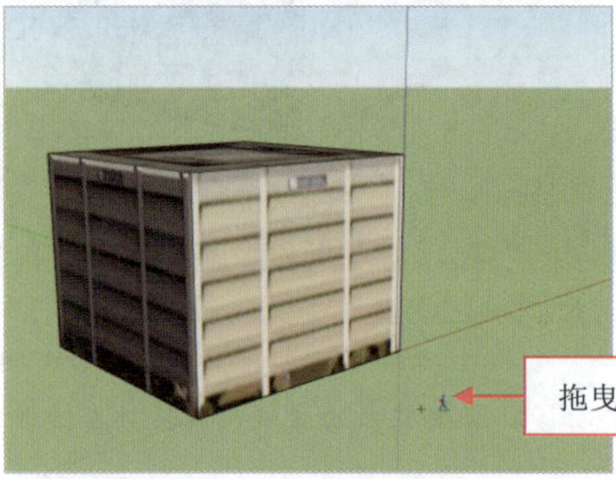

图 2-83　行走工具状态观察模型

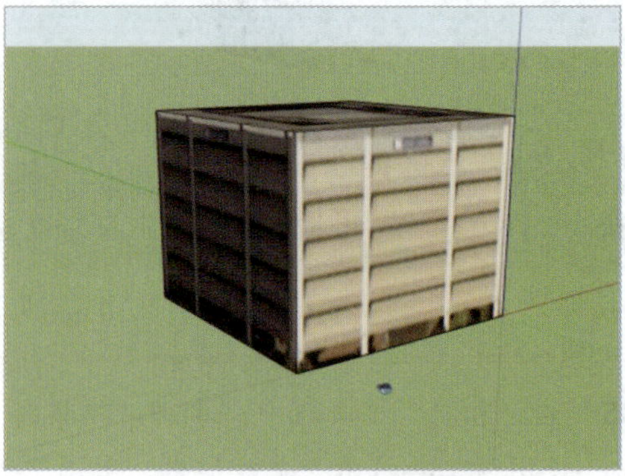

图 2-84　透明执行观察操作

▶ 专家指点

在使用行走工具移动观察模型时，按住【Shift】键，可将前后移动切换为上下垂直移动，或者将水平移动切换为左右垂直移动；按住【C】键，可加快移动速度。

另外，在“相机”工具栏中，单击“定位相机”按钮，使用该工具可以模拟人的视点高度。选取定位相机工具后，输入所需视点高度（如 1 500 mm），然后按【Enter】键确认。在希望放置视点的位置处单击，视图将切换到该高度。完成定位后，系统会自动激活观察工具。再次单击“定位相机”按钮，在绘图区中单击以确定视点的位置，并按住鼠标左键拖曳可以确定视点的方向，从而观察模型效果。

2.4.3　切换绘图区中的视图

切换绘图区中的视图

在“视图”工具栏中，用户可以单击某个按钮来切换至对应的视图。其具体操作方法如下。

Step 01　按【Ctrl + O】组合键，在 SketchUp 中打开一个素材模型（资源\素材\第 2 章\建筑群.skp），如图 2-85 所示。

Step 02　在菜单栏中，单击“视图”|“工具栏”命令，弹出“工具栏”对话框，在“工具栏”选项卡的下拉列表框中，选中“视图”复选框，如图 2-86 所示，即可显示“视图”工具栏。

图 2-85　打开素材模型

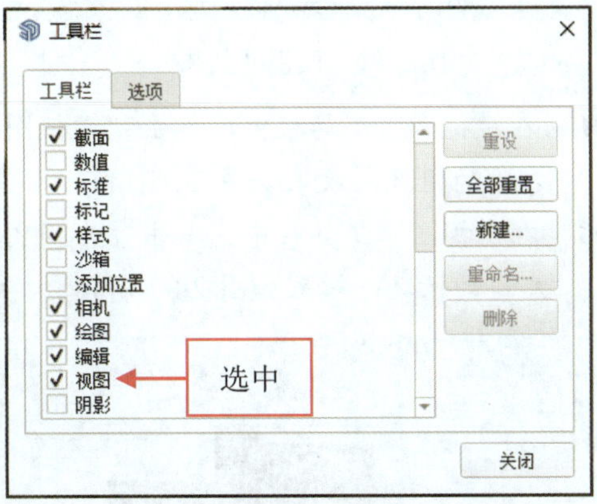

图 2-86　选中“视图”复选框

Step 03　在“视图”工具栏中，单击“轴测图”按钮，如图 2-87 所示。

Step 04　执行操作后，SketchUp 会根据当前的视图状态生成接近于当前视图的等角视图，效果如图 2-88 所示。

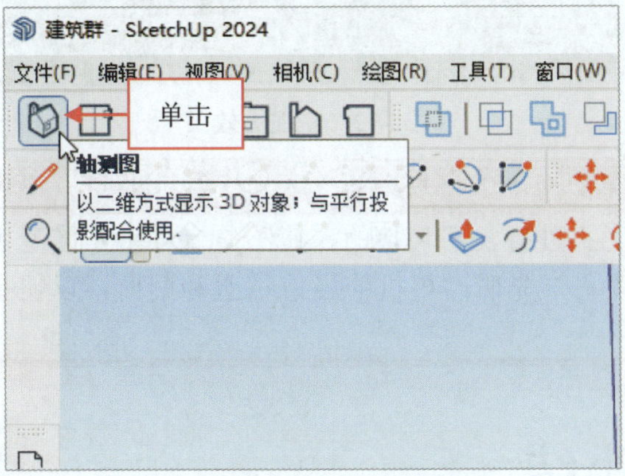

图 2-87　单击“轴测图”按钮

图 2-88　轴测图效果

Step 05　在“视图”工具栏中，单击“顶视图”按钮，即可切换为顶视图，可以方便地查看模型顶部的整体效果，如图 2-89 所示。

Step 06　在“视图”工具栏中，单击“前部”按钮，即可切换为前视图，可以方便地查看模型的正立面效果，如图 2-90 所示。

图 2-89　顶视图效果

图 2-90　前视图效果

Step 07　在“视图”工具栏中，单击“右视图”按钮，即可切换为右视图，可以方便地查看模型右边的情况，效果如图 2-91 所示。

Step 08　在“视图”工具栏中，单击“左视图”按钮，即可切换为左视图，可以方便地查看模型左边的情况，效果如图 2-92 所示。

图 2-91　右视图效果

图 2-92　左视图效果

▶ 专家指点

需要注意的是，SketchUp 是依据相机的角度来进行视图切换的，而不是直接基于模型本身的角度。因此，在进行视图角度切换时，建议用户先明确相机的当前位置和朝向，以便更准确地预测和控制切换后的视图效果。

本章小结

本章首先介绍了 SketchUp 软件中的模型文件创建与保存操作，包括如何新建、保存和打开模型文件，这是使用 SketchUp 进行三维建模的基础；其次介绍了模型文件的基本编辑方法，如拷贝与粘贴模型对象、选择模型对象和删除模型对象，这些操作是进行模型修改和优化的关键步骤；再次介绍了设置 SketchUp 显示样式的方法，包括了解“样式”命令、设置边线样式、平面样式、背景样式、水印样式以及建模样式，这些设置能够帮助用户根据需要调整模型的显示效果；最后介绍了变换 SketchUp 视图效果的方法，包括了解视图的显示模式、使用“相机”工具栏以及切换绘图区中的视图，这些操作能够让用户从不同的角度和视角观察模型，从而更好地理解模型的立体结构和空间布局。通过本章的学习，读者应掌握 SketchUp 的基础操作技巧。

课后实训

课后实训

本次课后实训的主要目标是在 SketchUp 2024 中，熟练掌握并实际操作将当前视图切换为底视图和后视图的方法。通过这一实践，读者将能够进一步熟悉 SketchUp 2024 的界面布局、视图切换技巧以及不同视图下对模型的观察和理解方式。

切换底视图和后视图的操作方法如下。

Step 01 按【Ctrl + O】组合键，打开一个素材模型（资源\素材\第 2 章\建筑群.skp），在“视图”工具栏中，单击“返回”按钮，如图 2-93 所示。

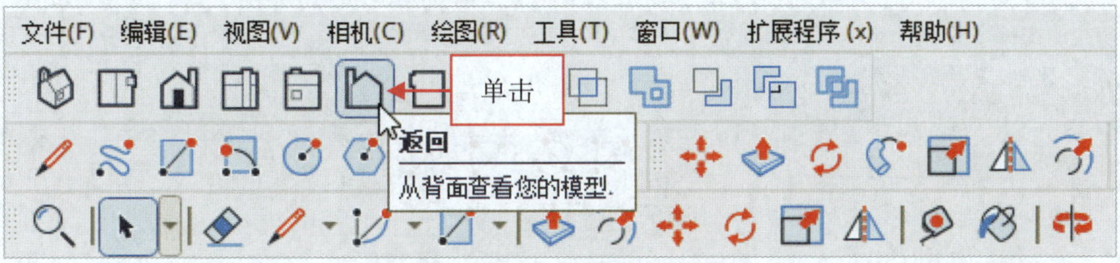

图 2-93　单击“返回”按钮

Step 02 执行操作后，即可切换为后视图，从背面观察模型的显示效果，如图 2-94 所示。

Step 03 在“视图”工具栏中，单击“底视图”按钮，即可切换为底视图，可以方便地查看模型底部的情况，效果如图 2-95 所示。

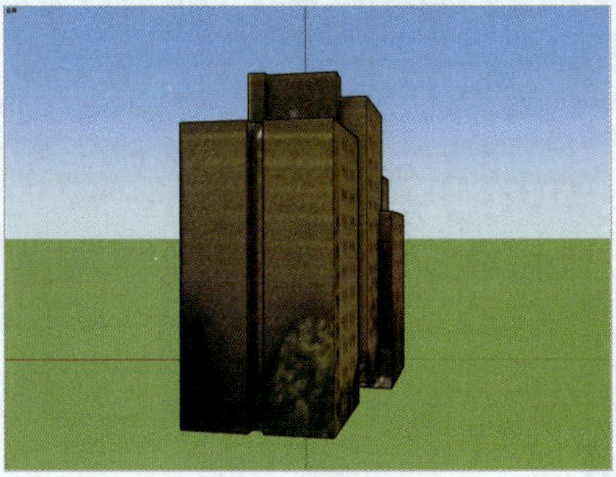

图 2-94　后视图效果

图 2-95　底视图效果

第 3 章
绘制 SketchUp 图形

3

在 SketchUp 这一强大的三维建模工具中，图形的绘制是构建复杂模型的基础。无论是简单的线条或平面图形，还是规则的圆类图形，都是构成三维空间的基本元素。本章将讲述 SketchUp 中的图形绘制功能，从线条类图形到平面类图形，再到圆类图形，帮助读者逐步掌握 SketchUp 中图形绘制的技巧。

本章重点

- 掌握绘制线条类图形的方法
- 掌握绘制平面类图形的方法
- 掌握绘制圆类图形的方法

思政目标

- 引导读者关注城乡发展需求，思考技术在乡村振兴中的应用价值
- 培养读者以数据驱动科研方法助力“数字中国”建设，为国家现代化发展提供技术支撑

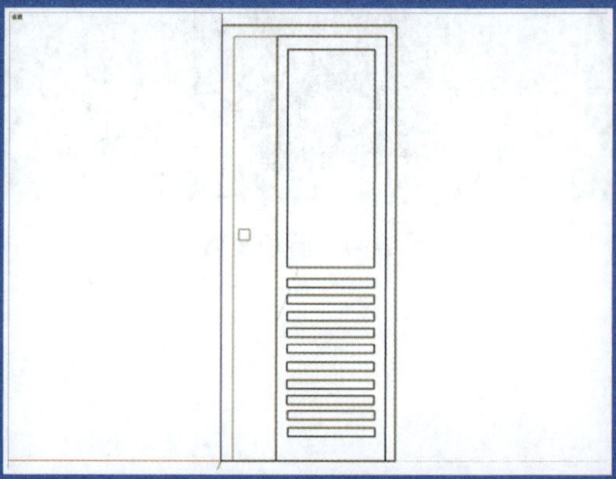

3.1　绘制线条类图形

线条作为几何图形中最基本、最简洁的元素，在 SketchUp 的三维建模中扮演着至关重要的角色。无论是构建建筑的框架、绘制家具的轮廓，还是标记设计的尺寸，都离不开线条的绘制。本节将介绍在 SketchUp 中绘制线条类图形的方法，包括直线的绘制、延伸、分割等。

3.1.1　绘制直线

绘制直线

所有复杂的图形都是由点、直线、圆弧等基本元素，以不同的粗细、间隔和颜色组合而成的。在这些元素中，直线是绘图中最基础、最简单的图形单元。连续的直线能够组成折线，而首尾相连的直线则能构成多边形。下面介绍绘制直线的操作方法。

Step 01 在“绘图”工具栏中，单击“直线”按钮，选取该工具，如图 3-1 所示。

Step 02 在绘图区中的相应位置处单击，确定直线的起始点，如图 3-2 所示。

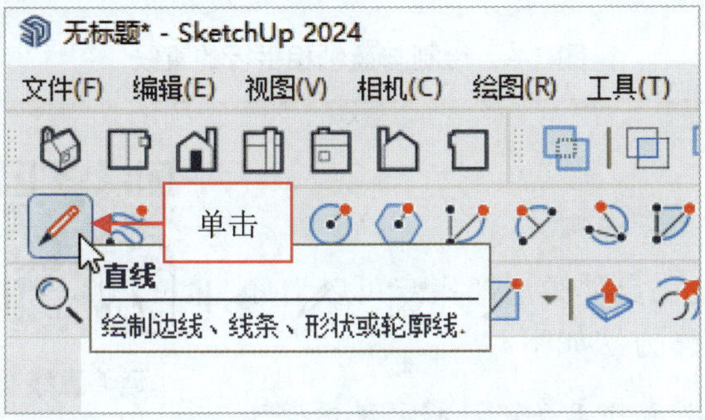

图 3-1　单击“直线”按钮

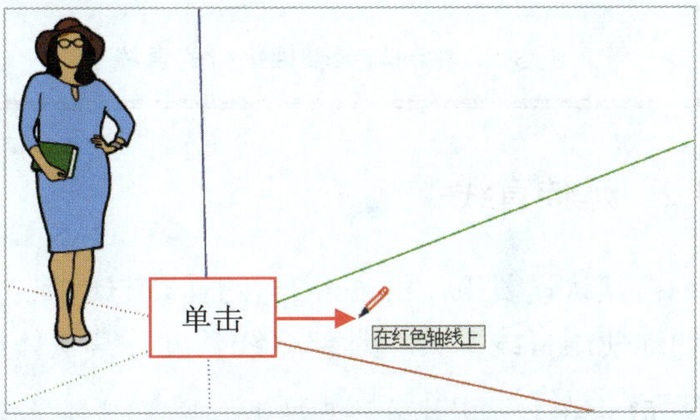

图 3-2　确定直线的起始点

Step 03 移动鼠标指针，在绘图区左下角的“长度”输入框中，会显示当前直线的长度，在此处输入直线的长度，如 2 000 mm，如图 3-3 所示，按【Enter】键确认数值，再按空格键或【Esc】键结束命令。

Step 04 执行操作后，即可绘制出一条与红轴平行且长度为 2 000 mm 的直线，如图 3-4 所示。

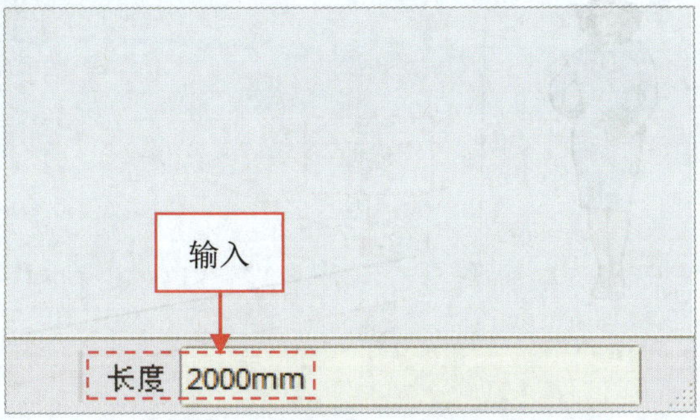

图 3-3　输入直线的长度数值

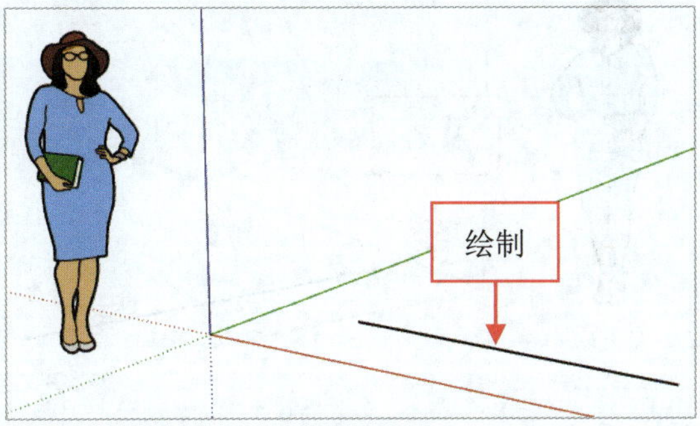

图 3-4　绘制出长 2 000 mm 的直线

▶ 专家指点

如果绘制的线条呈现红色、绿色或蓝色，说明其方向与对应颜色的相应坐标轴平行，相关技巧如下。

- 按键盘上的【→】键，直线将进行加粗显示，可以绘制与绘图区红轴相平行的直线。
- 按键盘上的【←】键，直线将进行加粗显示，可以绘制与绘图区绿轴相平行的直线，如图 3-5 所示。
- 按键盘上的【↑】键，直线将进行加粗显示，可以绘制与绘图区蓝轴相平行的直线，如图 3-6 所示。

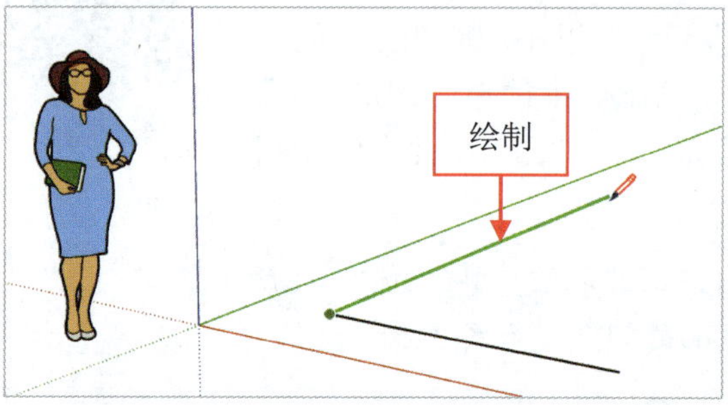

图 3-5　绘制与绿轴相平行的直线

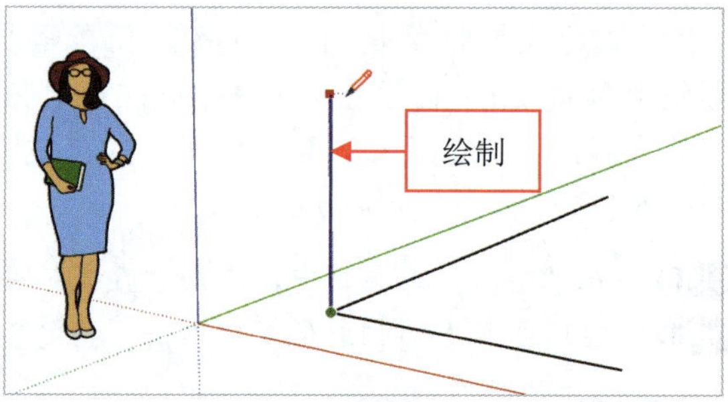

图 3-6　绘制与蓝轴相平行的直线

3.1.2　延伸直线

在默认设置下，SketchUp 的捕获与追踪功能已自动激活，用户可以十分方便地使用直线工具延伸直线长度。其具体操作方法如下。

延伸直线

Step 01　在上一例效果的基础上，按【L】键切换为直线工具，移动鼠标指针至直线的末端，系统会自动锁定该端点并在高亮时提示作为起点，单击以确认，此时线段将变为洋红色，如图 3-7 所示。

Step 02　输入直线的延伸长度为 600 mm，并按下【Enter】键以确认输入，按【Esc】键来完成该操作，即可延伸直线，如图 3-8 所示。

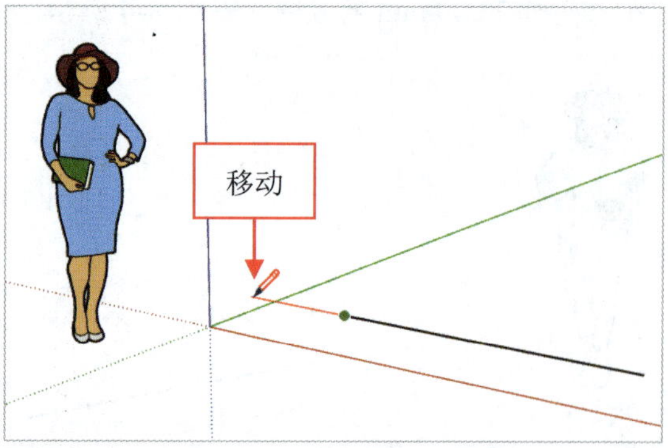

图 3-7　线段将变为洋红色

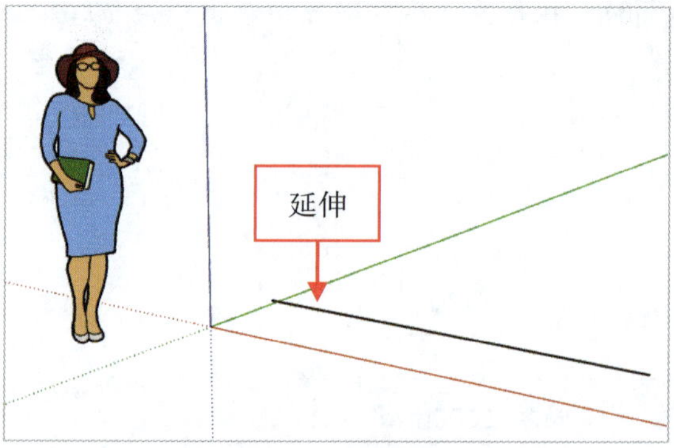

图 3-8　延伸直线

> ▶ 专家指点
>
> 在绘制直线时，无须在“长度”输入框中输入数值之前或之后特意去单击它。这个输入框对于数值输入是持续敏感的。这意味着只要用户正在使用的绘图命令保持激活状态，就可以根据需要，在“长度”输入框中反复输入数值，直到达到用户所期望的绘图效果。
>
> 另外，值得一提的是，利用延伸功能所绘制的直线与之前的直线是完全独立的两条线段。这意味着它们不会相互影响或约束彼此的位置、长度或方向。

3.1.3　绘制直线封面

绘制直线封面

使用直线工具可以绘制一系列首尾相连的直线，但这些直线必须在同一平面上，以确保它们能够正确地闭合形成一个面合线。如果直线不在同一平面上，则无法成功创建封面（意思为封闭的平面）。下面介绍绘制直线封面的操作方法。

Step 01　在“使用入门”工具栏中，❶单击相应工具右侧的下拉按钮；❷在弹出的列表框中选择“直线”选项，如图 3-9 所示，即可选取直线工具。

Step 02　使用直线工具绘制一条直线，如图 3-10 所示。

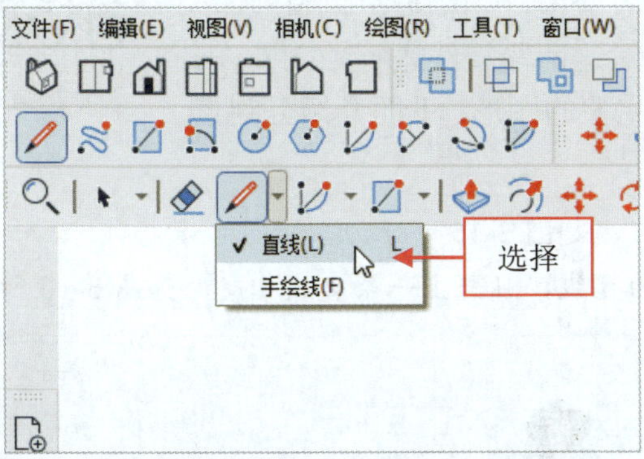

图 3-9　选择“直线”选项

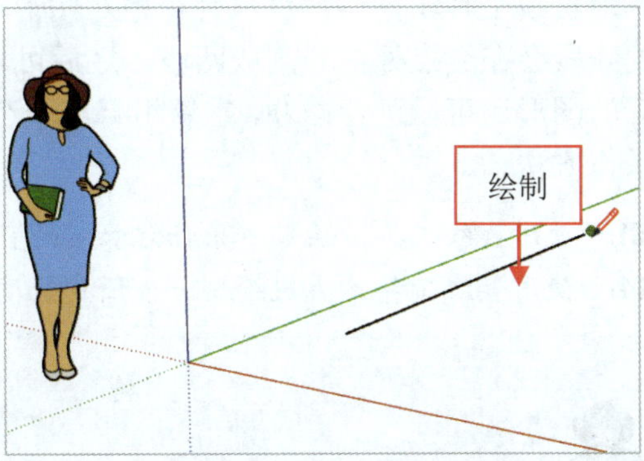

图 3-10　绘制一条直线

Step 03　使用直线工具继续绘制一系列首尾相连的直线，在绘制过程中，务必确保每一条直线的起点与上一条直线的终点紧密相连，以形成一个完整的闭合图形，如图 3-11 所示。

Step 04　当所有直线都按照要求绘制完成后，它们将共同构成一个闭合的面合线，如图 3-12 所示。

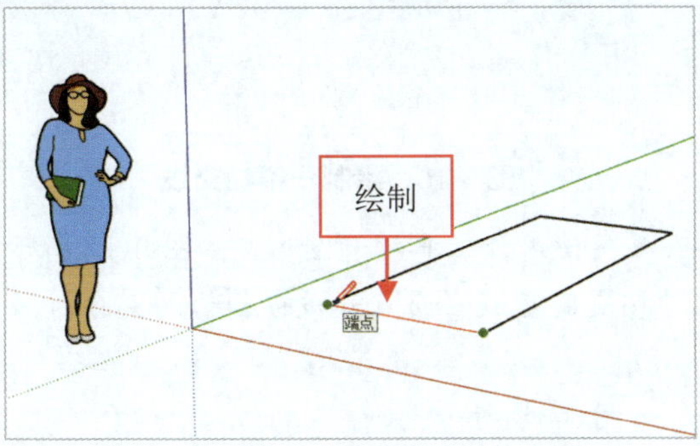

图 3-11　绘制一系列首尾相连的直线

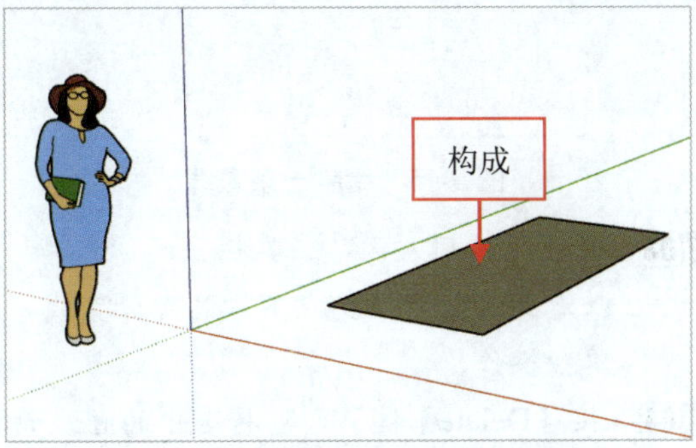

图 3-12　构成一个闭合的面合线

▶ 专家指点

在确定了直线的起点之后，用户可以进一步指定直线的终点坐标，这一坐标既可以是基于全局绘图坐标系的绝对坐标，也可以是相对于直线起点位置的相对坐标，相关介绍如下。

- **绝对坐标：**若采用绝对坐标方式，用户需要输入一个以当前绘图坐标系为基准的三维坐标值，其格式通常为[*X*, *Y*, *Z*]，如图 3-13 所示。绝对坐标允许用户精确地定位直线终点的绝对位置，无论当前绘图环境如何变化，该坐标值都代表了一个固定的、全局性的位置。
- **相对坐标：**相对坐标则是一种基于直线起点位置的坐标表示方式，其输入格式通常为<*X*, *Y*, *Z*>，如图 3-14 所示。这里的 *X*、*Y*、*Z* 分别表示直线终点相对于起点在 *X* 轴、*Y* 轴和 *Z* 轴方向上的偏移量。使用相对坐标可以方便地根据起点位置来定位终点，而无须关心全局坐标系的具体位置。

图 3-13　绝对坐标格式示例

图 3-14　相对坐标格式示例

3.1.4　分割直线

分割直线

利用直线工具，用户可以轻松地对图形进行分割。当需要分割直线时，相交的线段会在交点处被分割成两段，之后可以对这两段直线进行独立操作。分割后的图形还可以进行修补，重新组合成一个完整的图形。下面介绍分割直线的操作方法。

Step 01　使用直线工具绘制一条任意长度的直线，如图 3-15 所示。

Step 02　使用直线工具再次绘制一条任意长度的直线，且与上一条直线相交，如图 3-16 所示。

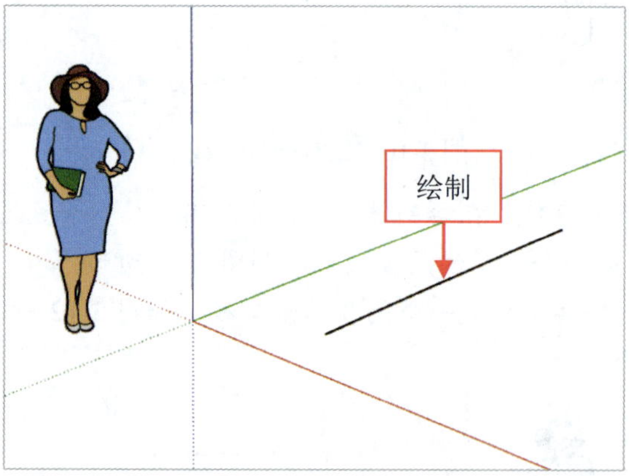

图 3-15　绘制一条直线

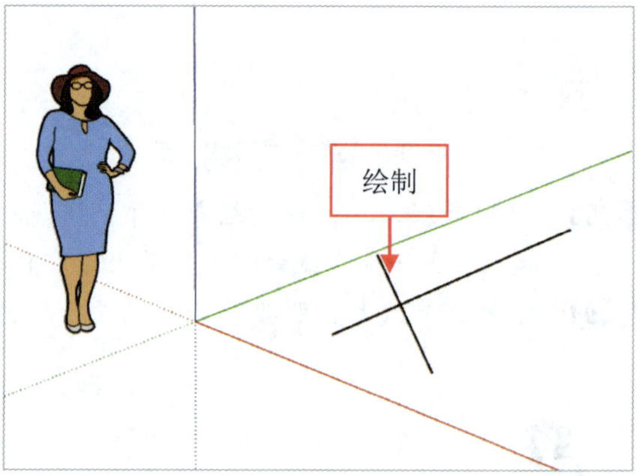

图 3-16　绘制一条相交线

Step 03　单击“使用入门”工具栏上的“选择”按钮，使用该工具框选图形，如图 3-17 所示，可以看到只能选中交点下方的部分直线，此时相交的直线在交点处被分割为两部分，且可以单独操作。

Step 04　按【Delete】键，即可将选中的直线删除，如图 3-18 所示。

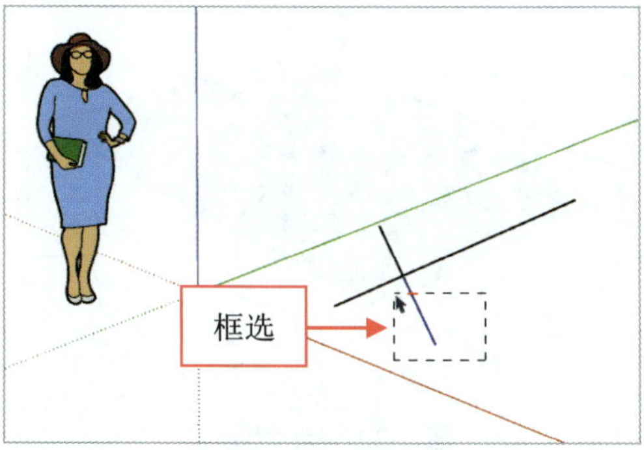

图 3-17　框选图形

图 3-18　删除直线

3.1.5　使用直接分割平面

当需要对平面进行分割时，可以使用直线作为分界线，将平面一分为二。下面介绍使用直线分割平面的操作方法。

使用直接分割平面

Step 01 按【Ctrl + O】组合键，打开一个素材模型（资源\素材\第 3 章\矩形.skp），选取直线工具，将鼠标指针移动至矩形的任意一条边线上，此时鼠标指针将变为红色，标志着起点已确认，如图 3-19 所示。

Step 02 保持按下鼠标左键并拖曳鼠标指针至矩形的另一条边线上，当鼠标指针再次呈现红色时，松开鼠标左键以确定终点，绘制出一条直线，作为分割平面的依据，如图 3-20 所示。

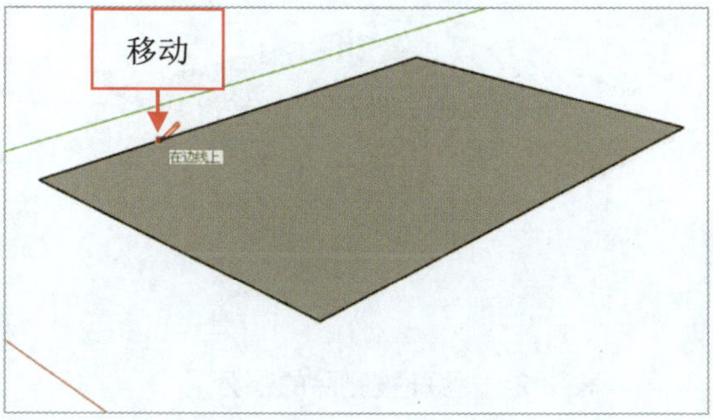

图 3-19　确认直线起点

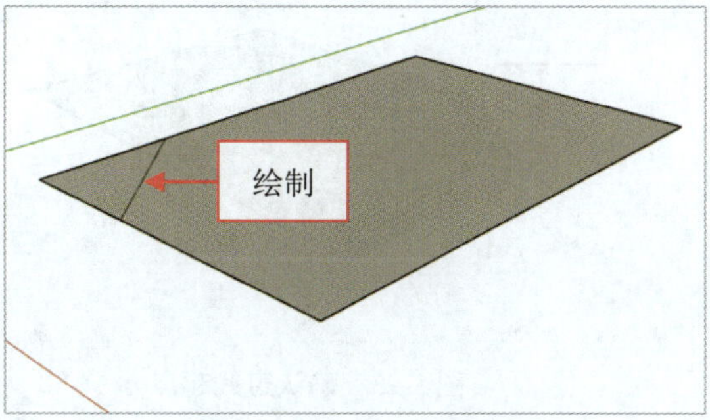

图 3-20　绘制一条直线

Step 03 单击“使用入门”工具栏上的“选择”按钮，使用该工具单击被分割的平面部分，如图 3-21 所示。注意，由于矩形平面已经被之前绘制的直线分割为多个部分，因此此时只能选中被直线分割后的部分平面，而非整个矩形。

Step 04 按【Delete】键，即可将选中的图形删除，如图 3-22 所示。

> **▶ 专家指点**
>
> 在 SketchUp 中，用于分割平面的直线若显示为细线，则表明该平面已被此直线成功分割；反之，若直线显示为粗线（即轮廓线），则说明该平面并未被此直线分割。
>
> 在 SketchUp 中，一条直线每次只能分割一个面，无法同时实现对多个面的分割操作。因此，在进行复杂图形的分割处理时，可能需要依次绘制多条直线，以逐步完成对整个图形的分割。

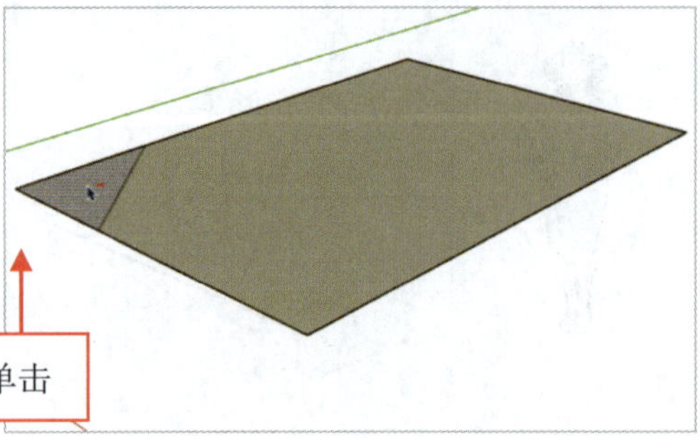

图 3-21　单击被分割的平面部分

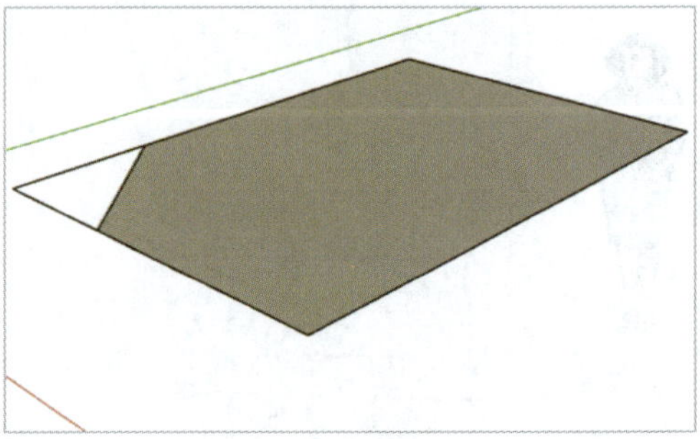

图 3-22　删除图形

3.1.6　使用直线修补平面

当平面图形中的某个部分被删除后，为了保持图形的完整性和美观性，可以使用直线工具或其他工具来修补这个缺口。下面介绍使用直线修补平面的操作方法。

使用直线修补平面

Step 01 在上一例效果的基础上，选取直线工具，将鼠标指针移动至矩形被删除部分的任意一条边线上，此时鼠标指针将变为红色，单击确认起点，如图 3-23 所示。

Step 02 移动鼠标指针到另一条边线上，当鼠标指针再次显示为红色时，单击确定终点，即可绘制出一条直线，用于修补被删除的部分，如图 3-24 所示。

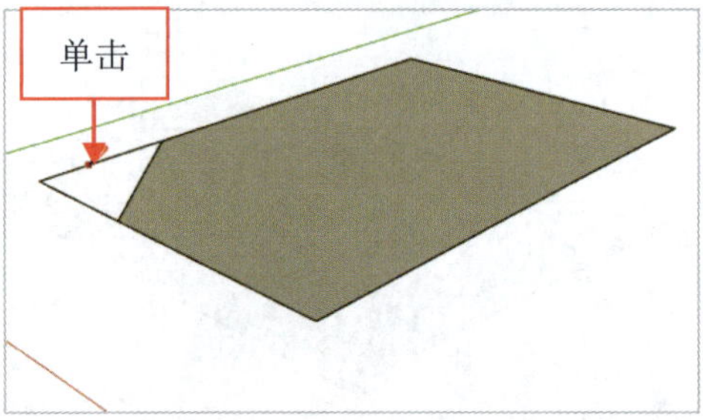

图 3-23　确认直线起点

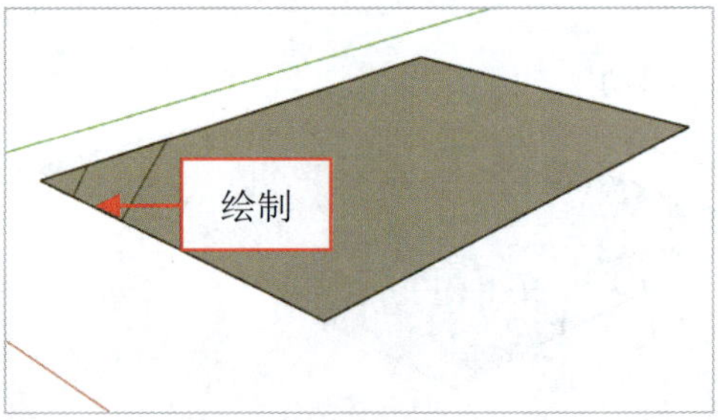

图 3-24　修补被删除的部分

▶ 专家指点

选定已有直线后，使用鼠标右键单击直线，在弹出的快捷菜单中选择“拆分”选项，如图 3-25 所示。在“段”输入框中输入 3，如图 3-26 所示。

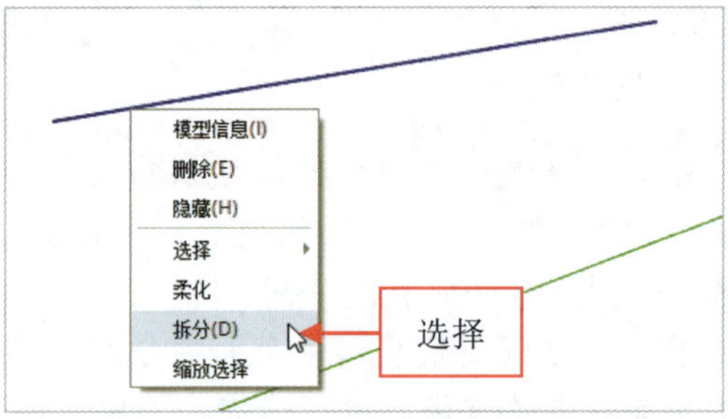

图 3-25　选择“拆分”选项

图 3-26　输入相应参数

执行操作后，即可将此直线 3 等分，如图 3-27 所示。等分数目也可以直接通过鼠标在该直线上滑动时所显示的等分数值来确定。将鼠标指针向左移动等分点将增多，向右移动等分点将减少，分别如图 3-28 和图 3-29 所示。注意，由于这里是透视图，因此被分割的直线长度看上去并不均等，实际上它们的长度都是一样的。

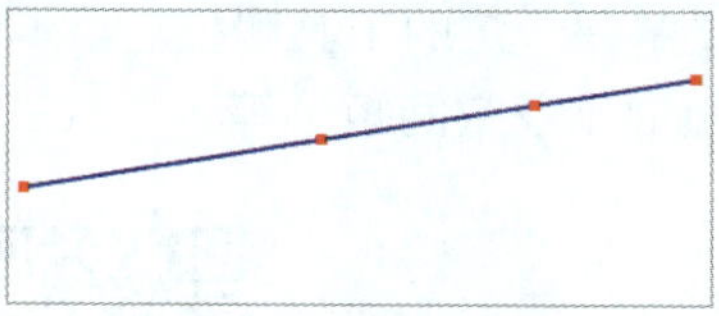

图 3-27　将直线 3 等分

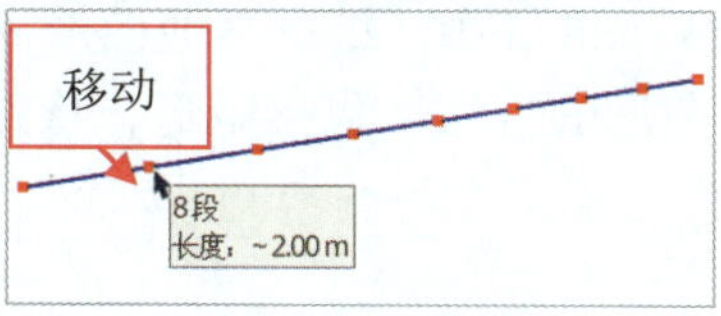

图 3-28　向左移动增加等分点

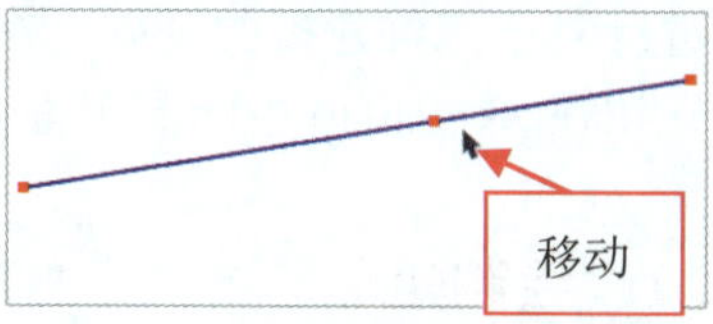

图 3-29　向右移动减少等分点

3.1.7　绘制不规则曲线

在绘图过程中，除了直线和规则形状外，往往还需要绘制一些自由、流畅且不规则的曲线。为了满足这一需求，SketchUp 提供了手绘线工具，可以帮助用户轻松绘制出各种形态各异的不规则曲线。下面介绍绘制不规则曲线的操作方法。

绘制不规则曲线

Step 01　在“绘图”工具栏中，单击“手绘线”按钮，选取该工具，如图 3-30 所示。

Step 02　在绘图区中的相应位置处单击，确定曲线的起始点，如图 3-31 所示。

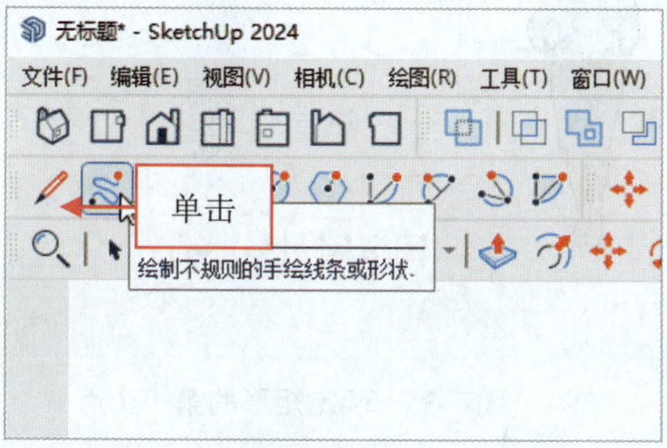

图 3-30　单击“手绘线”按钮

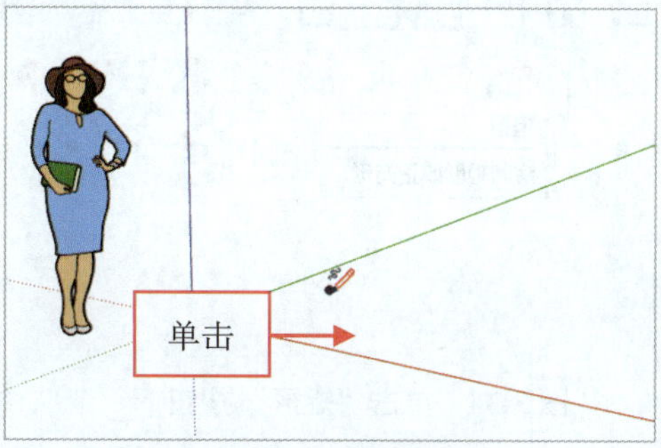

图 3-31　确定曲线的起始点

Step 03　按住鼠标左键不放，在绘图区中按照自己想要的形状和轨迹进行拖曳，如图 3-32 所示。

Step 04　将鼠标指针拖曳至起点处，即可绘制出不规则曲线，如图 3-33 所示。

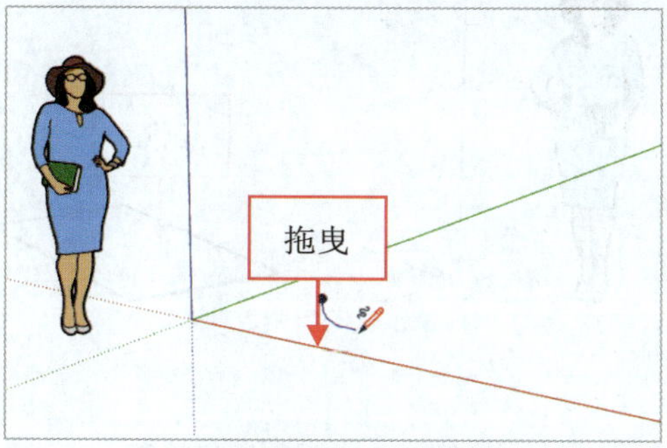

图 3-32　拖曳鼠标

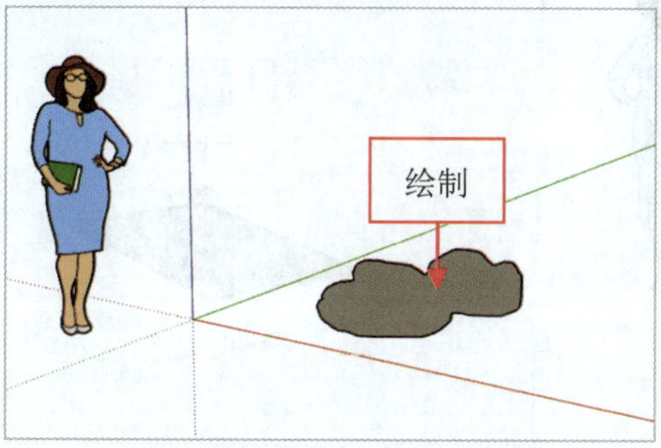

图 3-33　绘制出不规则曲线

3.2 绘制平面类图形

平面图形是三维空间中不可或缺的重要组成部分，不仅构成了建筑和物体的基本表面，还是进行复杂三维建模的基础。在 SketchUp 中，绘制平面图形需要掌握一定的工具和技巧。本节将介绍在 SketchUp 中绘制平面类图形的方法，包括矩形、特殊矩形以及空间矩形等。

3.2.1 绘制矩形

绘制矩形

矩形是一种几何图形，具有两组对边分别平行且等长、四个角均为直角的特性。在二维平面上，矩形可以通过确定其长度和宽度来唯一确定；而在三维空间中，矩形则通常作为平面图形存在，可以用于构建各种立体形状的基础。下面介绍绘制矩形的操作方法。

Step 01 在“绘图”工具栏中，单击“矩形”按钮，选取该工具，如图 3-34 所示。

Step 02 当鼠标指针变成形状时，在绘图区中的相应位置处单击，确定矩形的第 1 个点，如图 3-35 所示。

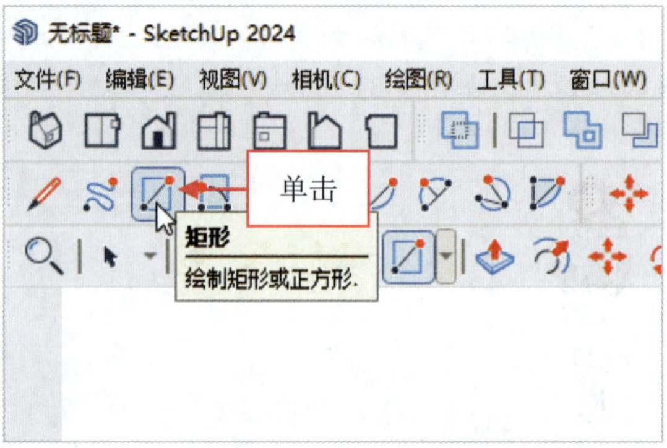

图 3-34 单击“矩形”按钮

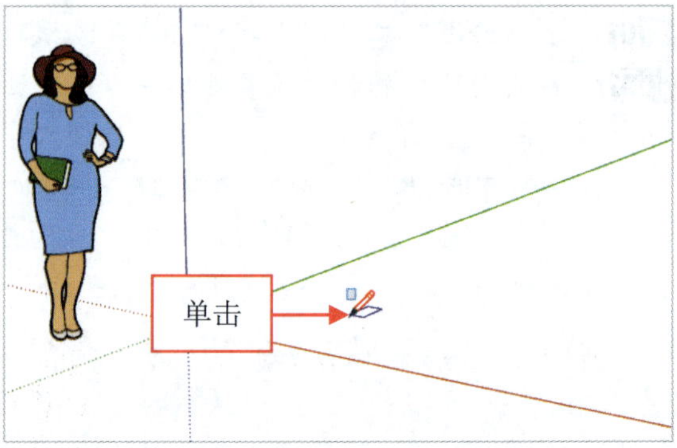

图 3-35 确定矩形的第 1 个点

Step 03 移动鼠标指针至适当位置，单击确定第 2 个点，将自动生成矩形平面，如图 3-36 所示。

Step 04 选择平面，按【Delete】键将平面删除，即可得到矩形轮廓，如图 3-37 所示。

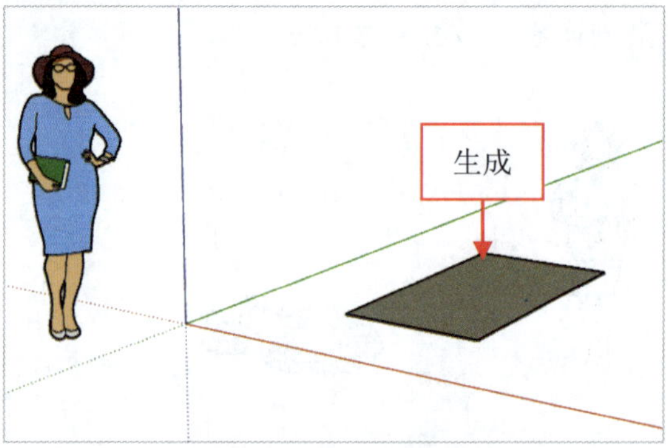

图 3-36 生成矩形平面

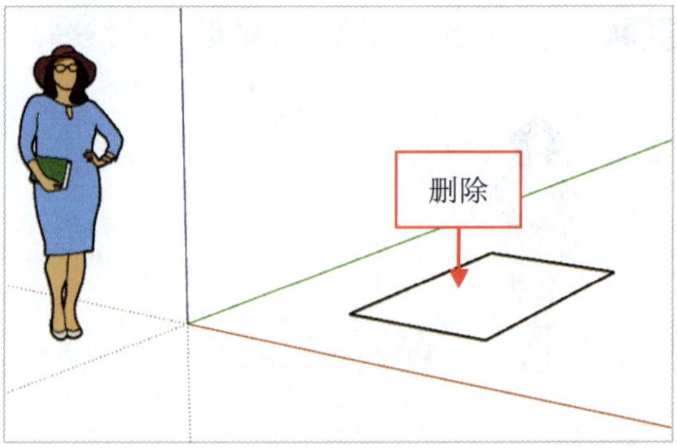

图 3-37 得到矩形轮廓

▶ 专家指点

单击“绘图”工具栏中的“矩形”按钮后，鼠标指针将变为特定形状，此时单击以定位矩形的第一个点；接着在“尺寸”输入框中输入长度和宽度的数值，格式为“长,宽”。若输入负值，则会生成方向相反的矩形。

在绘图过程中，若仅输入数值，SketchUp 将采用模型信息对话框中预设的单位。若需绘制其他单位的图形，用户需要先指定矩形的第一个角点，然后在“尺寸”输入框中输入长度和宽度的数值，并附加单位。

例如，要绘制一个 3 000 mm 长、2 000 mm 宽的矩形，应输入“2000mm,3000mm”（注意，逗号需为英文半角格式），如图 3-38 所示。输入参数后按【Enter】键确认，即可绘制出相应大小的矩形，效果如图 3-39 所示。

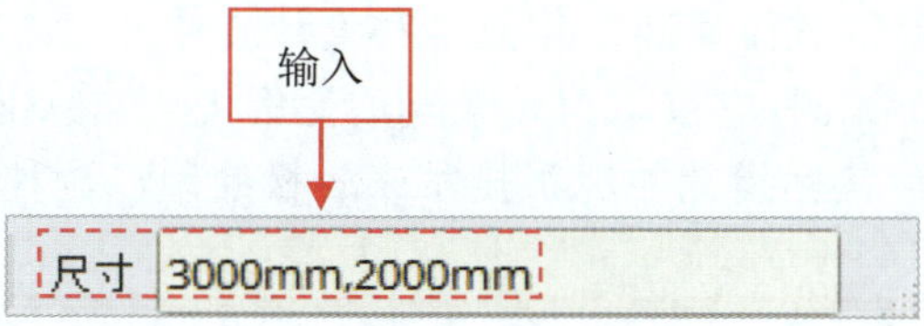

图 3-38　输入相应参数

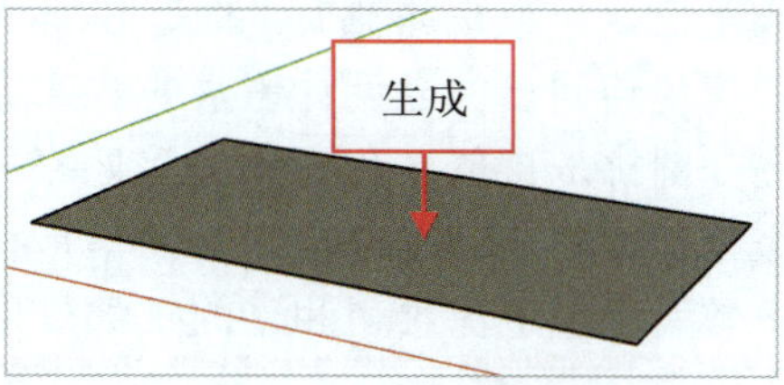

图 3-39　生成矩形效果

3.2.2　绘制特殊矩形

绘制特殊矩形

除了常规的矩形绘制外，SketchUp 还提供了绘制特殊矩形的功能，如正方形和黄金分割比的长方形，这些特殊矩形在草图设计中往往具有独特的视觉效果和应用价值。下面介绍绘制特殊矩形的操作方法。

Step 01 在绘制矩形时，随着鼠标指针的移动，SketchUp 会根据当前矩形的长宽比例给出不同的提示，当提示为“正方形”时，如图 3-40 所示。

Step 02 单击鼠标左键确认，即可绘制一个四条边等长的矩形，即正方形，如图 3-41 所示。

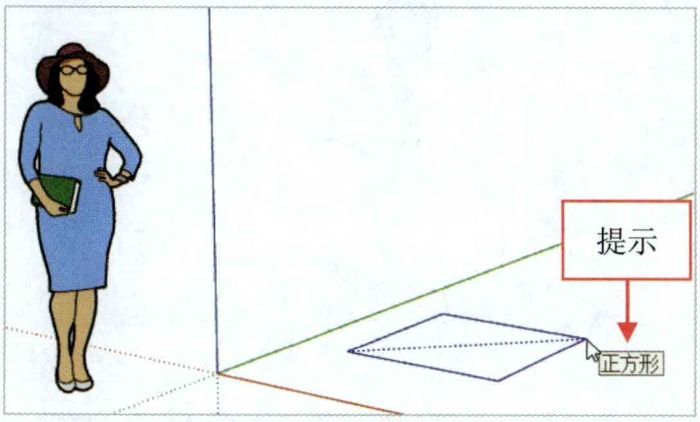

图 3-40　提示为“正方形”

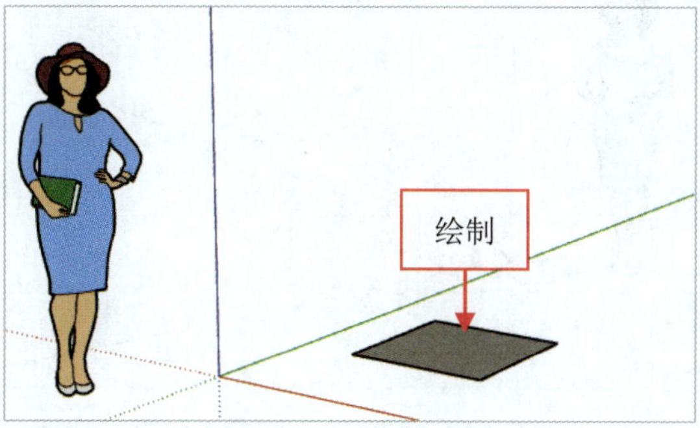

图 3-41　绘制正方形

Step 03 在绘制矩形时，随着鼠标指针的移动，当提示变为“黄金分割”时，如图 3-42 所示。

Step 04 单击鼠标左键确认，即可绘制一个黄金分割比的长方形，如图 3-43 所示。

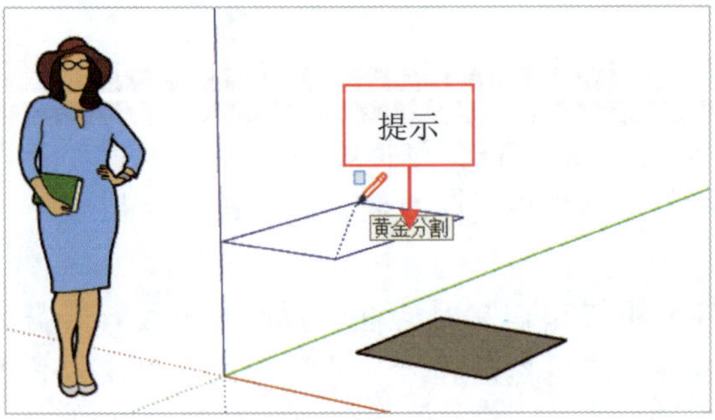

图 3-42　提示变为“黄金分割”

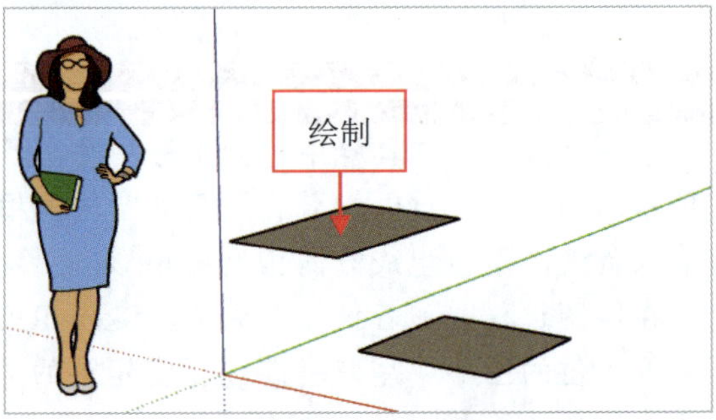

图 3-43　绘制具有黄金分割比的长方形

▶ 专家指点

当开始绘制矩形并移动鼠标指针时，矩形内部可能会出现一条以虚线表示的对角线，这条对角线不仅是一个视觉辅助，更是 SketchUp 为用户提供的一个智能提示工具，可以帮助用户更加便捷地绘制出符合设计需求的特殊矩形，从而提高工作效率和设计质量。

黄金分割比是自然界和设计中常见的一个比例，它被认为是最美的比例之一。在 SketchUp 中，黄金分割比的长方形可以通过简单地移动鼠标指针并观察提示来轻松绘制，这种长方形在设计中常用于营造优雅、和谐的视觉效果。

3.2.3　绘制空间矩形

绘制空间矩形

空间矩形是指一种特殊的三维几何体，它的 6 个面都是矩形，典型的代表就是长方体和正方体。使用 SketchUp 的旋转长方形工具可以绘制空间矩形，进而构建出长方体。其具体操作方法如下。

Step 01 在“绘图”工具栏中，单击“旋转长方形”按钮，选取该工具，当鼠标指针变成形状时，单击确定矩形的第 1 个点，如图 3-44 所示。

Step 02 按住【Shift】键，移动鼠标指针至合适位置处，单击确定第 2 个点和第 3 个点，如图 3-45 所示。

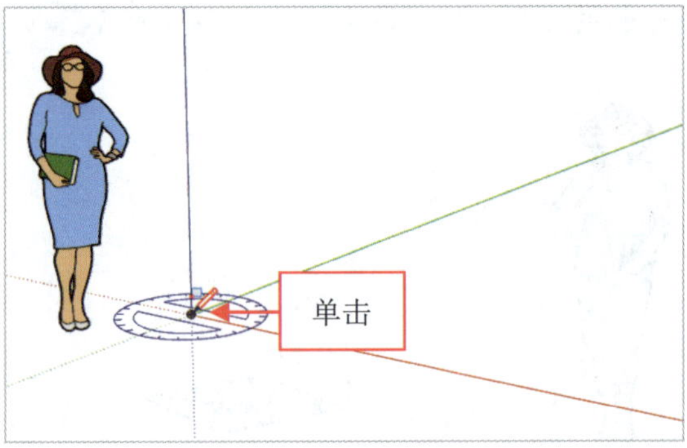

图 3-44　确定矩形的第 1 个点

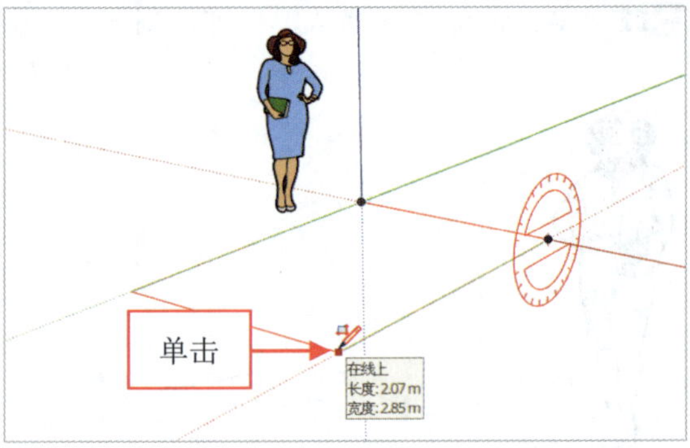

图 3-45　确定矩形的第 2 个点和第 3 个点

Step 03 单击鼠标左键确认，即可自动生成矩形平面，如图 3-46 所示。

Step 04 使用相同的操作方法，绘制其他的矩形平面，即可形成长方体，如图 3-47 所示。

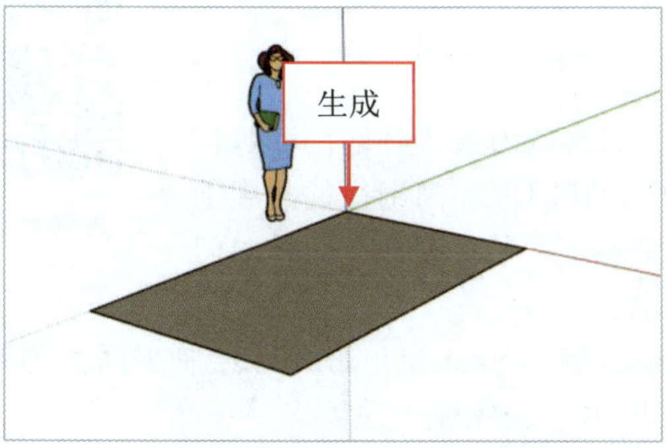

图 3-46　自动生成矩形平面

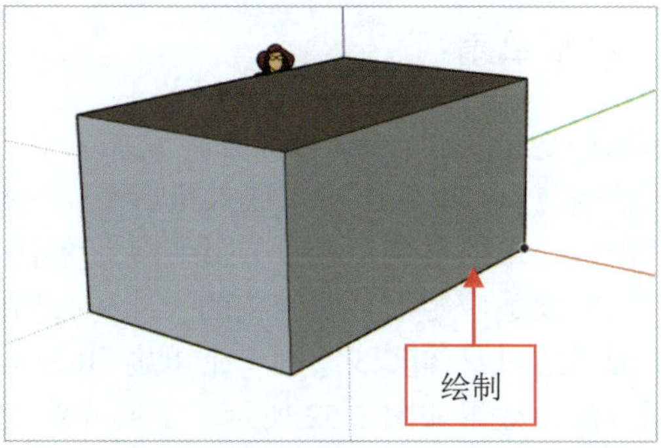

图 3-47　形成长方体

3.2.4　绘制多边形

多边形是平面图形中较为复杂的一类，借助 SketchUp 可以绘制出 3～42 条边数的任意正多边形。下面介绍绘制多边形的操作方法。

绘制多边形

Step 01 在“绘图”工具栏中，单击“多边形”按钮，选取该工具，如图 3-48 所示。

Step 02 在“边数”输入框中，输入 6，如图 3-49 所示，这里输入的是将要绘制的多边形的边数。

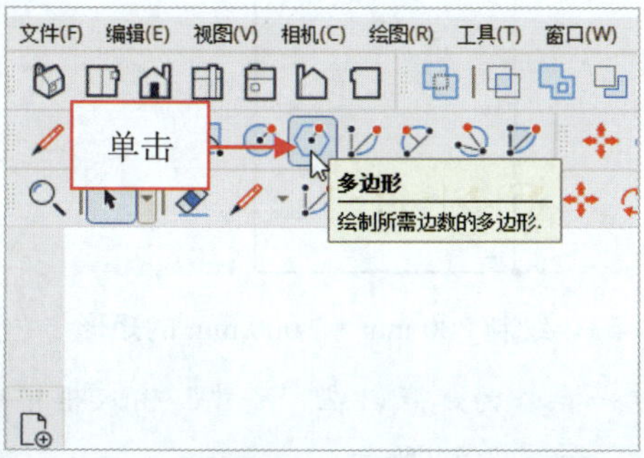

图 3-48　单击“多边形”按钮

图 3-49　输入多边形的边数

Step 03 当鼠标指针变成形状时，单击确定中心点，如图 3-50 所示。

Step 04 在“外切圆半径”或“内切圆半径”输入框中输入相应的半径值，如 2 m，按【Enter】键确认，即可自动生成多边形，如图 3-51 所示。

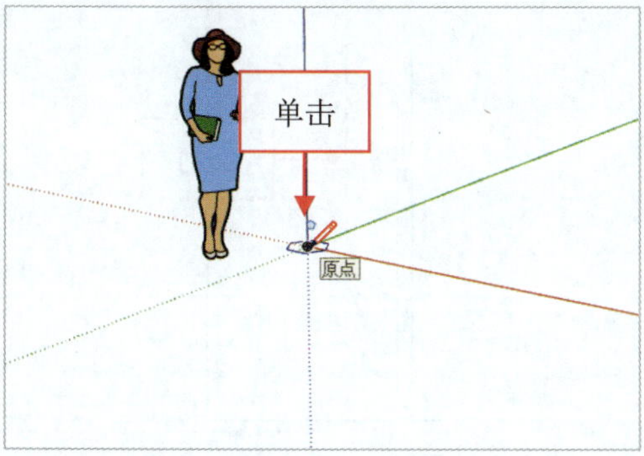

图 3-50　单击确定中心点

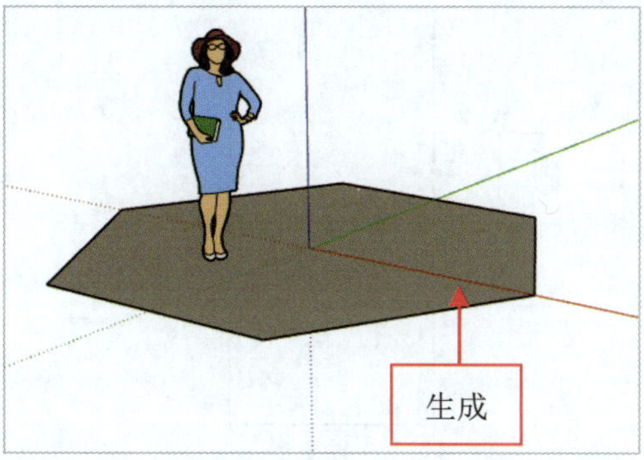

图 3-51　生成多边形

3.2.5 绘制单扇门

绘制单扇门

单扇门是指只有一扇门扇的门，通常安装在住宅的室内或者外墙门厅等位置。从结构上看，单扇门可以嵌入矩形平面结构中，其门框和门扇往往与周围的墙体形成矩形的框架。矩形平面结构为单扇门提供了安装的基础，而单扇门的设计也需要适应矩形平面结构的尺寸和布局要求。

下面将通过具体实践绘制一个单扇门图形，来深讲述 SketchUp 软件在绘制平面类图形方面的应用方法，效果如图 3-52 所示。下面介绍绘制单扇门的操作方法。

Step 01 切换为前视图显示模式，选取矩形工具，以原点为第 1 个点，在“尺寸”输入框中输入数值，绘制一个宽 800 mm、高 2 000 mm 的矩形，如图 3-53 所示。

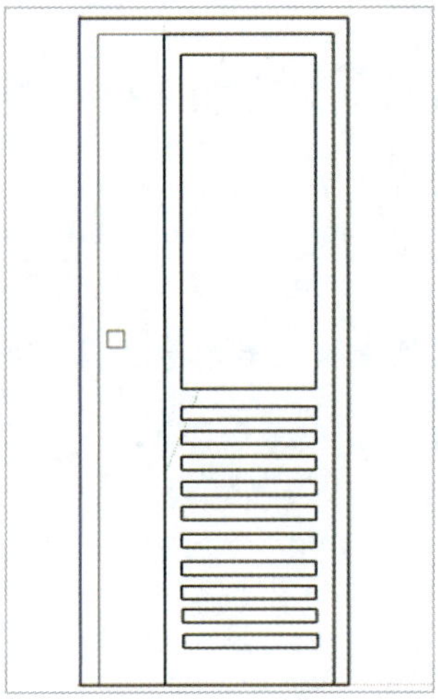

图 3-52 效果展示

图 3-53 绘制 800 mm×2 000 mm 的矩形

Step 02 使用矩形工具在上一步绘制的矩形底边任选一点作为起点，在“尺寸”输入框中输入数值，绘制一个宽 700 mm、高 1 950 mm 的矩形，如图 3-54 所示。

Step 03 使用矩形工具以上一步绘制的矩形左下角点作为起点，在“尺寸”输入框中输入数值，绘制一个宽 200 mm、高 1 950 mm 的矩形，如图 3-55 所示。

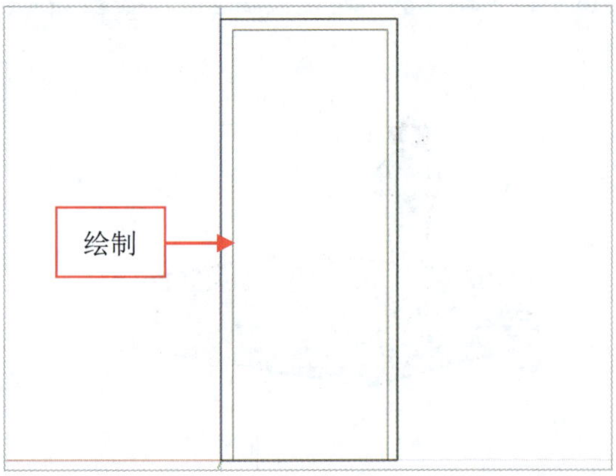

图 3-54 绘制 700 mm×1 950 mm 的矩形

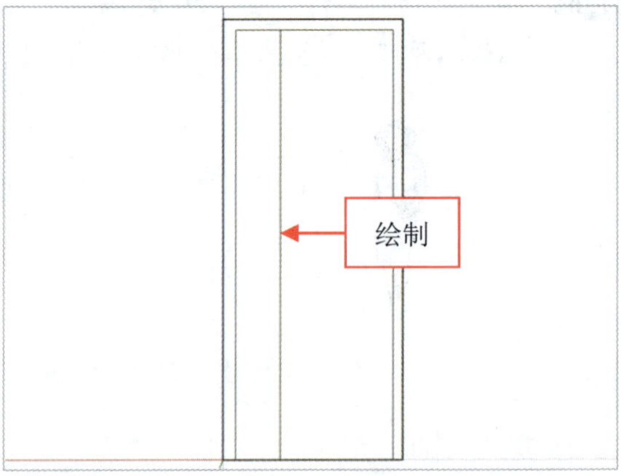

图 3-55 绘制 200 mm×1 950 mm 的矩形

Step 04 使用矩形工具在右侧的矩形内部偏上方的位置处，绘制一个宽 400 mm、高 1 000 mm 的矩形，如图 3-56 所示。

Step 05 使用矩形工具在右侧的矩形内部中间偏下的位置处，绘制一个宽 400 mm、高 40 mm 的矩形，如图 3-57 所示。

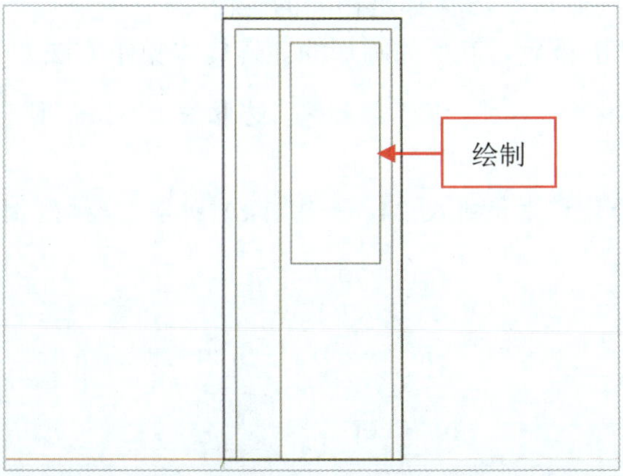

图 3-56　绘制 400 mm×1 000 mm 的矩形

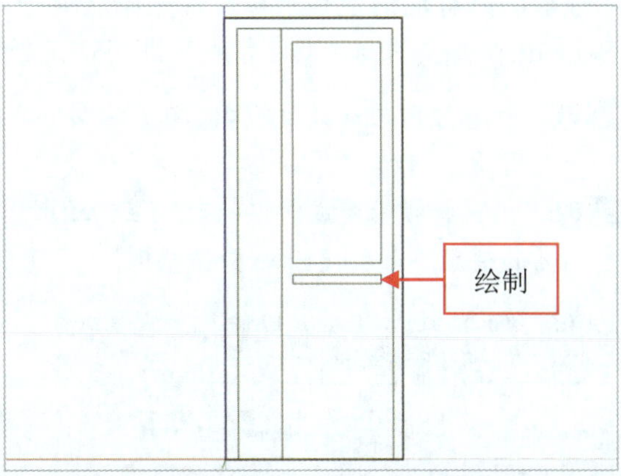

图 3-57　绘制 400 mm×40 mm 的矩形

Step 06 使用相同的操作方法，再绘制几个尺寸为 400 mm × 40 mm 的矩形，如图 3-58 所示。

Step 07 使用矩形工具在左侧的矩形内部中间的位置，绘制一个宽 50 mm、高 50 mm 的矩形，如图 3-59 所示。

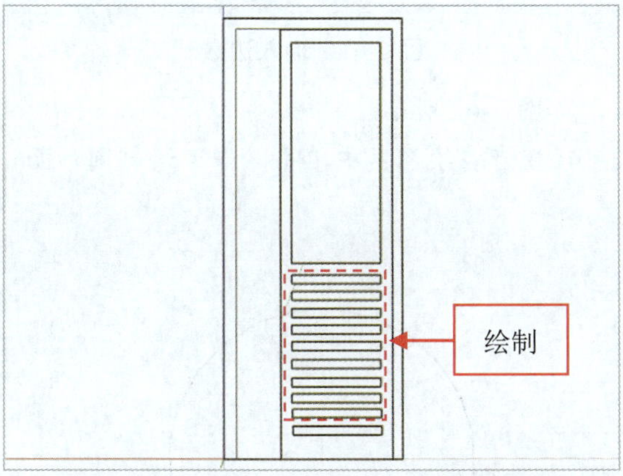

图 3-58　绘制多个 400 mm×40 mm 的矩形

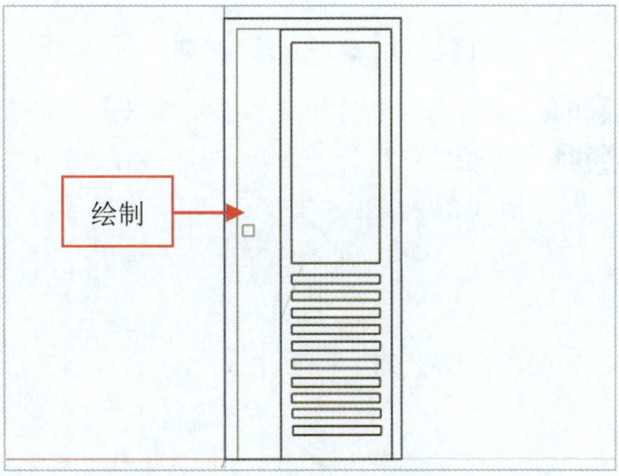

图 3-59　绘制 50 mm×50 mm 的矩形

3.3　绘制圆类图形

圆形作为自然界和设计中常见的几何形状，具有独特的视觉美感和功能性。在 SketchUp 中，绘制圆类图形不仅有助于构建对称和平衡的设计，还能为模型增添更多的细节和层次。本节将介绍在 SketchUp 中绘制圆类图形的方法，包括圆形面、圆形边线、单段弧线、连续弧线、半圆、立面圆弧等。

3.3.1 绘制圆形面

绘制圆形面

圆形面，顾名思义，是指具有圆形特征的面。在几何学中，圆形面可以看作一个平面内所有与给定点（圆心）距离相等的点的集合，这个距离被称为半径。圆形面具有均匀性和对称性，无论从哪个方向看，其形状都是相同的。使用 SketchUp 提供的圆工具，用户即可快速绘制出精确、美观的圆形面。其具体操作方法如下。

Step 01 切换为前视图显示模式，在“绘图”工具栏中，单击“圆”按钮，选取该工具，如图 3-60 所示。

Step 02 当鼠标指针变成形状时，在“边数”输入框中，输入 24，如图 3-61 所示，控制多边形的边数，并按【Enter】键确认。

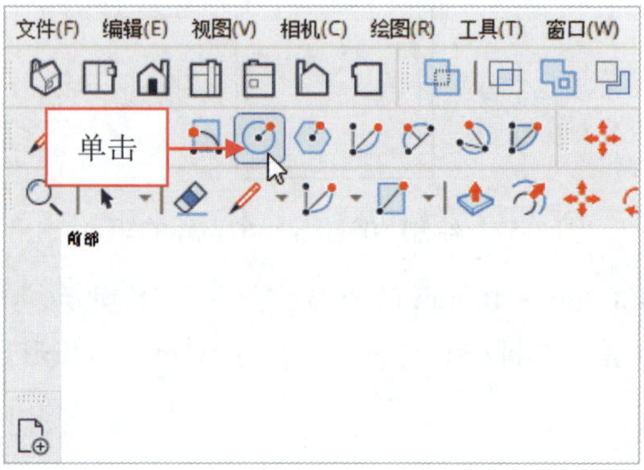

图 3-60　单击“圆”按钮

图 3-61　输入边数

Step 03 在绘图区中的相应位置处单击，确定圆心，如图 3-62 所示。

Step 04 移动鼠标指针，在“半径”输入框中输入半径或者在绘图区中单击，即可绘制圆形面，如图 3-63 所示。

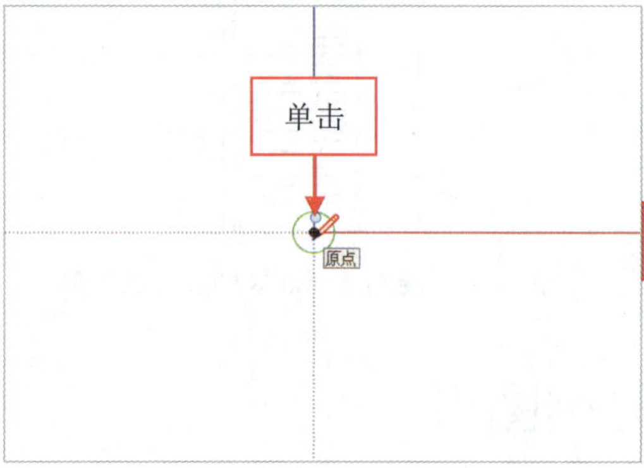

图 3-62　确定圆心

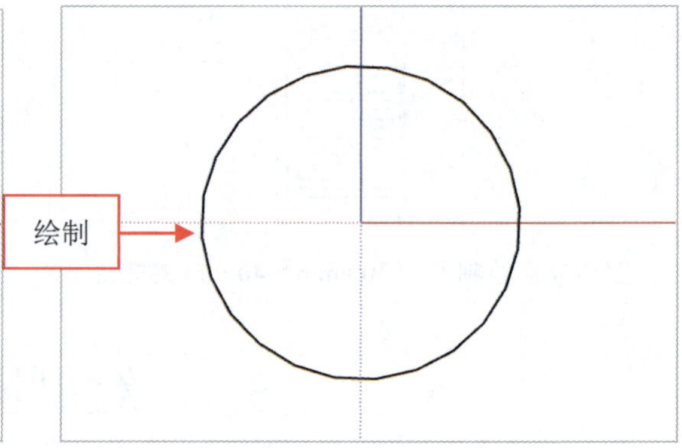

图 3-63　绘制圆形面

▶ 专家指点

在 SketchUp 中，圆与弧线相似，都是由一定数量的线段构成。由于圆的定义是平面上所有与给定点（圆心）距离相等的点的集合，当多边形的边数足够多时，其形状会趋近于一个圆。因此，通过设置更多的边数，可以绘制出一个视觉上非常接近圆形的多边形。

在绘制圆之前或之后，用户可以通过输入“数字 + s”的方式来指定构成圆的线段数量，例如输入 30 s，如图 3-64 所示，即表示将圆划分为 30 段。随后按【Enter】键确认，圆的线段数量便会根据用户的设定进行重新定义。

图 3-64　更改圆的段数

3.3.2　绘制圆形边线

绘制圆形边线

圆形边线是指具有均匀曲率且闭合的边界线条（即轮廓线），不仅是构成复杂形状的基础元素，还能为设计作品增添流畅与和谐的美感。下面介绍绘制圆形边线的操作方法。

Step 01　在上一例效果的基础上，选择圆形平面，如图 3-65 所示。

Step 02　按【Delete】键将圆形平面删除，即可得到圆形边线，如图 3-66 所示。

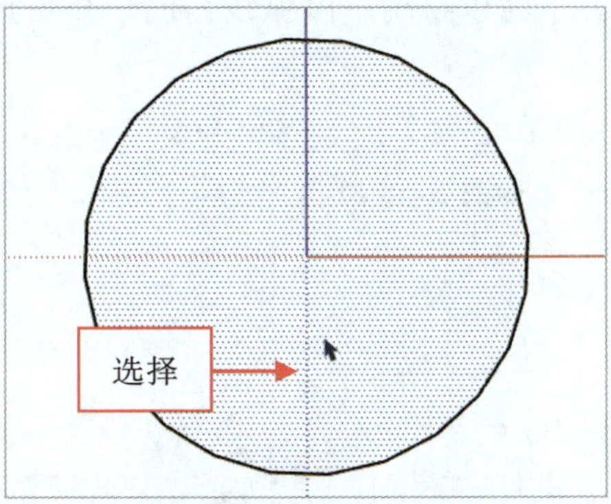

图 3-65　选择圆形平面

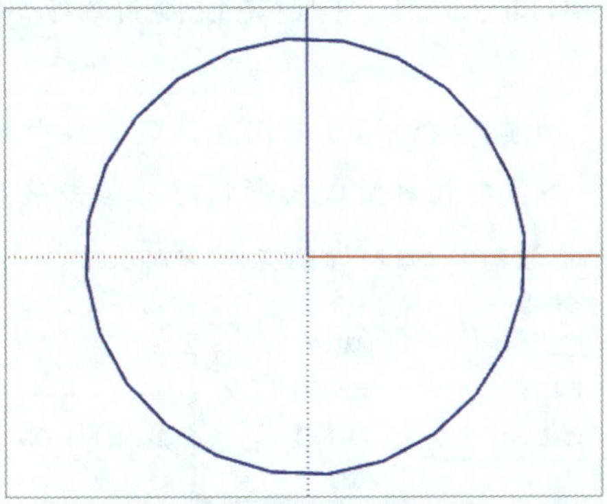

图 3-66　得到圆形边线

3.3.3　绘制单段弧线

绘制单段弧线

圆弧作为圆的一个组成部分，在工程造型设计中占据着举足轻重的地位。相较于完整的圆形，圆弧在实际应用中的使用频率往往更高。当人们提到“流线型”设计或追求圆润美感的造型时，很多时候实际上指的就是利用圆弧来塑造的形态。圆弧不仅能够赋予设计作品以柔和、流畅的视觉感受，还能在结构功能上发挥重要作用。

在绘制圆弧时，SketchUp 拥有多种方法可供用户选择，每一种方法都适用于不同的设计需求和场景，具体如下。

- **三点圆弧：**通过指定圆弧上的 3 个点来确定其形状和位置。
- **起点→圆心→端点：**首先确定圆弧的起点，然后指定圆心，最后确定圆弧的端点，这种方法可以精确地控制圆弧的半径和位置。
- **起点→圆心→角度：**在指定起点和圆心后，通过输入角度来确定圆弧的弯曲程度和终点位置。

- **起点→圆心→长度**：在起点和圆心确定后，通过输入圆弧的弦长（即起点到终点的直线距离）来间接确定圆弧的形状。
- **起点→端点→角度**：首先确定圆弧的起点和端点，然后通过输入角度来定义圆弧的弯曲方向。
- **起点→端点→方向**：在起点和端点确定后，通过指定圆弧的切线方向来绘制圆弧。
- **起点→端点→半径**：通过指定圆弧的起点、端点和半径来绘制圆弧，这种方法适用于已知圆弧部分长度和半径的情况。
- **圆心→起点→端点**：首先确定圆心，然后依次指定圆弧的起点和端点，这种方法可以确保圆弧以特定的圆心作为中心。
- **圆心→起点→角度**：在圆心确定后，通过指定起点和角度来绘制圆弧。
- **圆心→起点→长度**：在圆心确定后，通过指定起点和弦长来绘制圆弧。
- **连续圆弧**：绘制一系列相连的圆弧，以形成复杂的曲线形状，这种方法在需要绘制连续、平滑的曲线时非常有用。

这些方法各有优劣，选择哪种方法取决于具体的设计需求和操作习惯。熟练掌握这些绘制技巧，将有助于提高工程造型设计的效率和准确性。下面以绘制单段弧线为例，介绍具体的操作方法。

Step 01 切换为前视图显示模式，菜单栏中单击“绘图”|“圆弧”|“圆弧”命令，如图 3-67 所示。

Step 02 当鼠标指针变成形状时，单击确定圆弧起点，如图 3-68 所示。

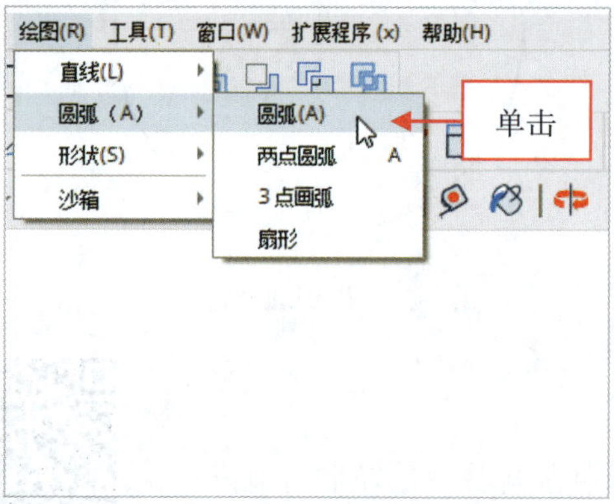

图 3-67　单击“圆弧”命令

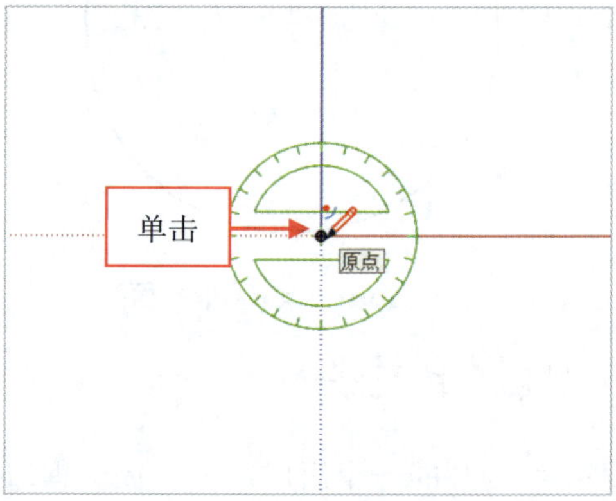

图 3-68　确定圆弧起点

Step 03 移动鼠标指针，拉出适当距离后单击，确定端点，如图 3-69 所示。

Step 04 将鼠标指针向上（或向下）移动，指定圆弧的方向，拉出适当距离后单击，即可绘制单段弧线，如图 3-70 所示。

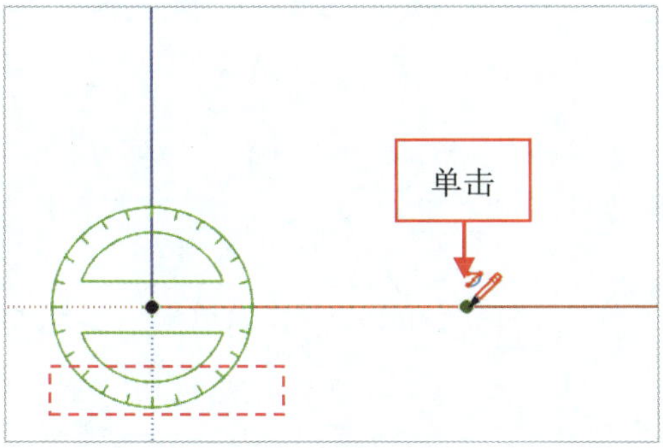

图 3-69　确定端点

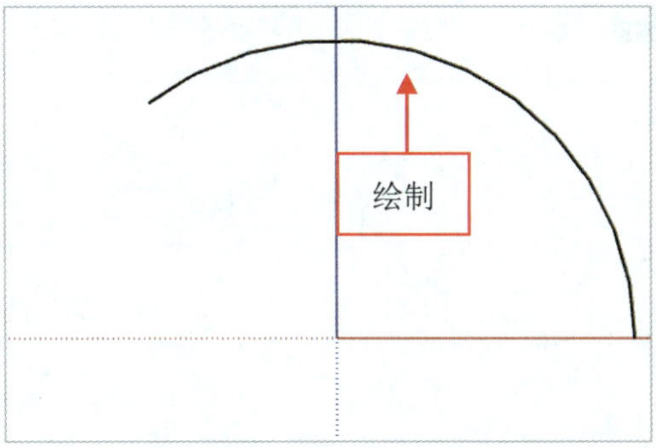

图 3-70　绘制单段弧线

3.3.4　绘制连续弧线

绘制连续弧线

使用圆弧工具绘制图形后，用户可以继续使用两点圆弧工具，绘制出连续（又称为相切）的圆弧线。其具体操作方法如下。

Step 01　切换为前视图显示模式，使用圆弧工具绘制一段圆弧，如图 3-71 所示。

Step 02　继续使用圆弧工具，绘制一段圆弧，如图 3-72 所示。

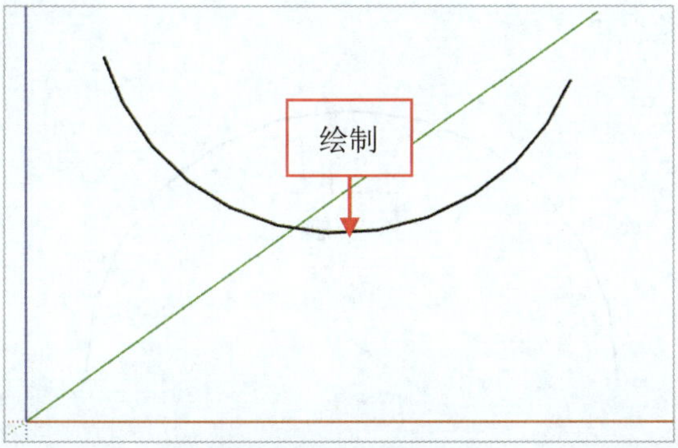

图 3-71　绘制一段圆弧

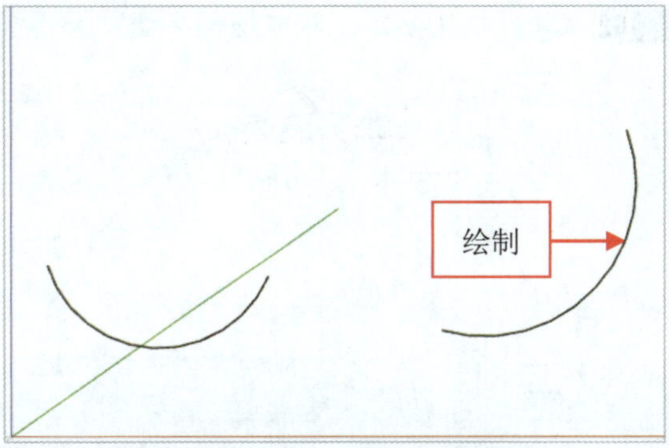

图 3-72　再次绘制一段圆弧

Step 03　在“绘图”工具栏中，单击“两点圆弧”按钮，选取该工具，如图 3-73 所示。

Step 04　将圆弧的起点指定为左侧圆弧的端点，并单击确认，如图 3-74 所示。

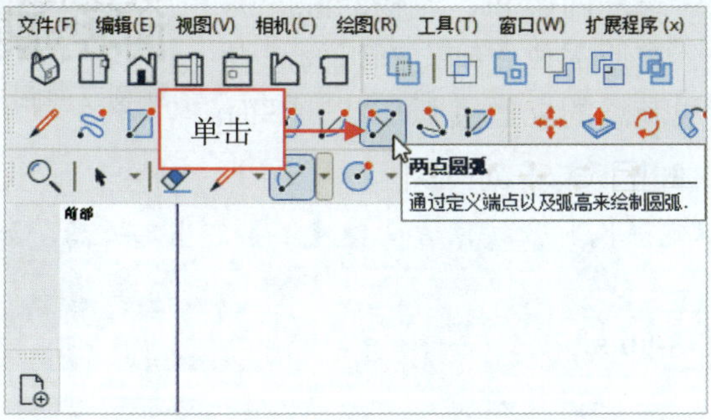

图 3-73　单击“两点圆弧”按钮

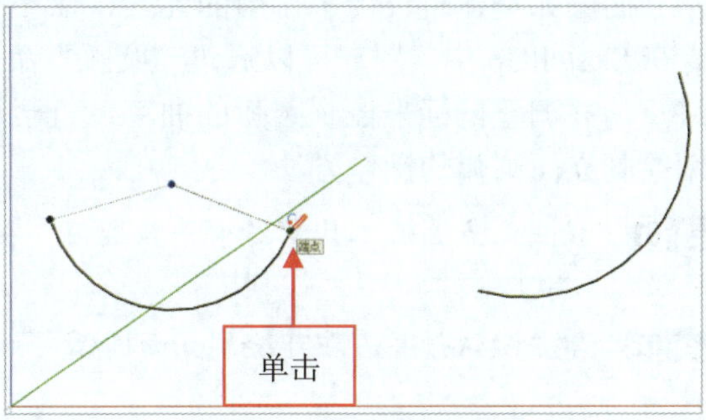

图 3-74　指定圆弧的起点

Step 05　移动鼠标指针，当弧线显示为青色，并提示“顶点切线”时，表示与原弧线相切，如图 3-75 所示。

Step 06 单击确定端点，即可绘制相切圆弧，如图 3-76 所示。

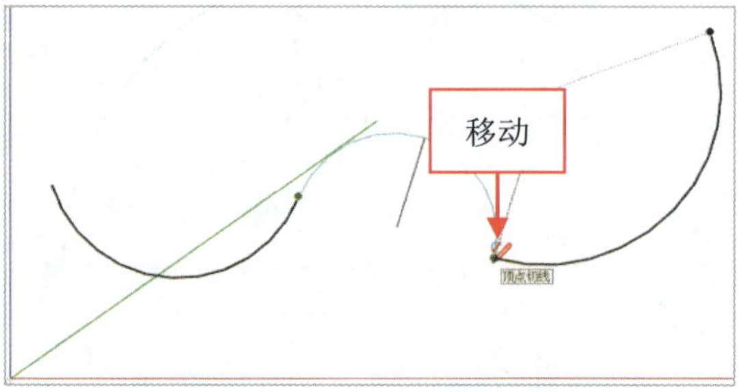

图 3-75　显示“顶点切线”的提示

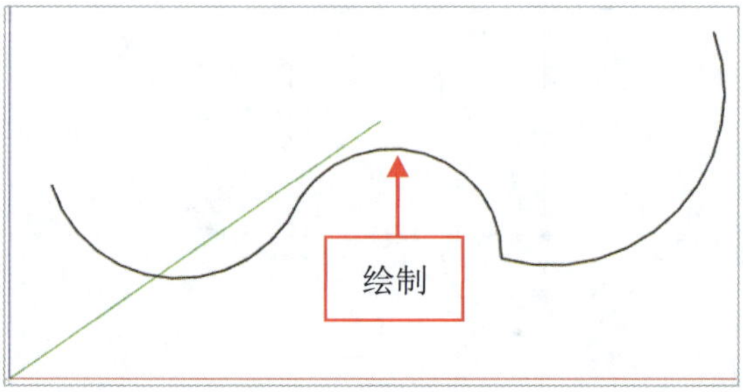

图 3-76　绘制相切圆弧

3.3.5　绘制半圆

绘制半圆

半圆是圆的一半，即从圆心出发，经过圆上任意一点并终止于圆上直径另一端的弧及其所围成的区域。下面介绍绘制半圆的操作方法。

Step 01 切换为前视图显示模式，使用两点圆弧工具绘制一段圆弧，在确定弧高时，捕捉到半圆的参考点时，会提示“半圆”，如图 3-77 所示。

Step 02 单击确认弧高，即可绘制半圆，如图 3-78 所示。

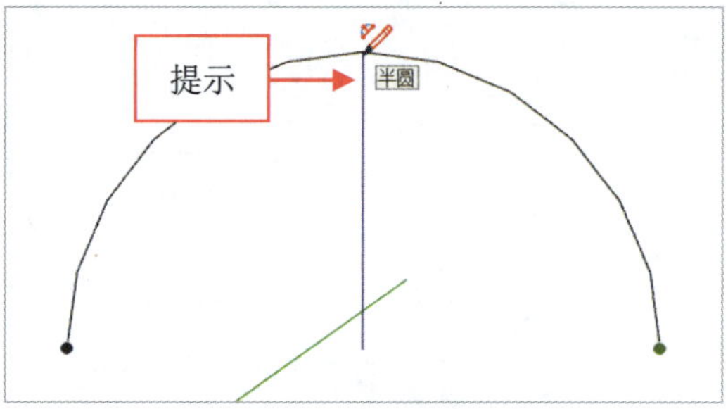

图 3-77　显示“半圆”的提示

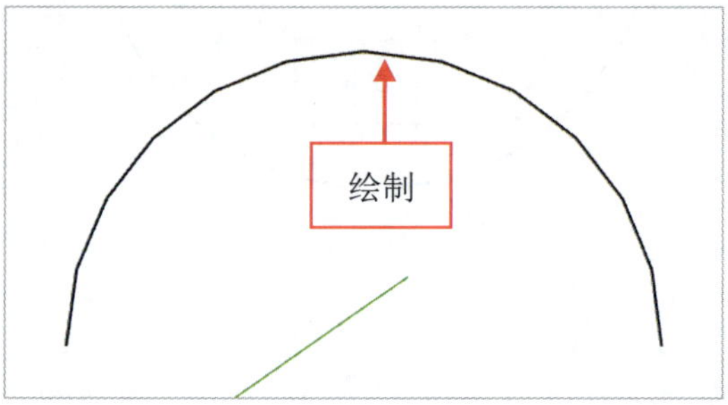

图 3-78　绘制半圆

3.3.6　绘制立面圆弧

绘制立面圆弧

立面圆弧是建筑设计中常用的元素，赋予了建筑立面柔和、流畅的线条美感。在 SketchUp 中，用户可以通过“圆弧”命令，在所需位置确定圆弧的起点和终点，并调整鼠标来控制圆弧的曲率，直至形成满意的立面圆弧形状。下面介绍绘制立面圆弧的操作方法。

Step 01 使用两点圆弧工具绘制一段圆弧，在确定弧高时，按住方向键【↑】，指定弧高，如图 3-79 所示。

Step 02 单击确认弧高，即可绘制立面圆弧，如图 3-80 所示。

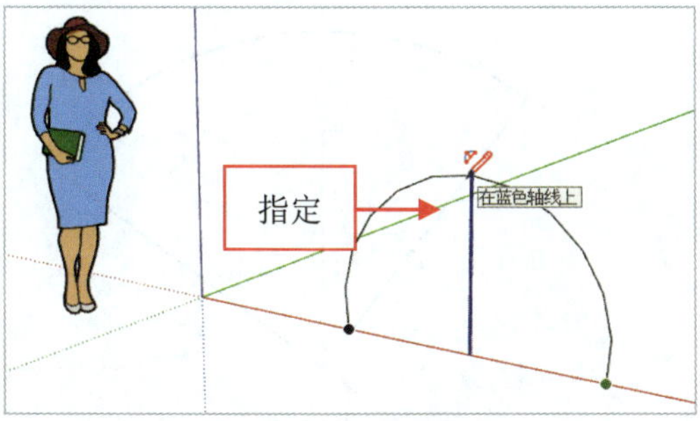

图 3-79　指定弧高

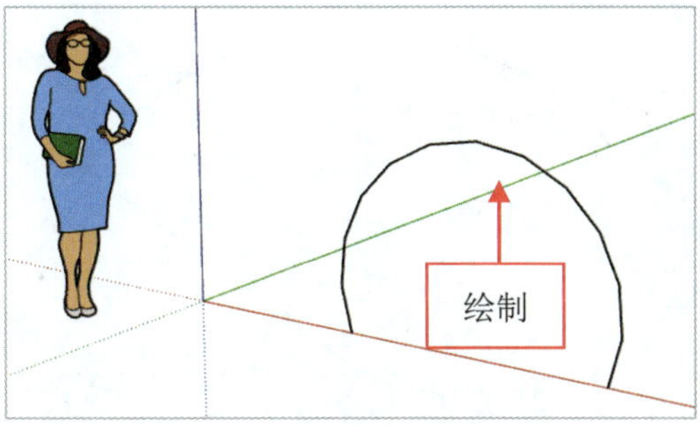

图 3-80　绘制立面圆弧

▶ 专家指点

完成弧线的绘制后，可以通过输入“数字 + s”的格式来指定该弧线的分段数量，例如输入 10 s 即表示将此圆弧均匀分割为 10 段。值得注意的是，增加弧形的分段数可以提升其平滑度和逼真感，但同时也会相应地增大图形所占用的系统资源。因此，在绘制弧线时，用户应根据实际需求合理调整分段数量。

3.3.7　绘制扇形

绘制扇形

使用扇形工具会创建一个楔形面，绘制时需设定角度。角度的设定应遵循“逆时针为正、顺时针为负”的原则。具体来说，若在“角度”输入框中输入带有负号的数值，则会按照顺时针方向绘制扇形；若仅输入正值，则会按照逆时针方向绘制。下面介绍绘制扇形的操作方法。

Step 01 切换为前视图显示模式，在“绘图”工具栏中，单击“扇形”按钮，选取该工具，如图 3-81 所示。

Step 02 当鼠标指针变成形状时，单击确定起点，如图 3-82 所示。

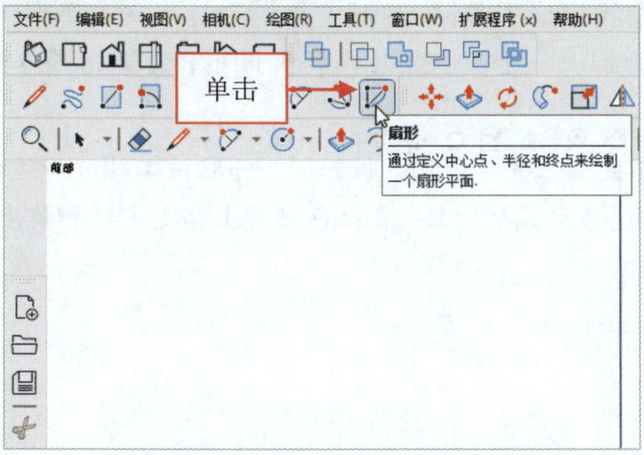

图 3-81　单击“扇形”按钮

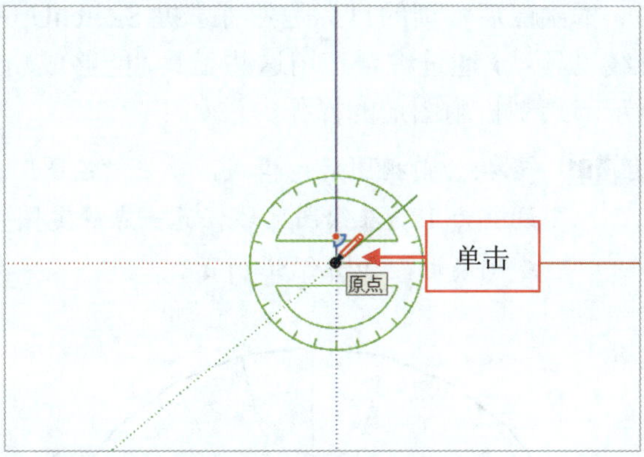

图 3-82　确定起点

Step 03 移动鼠标指针并单击确定半径，再次移动鼠标指针确定角度，如图 3-83 所示。

Step 04 单击确认后，即可绘制扇形，如图 3-84 所示。

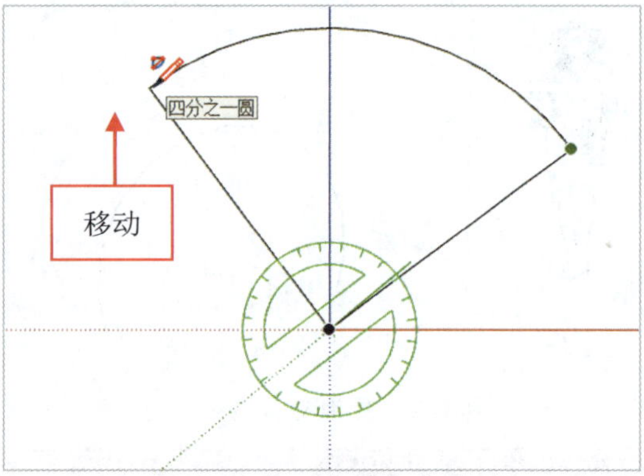

图 3-83　确定角度

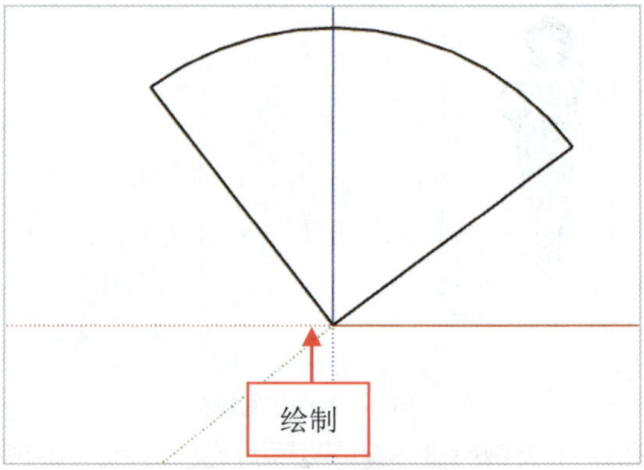

图 3-84　绘制扇形

本章小结

本章首先介绍了在 SketchUp 中绘制线条类图形的基本方法，包括直线的绘制、直线的延伸、直线封面的创建、直线的分割、使用直接分割平面以及使用直线修补平面的技巧，此外还介绍了如何绘制不规则曲线；其次详细阐述了绘制平面类图形的方法，如矩形的绘制、特殊矩形和空间矩形的构建，以及多边形的绘制和单扇门的设计；最后介绍了绘制圆类图形的方法，涵盖了圆形面、圆形边线、单段弧线以及连续弧线的绘制技巧，同时还详细讲解了半圆、立面圆弧以及扇形的绘制方法。通过本章的学习，读者能够掌握 SketchUp 中的图形绘制功能。

课后实训

课后实训

本次课后实训的目标是熟练掌握 SketchUp 中的扇形工具、圆弧工具和直线工具，通过综合运用这些工具，能够成功绘制出一个具有折扇特色的图形，效果如图 3-85 所示。绘制折扇图形的操作方法如下。

Step 01 切换为前视图显示模式，单击“绘图”工具栏上的“扇形”按钮，选取该工具，将边数设置为 12，在绘图区域任选一点确定圆心，移动鼠标指针，在红色轴线上指定半径和角度，绘制扇形，如图 3-86 所示。

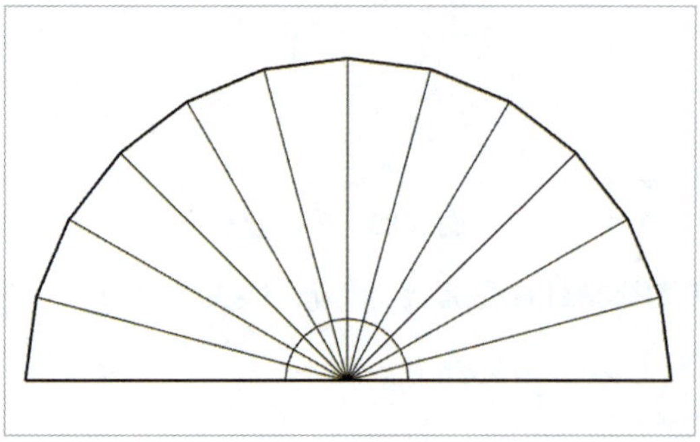

图 3-85　效果展示

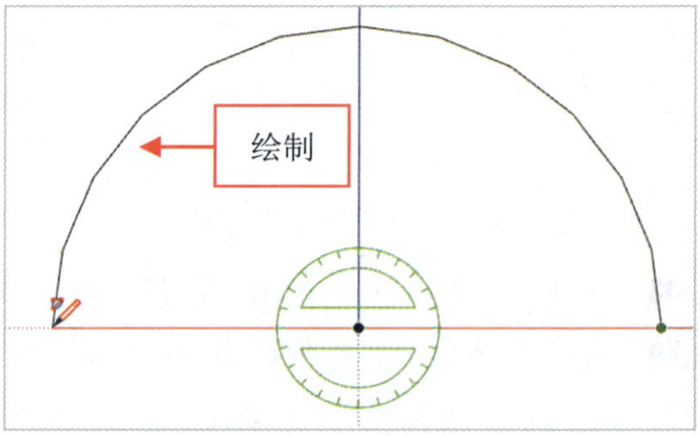

图 3-86　绘制扇形

Step02 单击“绘图”工具栏上的“圆弧”按钮，选取该工具，将边数设置为 12，选择扇形中心为圆心，绘制半圆，如图 3-87 所示。

Step03 单击“绘图”工具栏上的“直线”按钮，选取该工具，捕捉圆心为起点，扇形上的端点为终点，绘制多条直线，如图 3-88 所示。

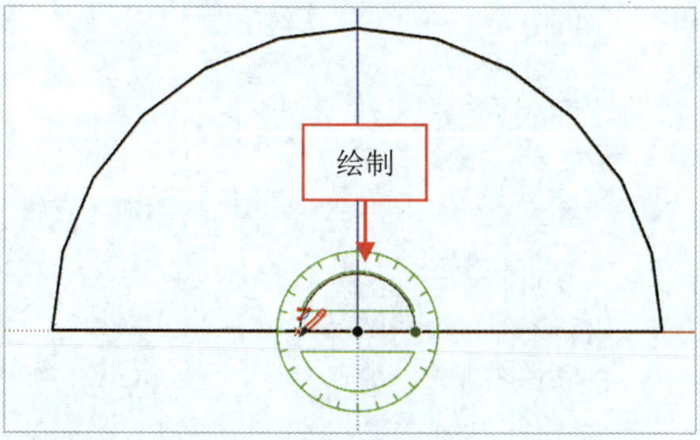

图 3-87　绘制半圆

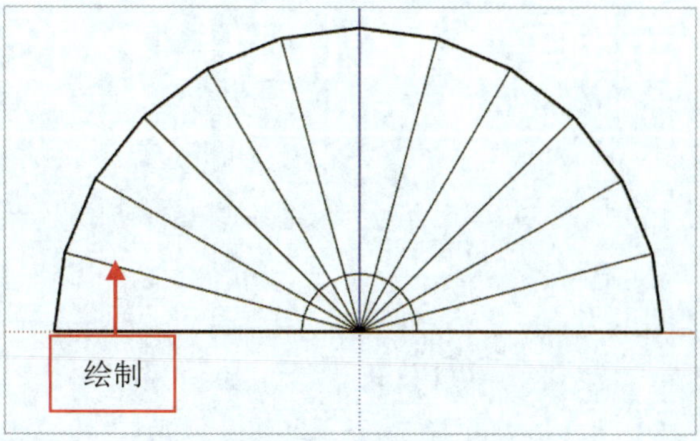

图 3-88　绘制多条直线

第 4 章 编辑 SketchUp 图形

4

本章将讲述在 SketchUp 中如何灵活操作与调整图形对象，无论是移动、复制还是旋转图形对象，都将提供详尽的步骤和技巧，帮助读者熟练掌握这些基础操作。另外，本章还将讲述如何编辑图形形状，以满足设计过程中的多样化需求。

本章重点

- 掌握移动图形对象的方法
- 掌握旋转图形对象的方法
- 掌握编辑图形形状的方法

思政目标

- 培养读者将“以人为本”理念贯穿设计始终，以专业行动诠释服务人民的初心与使命
- 引导读者守护数字时代国家文化与技术安全，担当起数据安全卫士的责任

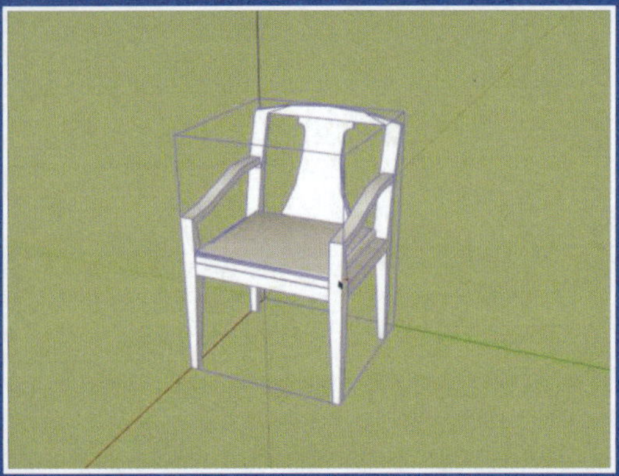

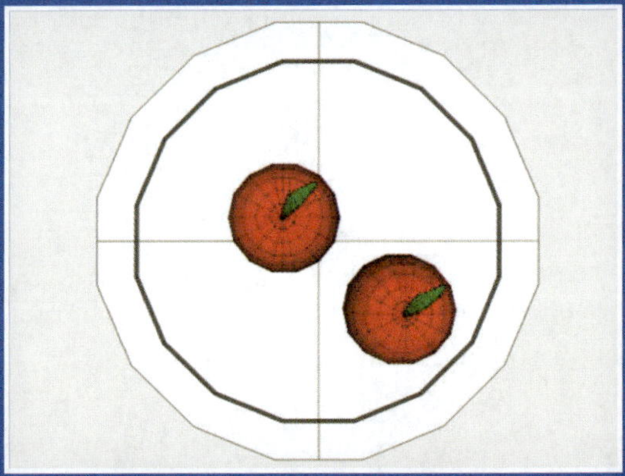

4.1　移动图形对象

通过运用 SketchUp 中的“移动”命令，用户不仅能够轻松调整模型中元素的位置，还能实现对象的复制移动，为草图绘制增添效率与多样性。另外，本节还将介绍如何利用“移动”命令进行对象的阵列排布，以及执行拉伸与折叠等变形操作。

4.1.1　移动对象

移动对象

在 SketchUp 的三维建模世界里，移动对象是塑造空间布局、调整设计细节的基础操作之一。通过简单地选择对象并拖动，即可实现其在三维空间中的自由移动。“移动”命令能够帮助用户精确地调整各个元素的位置关系，确保整体设计的和谐与平衡。下面介绍移动对象的操作方法。

Step 01　按【Ctrl + O】组合键，打开一个素材模型（资源\素材\第 4 章\椅子.skp），选择相应对象，如图 4-1 所示。

Step 02　在菜单栏中，单击“工具”|“移动”命令，如图 4-2 所示。

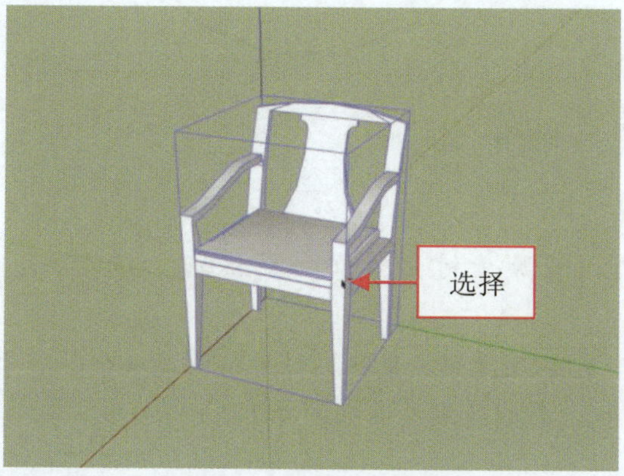

图 4-1　选择相应对象

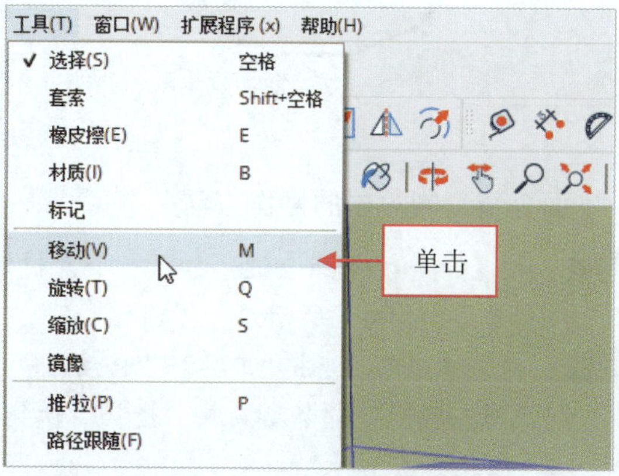

图 4-2　单击“移动”命令

Step 03　单击确定一点作为起点，如图 4-3 所示。

Step 04　移动鼠标指针，在此过程中选择的对象也会随之移动，如图 4-4 所示，移至相应位置后，单击确认即可。

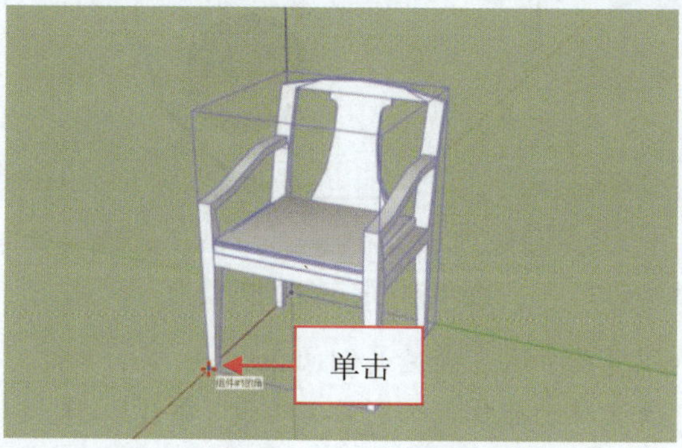

图 4-3　确定起点

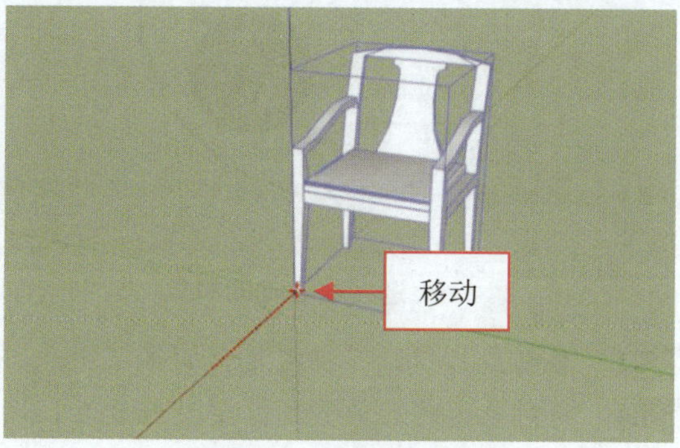

图 4-4　移动对象

> ▶ 专家指点
>
> 在移动对象时，用户可以在“数值”输入框中输入准确的移动距离参数后，按【Enter】键确认；或者单击确认以鼠标起点和终点的距离为移动距离。

4.1.2 复制对象

复制对象

通过简单运用“移动”命令，用户只需选定对象，执行复制操作，再指定新位置，即可瞬间生成对象的副本。素材与效果对比如图 4-5 所示。

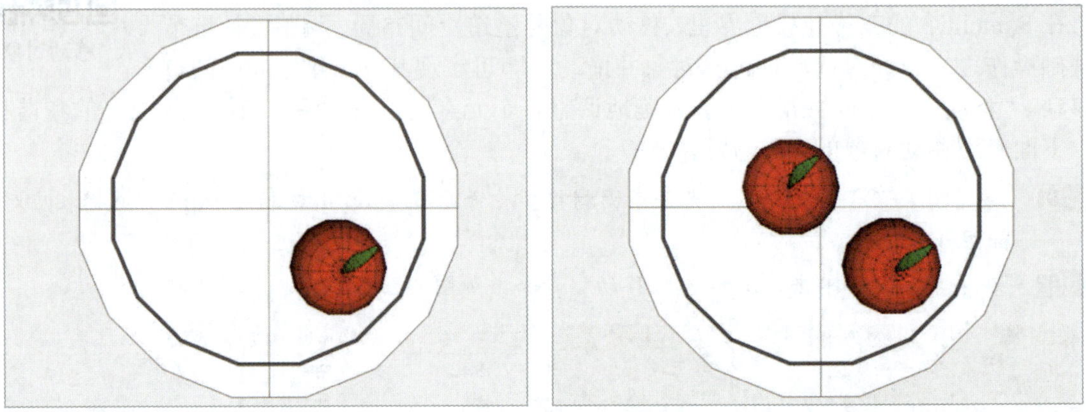

图 4-5 素材与效果对比

下面介绍复制对象的操作方法。

Step 01 按【Ctrl + O】组合键，打开一个素材模型（资源\素材\第 4 章\苹果.skp），选择要复制的对象，如图 4-6 所示。

Step 02 在菜单栏中，单击“工具”|“移动”命令，按【Ctrl】键，鼠标指针旁将出现一个小加号，此时“移动”命令变换成“复制”命令，指定复制的基点，如图 4-7 所示。

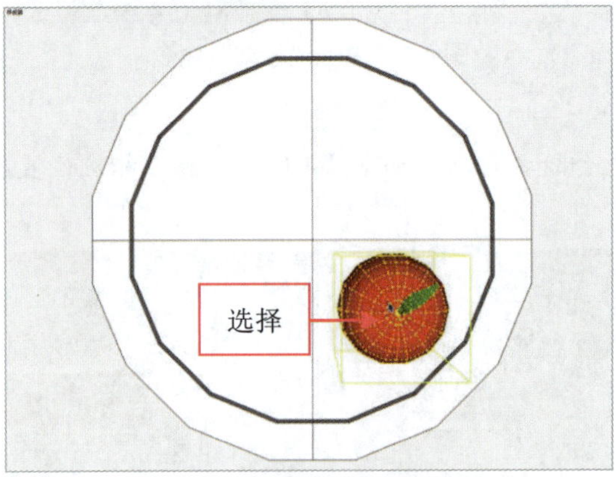

图 4-6 选择要复制的对象

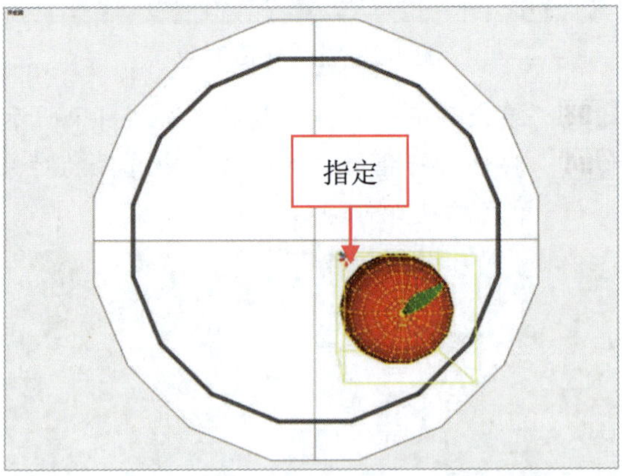

图 4-7 指定复制的基点

Step 03 移动鼠标指针，指定复制的第 2 个点，如图 4-8 所示，确定复制间距。

Step 04 将对象复制后放置到需要的位置后，单击确认移动操作，如图 4-9 所示，按【Esc】键退出命令即可。

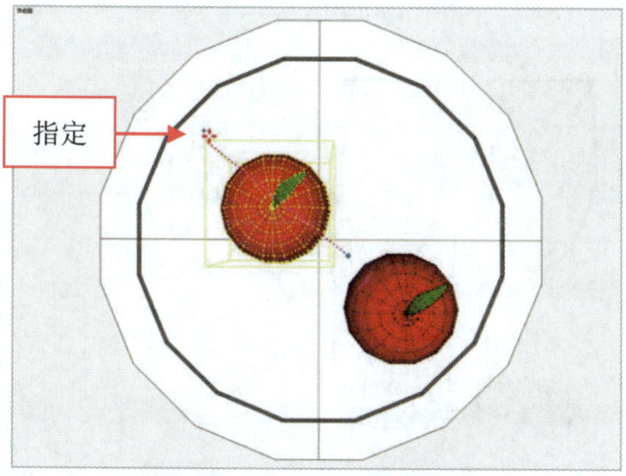

图 4-8　指定复制的第 2 个点

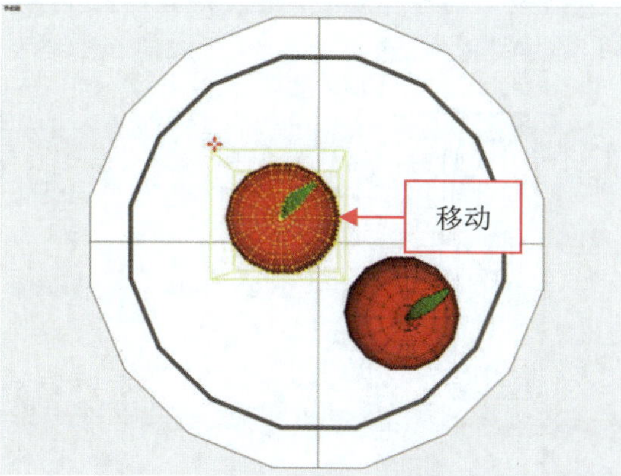

图 4-9　移动对象

4.1.3　阵列对象

阵列对象

阵列对象是指通过特定模式复制和排列对象的功能，包括线性阵列和圆形阵列（也称作环形阵列）等多种方式。线性阵列允许用户在一条直线上均匀分布多个相同对象，而圆形阵列则使用户能够以环形模式复制图形。

在 SketchUp 中阵列对象，用户只需选中模型构件，再通过“移动”命令移动并复制对象，然后输入移动距离和阵列数量即可完成，素材与效果对比如图 4-10 所示。阵列对象的意义在于提供了一种高效、精确的方式来复制和排列对象，这在设计、建模、制造和工程领域中有着广泛的应用，能够显著提高工作效率和准确性。下面介绍阵列对象的操作方法。

图 4-10　素材与效果对比

Step 01　按【Ctrl + O】组合键，打开一个素材模型（资源\素材\第 4 章\杯子.skp），选择要复制的对象，如图 4-11 所示。

Step 02　执行复制操作，复制一次选择的对象，用于指定复制的间距和方向，如图 4-12 所示。

▶ 专家指点

如果移动并复制对象后，在“距离”输入框中输入“数字 + /”或“/ + 数字”，然后按【Enter】键，如输入 3/，如图 4-13 所示，则可以在复制距离内等分为 3 份后阵列。

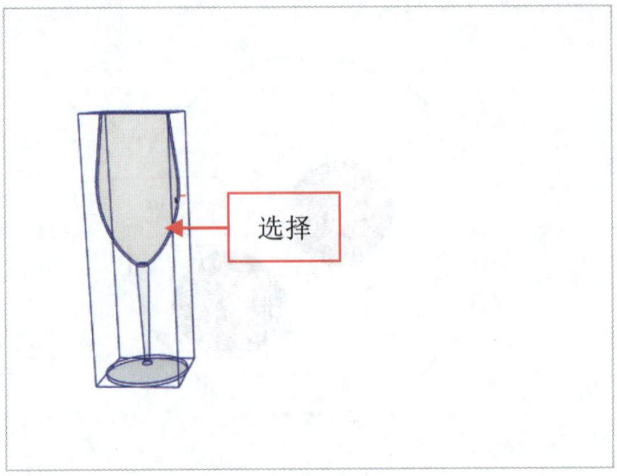

图 4-11　选择要复制的对象

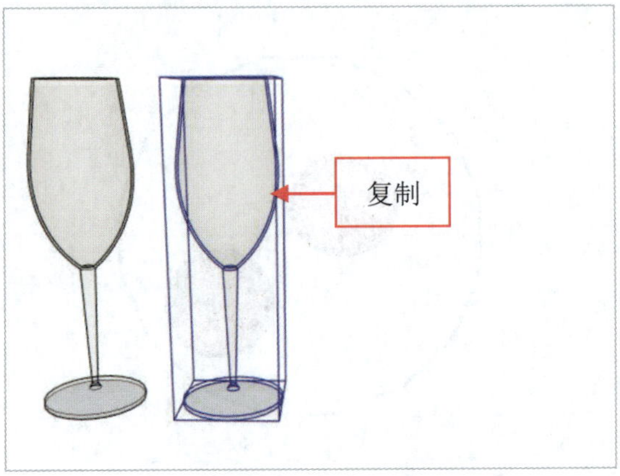

图 4-12　复制一次选择的对象

Step 03 在“距离”输入框中，输入“数字 + *”或“* + 数字”，如输入 3*，如图 4-14 所示，按【Enter】键确定复制间距后，即可在复制的间距和方向上将对象阵列 3 份。

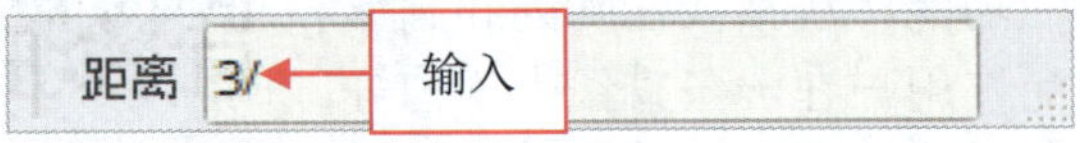

图 4-13　输入 3/

图 4-14　输入 3*

4.1.4　拉伸与折叠对象

拉伸与折叠对象

拉伸与折叠对象通常指的是通过选择模型的一部分，并使用“移动”命令沿特定方向拖动，从而改变其尺寸或形状。通过掌握拉伸与折叠技巧，用户可以更高效地构建和修改复杂的几何形状。下面介绍拉伸与折叠对象的操作方法。

Step 01 按【Ctrl + O】组合键，打开一个素材模型（资源\素材\第 4 章\长方体.skp），如图 4-15 所示。

Step 02 在菜单栏中，单击“工具”|“移动”命令，选择图形上的单个边进行移动，向上方移动鼠标指针，即可拉伸对象，如图 4-16 所示。

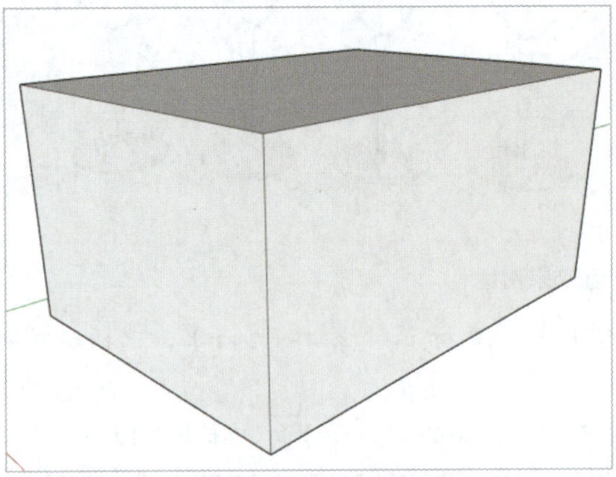

图 4-15　打开素材模型

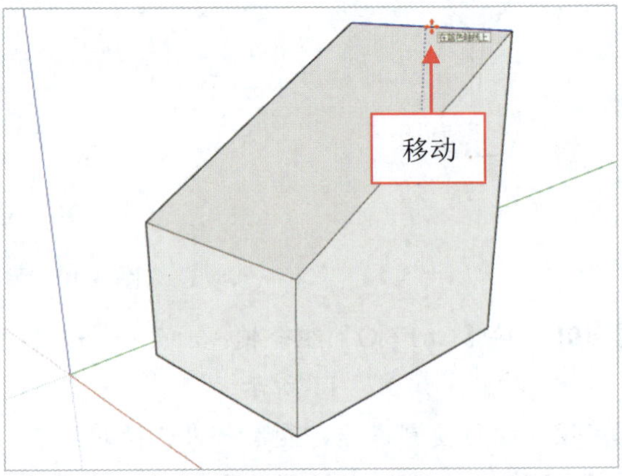

图 4-16　移动单个边

Step 03 撤销操作，选择图形上的某个端点进行移动，向下方移动鼠标指针，即可折叠对象，如图 4-17 所示。

Step 04 撤销操作，选择图形上的某个平面进行移动，同样可以拉伸或折叠对象，如图 4-18 所示。

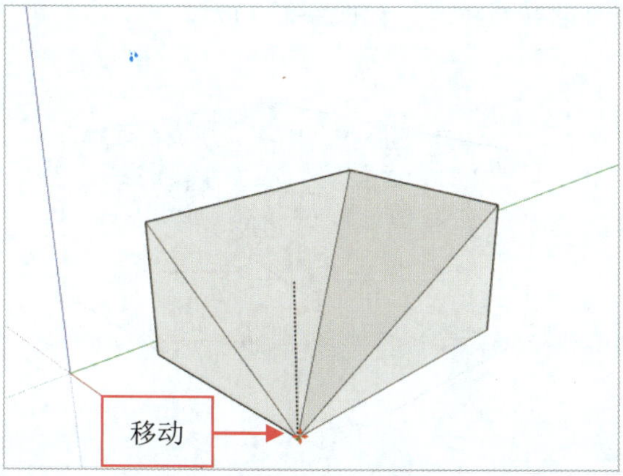

图 4-17 移动端点

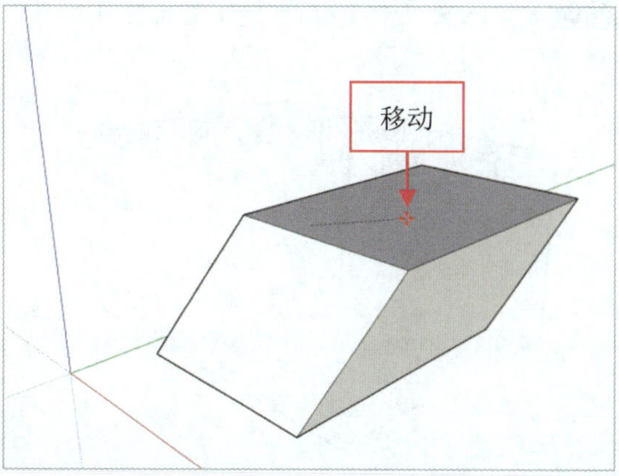

图 4-18 移动平面

4.2 旋转图形对象

通过 SketchUp 中的“旋转”命令，用户不仅能够轻松实现对象的角度调整，还能在旋转的同时完成对象的复制，为设计增添更多可能性。从简单地旋转线图形到复杂的实体图形，再到特定的环形阵列和立面旋转等操作，本节将逐一解析旋转图形对象的技巧。

4.2.1 旋转线对象

旋转线对象

旋转线对象是指通过特定的旋转中心点和角度，将线条绕其进行旋转变换。执行这一操作并不复杂，用户只需选中线对象，然后使用“旋转”命令，并设定旋转的基点与角度，即可完成。其具体操作方法如下。

Step 01 按【Ctrl + O】组合键，打开一个素材模型（资源\素材\第 4 章\长方体.skp），单击菜单栏中的“工具”|“旋转”命令，如图 4-19 所示。

Step 02 鼠标指针变成圆盘形状时，单击以确定旋转中心，如图 4-20 所示。

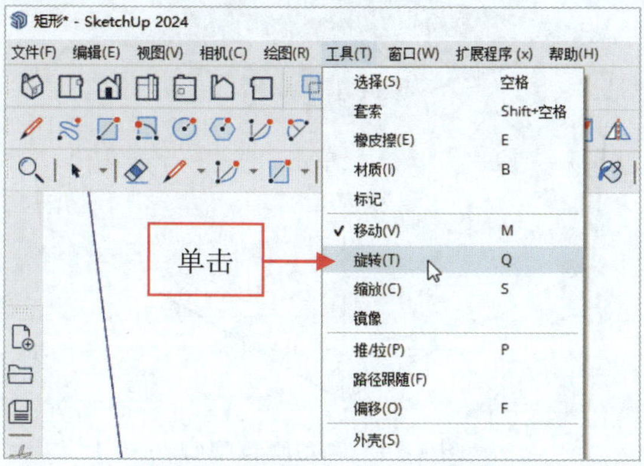

图 4-19 单击“旋转”命令

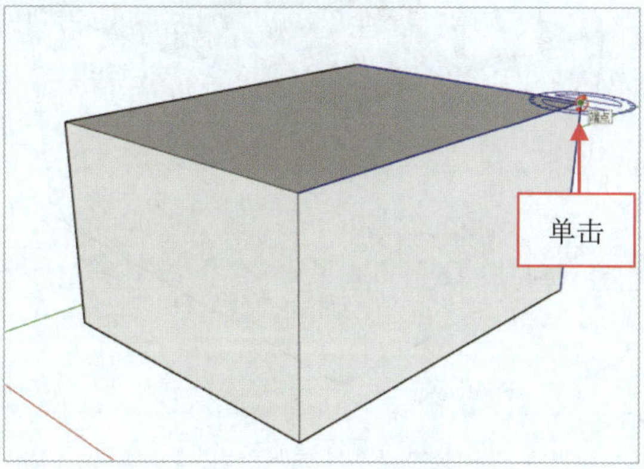

图 4-20 确定旋转中心

Step03 移动鼠标指针，确定对象的旋转轴，如图 4-21 所示。

Step04 输入角度或直接单击确定旋转目标点，即可旋转线对象，如图 4-22 所示。

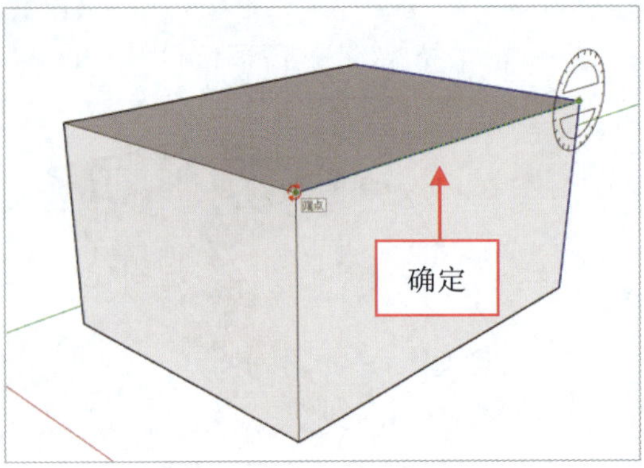

图 4-21 确定对象的旋转轴

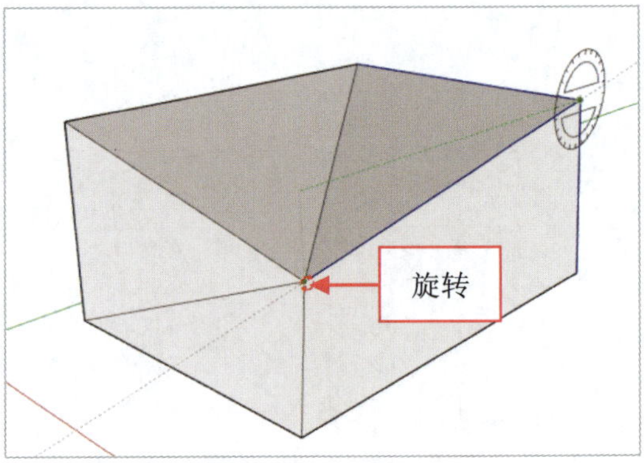

图 4-22 旋转线对象

▶ 专家指点

用户可以使用快捷键 Q 来快速切换到旋转工具，这在使用过程中能够提高效率。

4.2.2 旋转面对象

旋转面对象

旋转面对象，顾名思义，就是通过指定旋转轴和角度，将平面图形绕其进行旋转变换。实现这一操作，用户需先选定面对象，激活旋转工具，并设定旋转中心与角度。旋转面对象不仅能够丰富模型的形态变化，还能帮助用户在保持面对象原有属性的基础上，实现空间布局的灵活调整，为创造更具创意的三维模型提供无限可能。下面介绍旋转面对象的操作方法。

Step01 按【Ctrl + O】组合键，打开一个素材模型（资源\素材\第 4 章\长方体.skp），使用选择工具双击长方体的顶面，选择要旋转的面对象，如图 4-23 所示。

Step02 单击“编辑”工具栏上的“旋转”按钮，选取该工具，鼠标指针变成圆盘心形状，单击确定旋转中心，如图 4-24 所示。

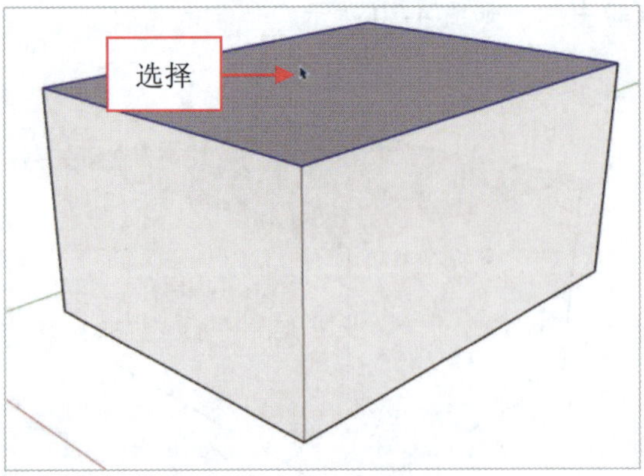

图 4-23 选择要旋转的面对象

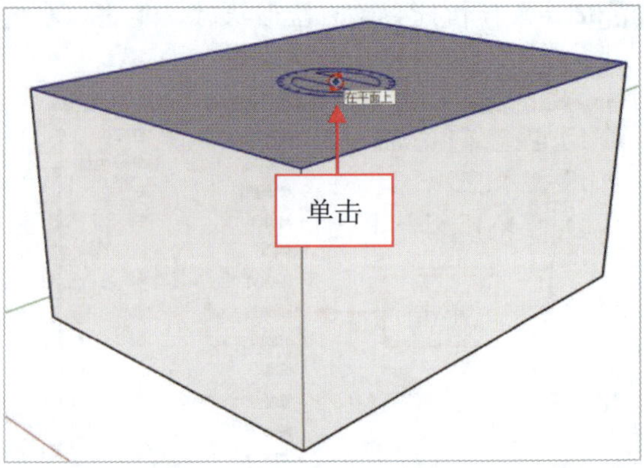

图 4-24 确定旋转中心

Step03 移动鼠标指针，确定旋转的起始线（即旋转轴），如图 4-25 所示。

Step 04　输入角度或直接单击确认旋转目标点，即可旋转面对象，如图 4-26 所示。

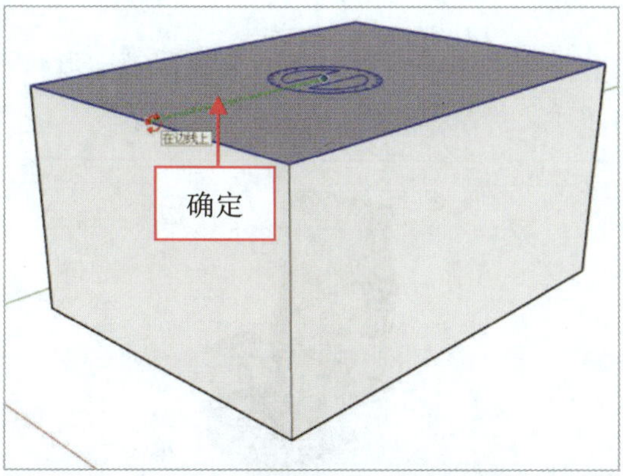

图 4-25　确定旋转的起始线

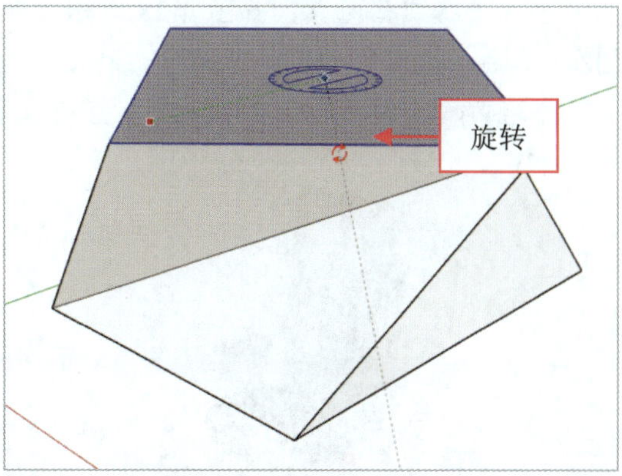

图 4-26　旋转面对象

▶ 专家指点

单击面对象上希望作为旋转基点的点，这个点将作为旋转的中心。同时，也可以通过输入坐标来设置中心点的位置。通过移动鼠标指针，可以直观地设置旋转轴的方向，也可以通过按下箭头键来锁定轴方向（如上箭头锁定蓝轴，左/右箭头锁定绿/红轴）。另外，也可以单击对象上的某个点来确定旋转轴，或者通过输入坐标来指定轴线的位置。

4.2.3　旋转实体对象

旋转实体对象

在 SketchUp 的三维建模领域，旋转实体对象是塑造复杂形态、调整空间布局的关键操作。所谓旋转实体对象，即将三维的立体图形绕指定轴进行旋转变换。这一操作通过激活旋转工具，选定实体对象，并设置旋转的轴心与角度来完成。素材与效果对比如图 4-27 所示。

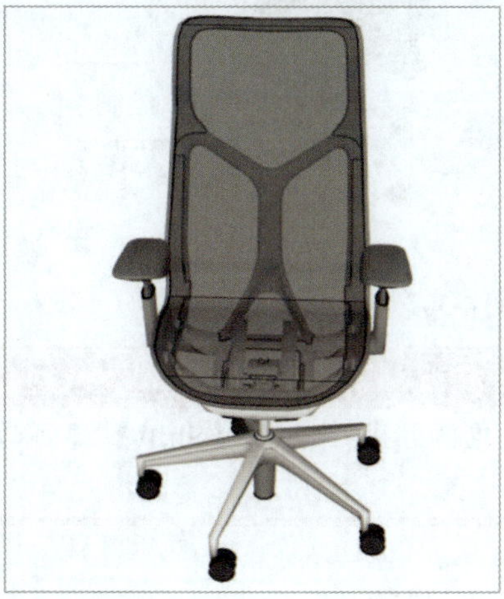

图 4-27　素材与效果对比

下面介绍旋转实体对象的操作方法。

Step 01 按【Ctrl + O】组合键，打开一个素材模型（资源\素材\第 4 章\办公椅.skp），使用选择工具选择实体对象，如图 4-28 所示。

Step 02 单击“编辑”工具栏上的“旋转”按钮，选取该工具，鼠标指针变成圆盘心形状，单击确定旋转中心（即轴心），如图 4-29 所示。

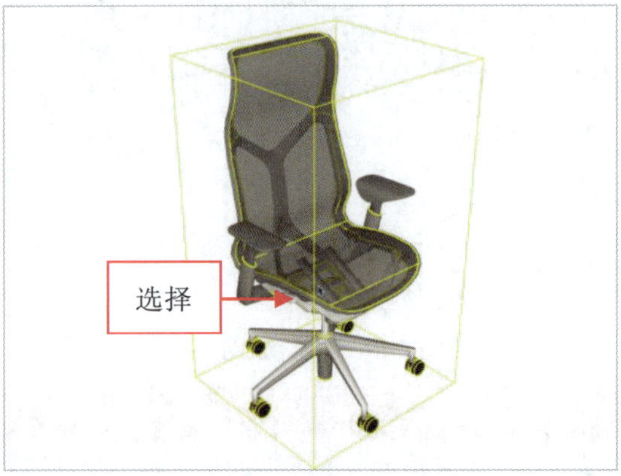

图 4-28　选择实体对象

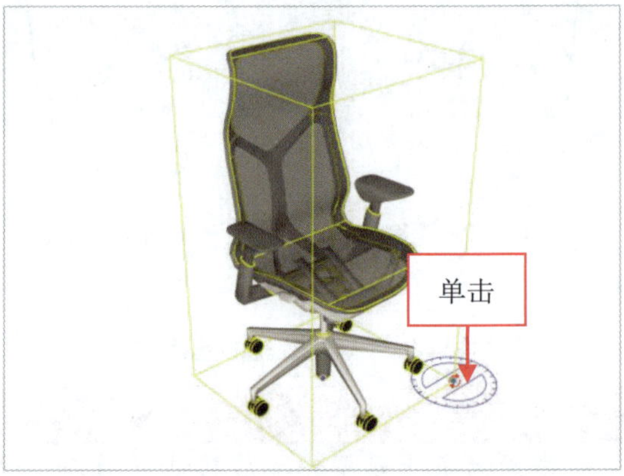

图 4-29　确定旋转中心

Step 03 移动鼠标指针，从轮盘中间拉出一条虚线，将鼠标指针移动到合适位置后单击，完成旋转起始线的绘制，如图 4-30 所示。

Step 04 在“角度”输入框中输入旋转角度完成旋转，也可移动鼠标指针（移动时对象也会随之转动），角度合适后单击，即可旋转实体对象，如图 4-31 所示。

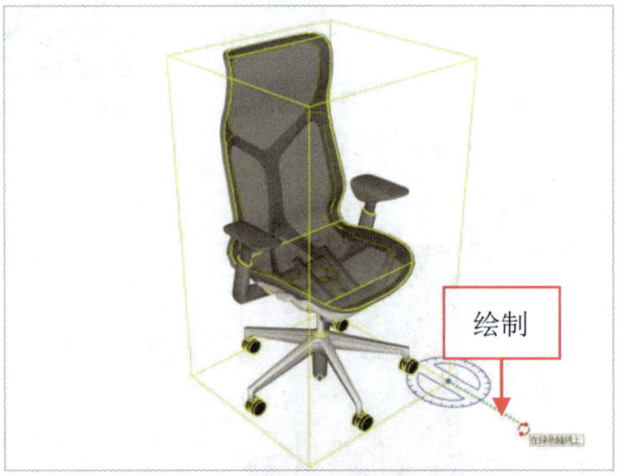

图 4-30　绘制旋转起始线

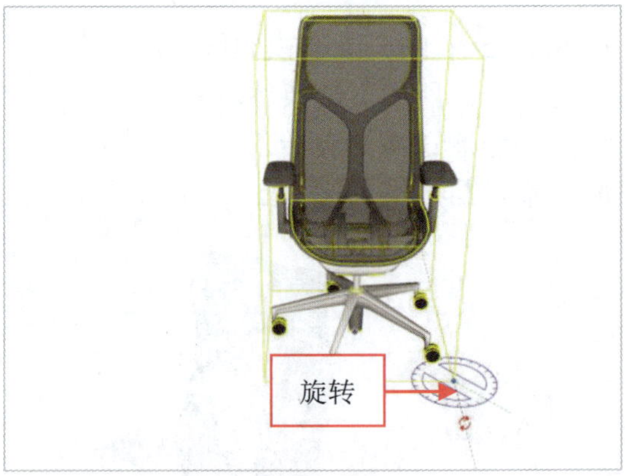

图 4-31　旋转实体对象

▶ 专家指点

在旋转对象的过程中，按【Shift】键可以限制旋转的角度，使其只能以垂直或水平方向进行旋转。

4.2.4　环形阵列对象

环形阵列对象

环形阵列对象是一种通过圆形模式复制和排列对象的技术，它允许用户快速创建多个相同的图形，并且可以灵活地调整大小和间距。环形阵列对象不仅提高了建模效率，还能使模型更具条理性和美感。素材与效果对比如图 4-32 所示。

图 4-32　素材与效果对比

下面介绍环形阵列对象的操作方法。

Step 01　按【Ctrl + O】组合键，打开一个素材模型（资源\素材\第 4 章\盆栽.skp），切换为顶视图，使用选择工具选择实体对象，如图 4-33 所示。

Step 02　单击“编辑”工具栏上的“旋转”按钮，选取该工具，鼠标指针变成圆盘心形状，按一下【Ctrl】键，鼠标指针旁出现一个小加号，单击确定旋转基点，如图 4-34 所示。

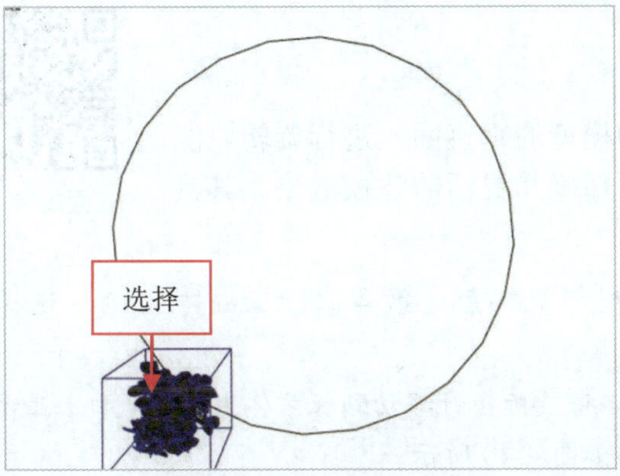

图 4-33　选择实体对象

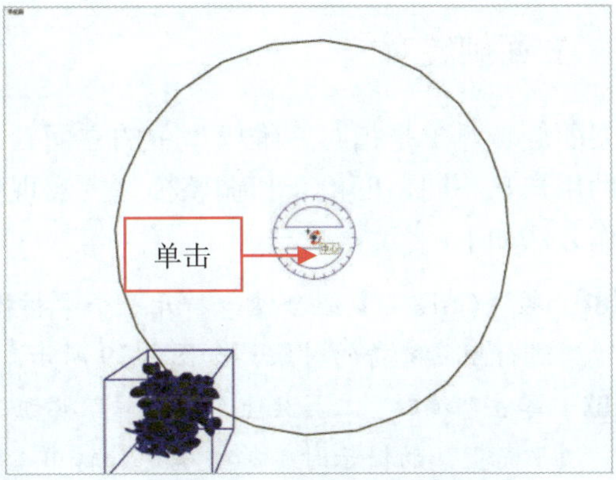

图 4-34　确定旋转基点

Step 03　确定旋转起始线，如图 4-35 所示，开始进行旋转。

Step 04　输入旋转角度或直接单击确定旋转目标点，即可旋转复制对象，如图 4-36 所示。

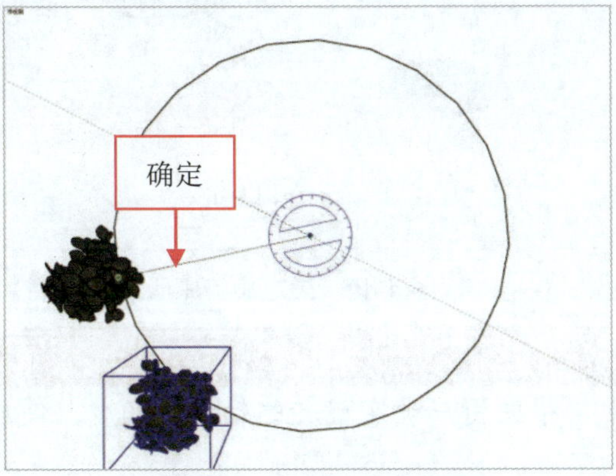

图 4-35　确定旋转起始线

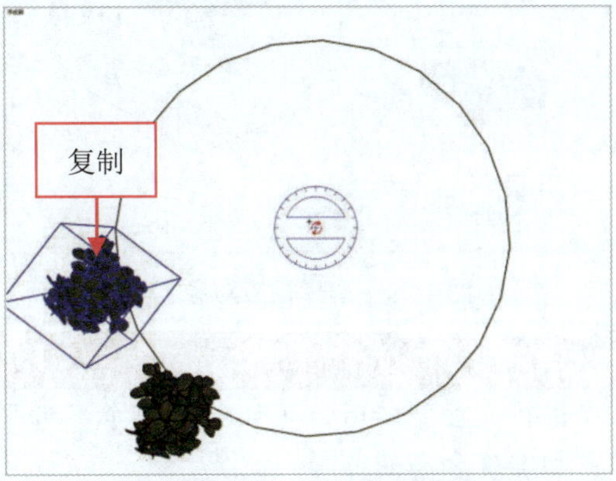

图 4-36　旋转复制对象

Step 05 在“角度”输入框中，输入“* + 数字”或“数字 + *”，如输入*8，如图 4-37 所示。

Step 06 按【Enter】键确认，即可环形阵列对象，如图 4-38 所示。

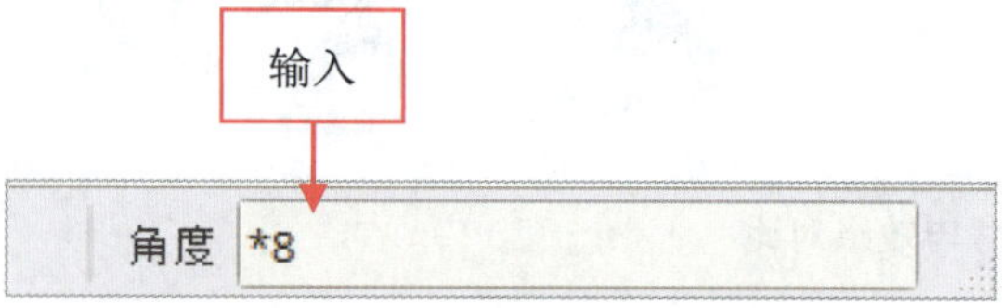

图 4-37　输入“角度”参数

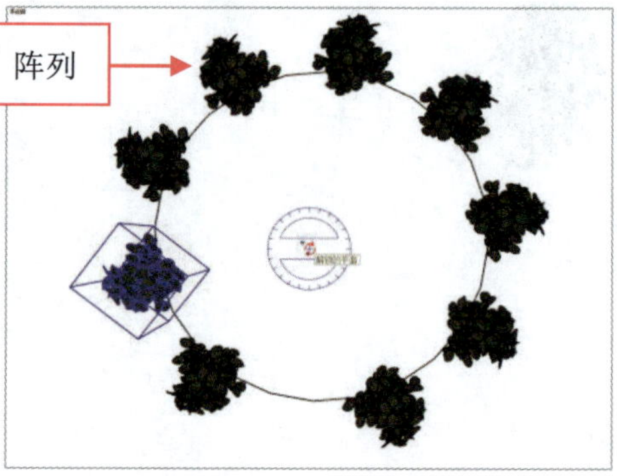

图 4-38　环形阵列对象

▶ 专家指点

如果在“角度”输入框中输入 8/，则在复制距离内等 8 份后阵列，环形阵列与矩形阵列的原理完全一样。

4.2.5　立面旋转对象

立面旋转对象

立面旋转对象是指对三维模型中的立面（即模型的垂直面）进行旋转，能够帮助用户从不同角度检查和调整模型，实现更精确和灵活的建模效果。其具体操作方法如下。

Step 01 按【Ctrl + O】组合键，打开一个素材模型（资源\素材\第 4 章\立面旋转.skp），选择将要进行立面旋转的对象，如图 4-39 所示。

Step 02 单击“编辑”工具栏上的“旋转”按钮，将鼠标指针移动到长方体上，当平面上显示“在平面上”的提示时，单击确定旋转中心，如图 4-40 所示。

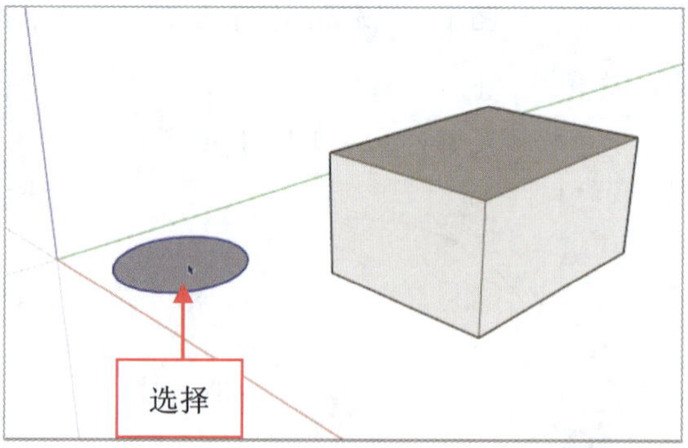

图 4-39　选择相应对象

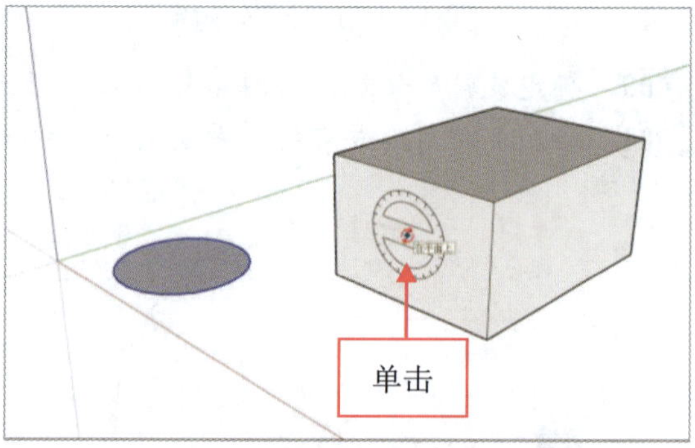

图 4-40　确定旋转中心

▶ 专家指点

在进行立面旋转时，可以绘制一个参考平面，帮助用户确定旋转的轴线和角度，使旋转操作更加准确和高效。

Step 03　确定旋转起始边和角度，单击确定旋转目标点，即可进行立面旋转，如图 4-41 所示。

Step 04　使用相同的操作方法，还可以继续绕其他平面进行立面旋转，如图 4-42 所示。

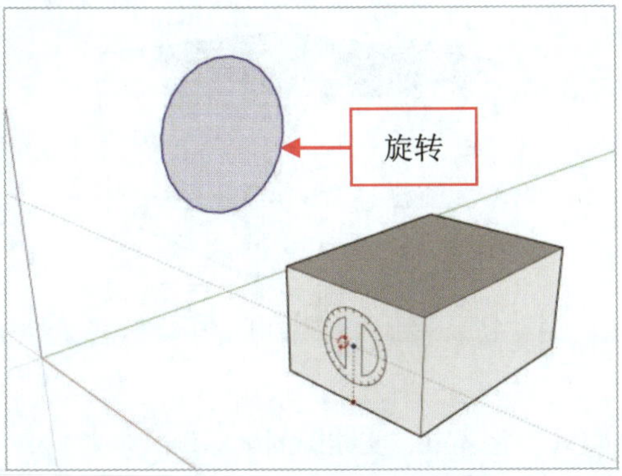

图 4-41　进行立面旋转

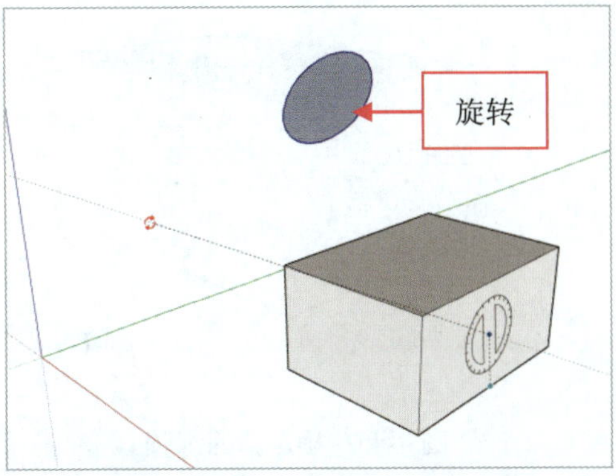

图 4-42　绕其他平面进行立面旋转

4.3　编辑图形形状

在 SketchUp 中通过一系列强大的编辑命令，用户可以轻松地实现图形形态的多样化修改。本节将讲述如何在 SketchUp 中通过指定新坐标系、将平面拉成实体、在实体上开洞等技巧，帮助用户创造出更加复杂且精细的模型草图。

4.3.1　指定新坐标系

指定新坐标系

通过“轴”命令，用户可以灵活地定义新的坐标原点与方向，从而解锁对图形进行更多样化编辑的可能性。下面介绍指定新坐标系的操作方法。

Step 01　按【Ctrl + O】组合键，打开一个素材模型（资源\素材\第 4 章\长方体.skp），单击“建筑施工”工具栏上的“轴”按钮，鼠标指针变成形状，单击确定新的坐标系原点，如图 4-43 所示。

Step 02　移动鼠标指针，单击确定新的红轴，如图 4-44 所示。

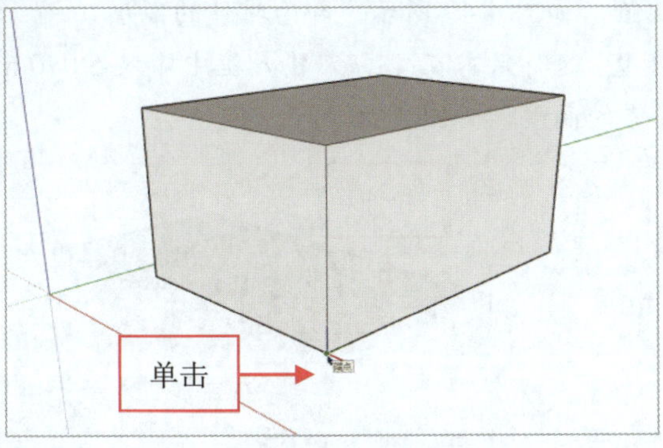

图 4-43　确定新的坐标系原点

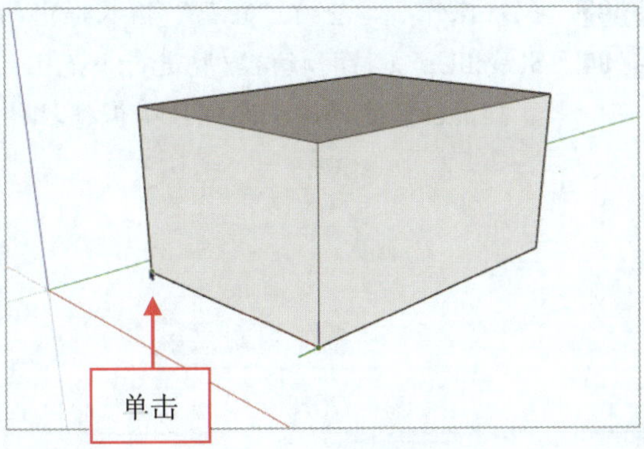

图 4-44　确定新的红轴

Step 03　移动鼠标指针，单击确定新的绿轴，如图 4-45 所示。

Step 04 执行操作后，即可指定新的坐标系，如图 4-46 所示。

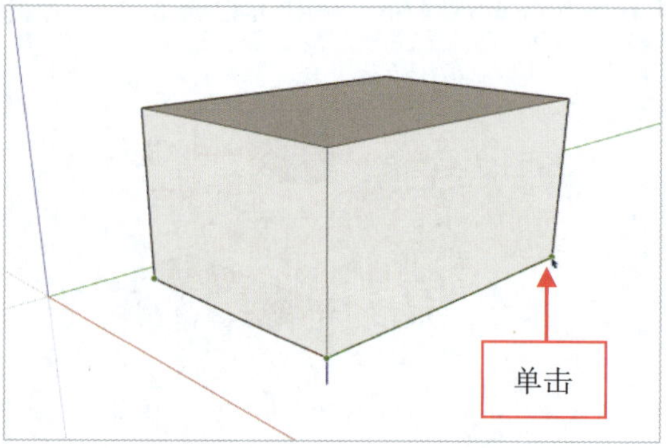

图 4-45 确定新的绿轴

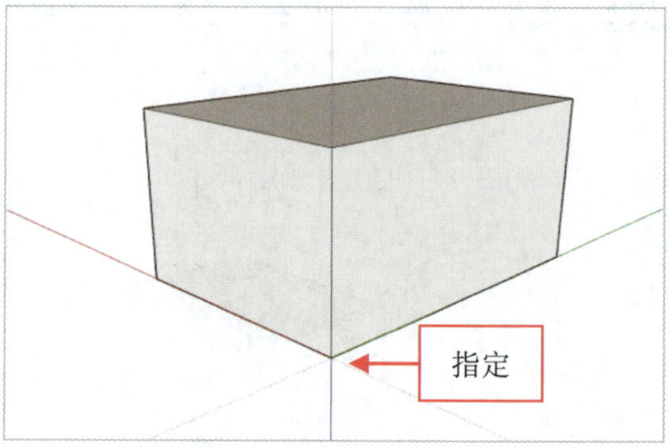

图 4-46 指定新的坐标系

4.3.2 将平面拉成实体

使用 SketchUp 中的“推/拉”命令，可以将图形由二维平面转换成三维实体。其具体操作方法如下。

将平面拉成实体

Step 01 将视图转换成轴测图，并绘制一个矩形，如图 4-47 所示。

Step 02 单击菜单栏中的“工具”|“推/拉”命令，在平面上按住鼠标左键并拖曳，拖曳到需要的高度后，如图 4-48 所示，再单击确定位置。

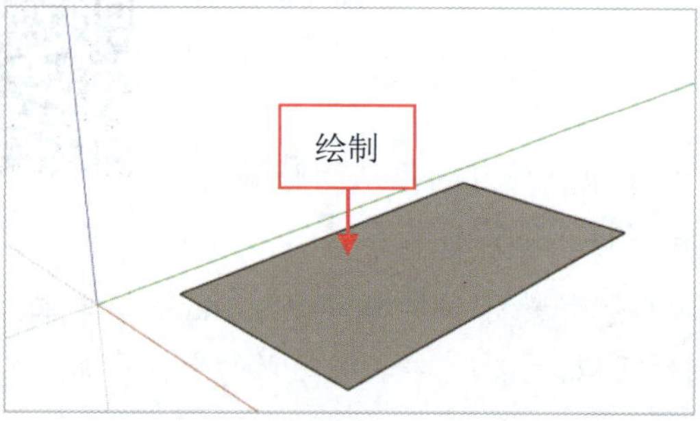

图 4-47 绘制一个矩形

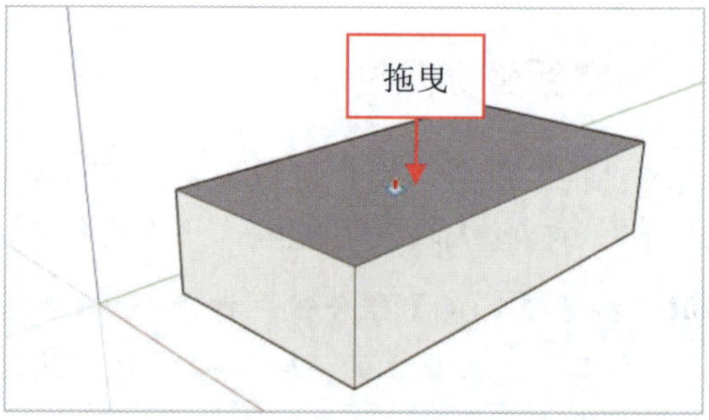

图 4-48 按住鼠标左键并拖曳

Step 03 执行操作后，查看“距离”输入框中的数值，如图 4-49 所示，即为拉伸的高度。

Step 04 SketchUp 支持将数值取整进行小范围的调整，这时只需在“距离”输入框中输入 5 080 mm，按【Enter】键确认，即可精确调整拉伸实体的高度，如图 4-50 所示。

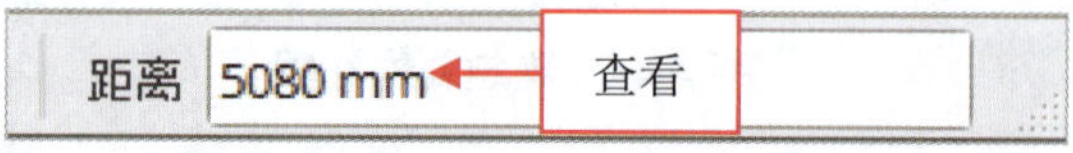

图 4-49 查看“距离”输入框中的数值

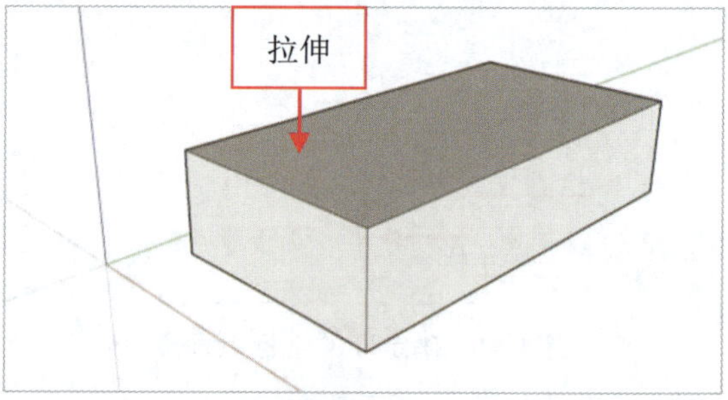

图 4-50 精确调整拉伸实体的高度

▶ 专家指点

若需对多个平面进行相同距离的拉伸操作：可在首个平面拉伸完成后，通过使用鼠标左键双击剩余平面来自动应用上一次的拉伸距离；另一种方法是，在执行拉伸操作后，将鼠标指针移至先前被拉伸实体的顶部（平面或边线上）并单击，同样能够生成等高的实体图形。

4.3.3　在实体上开洞

在实体上开洞

在利用“推/拉”命令修改长方体实体时，如果推进的深度小于长方体的宽度，会塑造出一个凹槽；而如果推进的深度恰好与长方体的宽度相等，则会贯穿整个长方体，形成一个通孔，即洞。其具体操作方法如下。

Step 01 按【Ctrl + O】组合键，打开一个素材模型（资源\素材\第 4 章\长方体.skp），选取矩形工具，将鼠标指针移至长方体的任意一个面上，显示“在平面上”的提示，如图 4-51 所示。

Step 02 移动鼠标指针，并在该平面上单击确定两个对象的角点，如图 4-52 所示。

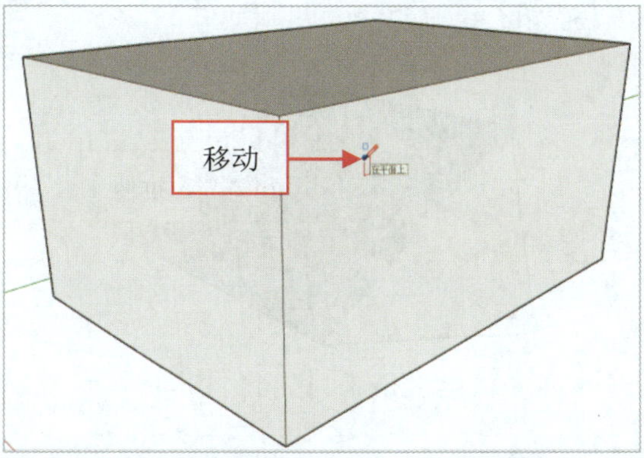

图 4-51　显示“在平面上”的提示

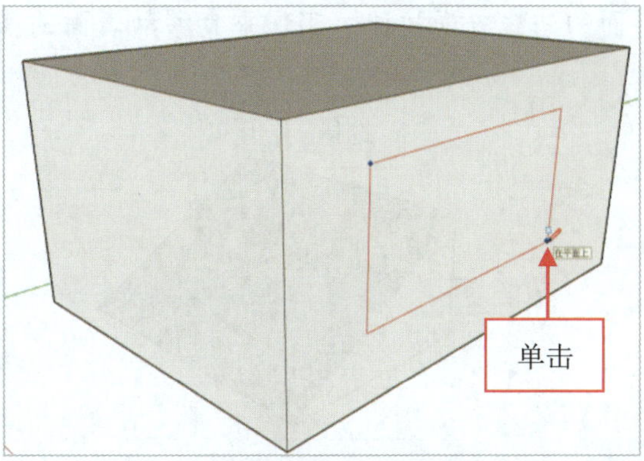

图 4-52　确定两个对象的角点

Step 03 执行操作后，即可在已有长方体上绘制一个矩形，单击“编辑”工具栏中的“推/拉”按钮，选取上一步绘制的矩形向长方体内部推进，如图 4-53 所示。

Step 04 按住鼠标滚轮，调整方向，转到长方体背面，当显示“在平面上”的提示时，在平面上单击，即可绘制出贯穿洞，如图 4-54 所示。

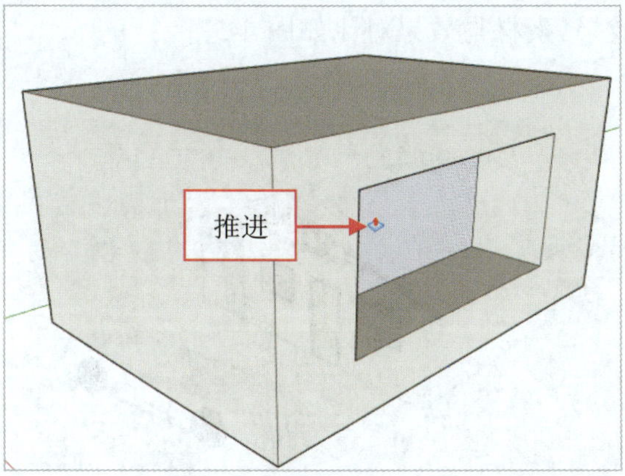

图 4-53　向长方体内部推进

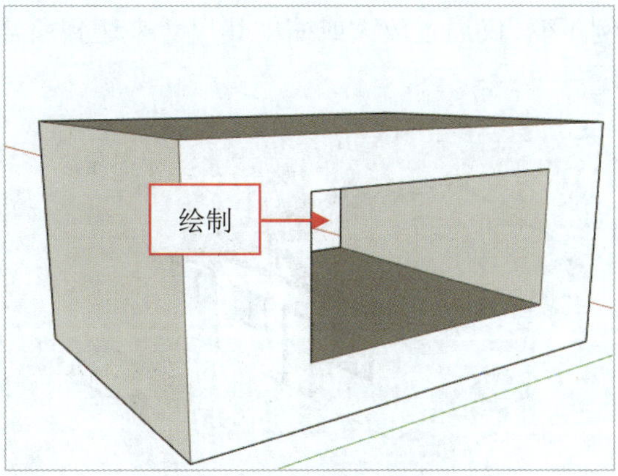

图 4-54　绘制出贯穿洞

▶ 专家指点

选取推/拉工具后，按【Ctrl】键，鼠标指针旁将出现一个小加号，在执行推/拉操作时，会生成新的表面，实现复制移动表面的操作，如图 4-55 所示，还可以连续执行该操作。

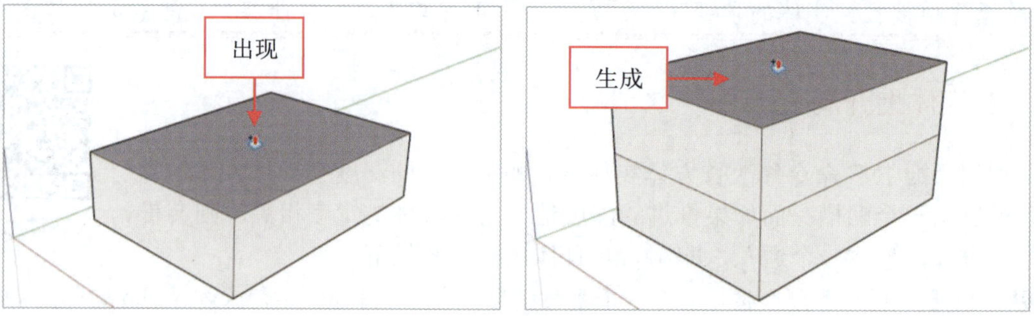

图 4-55 复制移动表面

如果用户选择的是斜面，则在使用推/拉工具时并按【Alt】键，可以强制沿刚刚选择的斜面的法线方向拉伸，实现垂直移动表面的操作，如图 4-56 所示。

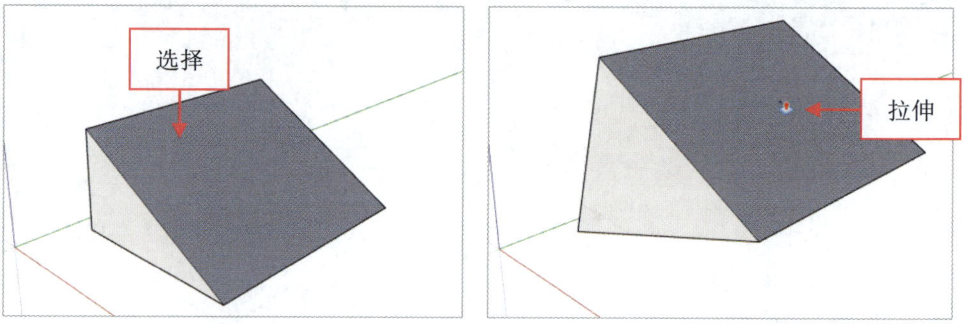

图 4-56 垂直移动表面

4.3.4 缩放对象

缩放对象

在 SketchUp 中，运用“缩放”命令，用户既可以实现对对象进行等比例缩放，也能够进行非等比例缩放。等比例缩放的核心在于保持对象原有的形状和比例不变，仅通过放大或缩小其尺寸来达到所需效果。素材与效果对比如图 4-57 所示。

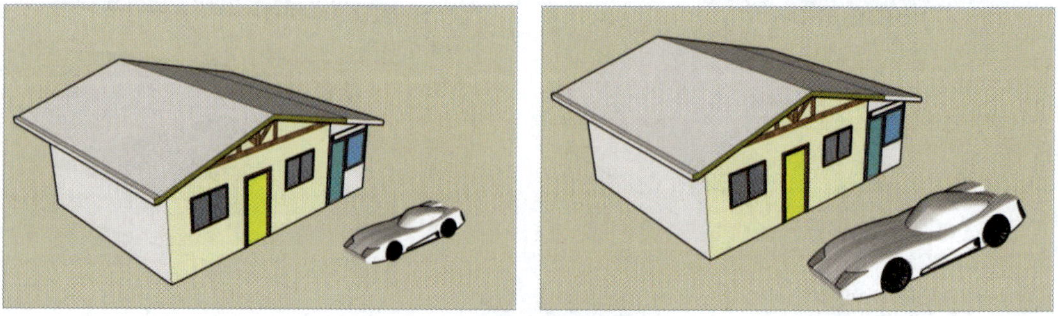

图 4-57 素材与效果对比

下面介绍缩放对象的操作方法。

Step 01 按【Ctrl + O】组合键，打开一个素材模型（资源\素材\第 4 章\跑车.skp），选择要缩放的对象，如图 4-58 所示。

Step 02 选取缩放工具，对象上会显示控制点，如图 4-59 所示。

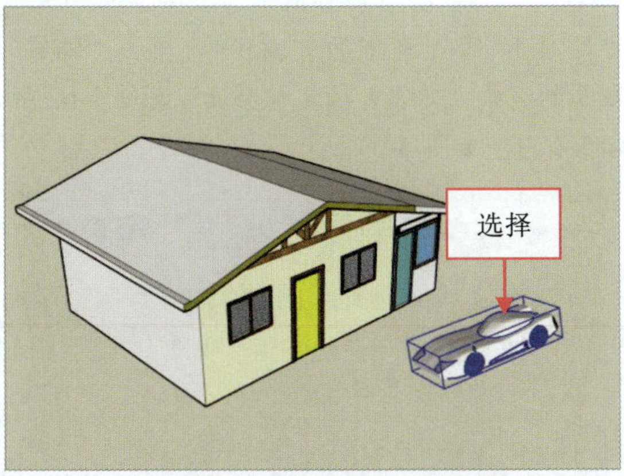

图 4-58 选择要缩放的对象

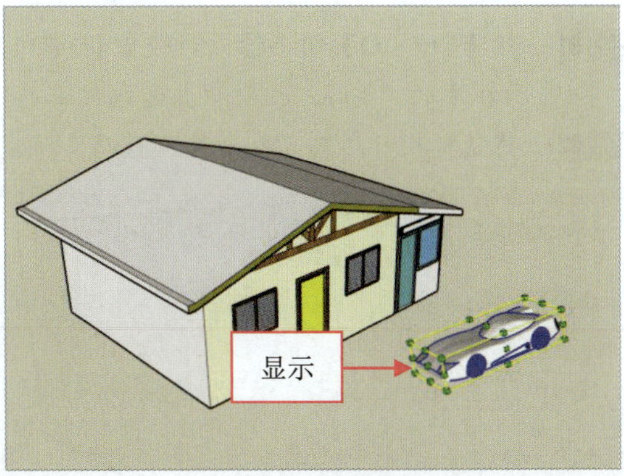

图 4-59 显示控制点

▶ 专家指点

如果缩放的是二维对象，会出现 8 个绿色控制点；如果缩放的是三维对象，则会出现 26 个绿色控制点。每两个控制点为一对，将鼠标指针移到控制点上，控制点将变红，与其相对应的控制点也会变红。

Step 03 单击控制点进入缩放状态，这里选择缩放的控制点为角点，如图 4-60 所示。

Step 04 按住鼠标左键并拖曳至合适位置，即可放大对象，如图 4-61 所示。

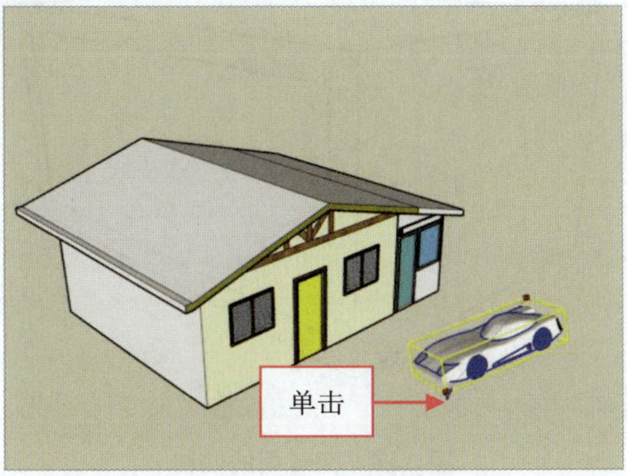

图 4-60 单击控制点

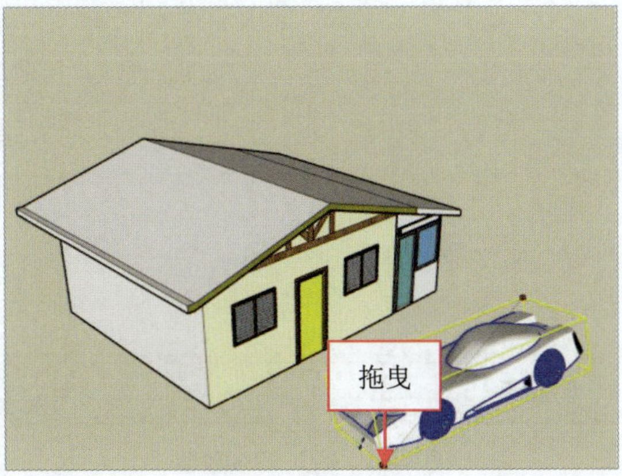

图 4-61 放大对象

▶ 专家指点

若选择缩放的控制点为角点，那么将进行等比例缩放，拖曳鼠标或在“比例”输入框中输入缩放比例，都可以实现缩放操作。如输入 2，就是放大两倍。另外，用户还可以选择以某一基点作为参考点来对对象进行缩放操作，调整对象的大小，确保其在特定方向上按需增大或减小至指定的比例。

4.3.5　偏移对象

偏移对象

偏移对象是指在不改变所选对象形状的前提下，于不同位置且以不同尺寸创建一个新的对象。其具体操作方法如下。

Step 01　按【Ctrl + O】组合键，打开素材模型（资源\素材\第 4 章\长方体.skp），单击“编辑”工具栏中的“偏移”按钮，选取该工具，在面的边线上单击，确定偏移面，如图 4-62 所示。

Step 02　将鼠标指针向内（或向外）移动，确定偏移方向，如图 4-63 所示。

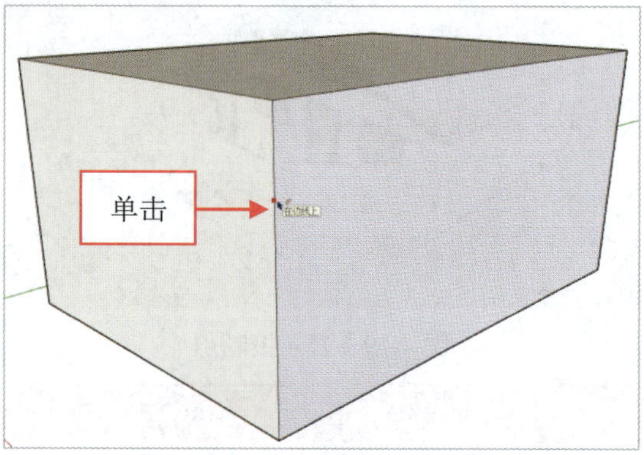

图 4-62　确定偏移面

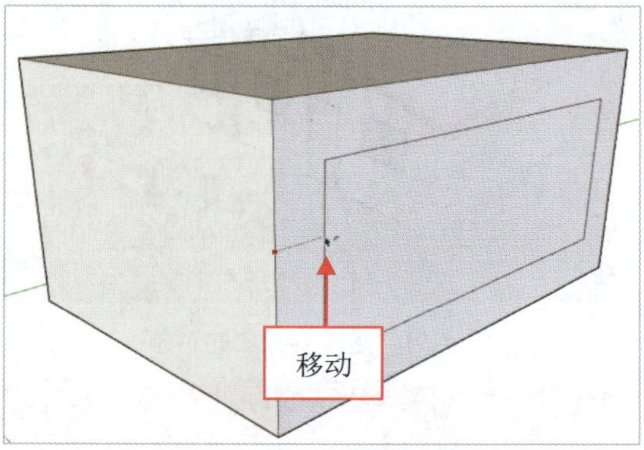

图 4-63　确定偏移方向

Step 03　在“距离”输入框中输入具体的偏移数值，如输入 50，如图 4-64 所示，正值表示按鼠标指定方向偏移，负值表示按相反的方向偏移。

Step 04　按【Enter】键确认，即可完成面的偏移，如图 4-65 所示。

图 4-64　输入偏移数值

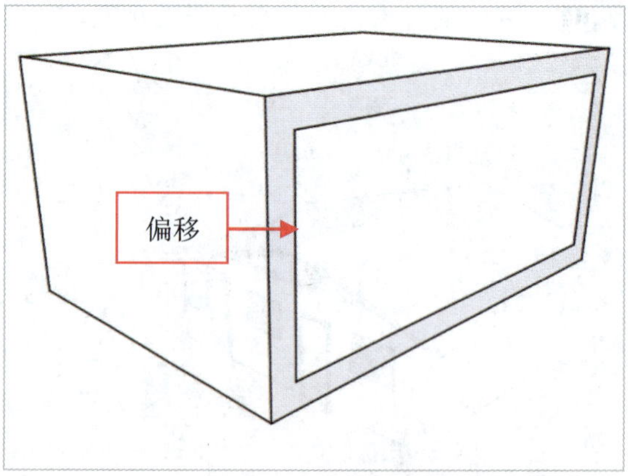

图 4-65　完成面的偏移

▶ 专家指点

执行“偏移”命令后，可以再次选择面来进行面的偏移；而对于线的偏移，则必须先选中待偏移的直线或圆弧，随后执行“偏移”命令。这一操作同样适用于两条或更多由直线和/或圆弧组成的图形。值得注意的是，线的偏移操作有一个特定要求：必须涉及两条或更多条彼此相交且位于同一平面的直线。以下 3 种情形无法进行偏移：单独一条直线、两条交叉但不共面的直线以及 3 条不在同一平面的直线。

4.3.6　路径跟随

路径跟随

使用 SketchUp 中的路径跟随工具，用户能够绘制不同类型的几何体及复杂结构，这些往往是传统绘图手段难以实现的。下面介绍使用路径跟随工具编辑图形的操作方法。

Step 01　在 SketchUp 中绘制相应的边线和需要放样的截面，如图 4-66 所示，注意要使该截面与边线（放样路径）相垂直。

Step 02　使用选择工具，选择一组连续的边线作为路径，如图 4-67 所示。

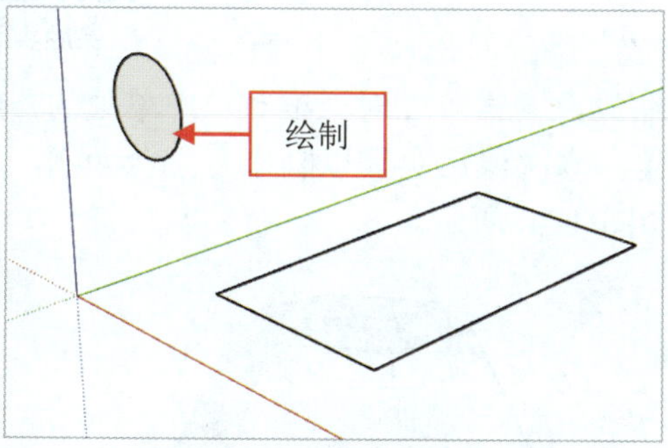

图 4-66　绘制边线和截面

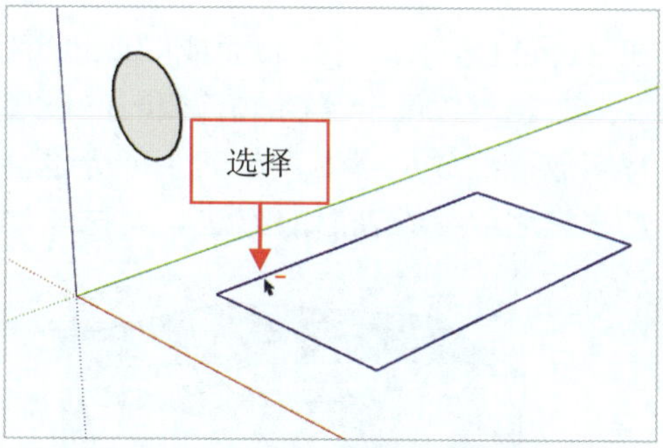

图 4-67　选择一组连续的边线

Step 03　单击“编辑”工具栏上的“路径跟随”按钮，选择需要放样的截面，如图 4-68 所示。

Step 04　执行操作后，即可沿着选择的边线（路径）自动完成放样，如图 4-69 所示。

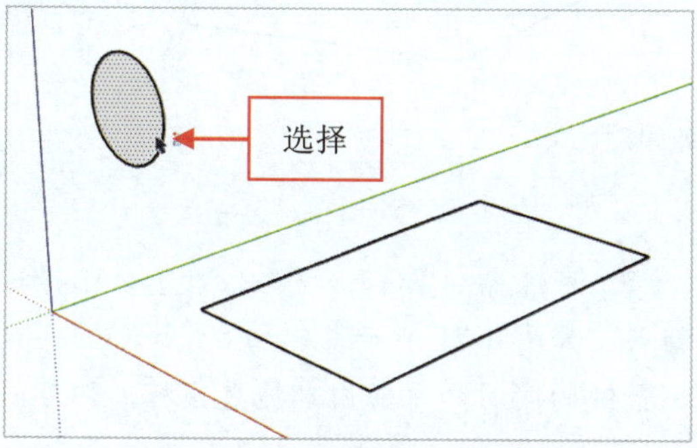

图 4-68　选择需要放样的截面

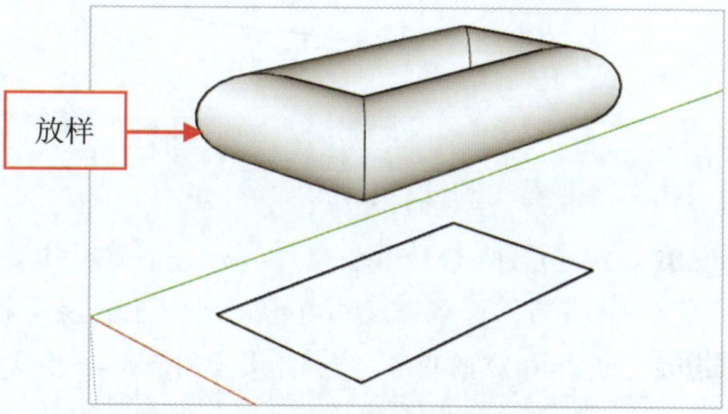

图 4-69　自动完成放样

▶ 专家指点

在创建面与面的组合时，首先需绘制与边线相垂直的截面，随后选择该截面并单击“编辑”工具栏的“路径跟随”按钮；接着选定要放样的图形，并沿着预设的边线手动移动鼠标指针进行放样，直至到达所需终点后点击以完成操作。

本章小结

本章首先介绍了在 SketchUp 中移动图形对象的基础操作，包括移动、复制、阵列、拉伸与折叠对象，这些操作帮助用户实现对图形对象位置和形态的初步调整；其次介绍了旋转图形对象的多种技巧，如旋转线、面、实体对象，以及环形阵列和立面旋转，这些功能为用户提供了在三维空间中灵活操控图形对象的能力；最后介绍了编辑图形形状的高级功能，包括指定新坐标系、将平面拉成实体、在实体上开洞、缩放对象、偏移对象以及路径跟随等，这些功能使得用户能够更精确地塑造和优化三维模型。通过本章的学习，读者能够掌握如何编辑图形形状。

课后实训

课后实训

在 SketchUp 中，二维表面或图像也可以进行缩放，缩放时出现 8 个绿色控制点，同时也可以配合【Ctrl】键和【Shif】键进行缩放。同样可以对三维对象中单独的二维平面进行缩放，缩放后三维对象其余部分也会相应变化。本次课后实训以制作六方台为例，主要目标是掌握缩放二维表面的方法。素材与效果对比如图 4-70 所示。

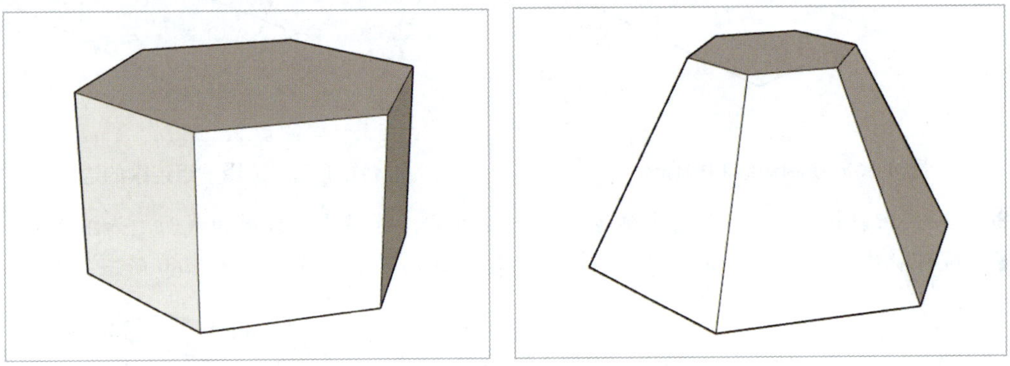

图 4-70　素材与效果对比

缩放二维表面的操作方法如下。

Step 01　按【Ctrl + O】组合键，打开一个素材模型（资源\素材\第 4 章\正六棱柱.skp），选择顶部的平面，选取缩放工具，对象上会显示控制点，如图 4-71 所示。

Step 02　选择相应的角点作为缩放控制点，按住【Ctrl】键的同时向平面内部拖曳鼠标，即可以六边形平面的中心作为基点进行缩小，如图 4-72 所示。

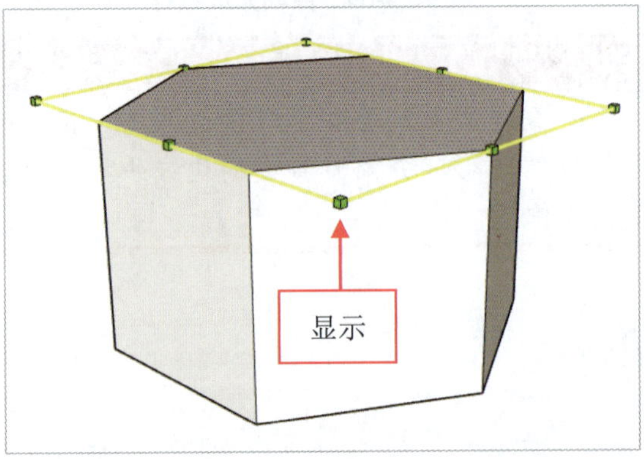

图 4-71　显示控制点

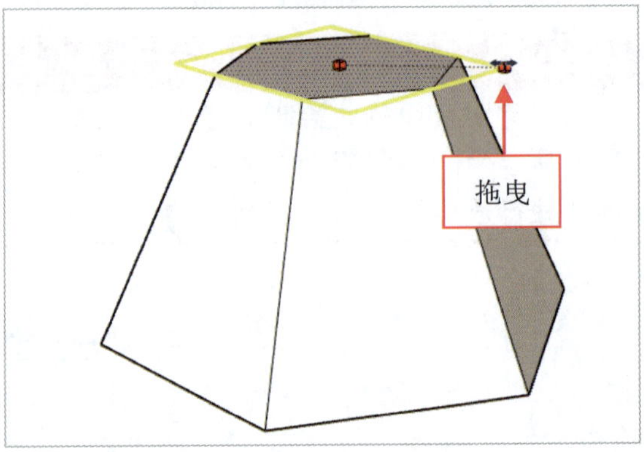

图 4-72　缩小二维表面

第 5 章 SketchUp 三维建模

5

SketchUp 作为一款功能强大且易于上手的三维建模软件，不仅能够帮助用户快速捕捉和呈现创意，还通过直观的界面和丰富的工具集，极大地简化了复杂的三维建模过程。本章将介绍 SketchUp 的三维建模技巧，讲述如何利用这一强大工具将二维构思转化为生动逼真的三维模型，开启三维设计之旅。

本章重点

- 掌握使用实体工具建模的方法
- 掌握使用照片匹配建模的方法

思政目标

- 引导读者规范模型素材管理，建立数据合规使用意识
- 在 SketchUp 模型尺寸标注与误差校验中，培养读者以严苛的精度要求打磨作品，树立对专业的敬畏与执着

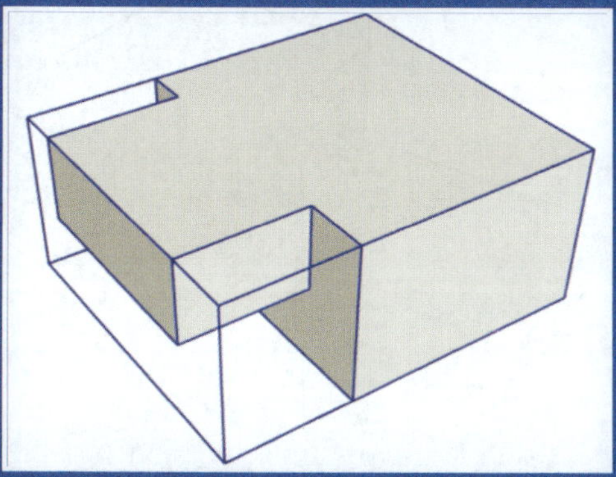

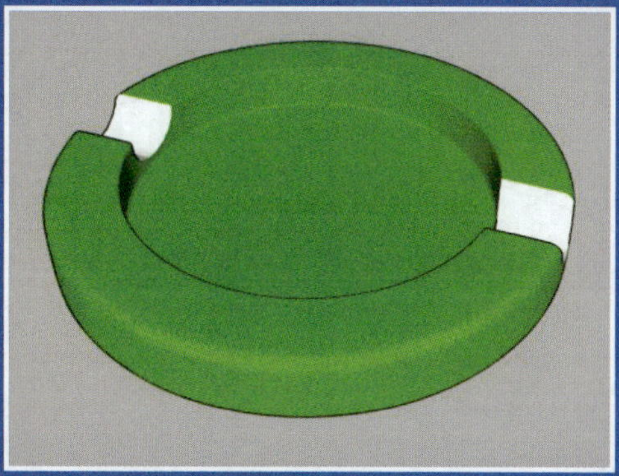

5.1　使用实体工具建模

在三维建模的广阔领域中，SketchUp 以其直观易用的特性赢得了众多用户的青睐。然而，要想充分发挥 SketchUp 的潜力，掌握其高级功能至关重要。其中，“实体工具”工具栏中便提供了这样一组强大的工具，但它们默认情况下并不显示在工具栏上，需要用户手动调出。

通过单击“视图”|“工具栏”命令，并在弹出的对话框中选中“实体工具”复选框，如图 5-1 所示，即可轻松调出这一隐藏的工具栏，如图 5-2 所示。在掌握了这一基础操作后，便可以借助“实体工具”工具栏中的各种工具来实现更为复杂和精细的三维建模操作，包括创建实体外壳，以及进行交集、差集、修剪和分割等运算建模操作。

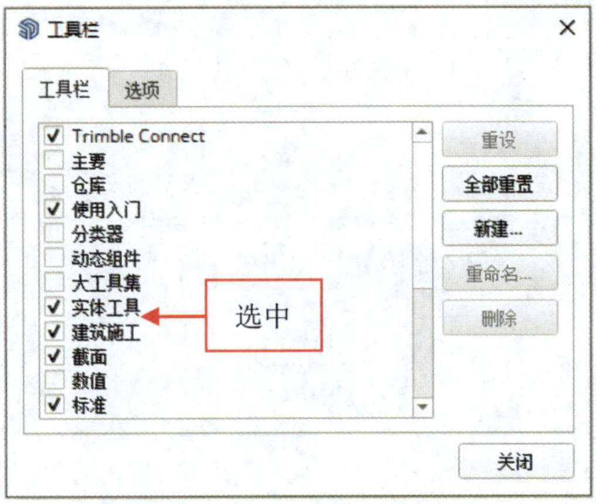

图 5-1　选中“实体工具”复选框

图 5-2　“实体工具”工具栏

5.1.1　创建实体外壳

通过使用“外壳”命令，能够将多个独立的实体模型组合成一个单一的实体，同时去除内部的几何结构。其具体操作方法如下。

创建实体外壳

Step 01　按【Ctrl + O】组合键，打开一个素材模型（资源\素材\第 5 章\长方体.skp），选择相应的几何体，如图 5-3 所示。

Step 02　单击鼠标右键，在弹出的快捷菜单中选择“创建组件”选项，如图 5-4 所示。

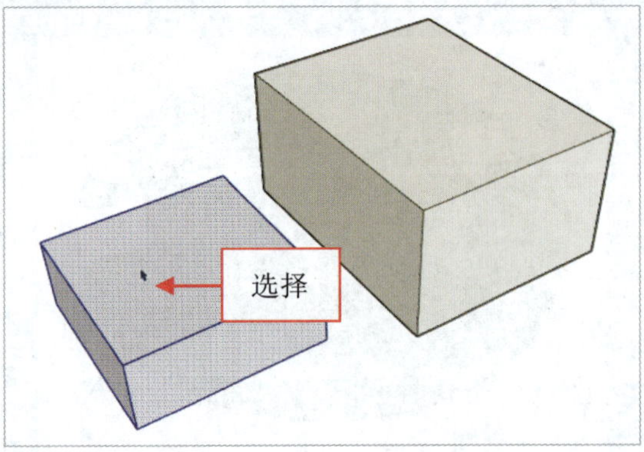

图 5-3　选择相应的几何体

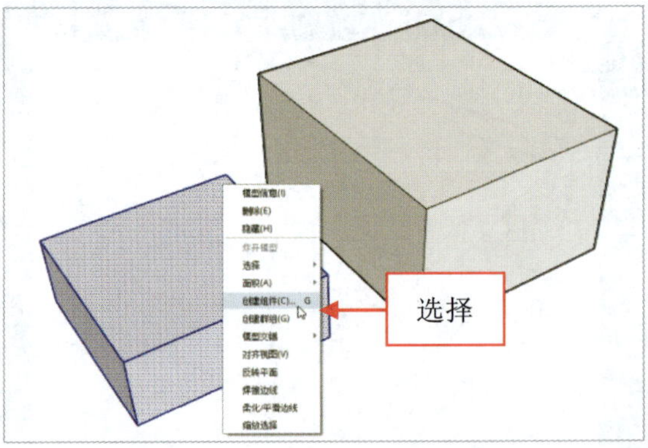

图 5-4　选择“创建组件”选项

Step 03 弹出“创建组件”对话框，保持默认设置，单击“创建”按钮，再次选择几何体时，几何体外侧有蓝色框，表示已创建成实体，如图 5-5 所示。

Step 04 使用相同的操作方法，将另一个几何体创建成实体，使用选择工具框选两个实体，如图 5-6 所示。

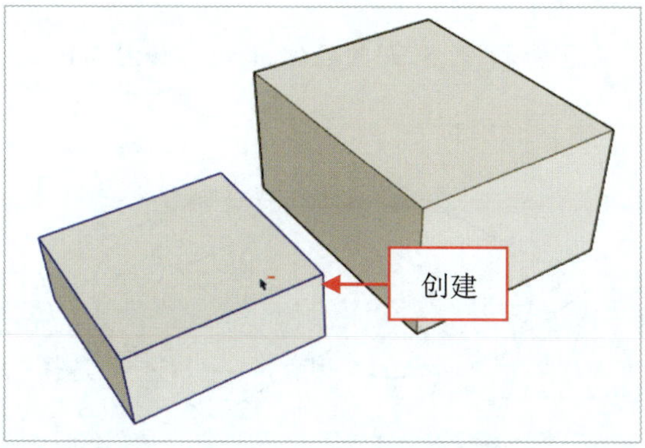

图 5-5 创建成实体

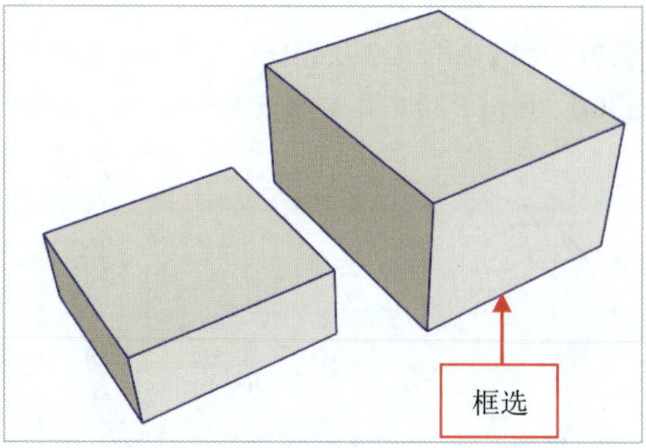

图 5-6 框选两个实体对象

Step 05 在菜单栏中，单击“工具”|“外壳”命令，如图 5-7 所示。

Step 06 执行操作后，即可将两个实体合并为一个，如图 5-8 所示。

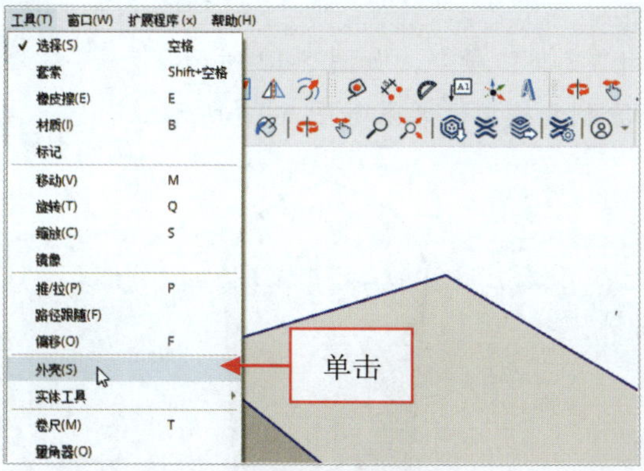

图 5-7 单击“外壳”命令

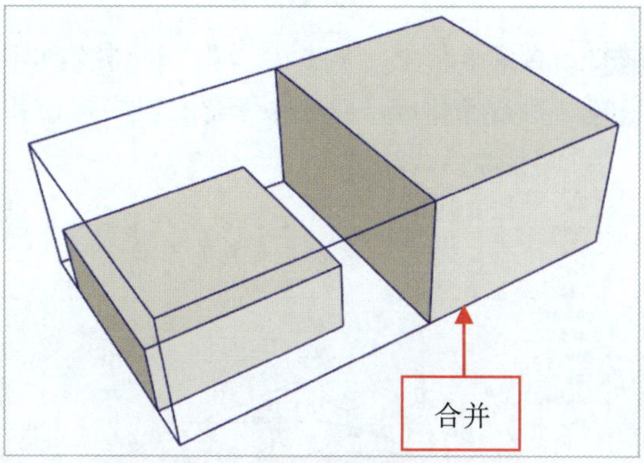

图 5-8 将两个实体合并为一个

▶ 专家指点

当使用“外壳”命令将两个相交的实体合并为一个整体时，会去除它们之间的重叠部分，此过程即称为并集运算，如图 5-9 所示。

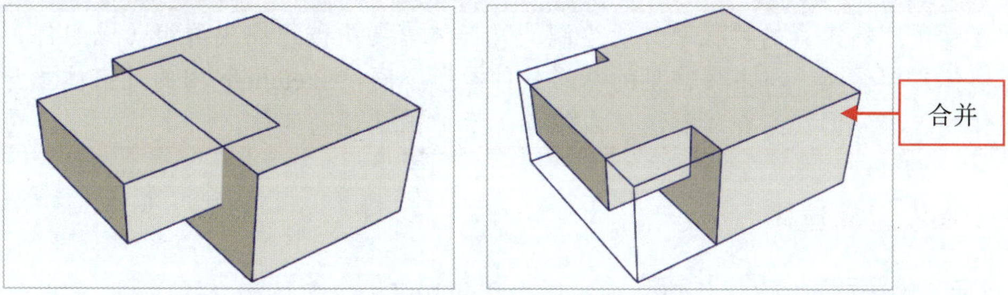

图 5-9 将两个相交的实体合并为一个整体

5.1.2 交集运算建模

交集运算建模

使用“交集”命令可以快速地将多个实体合并为一个整体，但仅保留它们相交的部分，而删除不相交的部分。其具体操作方法如下。

Step 01 按【Ctrl + O】组合键，打开一个素材模型（资源\素材\第 5 章\圆柱体.skp），如图 5-10 所示。

Step 02 使用选择工具 框选两个实体，如图 5-11 所示。

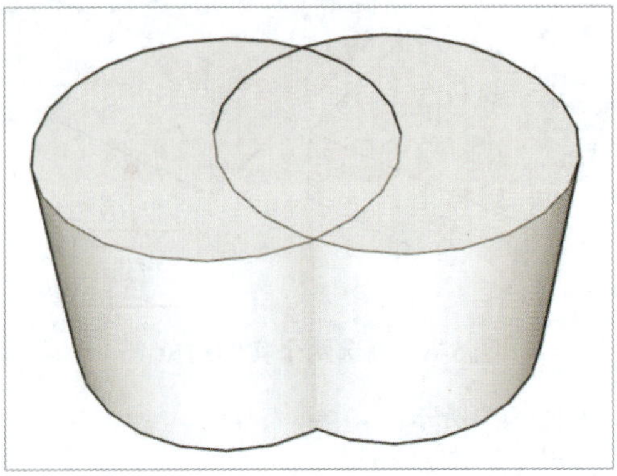

图 5-10 打开素材模型

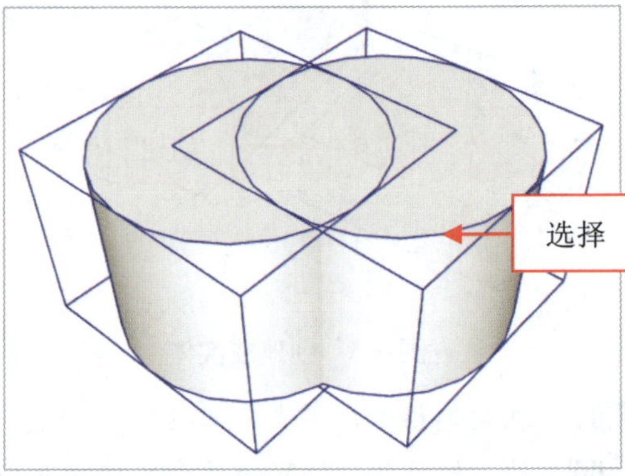

图 5-11 框选两个实体

Step 03 在菜单栏中，单击“工具”|“实体工具”|“交集”命令，如图 5-12 所示。

Step 04 执行操作后，即可仅保留交集实体，并删除剩余模型，效果如图 5-13 所示。

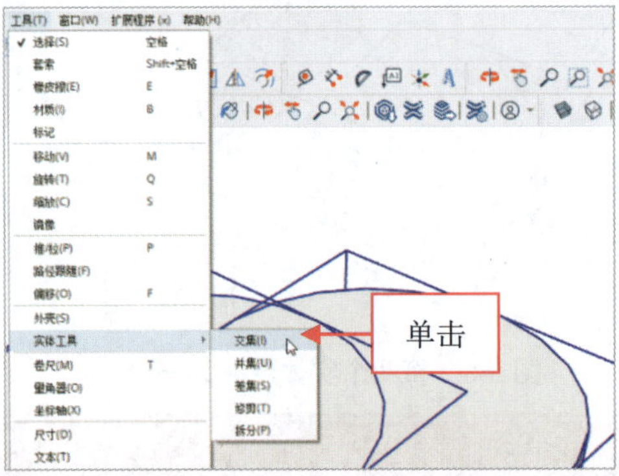

图 5-12 单击“交集”命令

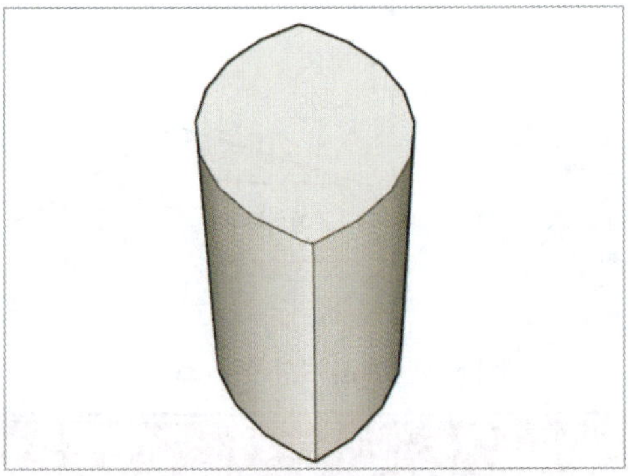

图 5-13 仅保留交集实体

▶ 专家指点

在运用实体工具的过程中，所绘制的几何体需要先被组织成群组（或组件）的形式，又称为实体或实体组。与多数常见的图形软件有所不同，SketchUp 内的几何体本身不被直接视为实体，仅当它们被组合成群组（或组件）后才被认定为实体。

5.1.3 差集运算建模

差集运算建模

通过差集运算建模，将从第二个实体中移除与第一个实体相交的区域，同时第一个实体的其余部分也会被删除。素材与效果对比如图 5-14 所示。

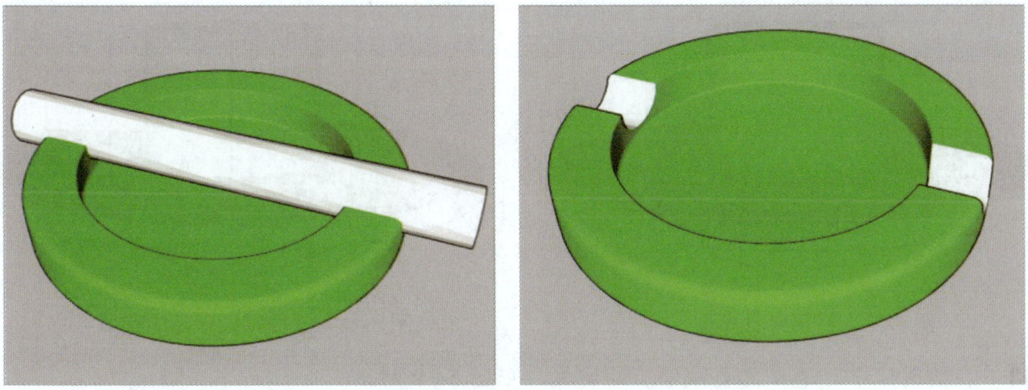

图 5-14 素材与效果对比

下面介绍差集运算建模的操作方法。

Step 01 按【Ctrl + O】组合键，打开一个素材模型（资源\素材\第 5 章\烟灰缸.skp），单击“实体工具”工具栏上的“差集”按钮，选择需要被删除的实体，如图 5-15 所示。

Step 02 执行操作后，选择需要保留的实体，如图 5-16 所示，运算结束后，即可将前面选择的实体及其相交的部分删除。

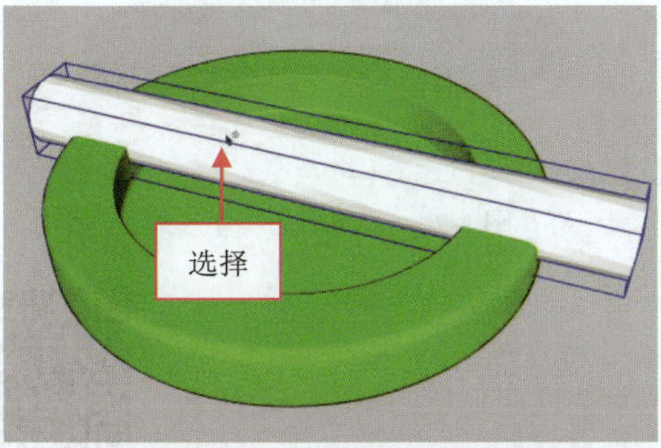

图 5-15 选择需要被删除的实体

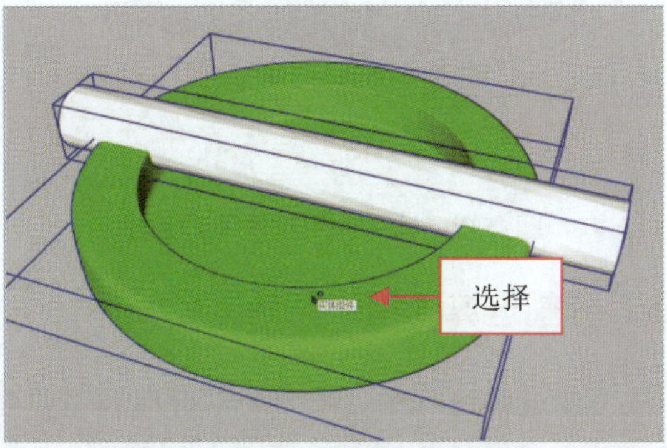

图 5-16 选择需要保留的实体

▶ 专家指点

在使用实体工具建模时，被创建成群组（或组件）的实体表面必须保持干净，不能存在多余的线条或平面。

5.1.4 修剪运算建模

修剪运算建模

在三维建模过程中，修剪运算是一种非常重要的技术，它允许用户在保持一个实体完整性的同时，精确地去除与另一个实体相交的部分。通过使用“修剪”命令或相应工具，用户可以轻松地保留第一个实体，而仅在第二个实体上删除两个实体相交的区域。其具体操作方法如下。

Step 01 按【Ctrl + O】组合键，打开一个素材模型（资源\素材\第 5 章\相交圆柱体.skp），如图 5-17 所示。

Step 02 单击“实体工具”工具栏上的“修剪”按钮，选择需要保留的实体，如图 5-18 所示。

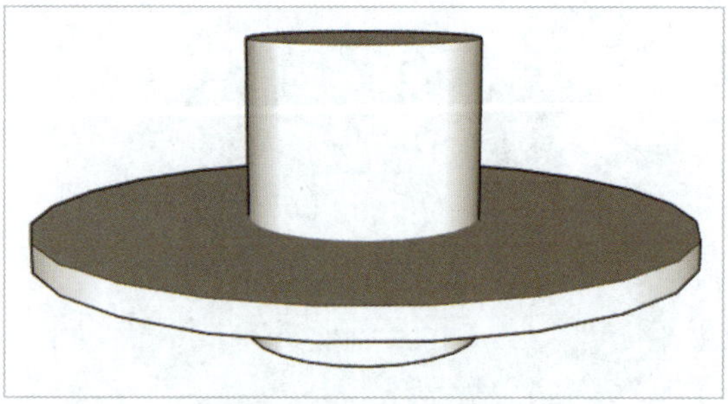

图 5-17　打开素材模型

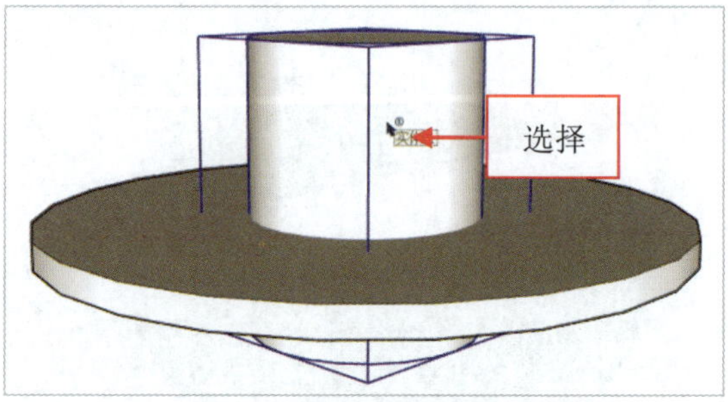

图 5-18　选择需要保留的实体

Step03　在绘图区中，选择需要被修剪的实体，如图 5-19 所示。

Step04　执行操作后，会自动保留先选择的实体，并删除被修剪实体中两个实体相交的部分，将保留的实体移开，即可看到修剪后的实体效果，如图 5-20 所示。

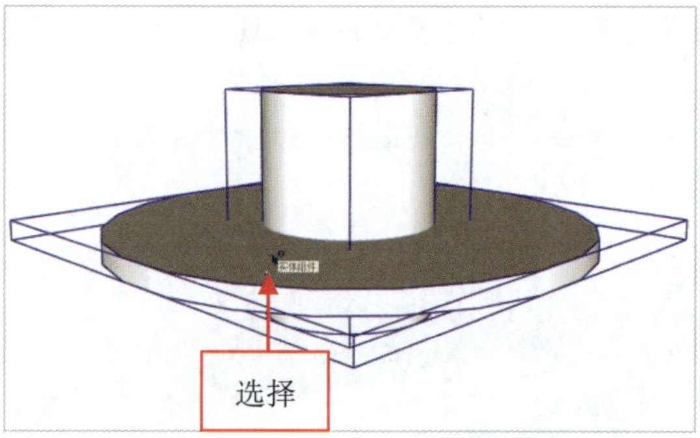

图 5-19　选择需要被修剪的实体

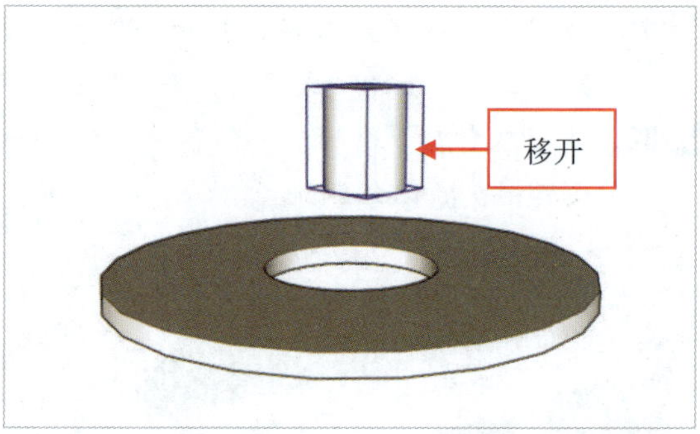

图 5-20　修剪后的实体效果

5.1.5　分割运算建模

分割运算建模

在三维建模过程中，用户经常会遇到需要处理复杂几何形状的情况，尤其是当两个或多个实体相交时。这时，“分割”命令便成为了一个强大的工具。通过使用“分割”命令或相应工具，用户可以轻松地将两个相交的实体保留并分开，同时它们相交的部分也会被单独分割为一个新的实体。其具体操作方法如下。

Step01　按【Ctrl + O】组合键，打开一个素材模型（资源\素材\第 5 章\几何体.skp），如图 5-21 所示。

Step02　单击“实体工具”工具栏上的“分割”按钮，选择长方体，如图 5-22 所示。

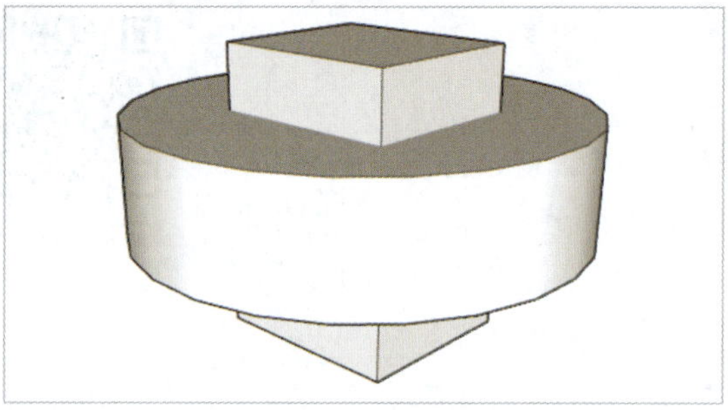

图 5-21　打开素材模型

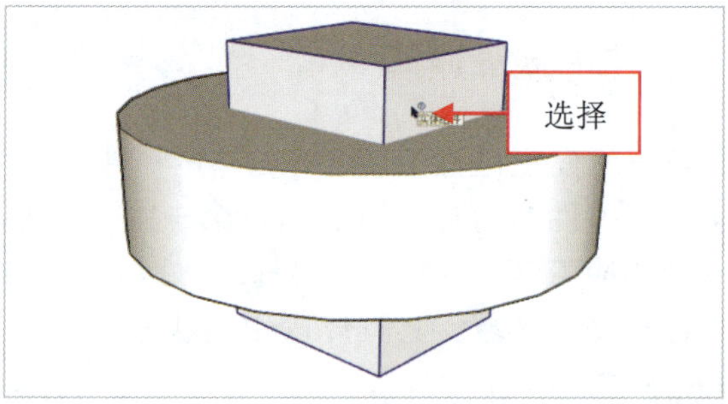

图 5-22　选择长方体

Step03　在绘图区中，选择圆柱体，如图 5-23 所示。

Step 04 执行操作后，会同时保留两个实体，并将相交的部分单独分割为一个实体，将相应实体移开后的效果如图 5-24 所示。

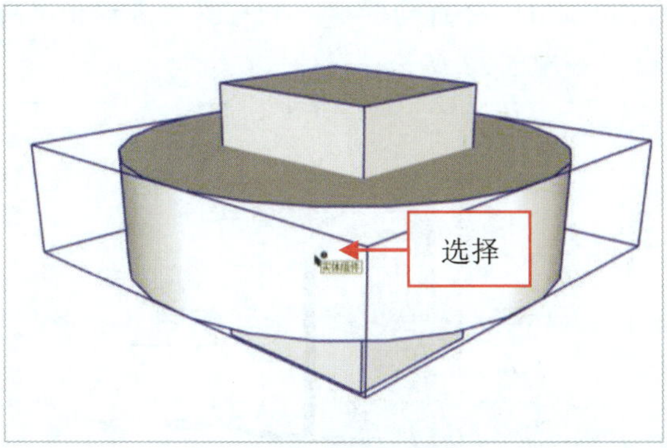

图 5-23　选择圆柱体

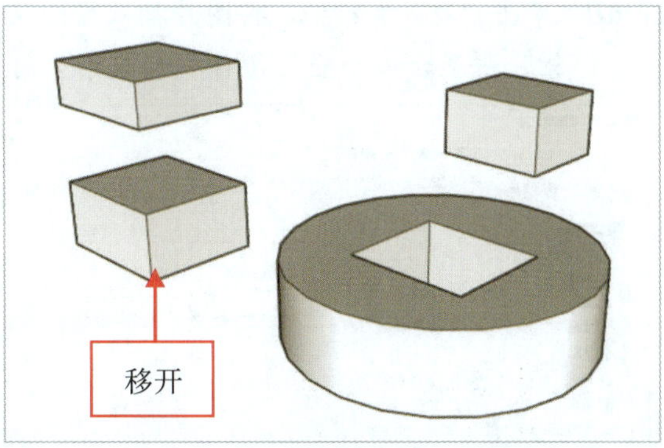

图 5-24　分割后的实体效果

5.2　通过匹配照片建模

SketchUp 的匹配照片功能以其独特的优势，为用户提供了更为丰富和精确的三维建模手段。匹配照片功能允许用户通过匹配新照片、编辑匹配照片和从照片投影纹理等一系列操作，依据照片中的材质信息和透视关系，巧妙地绘制出与原图高度一致的三维模型。

本节将以绘制一个冰箱产品模型为例，介绍如何使用匹配照片功能进行三维建模，效果展示如图 5-25 所示。

图 5-25　效果展示

5.2.1　插入参考底图

首先通过“匹配新照片”命令，将冰箱产品图片插入到 SketchUp 中作为绘图的参考底图。其具体操作方法如下。

插入参考底图

Step 01 单击菜单栏中的“相机”|“匹配新照片”命令，弹出“选择背景图像文件”对话框，选择相应的素材图片，如图 5-26 所示。

Step 02 单击“打开”按钮，将图片插入绘图区中，SketchUp 会自动创建一个与图片名称相同的场景，并显示 4 个坐标操作杆和 1 个坐标网格，如图 5-27 所示。

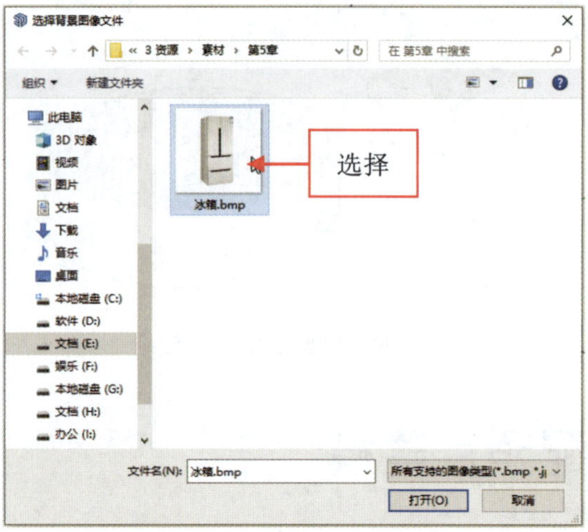

图 5-26　选择相应的素材图片

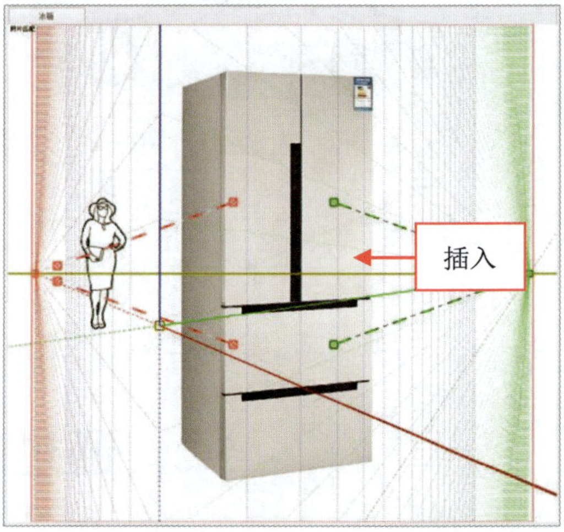

图 5-27　将图片插入绘图区中

5.2.2　调整坐标系

调整坐标系

接下来依据图片中的产品透视图，对 SketchUp 的坐标系进行调整，确保绘制的模型与图片中的产品透视图完美对齐。其具体操作方法如下。

Step 01 按住坐标原点并拖曳，将其移动到物体上的相应位置处，如图 5-28 所示。

Step 02 拖曳红色的坐标操作杆，将坐标系的 X 轴和模型的 X 轴对齐，如图 5-29 所示。

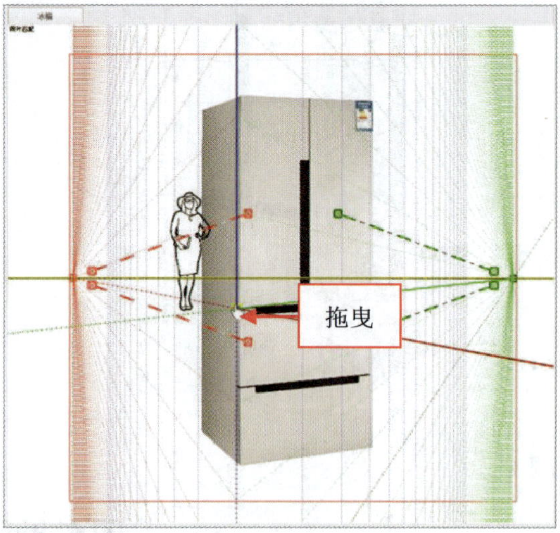

图 5-28　移动坐标原点

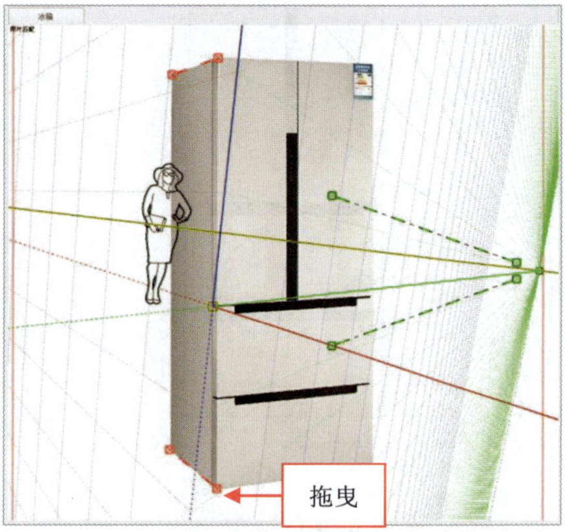

图 5-29　对齐坐标系的 X 轴

Step 03 拖曳绿色的坐标操作杆，将坐标系的 Y 轴和模型的 Y 轴对齐，如图 5-30 所示。

Step 04 对各个坐标系的位置进行微调，使坐标系的 Y 轴和模型的 Y 轴重合，如图 5-31 所示。

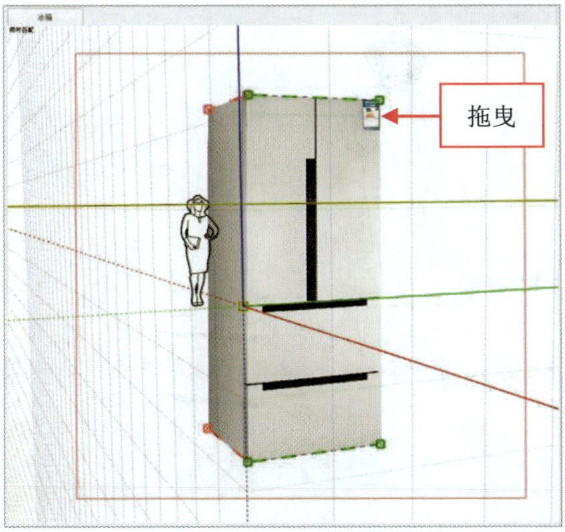

图 5-30　对齐坐标系的 *Y* 轴

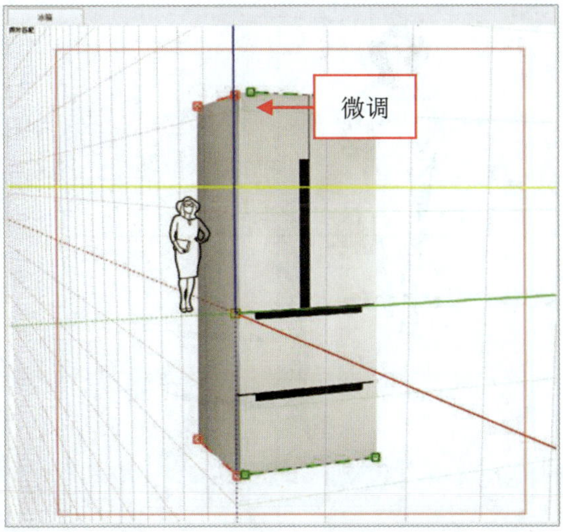

图 5-31　微调各个坐标系的位置

5.2.3　调整模型大小

调整模型大小

接下来以绘图区中的人物作为参考，适当调整模型的大小，使其符合实际冰箱产品的尺寸。其具体操作方法如下。

Step 01 在绘图区中的空白处单击，退出坐标系编辑模式，同时操作杆和坐标网格都会消失，如图 5-32 所示。

Step 02 使用右键单击绘图区左上角的场景名称，在弹出的快捷菜单中选择“编辑照片匹配”选项（或单击菜单栏中的“相机”|“编辑匹配照片”命令），如图 5-33 所示。

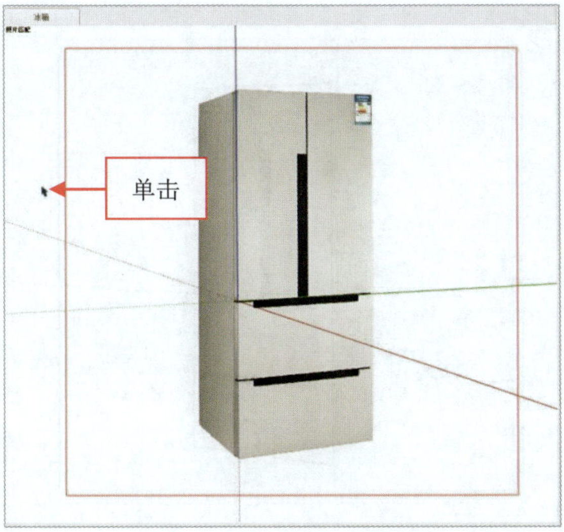

图 5-32　退出坐标系编辑模式

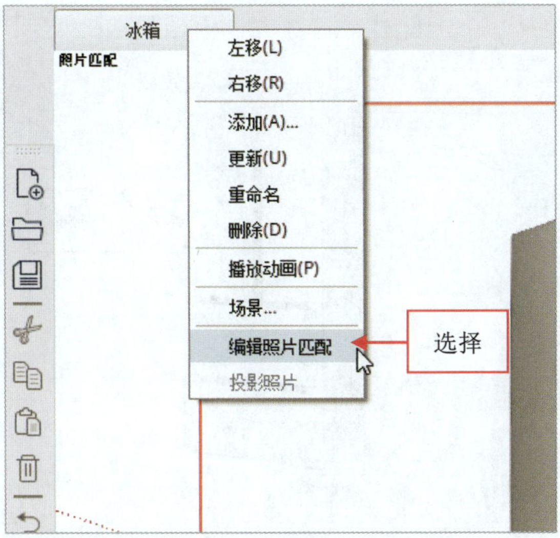

图 5-33　选择“编辑照片匹配”选项

Step 03 执行操作后，即可显示操作杆和坐标网格，将鼠标指针移动到蓝轴附近，鼠标指针变为箭头形状↕，按住鼠标左键并向上拖曳，适当缩小模型，如图 5-34 所示。

Step 04 在绘图区中的空白处单击，退出坐标系编辑模式，如图 5-35 所示。

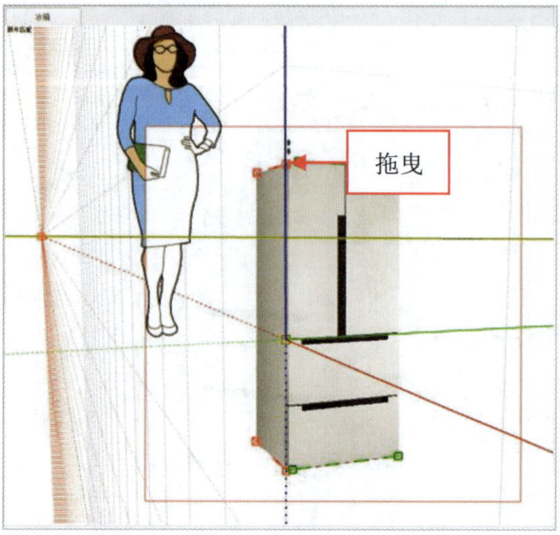

图 5-34　适当缩小模型

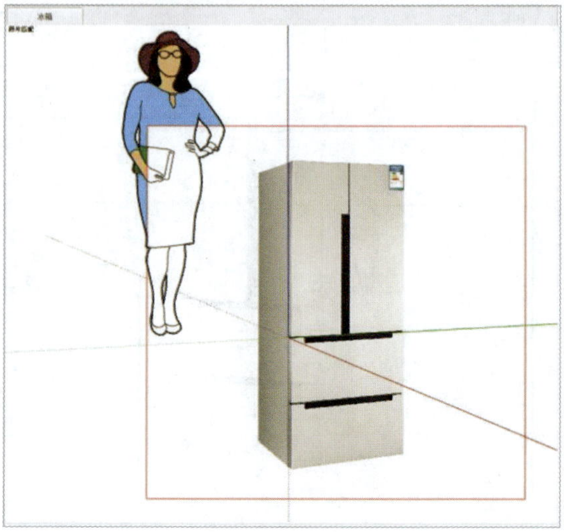

图 5-35　退出坐标系编辑模式

5.2.4　绘制三维模型

绘制三维模型

接下来借助参考底图和调整好的坐标系，充分利用 SketchUp 提供的各种绘图工具，着手绘制三维模型。其具体操作方法如下。

Step 01　隐藏绘图区中的人物，在“绘图”工具栏中，单击“直线”按钮，选取该工具，绘制一个矩形，如图 5-36 所示。

Step 02　在“建筑施工”工具栏中，单击“卷尺工具”按钮，选取该工具，绘制多条辅助参考线，如图 5-37 所示。

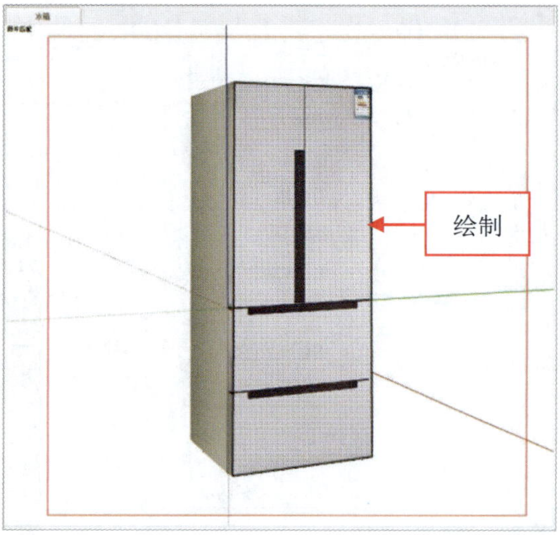

图 5-36　绘制一个矩形

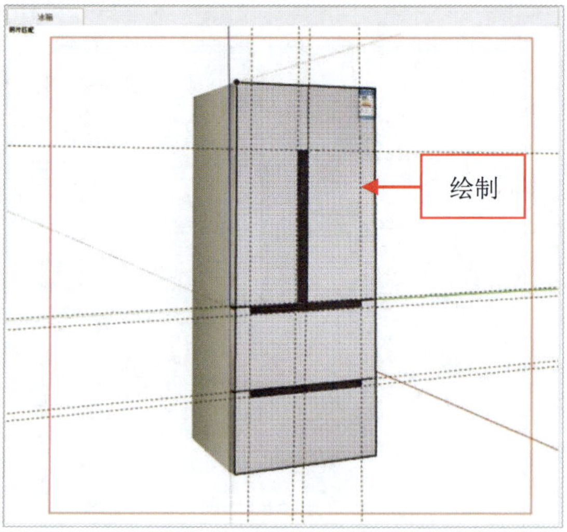

图 5-37　绘制多条辅助参考线

Step 03　使用直线工具，绘制相应的矩形和直线，按住鼠标滚轮并拖曳，稍微移动一定距离，可以看到绘制的图形，如图 5-38 所示。

Step 04　单击绘图区左上角的场景名称，可以显示参考底图，如图 5-39 所示。

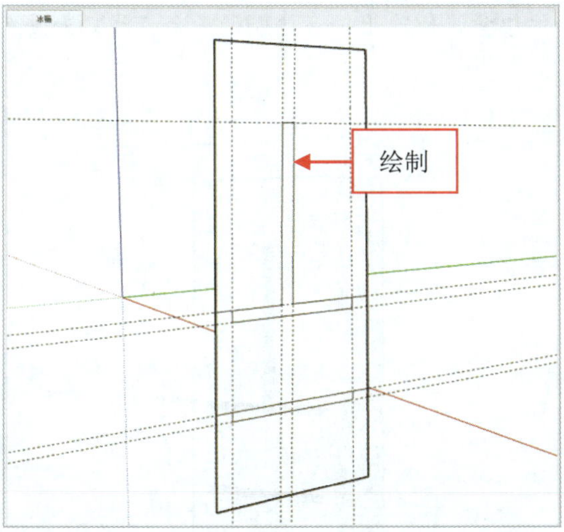

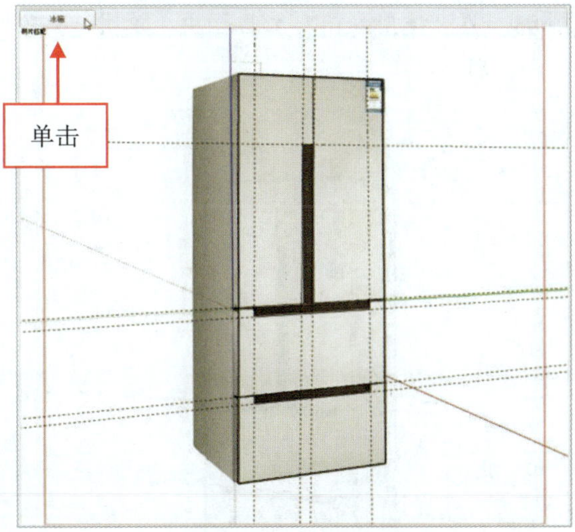

图 5-38 绘制相应的矩形和直线

图 5-39 显示参考底图

Step 05 在“编辑”工具栏中，单击“推/拉”按钮，选取该工具，并沿着深度方向拉伸图形，如图 5-40 所示。

Step 06 继续使用推/拉工具沿着深度方向拉伸图形，绘制出冰箱的主体框架，如图 5-41 所示。

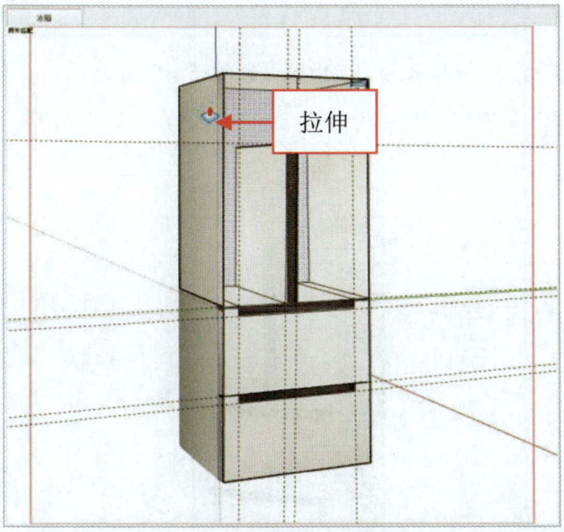

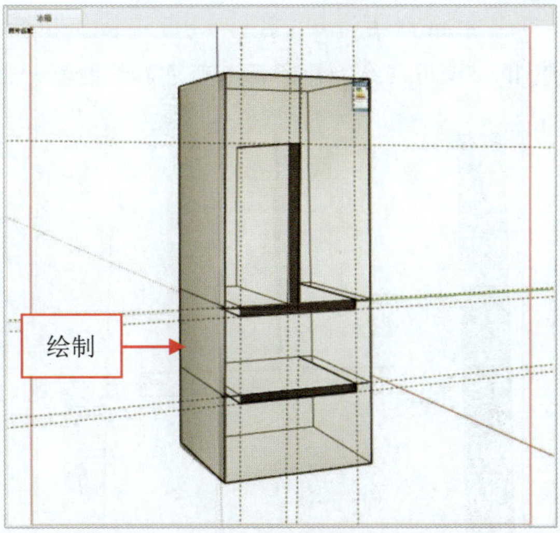

图 5-40 沿着深度方向拉伸图形

图 5-41 绘制出冰箱的主体框架

▶ 专家指点

在运用 SketchUp 进行三维建模的过程中，其匹配照片功能能够依据一张真实的图片迅速构建出相应的模型。对于初学者而言，建议选择那些画面相对规整、两点透视效果较为理想的真实场景图片作为参考。

如果需要使用效果图作为参考，则建议先通过 Photoshop 等图像处理软件，将其调整为更加贴近真实的三点透视效果，以便获得更精准的建模结果。

Step 07 使用直线工具沿着辅助参考线绘制相应的直线，修补前侧面，如图 5-42 所示。

Step 08 在“使用入门”工具栏中，单击“删除”按钮，删除上一步绘制的多余直线，如图 5-43 所示。

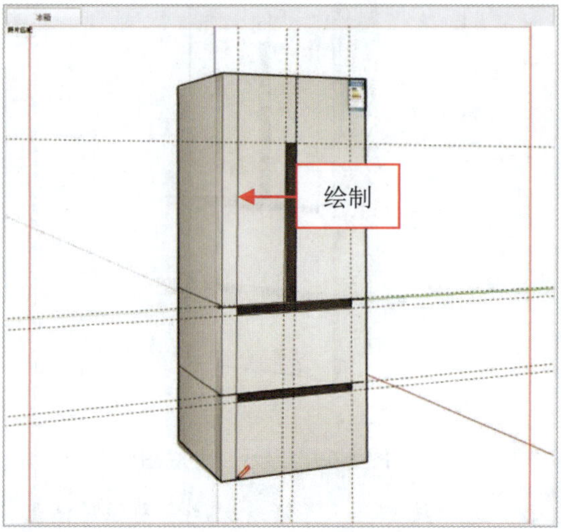

图 5-42　修补前侧面

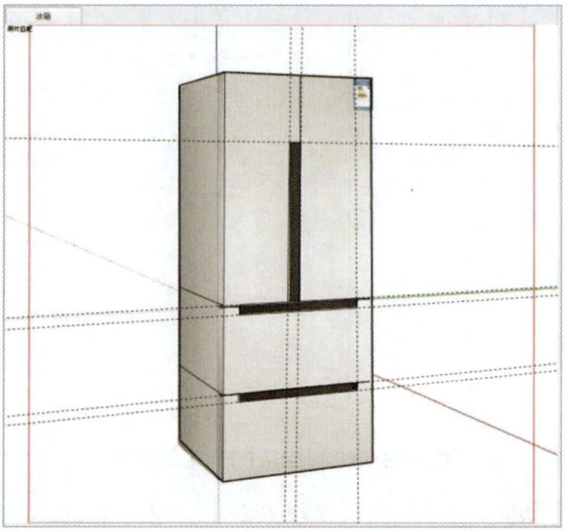

图 5-43　删除多余直线

Step 09 使用推/拉工具沿着深度方向推/拉图形，距离为 10 mm，绘制出冰箱上的装饰面板，如图 5-44 所示。

Step 10 使用直线工具沿着蓝色轴线绘制一条直线，作为冰箱的门缝，如图 5-45 所示。

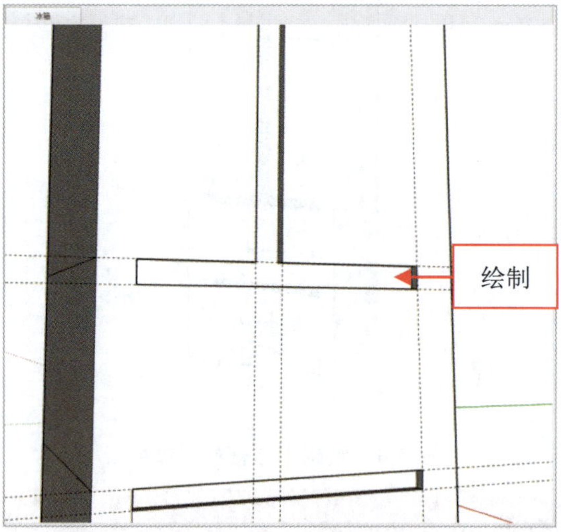

图 5-44　绘制装饰面板

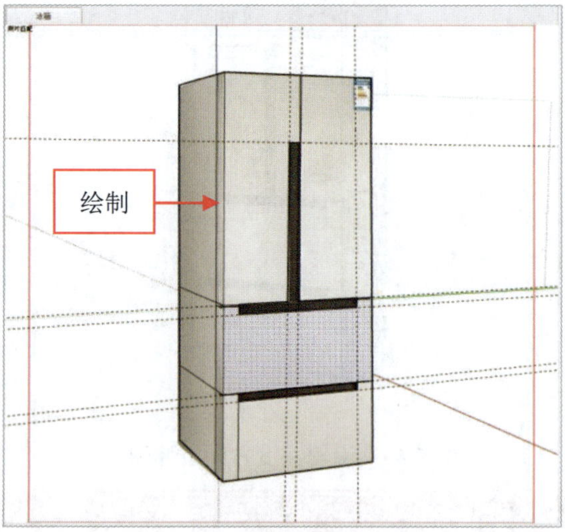

图 5-45　绘制冰箱的门缝

5.2.5　匹配模型材质

最后通过从照片投影纹理功能，为绘制的三维模型赋予材质。其具体操作方法如下。

匹配模型材质

Step 01 在菜单栏中，单击“编辑”|“删除参考线”命令，如图 5-46 所示。

Step 02 执行操作后，将所有参考线删除，如图 5-47 所示。

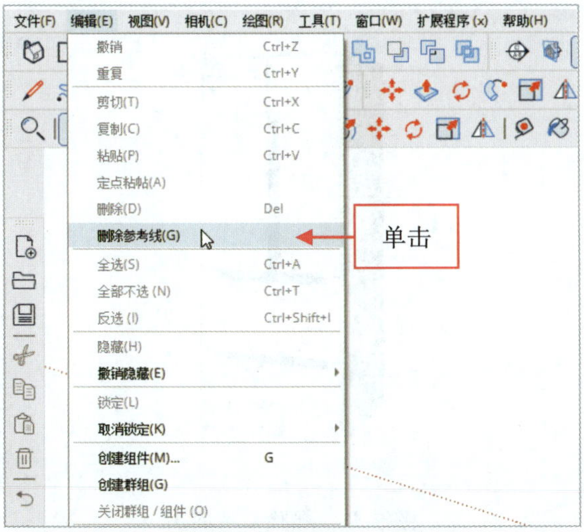

图 5-46　单击“删除参考线”命令

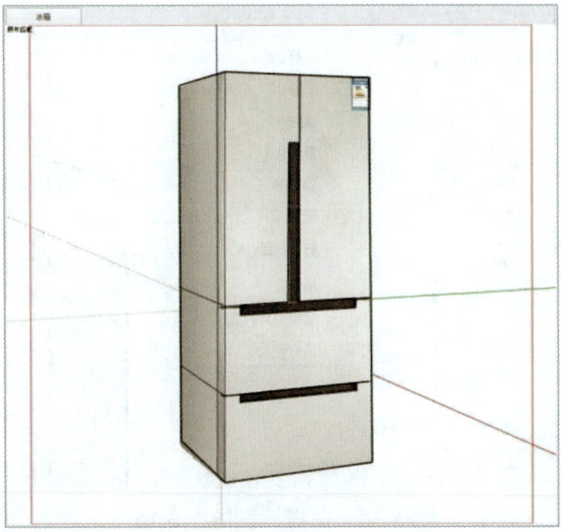

图 5-47　删除所有参考线

Step 03　在“照片匹配”面板中，单击“从照片投影纹理”按钮，如图 5-48 所示。

Step 04　执行操作后，弹出 SketchUp 信息提示框，单击“否”按钮，如图 5-49 所示，不覆盖现有材质。

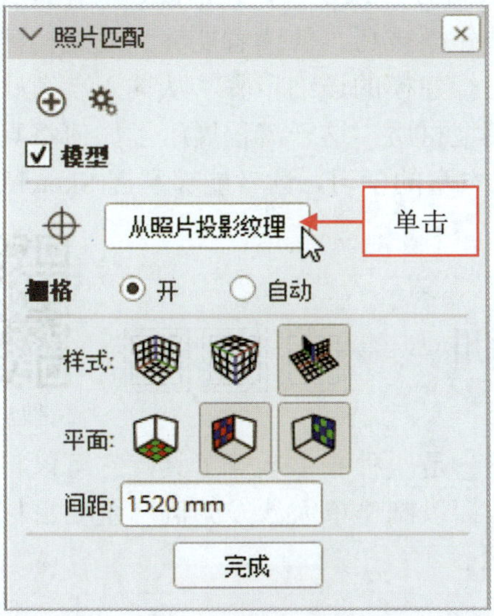

图 5-48　单击“从照片投影纹理”按钮

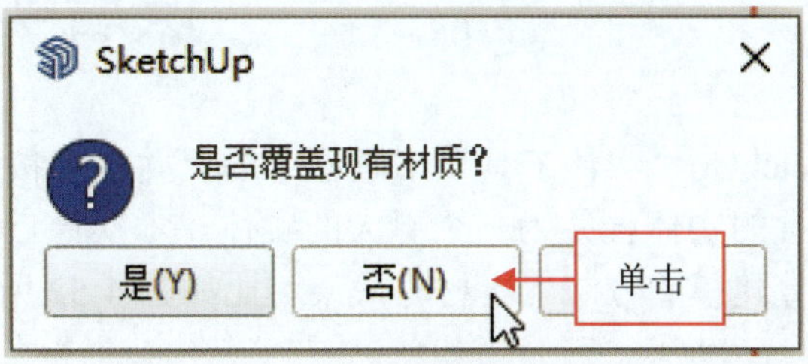

图 5-49　单击“否”按钮

▶ 专家指点

在 SketchUp 的“照片匹配”面板中，单击“从照片投影纹理”按钮的主要作用是将导入的照片作为贴图，覆盖到已创建的三维模型表面上，从而为模型赋予真实的纹理和材质，使模型看起来更加真实、生动。

Step 05　使用鼠标右键单击绘图区左上角的场景名称，在弹出的快捷菜单中选择“删除”选项，如图 5-50 所示。

Step 06　弹出 SketchUp 信息提示框，单击“是”按钮，即可删除参考底图，如图 5-51 所示。

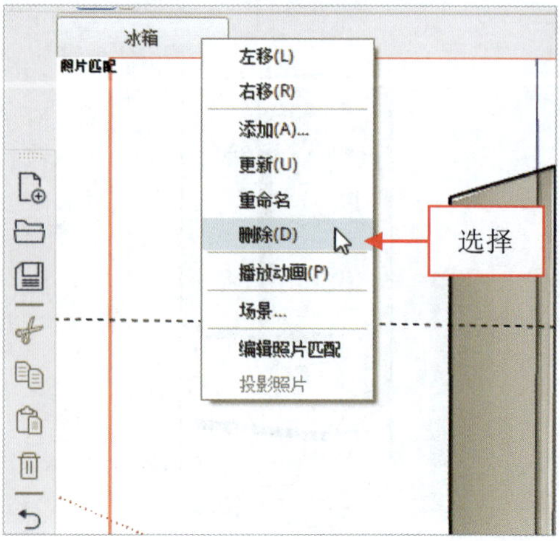

图 5-50　选择“删除”选项

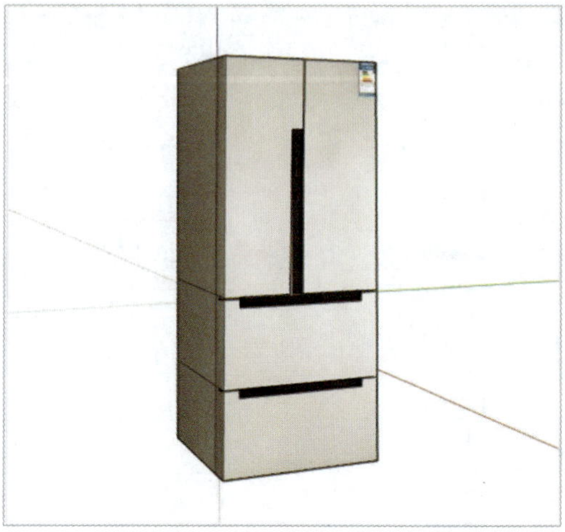

图 5-51　删除参考底图

本章小结

本章首先介绍了在 SketchUp 中如何使用实体工具进行三维建模，包括创建实体外壳、进行交集运算、差集运算、修剪运算以及分割运算等多种建模技巧，使读者能够高效地构建出复杂且精确的三维模型；其次介绍了利用匹配照片功能进行建模的详细步骤，从插入参考底图、调整坐标系、调整模型大小，到绘制三维模型和匹配模型材质，这一流程展示了如何将真实世界的图像转换为具有高精度和真实感的三维模型。通过本章的学习，读者能够掌握 SketchUp 的三维建模技巧。

课后实训

课后实训

SketchUp“实体工具”工具栏中的“并集”按钮是一种布尔运算工具，它可以将两个或多个交叠的实体合并为一个更大的实体。本次课后实训以制作单人沙发为例，主要目标是掌握并集运算建模的方法。素材与效果对比如图 4-52 所示。

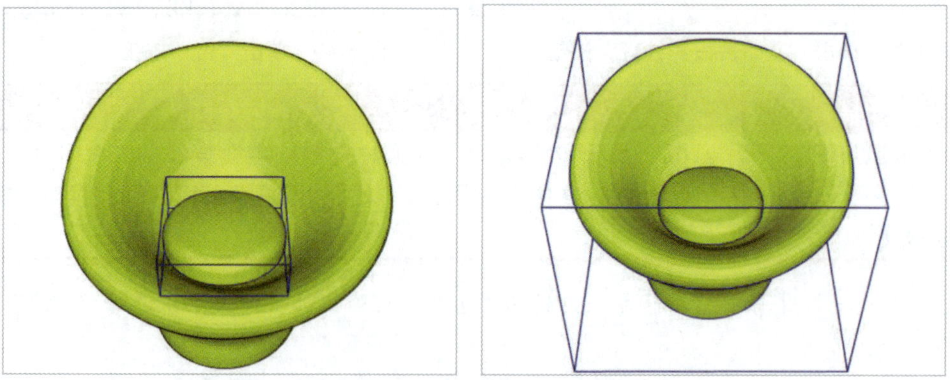

图 5-52　素材与效果对比

并集运算建模的操作方法如下。

Step 01 按【Ctrl + O】组合键，打开一个素材模型（资源\素材\第 5 章\单人沙发.skp），如图 5-53 所示。

Step 02 单击“实体工具”工具栏上的“并集”按钮，选择沙发坐垫，如图 5-54 所示。

图 5-53　打开素材模型

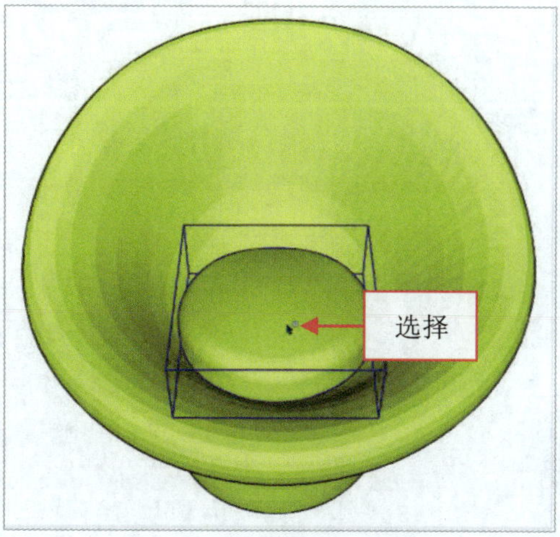

图 5-54　选择沙发坐垫

Step 03 在绘图区中，选择沙发的主体框架，如图 5-55 所示。

Step 04 执行操作后，会同时保留两个实体，并将其合并为一个实体，如图 5-56 所示。

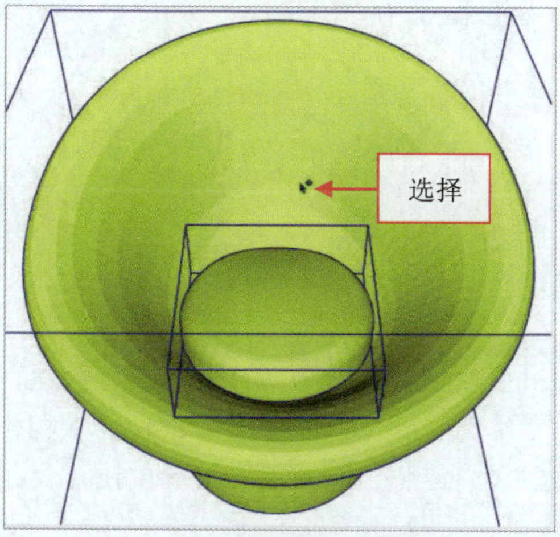

图 5-55　选择沙发的主体框架

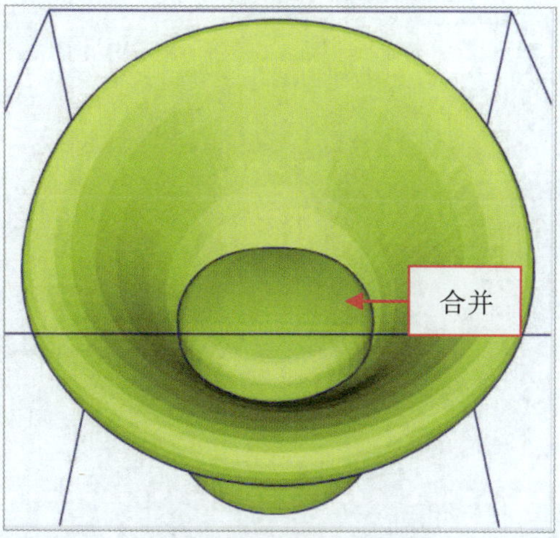

图 5-56　合并为一个实体

第 6 章
组织、测量与标注模型

6

本章将讲述在 SketchUp 这一强大的三维建模软件中，如何高效地组织、精确测量以及清晰标注模型。通过创建群组与组件，可以提升设计效率；利用测量工具可以获取准确尺寸；通过标记与标注模型，可以清晰传达设计意图。这些内容将为读者的 SketchUp 建模增添专业性和实用性。

本章重点

- 掌握创建群组与组件的方法
- 掌握测量模型的方法
- 熟悉标记与标注模型的方法

思政目标

- 引导读者主动配合团队分工，以完成整体目标为导向，克服个人主义，培养集体荣誉感
- 引导读者借鉴不同文化中的优秀建筑设计元素，通过 SketchUp 实现多元文化的融合创新，展现包容开放的文化胸怀

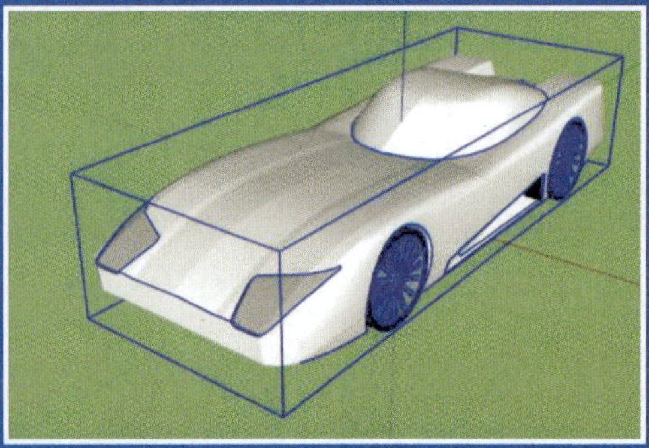

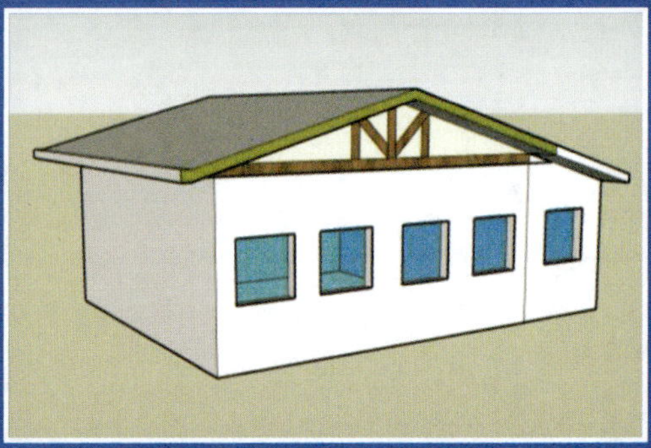

6.1　创建群组与组件

本节将主要介绍在三维建模中非常重要的实用技巧，特别是关于如何有效地组织和管理模型。通过使用“创建群组”和“创建组件”这两个核心命令，可以更加高效地利用计算机资源，提升建模工作的快捷性与准确度。

6.1.1　创建与分解群组

利用“创建群组”命令，可以将相关联的模型整合为一个整体，这样不仅能有效降低场景中模型的总数，还极大地简化了对这些模型的选择和编辑过程。下面介绍创建与分解群组的操作方法。

创建与分解群组

Step 01　按【Ctrl + O】组合键，打开一个素材模型（资源\素材\第 6 章\跑车.skp），如图 6-1 所示。

Step 02　选择车灯罩，单击“编辑”工具栏中的“移动”按钮，选取该工具，移动车灯罩，可以看到车灯罩和车体会黏结在一起，导致车变形，如图 6-2 所示，按【Esc】键退出操作。

图 6-1　打开素材模型

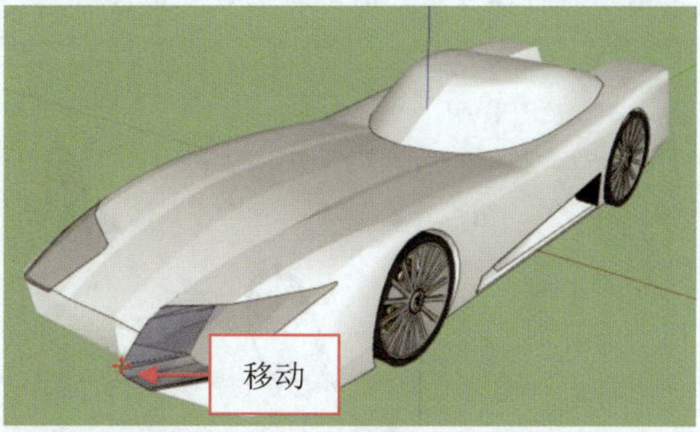

图 6-2　移动车灯罩

Step 03　使用选择工具选择车灯罩的所有图形，如图 6-3 所示。

Step 04　在菜单栏中，单击“编辑”|“创建群组”命令，如图 6-4 所示。

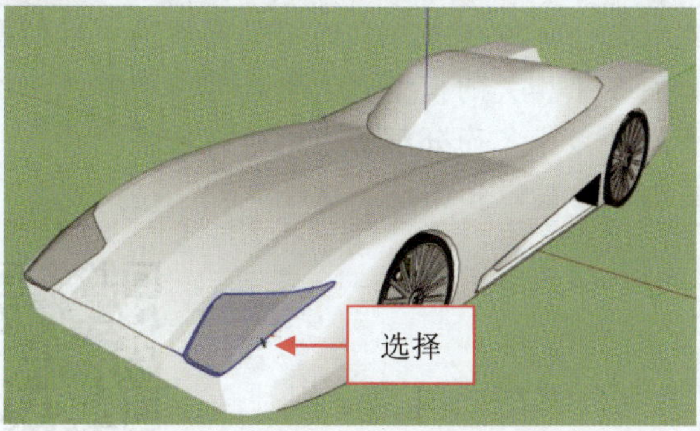

图 6-3　选择车灯罩的所有图形

图 6-4　单击“创建群组”命令

▶ 专家指点

一旦模型被组合成群组，就能轻松地执行移动、旋转等操作。同时，群组化的模型会被一个保护性的外壳所包裹，有效避免了与其他部分（外界）发生意外的黏接或干扰。

Step 05 执行操作后，即可将车灯罩的所有图形创建为一个群组，如图 6-5 所示。

Step 06 使用移动工具移动车灯罩，此时车体不会随着车灯罩的移动而变形了，如图 6-6 所示。

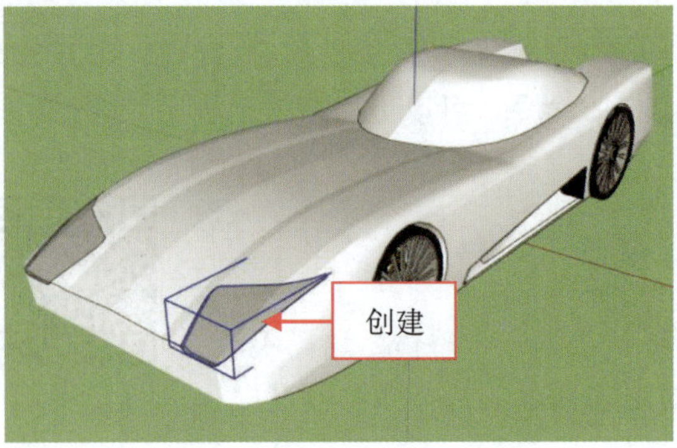

图 6-5　创建为一个群组

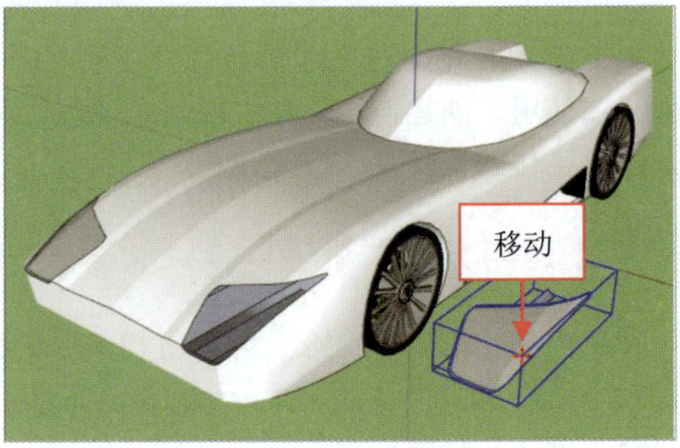

图 6-6　移动车灯罩

Step 07 撤销移动操作，在车灯罩群组上单击鼠标右键，在弹出的快捷菜单中选择“炸开模型”选项，如图 6-7 所示。

Step 08 执行操作后，即可将车灯罩群组分解，如图 6-8 所示。

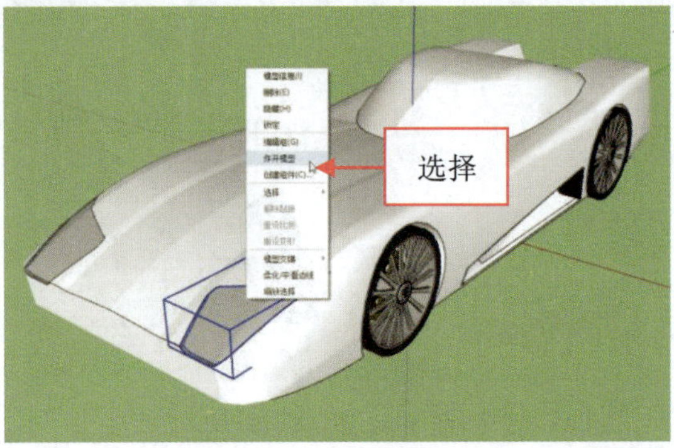

图 6-7　选择“炸开模型”选项

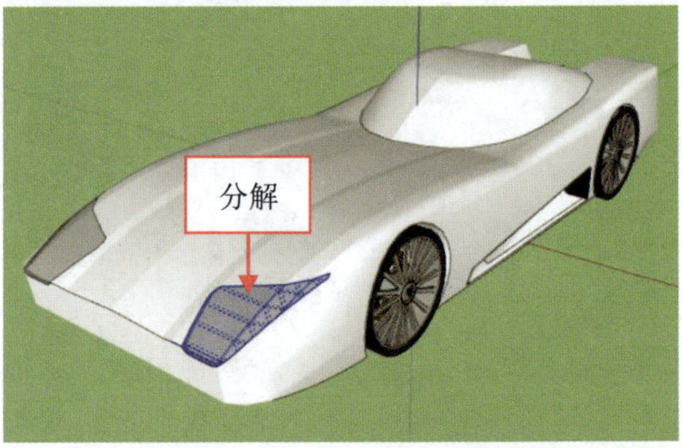

图 6-8　将车灯罩群组分解

▶ 专家指点

在三维建模的过程中，创建群组和分解群组是两个关键步骤，它们都需要在选中目标模型的基础上进行操作。通过创建群组，用户可以将多个相关的模型元素整合为一个整体，这样不仅简化了后续的操作流程，还提高了模型管理的效率。而分解群组则是将已经组合在一起的群组拆分开来，以便对单个模型元素进行更细致的编辑和调整。

6.1.2　创建嵌套群组

创建嵌套群组

在处理复杂场景模型时，若模型中包含多个相互关联的构件，为了提升操作便捷性和管理效率，用户可以巧妙地运用嵌套群组的功能，将各个独立的构件分别创建为小组，也就是子群组。每个子群组内部可以包含多个模型元素，它们作为一个整体进行管理和操作。

用户可以将这些子群组进行更高层次的嵌套，将它们组合成一个更大的、整体的群组，也就是父群组。这种嵌套的方式不仅极大地简化了模型的数量和层级结构，使得整个场景看起来更加清晰和有条理，还为用户提供了极大的灵活性。

通过调整父群组或子群组，用户可以轻松地改变各个构件的位置、旋转角度和缩放比例，甚至可以对它们进行统一的材质和纹理设置。嵌套群组的使用不仅提高了模型编辑的效率，还使得后续的动画制作过程变得更加顺畅。下面介绍创建嵌套群组的操作方法。

Step 01　按【Ctrl + O】组合键，打开一个素材模型（资源\素材\第 6 章\跑车.skp），使用选择工具选择整个车体图形，如图 6-9 所示。

Step 02　单击鼠标右键，在弹出的快捷菜单中选择“创建群组”选项，如图 6-10 所示。

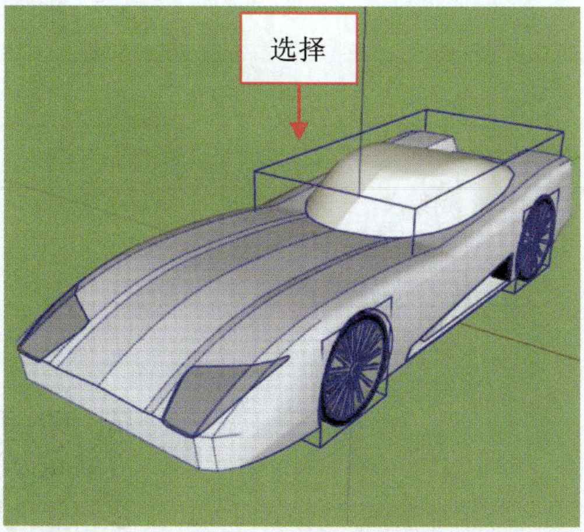

图 6-9　选择整个车体图形

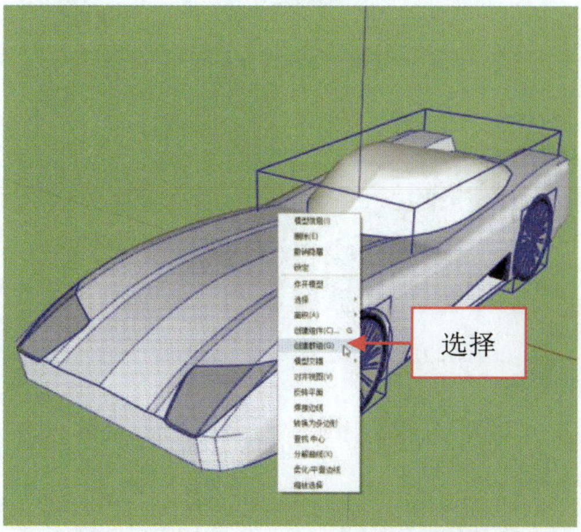

图 6-10　选择“创建群组”选项

Step 03　执行操作后，将整个模型创建为群组，即可完成嵌套群组的创建，模型外侧将显示蓝色的外框，表示模型变成了一个整体，如图 6-11 所示。

Step 04　使用移动工具移动嵌套群组时，此时整个模型都会跟着移动，如图 6-12 所示。

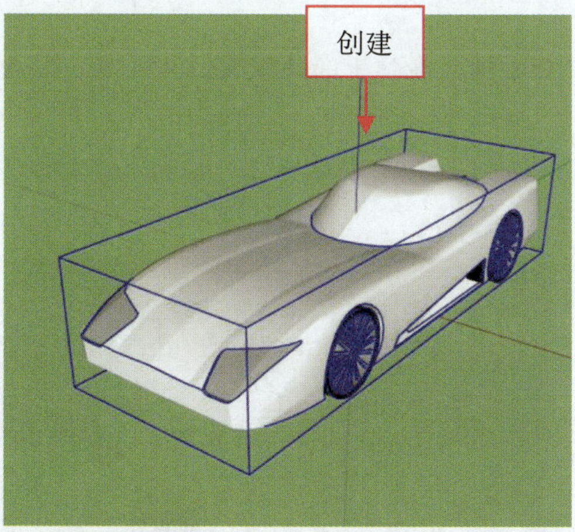

图 6-11　创建为群组

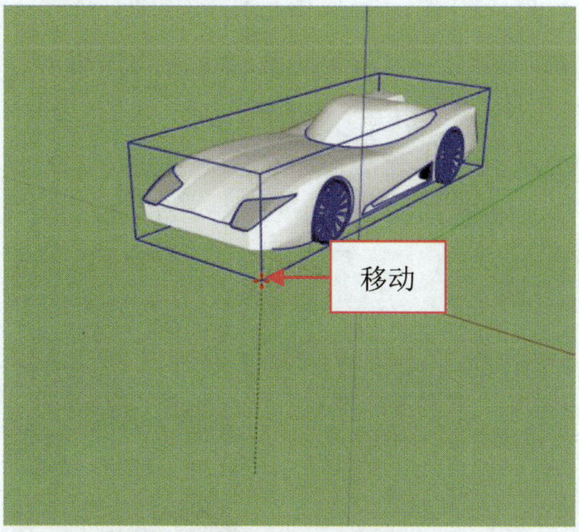

图 6-12　移动嵌套群组

▶ 专家指点

通过在嵌套群组上双击鼠标左键，可以进入其内部并对群组内的模型进行修改。执行“炸开模型”操作时，仅会将最外层的嵌套群组分解，而不会对其内部的小组产生任何影响。

Step 05 使用鼠标左键双击模型中的轮胎，可以进入编辑框状态，如图 6-13 所示。

Step 06 使用移动工具移动轮胎，则只有轮胎会移动，其他车体部分不会移动，同时会改变嵌套群组的效果，如图 6-14 所示。

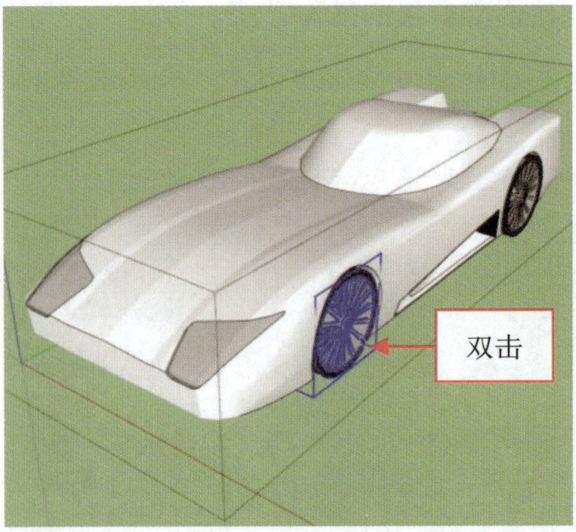

图 6-13　进入编辑框状态

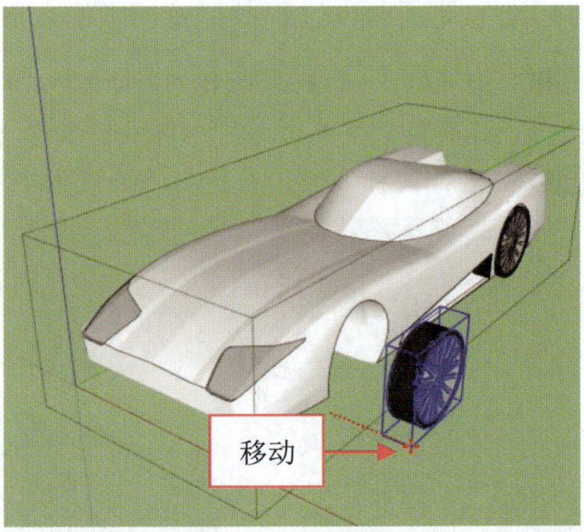

图 6-14　移动轮胎

6.1.3　锁定与解锁群组

锁定与解锁群组

当用户在复杂的场景中工作时，经常需要保护某些群组不被意外修改，以确保模型的完整性和准确性。这时，锁定群组就显得尤为重要。通过锁定群组，可以防止在调整其他部分时出现不小心改变其位置、形状或属性等情况。而当需要再次编辑这些群组时，只需简单地解锁即可。锁定群组功能不仅提高了建模的安全性，还使得工作流程更加顺畅和高效。

下面介绍锁定与解锁群组的操作方法。

Step 01 在上一例效果的基础上，选择模型，单击鼠标右键，在弹出的快捷菜单中选择“锁定”选项，如图 6-15 所示。

Step 02 执行操作后，即可锁定群组，此时模型外框变成红色，无法对其进行移动或者其他操作，如图 6-16 所示。

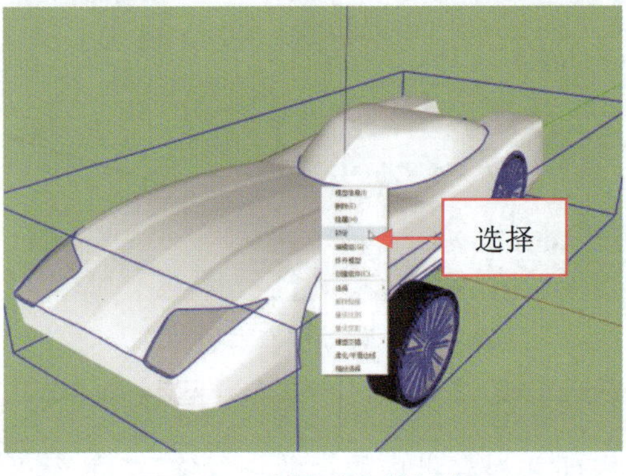

图 6-15　选择“锁定”选项

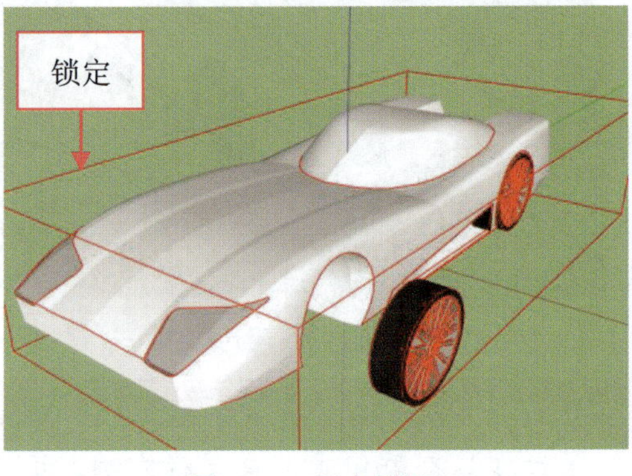

图 6-16　锁定群组

Step 03 在模型上单击鼠标右键，在弹出的快捷菜单中选择“解锁”选项，如图 6-17 所示。

Step04　执行操作后，即可解锁群组，此时模型外框变成蓝色，可以对其进行编辑，如使用移动工具将轮胎移至车体中的合适位置处，如图 6-18 所示。

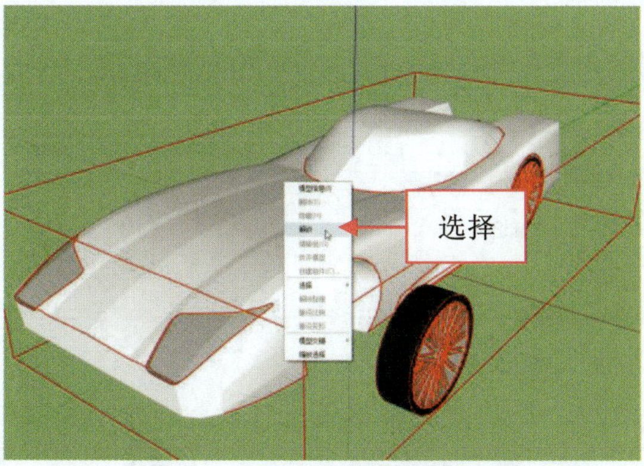

图 6-17　选择“解锁”选项

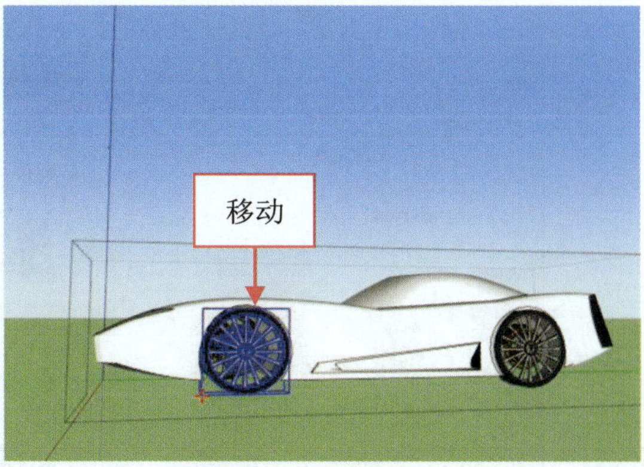

图 6-18　编辑群组

6.1.4　创建组件

创建组件

组件是一种特殊的模型元素，代表了可以重复使用和编辑的独立单元。与群组类似，组件能够整合多个模型对象为一个整体，但其独特之处在于其强大的复用性和关联性。创建组件不仅能够简化模型结构，减少场景中的冗余元素，还能通过一次编辑，自动更新场景中所有该组件的实例，极大地提高了建模效率和模型的一致性。

下面介绍创建组件的操作方法。

Step01　按【Ctrl + O】组合键，打开一个素材模型（资源\素材\第 6 章\桌子.skp），如图 6-19 所示。

Step02　选择所有的模型，单击鼠标右键，在弹出的快捷菜单中选择“创建组件”选项，如图 6-20 所示。

图 6-19　打开素材模型

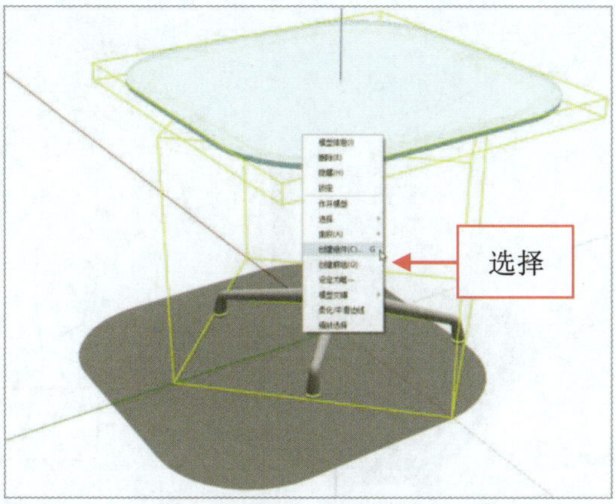

图 6-20　选择“创建组件”选项

Step03　执行操作后，弹出“创建组件”对话框，在此可以对组件属性进行配置，如设置“定义”为“桌子”，如图 6-21 所示。

Step04　单击“创建”按钮，即可创建一个名为“桌子”的组件，在默认面板中展开“图元信息”面板，可以看到组件的名称，如图 6-22 所示。

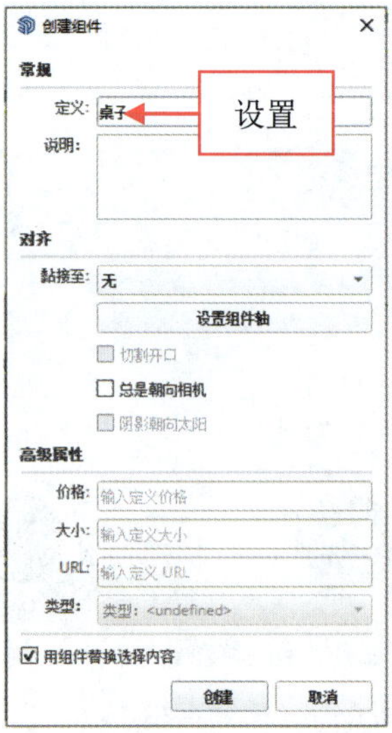

图 6-21　对组件属性进行配置

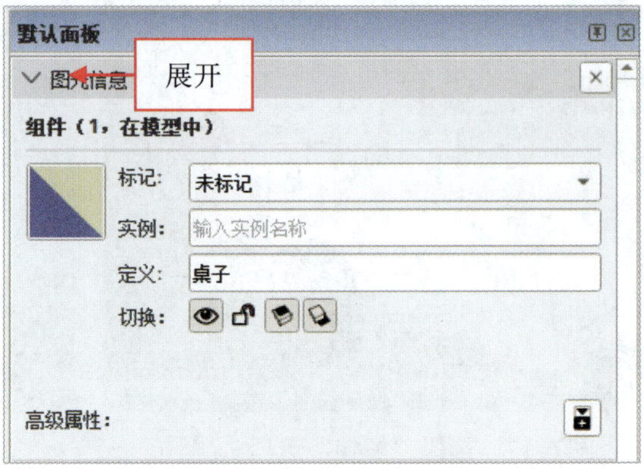

图 6-22　看到组件的名称

▶ 专家指点

选择相应的模型后，单击菜单栏中的“编辑”|“创建组件”命令，即可弹出“创建组件”对话框，该对话框中的各主要选项的含义如下。

- **定义：**自定义组件名称或保留默认。
- **说明：**在说明栏中输入组件的相关信息。
- **黏接至：**设置组件插入时的对齐平面。
- **设置组件轴：**定义旋转视图时的旋转中心。通过“设置组件轴”按钮，可以将组件轴原点设置于合适位置，如图 6-23 所示。这样可使阴影在视图旋转时保持真实效果，原点始终位于组件轴，如图 6-24 所示。

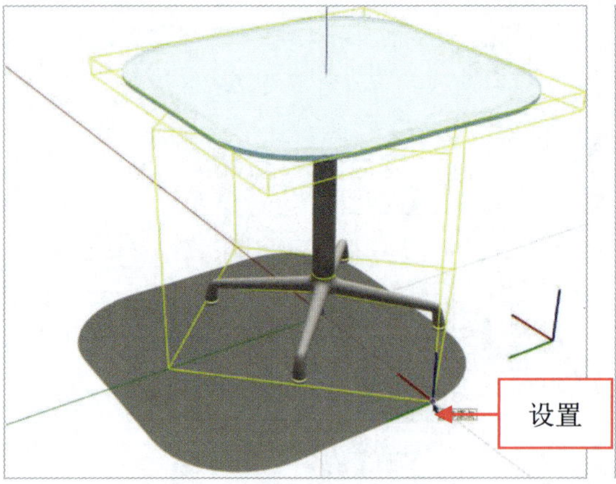

图 6-23　设置组件轴原点

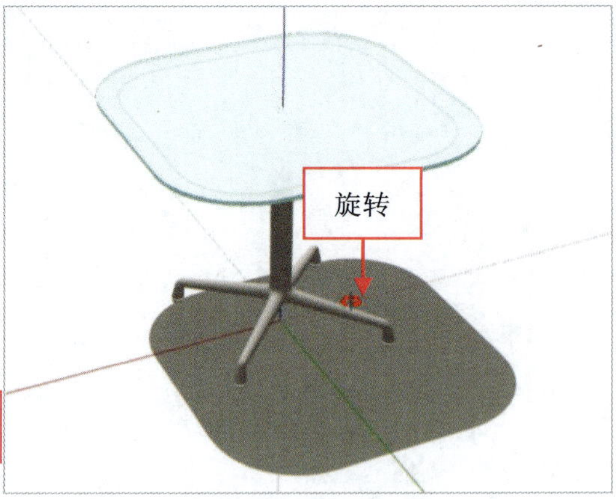

图 6-24　旋转视图

- **切割开口：**选中该复选框后，组件在相交表面会自动创建开口，如门窗。
- **总是朝向相机：**选中该复选框后，组件会随视图旋转，并保持三维效果。
- **阴影朝向太阳：**选中该复选框时，物体阴影固定不变，呈现面对相机的太阳投影；未选中该复选框时，阴影形态随视角变化。此复选框在选中“总是朝向相机”复选框时可用。

“创建组件”与“创建群组”这两个命令在操作层面具有相似性，旨在通过减少场景中的模型数量来简化模型的选取与调整过程。使用“创建群组”命令后，模型可独立编辑；而“创建组件”命令则赋予模型联动特性，即一个模型的变化会同步应用于其他组件。

6.1.5　切割开口

切割开口

“创建组件”命令支持切割开口功能，适合在墙体上绘制门窗洞，素材与效果对比如图 6-25 所示。注意，确保在门或窗所在表面创建组件，以便插入时能顺利开启切割开口功能。若在空白处绘制后再创建组件，则无法自动创建开口。

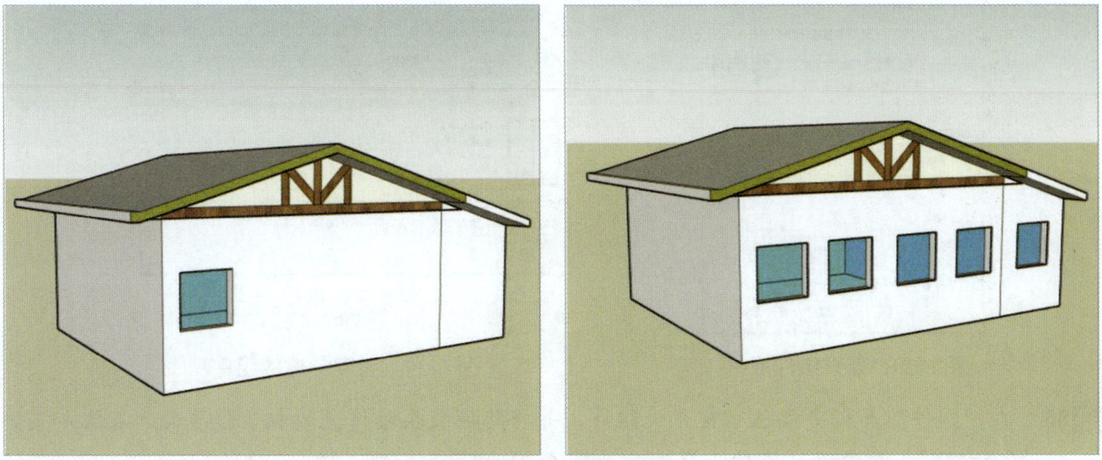

图 6-25　素材与效果对比

下面介绍使用切割开口功能绘制窗洞的操作方法。

Step 01　按【Ctrl + O】组合键，打开一个素材模型（资源\素材\第 6 章\平房.skp），使用选择工具框选窗户模型，如图 6-26 所示。

Step 02　单击鼠标右键，在弹出的快捷菜单中选择“创建组件”选项，如图 6-27 所示。

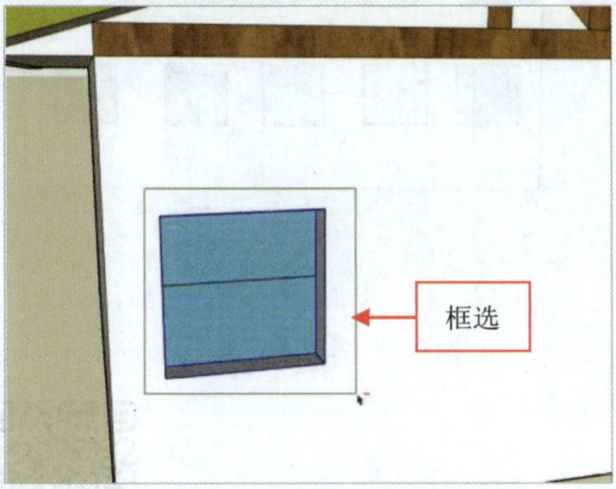

图 6-26　框选窗户模型

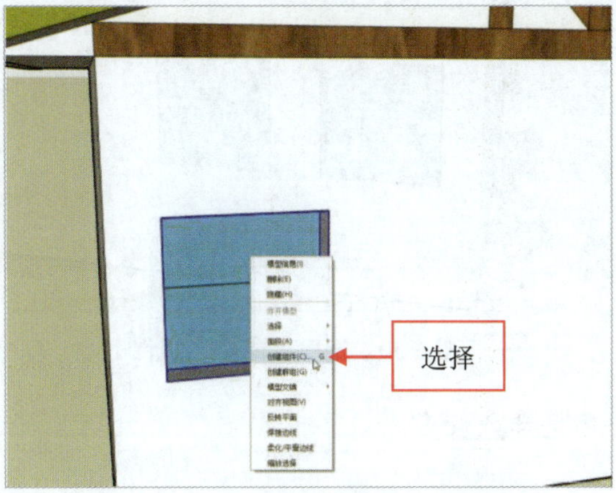

图 6-27　选择“创建组件”选项

Step 03 执行操作后，弹出“创建组件”对话框，❶设置“定义”为“窗户”；❷并选中“切割开口”复选框，如图 6-28 所示。

Step 04 单击“创建”按钮，即可创建一个名为“窗户”的组件，在默认面板中展开“组件”面板，可以看到创建的组件，如图 6-29 所示。

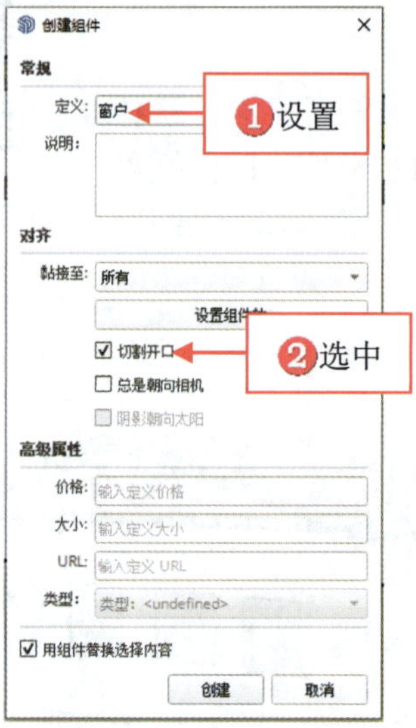

图 6-28　配置组件属性

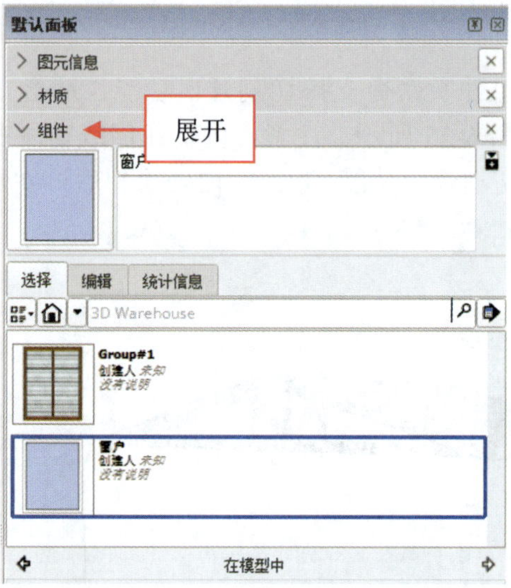

图 6-29　看到创建的组件

Step 05 在“组件”面板中按住“窗户”组件，并将其拖曳至墙体上的相应位置处，在添加窗户模型的同时，会自动在墙体上开洞，如图 6-30 所示。

Step 06 使用相同的操作方法，继续添加窗户模型，如图 6-31 所示。

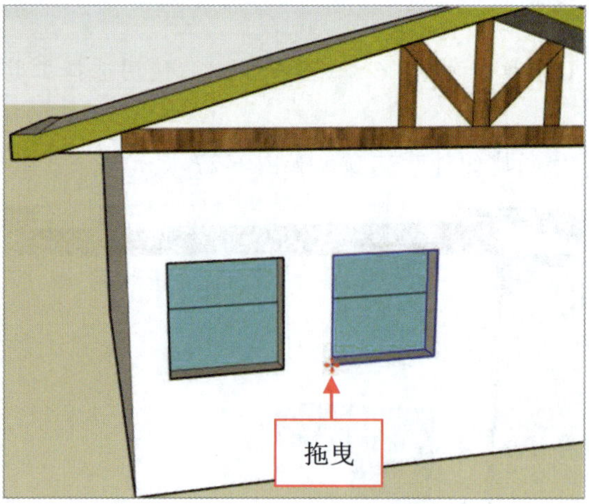

图 6-30　拖曳“窗户”组件

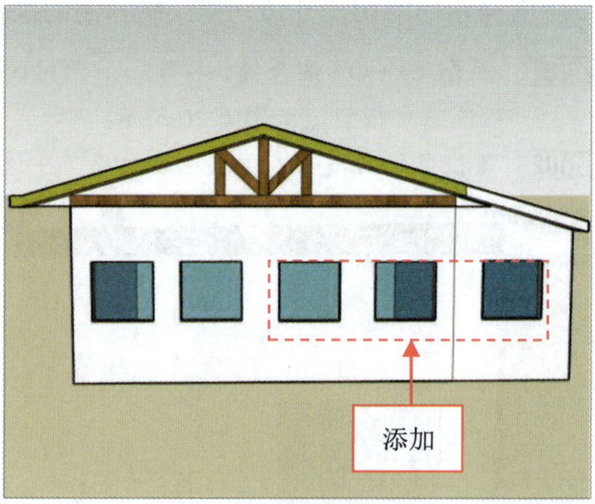

图 6-31　添加窗户模型

6.1.6　导入组件

导入组件

在 SketchUp 中建模时，导入组件是提升设计效率与创意实现的关键步骤之一。组件作为 SketchUp 中的核心元素，不仅能够整合复杂的模型结构，实现高效的复用与编辑，还能通过导入功能，将外部设计资源无缝融入当前项目中。无论是从 SketchUp 仓库下载的丰富素材，还是其他设计软件中精心制作的模型，都可以通过导入组件的方式，快速应用到用户的设计场景中。素材与效果对比如图 6-32 所示。

图 6-32　素材与效果对比

下面介绍导入组件的操作方法。

Step 01　按【Ctrl + O】组合键，打开一个素材模型（资源\素材\第 6 章\沙发.skp），在“组件”面板中单击右侧的“详细信息”按钮，如图 6-33 所示。

Step 02　执行操作后，在弹出的列表框中选择“打开和创建材质库”选项，如图 6-34 所示。

图 6-33　单击“详细信息”按钮

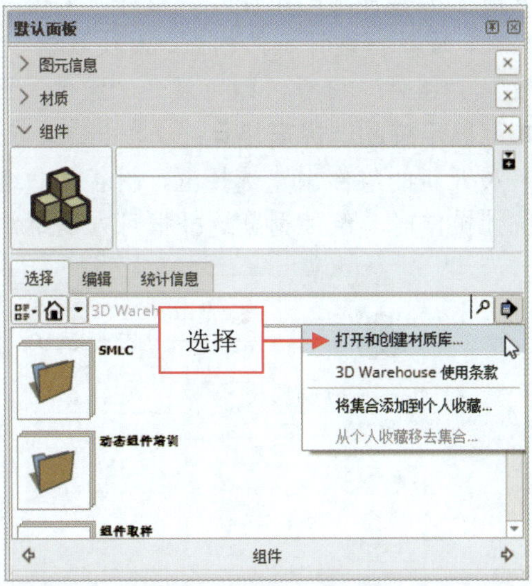

图 6-34　选择“打开和创建材质库”选项

▶ 专家指点

用户可以将组件保存到 SketchUp 根目录下（以 Windows 10 系统为例，路径为 C:\Users\Administrator\AppData\Roaming\SketchUp\SketchUp 2024\SketchUp\Components\），方便以后调用组件。

Step03 执行操作后，弹出“选择集合文件夹或创建新文件夹”对话框，选择“模型”文件夹（用户可以自己创建合适的文件夹），如图 6-35 所示。

Step04 单击“选择文件夹”按钮，即可将“模型”文件夹中的所有组件导入到“组件”面板中，选择“枕头”组件，如图 6-36 所示。

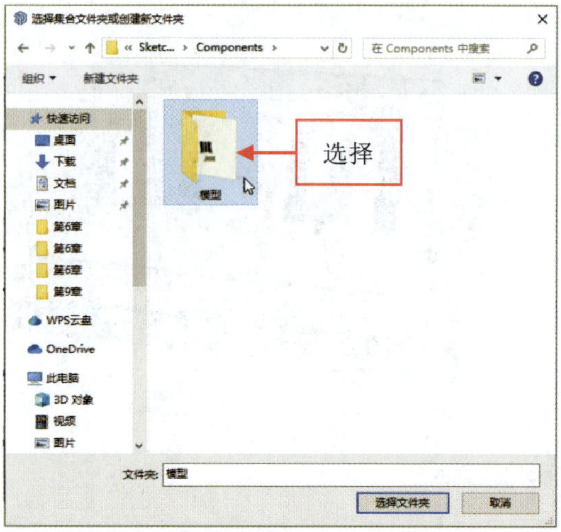

图 6-35 选择“模型”文件夹

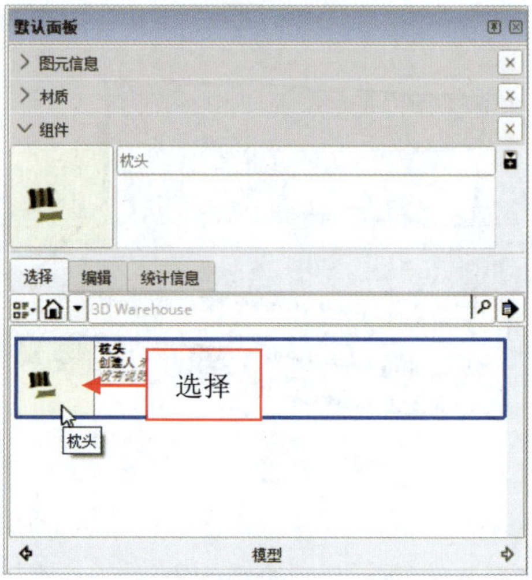

图 6-36 选择“枕头”组件

▶ 专家指点

“组件”面板是 SketchUp 中常用的功能板块，用于快速插入预设的组件，它像是一本目录，列出了所有可用的组件。“组件”面板不仅集成了组件的属性对话框，使用户能够直接编辑组件，还具备统计组件的点、面及数量等关键参数的功能。单击菜单栏中的“窗口”|“默认面板”|“组件”命令，即可展开“组件”面板，其中各主要选项的含义如下。

- **显示辅助选择窗格**：❶单击该按钮（此后按钮名称将变为“隐藏辅助选择窗格”）；❷即可展开新的组件浏览选择框，附着在“组件”面板下方，如图 6-37 所示。在进行组件编辑和统计操作时，组件浏览选择框可方便组件与组件之间的切换。

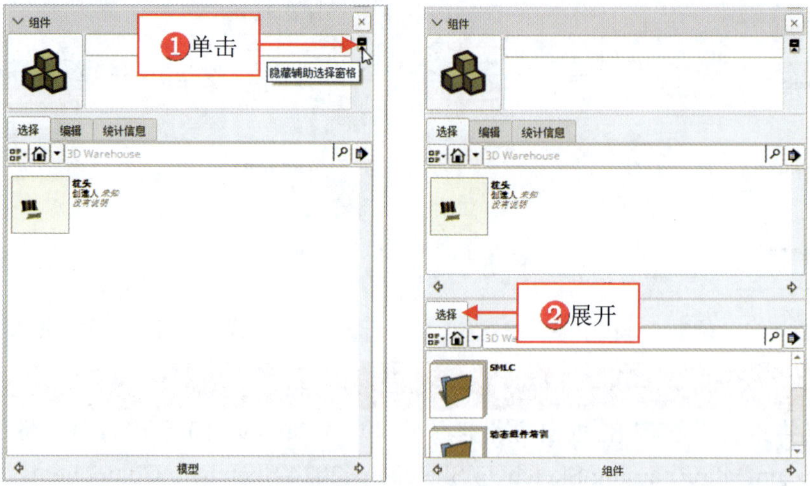

图 6-37 单击“显示辅助选择窗格”按钮即可展开新的组件浏览选择框

- **路径下拉列表框**：用于显示当前选择的组件在系统中的存储路径。
- **“编辑”标签**：单击该标签，即可切换至编辑组件的相应选项卡，如图 6-38 所示。
- **“统计信息”标签**：单击该标签，即可切换至统计组件参数的相应选项卡，如图 6-39 所示。

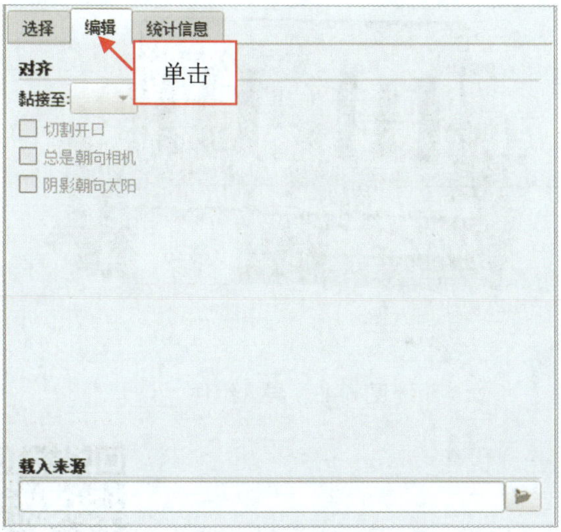

图 6-38　切换至“编辑”选项卡

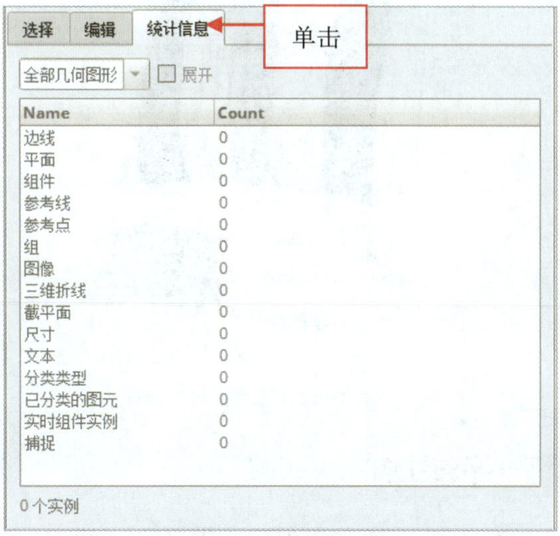

图 6-39　切换至“统计信息”选项卡

Step 05　将其移动至绘图区中的合适位置处，即可创建实例，如图 6-40 所示。

Step 06　单击“文件”|“导入”命令，弹出“导入”对话框，选择包含组件的相应模型文件，如图 6-41 所示。

图 6-40　移动至绘图区中的合适位置处

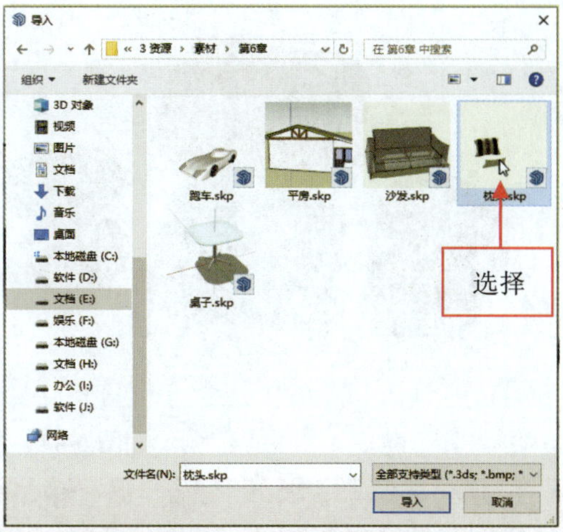

图 6-41　选择包含组件的相应模型文件

▶ 专家指点

用户也可以直接打开包含组件的模型文件，按【Ctrl＋C】组合键复制组件，如图 6-42 所示；然后按【Ctrl＋V】组合键将其粘贴至相应场景中，也可以快速导入组件。

Step 07 单击“导入”按钮，即可导入组件，并将其移动至合适位置处，如图 6-43 所示。

图 6-42 复制组件

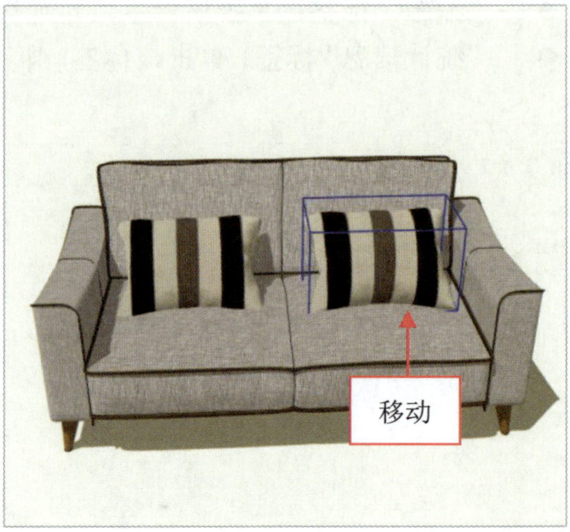

图 6-43 导入组件

6.1.7 编辑组件

编辑组件

组件作为可重复使用的模型单元，其编辑功能允许用户在不影响场景中其他部分的前提下，对模型进行细致入微的调整。通过编辑组件，用户可以轻松修改其几何形状、材质属性，甚至添加或删除内部元素，以满足项目不断变化的需求。素材与效果对比如图 6-44 所示。

图 6-44 素材与效果对比

> ▶ 专家指点
>
> 在编辑组件时，用户可以使用鼠标左键双击组件，进入组件编辑状态，此时无法对组件外的物体和其他组件进行处理。

下面介绍编辑组件的操作方法。

Step 01 按【Ctrl + O】组合键，打开一个素材模型（资源\素材\第 6 章\桌椅.skp），选择任意一个组件，单击鼠标右键，在弹出的快捷菜单中选择“编辑组件”选项，如图 6-45 所示。

Step 02 执行操作后，即可进入组件编辑状态，此时其余物体全部呈隐藏或半透明显示，如图 6-46 所示。

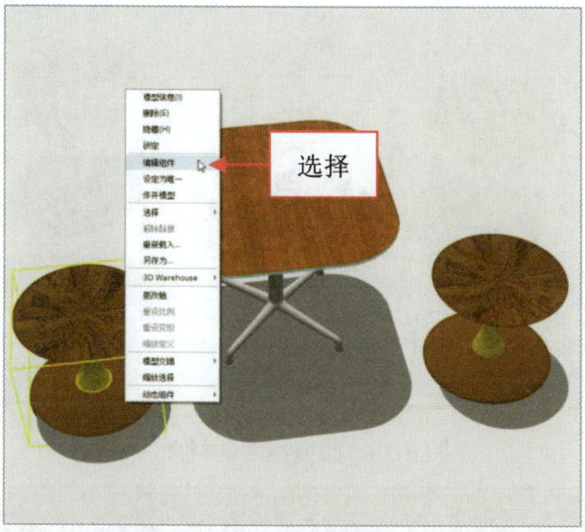

图 6-45　选择“编辑组件”选项

图 6-46　进入组件编辑状态

Step 03 完成组件的编辑后，单击菜单栏中的“编辑”|“关闭群组/组件”命令，如图 6-47 所示。

Step 04 在编辑组件时，❶也可以选择其他暂时不需要处理的物体；❷单击菜单栏中的“编辑”|“隐藏”命令，如图 6-48 所示。

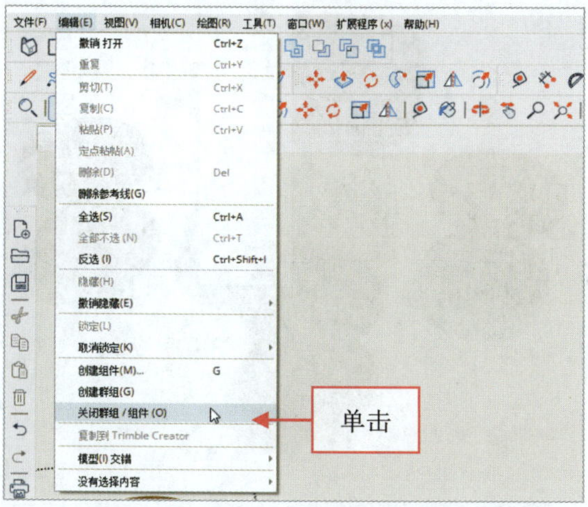

图 6-47　单击“关闭群组/组件”命令

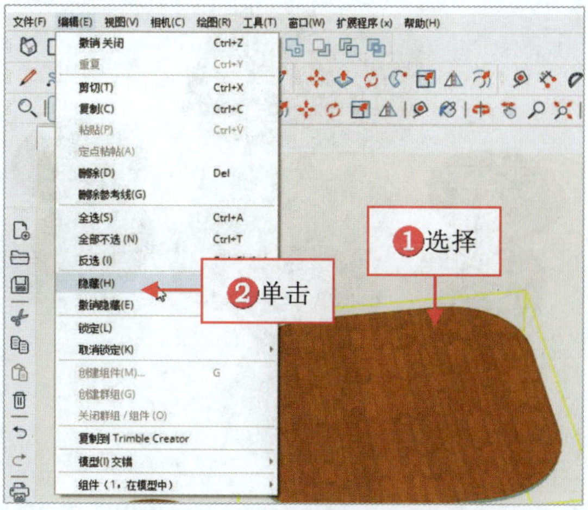

图 6-48　单击“隐藏”命令

Step 05 执行操作后，即可隐藏组件以外的物体，这样可以更加方便地编辑组件，如图 6-49 所示。组件编辑完成后，单击菜单栏中的“编辑”|“撤销隐藏”命令，即可显示被隐藏的物体。

Step 06 在复制组件后，如果要修改其细节，可以编辑其中一个组件，如改变其材质（这里使用的是“木质纹”材质），如图 6-50 所示。

Step 07 单击组件外的区域，退出组件编辑状态，即可同步编辑所有具有相同定义的组件，如图 6-51 所示。

Step 08 选择需要独立编辑的组件，单击鼠标右键，在弹出的快捷菜单中选择“设定为唯一”选项，如图 6-52 所示。

图 6-49　隐藏组件以外的物体

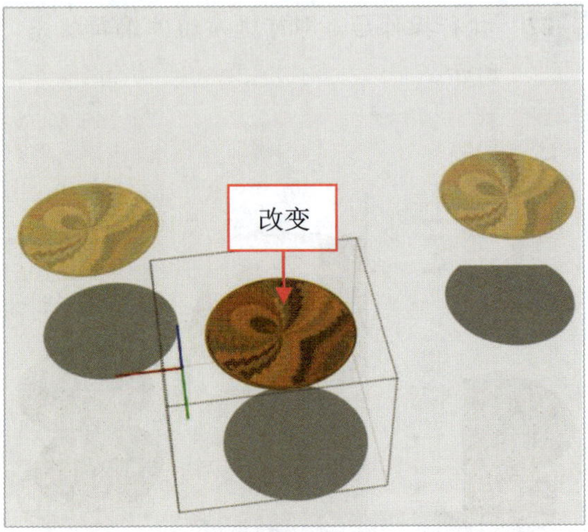

图 6-50　改变组件的材质

> ▶ 专家指点
>
> 组件的材质分配方式与群组相同。当为组件分配材质时，组件内所有默认材质将被新材质覆盖，但已在该组件内部预先指定的材质不会受到影响，从而显著提升了材质分配的效率。值得注意的是，对组件进行的材质编辑操作仅对该组件个体有效。

图 6-51　同步编辑相应的组件

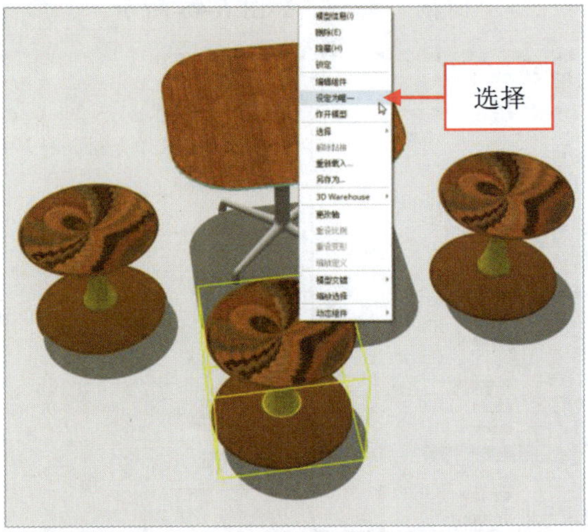

图 6-52　选择“设定为唯一”选项

> ▶ 专家指点
>
> 由于组件之间存在关联性，当需要对某个组件进行局部调整而不影响整体时，可以运用独立组件的操作指令来实现：首先，选定需要分解的组件；接着，在该组件的任意位置单击鼠标右键，在弹出的快捷操作菜单中选择“炸开模型”选项；执行操作后，该组件将解除与其他组件的关联。如果原组件是嵌套结构（即“组中组”），那么内部的组件将被分离成多个独立的个体。

Step 09　使用鼠标左键双击组件，即可对组件进行独立编辑，此时其余物体全部被隐藏，如图 6-53 所示。

Step 10 当在组件内部针对某个物体执行缩放操作时，所有具有相同定义的组件将会同步更新，发生相应的缩放变化，如图 6-54 所示。

图 6-53 对组件进行独立编辑

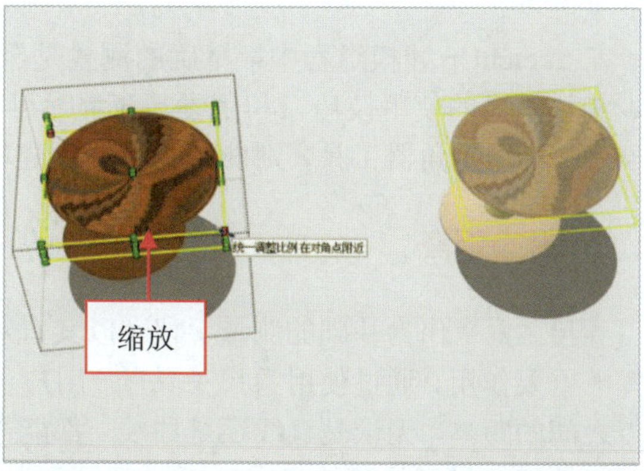

图 6-54 对组件内的某个物体进行缩放操作

Step 11 当对组件整体执行缩放操作时，具有相同定义的组件不会随之按比例变化，而是维持其原有的尺寸比例，如图 6-55 所示。

> ▶ 专家指点
>
> 选中组件后，在默认面板的“图元信息”面板中，可以查看组件的实体信息，如图 6-56 所示，相关选项的含义如下。
>
> - **实例**：在此可以输入实例名称。
> - (隐藏)：单击该功能按钮后，组件将被隐藏。
> - (锁定)：单击该功能按钮后，组件将被锁定。
> - (不接受阴影)：单击该功能按钮后，组件不会接受其他物体的阴影。
> - (不投射阴影)：单击该功能按钮后，组件不会显示阴影。

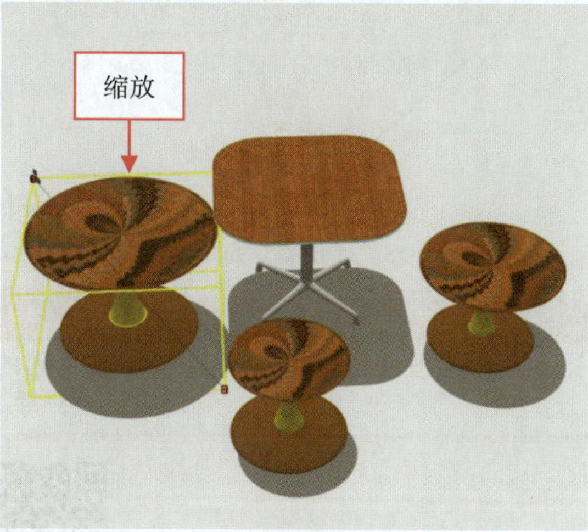

图 6-55 对组件整体执行缩放操作

图 6-56 查看组件的实体信息

6.2 测量模型

在 SketchUp 建模过程中，精确的测量是至关重要的。本节将详细介绍卷尺和量角器这两个基本测量工具的使用技巧。利用卷尺工具可以轻松测量模型上的各种距离，确保各个部分尺寸准确；利用量角器工具则能够测量并创建精确的角度，这对于模型的形状和定位至关重要。

6.2.1 测量距离

测量距离

卷尺工具作为基础的测量手段，以其直观、易用的特点，在距离测量方面发挥着重要作用。通过使用卷尺工具，用户可以轻松、准确地测量模型上任意两点之间的距离，无论是直线还是曲线，都能得到精确的读数，这不仅有助于用户更好地把握模型的整体尺寸，还能确保各个部分之间的比例关系准确无误。下面介绍测量距离的操作方法。

Step 01 按【Ctrl + O】组合键，打开一个素材模型（资源\素材\第 6 章\长方体.skp），在“建筑施工”工具栏中，单击“卷尺工具”按钮，选取该工具，单击拾取测量的起始点，如图 6-57 所示。

Step 02 移动鼠标指针至需要测量的第 2 个点上，即可在弹出的提示信息中显示测量的距离数据，如图 6-58 所示。

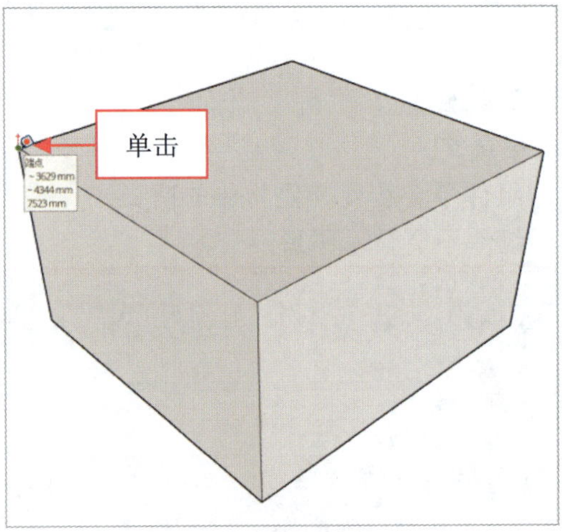

图 6-57　拾取测量的起始点

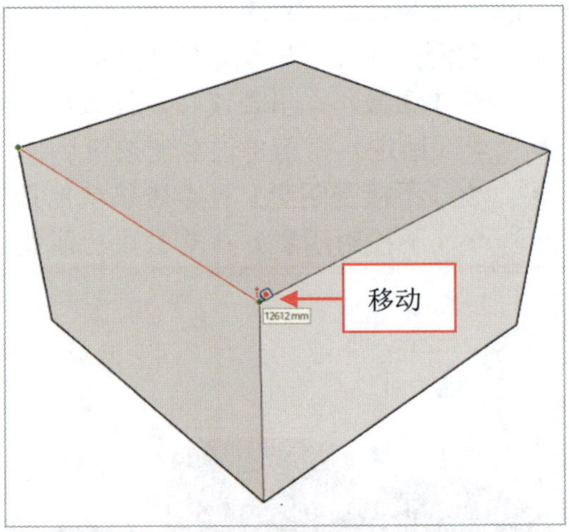

图 6-58　显示测量的距离数据

▶ 专家指点

使用卷尺工具测量距离后，还可以在“长度”输入框中查看起点至第 2 个点之间的距离数据。

6.2.2 创建辅助线

创建辅助线

卷尺工具不仅擅长于距离的精确测量，还能帮助用户创建出至关重要的辅助线（又称为辅助参考线或参考线）和辅助点。通过指定起点和终点，或者利用卷尺工具在模型上拖曳并释放以定位特定距离的点，用户可以轻松地生成直线型辅助线。这些辅助线如同设计的骨架，可以引导用户进行后续的建模工作。同时，在辅助线上添加辅助点，可以进一步细化设计，为创建复杂的几何形状和精确的结构提供有力支持。下面介绍创建辅助线的操作方法。

Step 01 按【Ctrl + O】组合键，打开一个素材模型（资源\素材\第 6 章\长方体.skp），在“建筑施工”工具栏中，单击“卷尺工具”按钮，选取该工具，单击拾取与要创建的辅助线相平行的边线，如图 6-59 所示。

Step 02 移动鼠标指针至需要放置辅助线的放置位上并单击确认，如图 6-60 所示，即可创建辅助线。

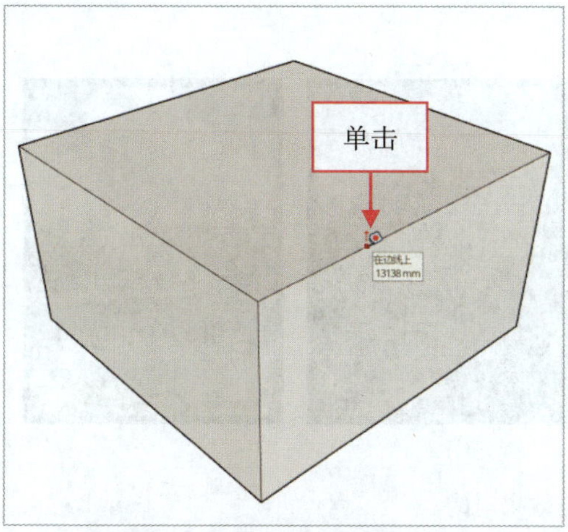

图 6-59　单击拾取相应的边线

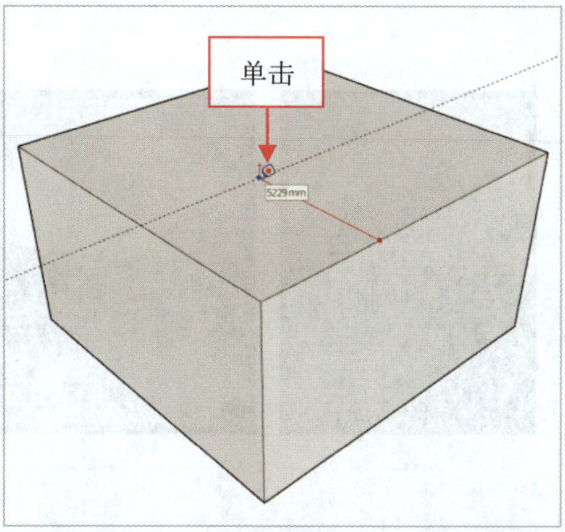

图 6-60　单击确认辅助线的放置放置

▶ 专家指点

用户也可以在移动鼠标指针后，在“长度”输入框中输入精确数值，并按【Enter】键确认，完成辅助线的创建。辅助点的创建方法与辅助线类似。

另外，选取卷尺工具后，鼠标指针会呈现以下两种不同形态。

- **形态：**此时鼠标指针兼具测量线段与创建辅助线（或辅助点）的功能。图 6-61 为使用卷尺工具创建辅助点。
- **形态：**此时鼠标指针呈现锁定形态，仅可用于长度测量，如图 6-62 所示。

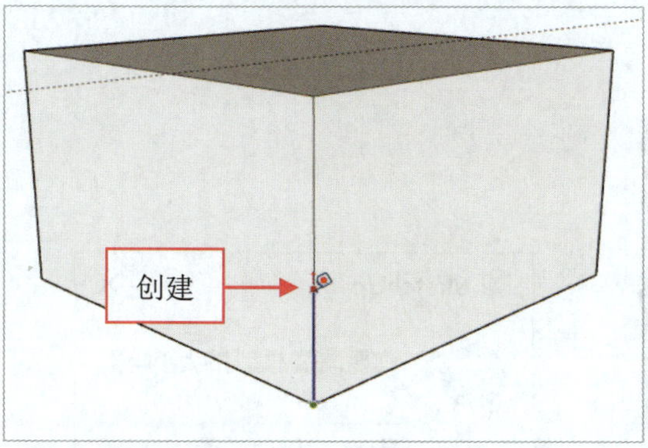

图 6-61　创建辅助点

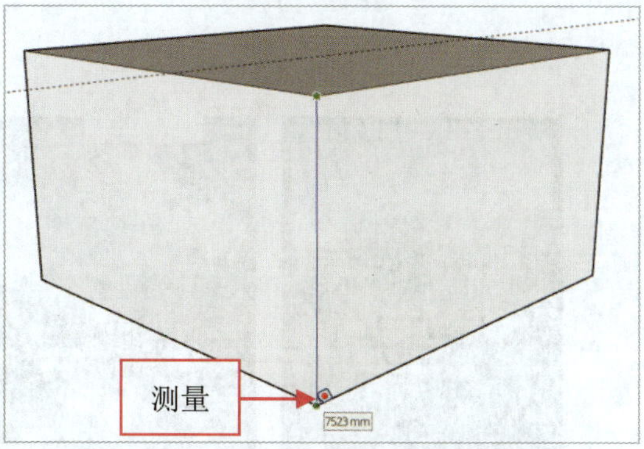

图 6-62　测量长度

通过按下【Ctrl】键，用户可以轻松地在这两种形态之间进行切换。

6.2.3 缩放模型尺寸

缩放模型尺寸

卷尺工具不仅是一把测量距离的“尺子”，更是调整模型尺寸、实现精准缩放的得力助手。通过巧妙地运用卷尺工具，用户可以轻松选定模型的一部分或整体，并依据实际需求输入新的尺寸值，从而实现对模型的精确缩放，素材与效果对比如图 6-63 所示。这种缩放方式不仅保持了模型原有的比例关系，还极大地提升了建模的灵活性和效率。

图 6-63　素材与效果对比

下面介绍缩放模型尺寸的操作方法。

Step 01 按【Ctrl + O】组合键，打开一个素材模型（资源\素材\第 6 章\画.skp），在“建筑施工”工具栏中，单击“卷尺工具”按钮，选取该工具，依次单击特定线段的两端，如图 6-64 所示。

Step 02 在“长度”输入框中输入一个新的数值，如 180，按【Enter】键确认后弹出是否调节模型大小的信息提示框，单击“是”按钮，如图 6-65 所示，整个模型会根据线段的长度缩放比例进行全局尺寸缩放。

图 6-64　单击特定线段的两端

图 6-65　单击“是”按钮

▶ 专家指点

需要注意的是，如果用户仅希望调整单一对象的尺寸，一个有效的方法是先将该对象创建为一个群组或组件，并在群组或组件内执行编辑操作。另外，在需要清除辅助线时，用户可以通过选中辅助线并按【Delete】键来快速删除，或者单击菜单栏中的“编辑”|“删除参考线”命令，如图 6-66 所示，一次性移除所有辅助线。

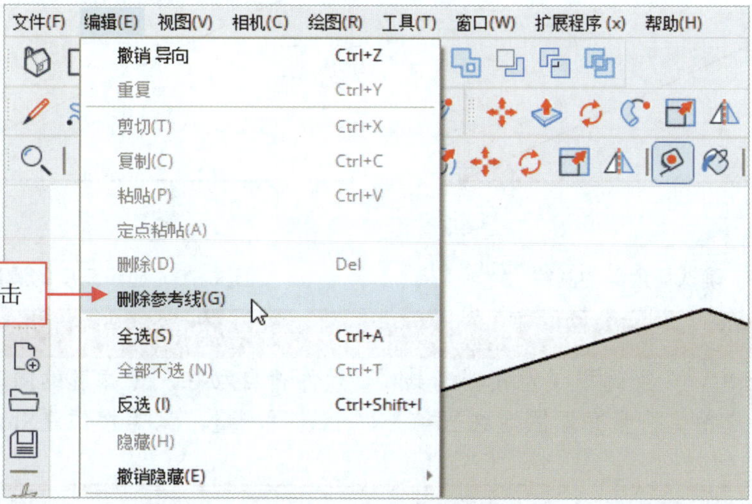

图 6-66 单击“删除参考线”命令

6.2.4 测量角度

测量角度

通过使用量角器工具，用户可以轻松、准确地测量出任意两条线段或图形边之间的夹角，为后续的绘图和设计工作提供有力的数据支持。其具体操作方法如下。

Step 01 在“绘图”工具栏中，单击“直线”按钮，选取该工具，在顶视图中绘制一个任意角度的图形，如图 6-67 所示。

Step 02 单击“建筑施工”工具栏中的“量角器”按钮，鼠标指针呈圆形量角器形状显示，此时指针就是中心，移动鼠标指针将量角器的中心与测量角的顶点重合，并单击确认，如图 6-68 所示。

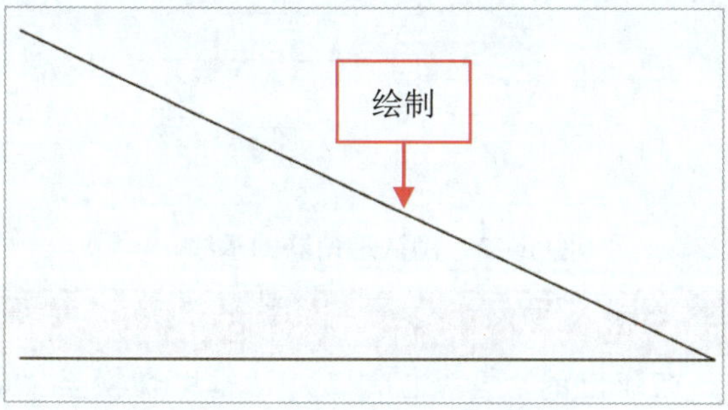

图 6-67 绘制任意角度的图形

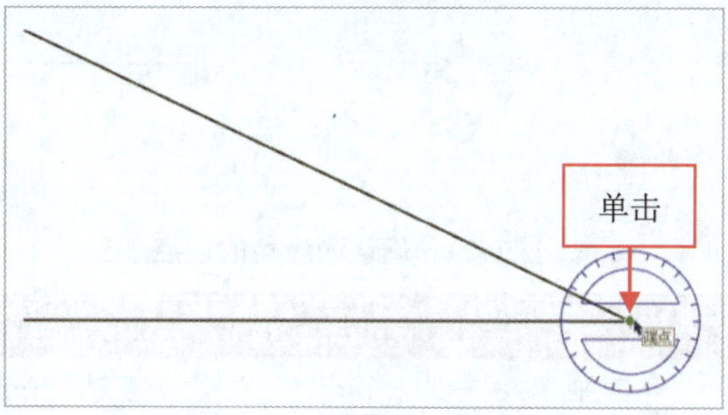

图 6-68 确认测量角的顶点

Step 03 移动鼠标指针将量角器的基线与测量角的边对齐，并单击确认，如图 6-69 所示。

Step 04 移动鼠标指针将量角器的辅助线与测量角的另一条边对齐，❶单击即可完成测量；❷测得的角度值将显示在“角度”输入框中，如图 6-70 所示。

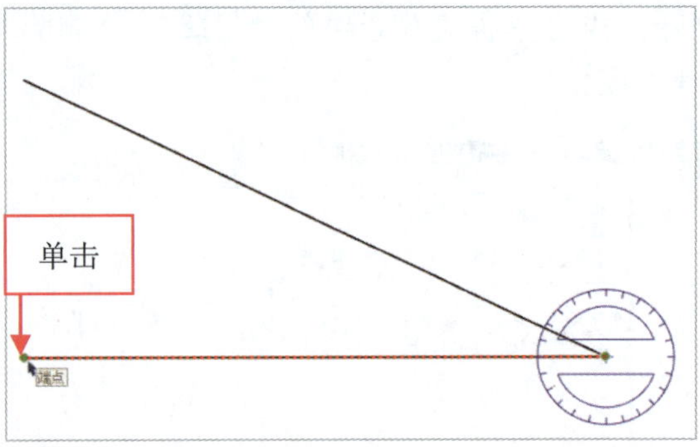

图 6-69 确认量角器的基线

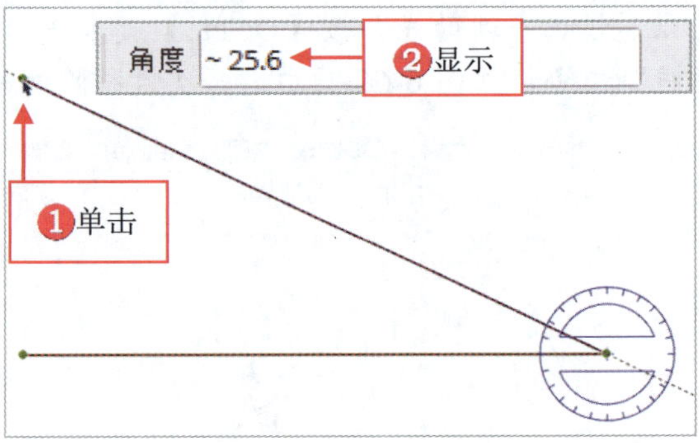

图 6-70 显示角度的测量结果

> ▶ 专家指点
>
> 在 SketchUp 中，一旦选取了量角器工具，软件将自动在测量角度的同时生成角度辅助线。另外，若用户希望将量角器固定在当前平面上进行测量，只需按住【Shift】键即可将其锁定。

6.2.5 创建角度辅助线

在 SketchUp 中，创建角度辅助线的步骤与测量角度相似。选取量角器工具后，若用户同时按【Ctrl】键，不仅能够测量角度，还能生成相应的辅助线。其具体操作方法如下。

创建角度辅助线

Step 01 单击“建筑施工”工具栏中的“量角器”按钮，选取该工具，按【Ctrl】键，移动鼠标指针将量角器的中心与坐标轴原点重合，并单击确认，如图 6-71 所示。

Step 02 移动鼠标指针将量角器的基线与红色轴线对齐，并单击确认，如图 6-72 所示。

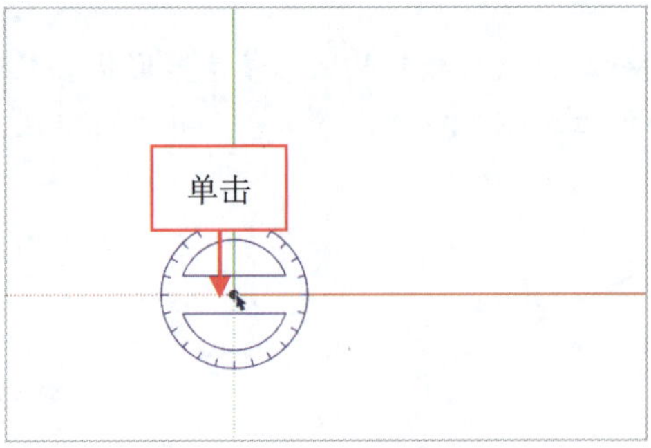

图 6-71 确认测量角的顶点

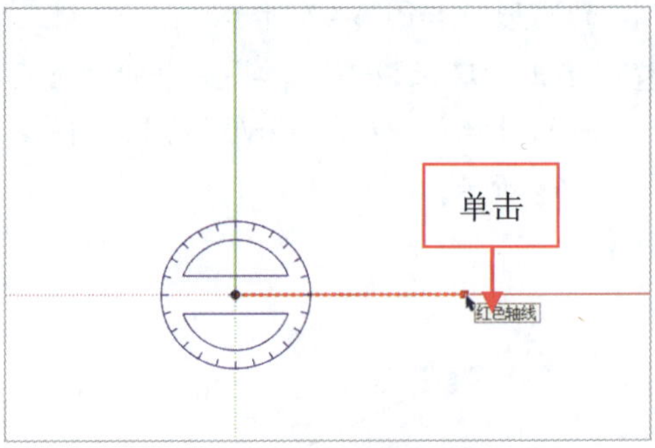

图 6-72 确认量角器的基线

> ▶ 专家指点
>
> 单击菜单栏中的“窗口”|“模型信息”命令，在弹出的“模型信息”对话框中切换至“单位”选项卡，在其中可以设置角度单位的精确度和最小捕捉角度。

Step03　移动鼠标指针确认量角器的辅助线，在“角度”输入框输入 30，如图 6-73 所示。

Step04　按【Enter】键确认，即可创建一条与红色轴线成 30° 的角度辅助线，如图 6-74 所示。

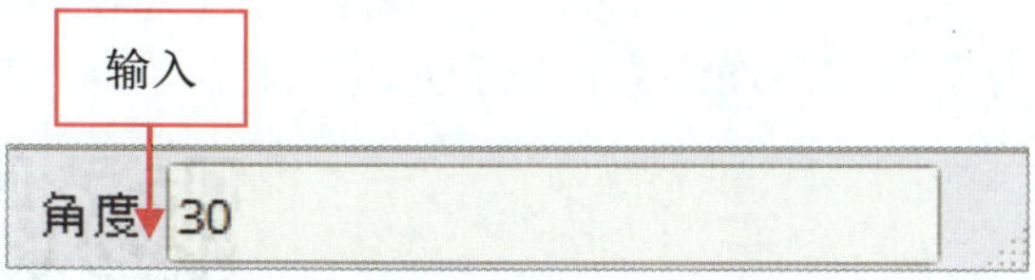

图 6-73　输入“角度”参数

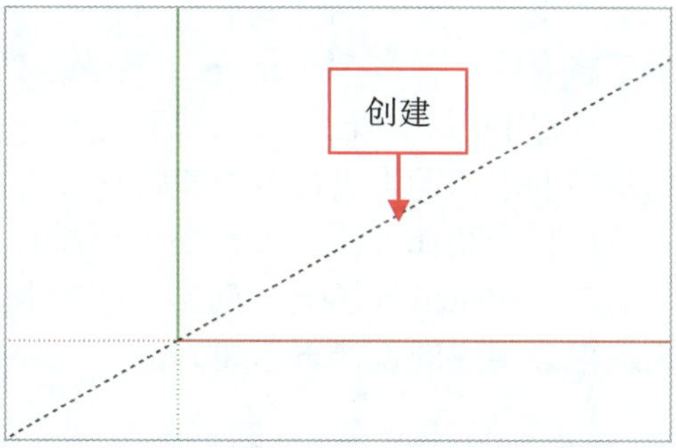

图 6-74　创建角度辅助线

6.2.6　创建精确角度

创建精确角度

在 SketchUp 中绘制角度辅助线的过程中，旋转的角度会实时显示在“角度”输入框内。用户有两个时机可以输入旋转角度：一是在旋转过程中；二是在完成旋转动作之后。下面介绍创建精确角度的操作方法。

Step01　将红色轴线作为基线，使用量角器工具创建一条角度辅助线，如图 6-75 所示。

Step02　在“角度”输入框输入 60，如图 6-76 所示。

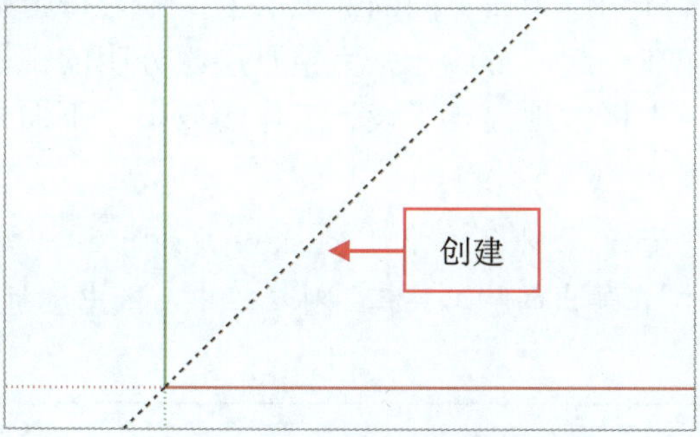

图 6-75　创建角度辅助线

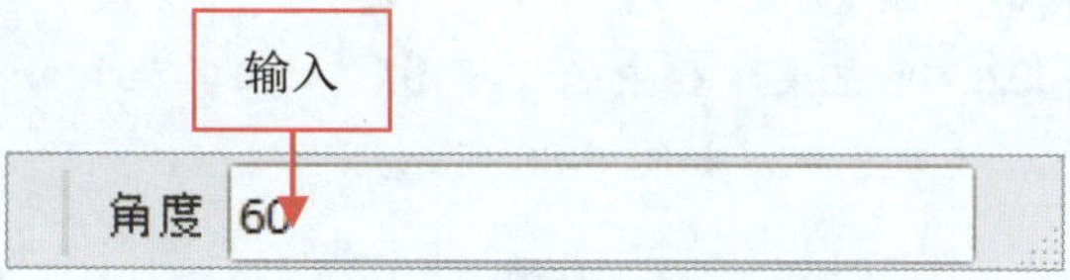

图 6-76　输入“角度”参数

Step03　按【Enter】键确认，即可将角度辅助线的角度修改为 60°，如图 6-77 所示。

Step04　用户也可以输入斜率，如输入 3:2，来指定旋转的角度比例，效果如图 6-78 所示。

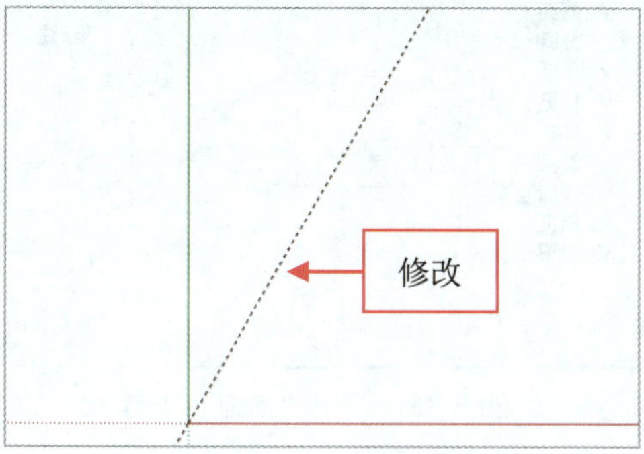

图 6-77　修改角度

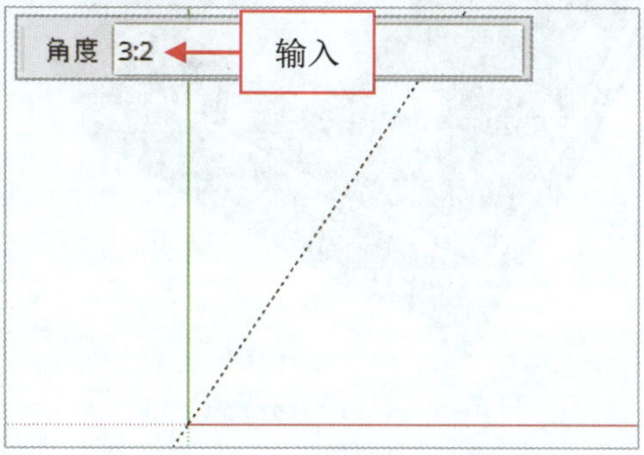

图 6-78　旋转角度比例

6.3 标记与标注模型

本节将介绍如何在 SketchUp 中高效地对模型进行标记与标注，以提升设计沟通的专业性和清晰度。通过利用“标记”工具栏和“标记”面板，用户可以轻松添加各类标记信息，更高效地对场景中的绘图元素进行组织和管理。

本节还将介绍如何添加各种图形标注和引注文字，以便在图纸上直接注明关键信息。更值得一提的是，SketchUp 还支持创建三维文本，为设计作品增添立体感和互动性。掌握这些技巧，将极大地增强用户的设计表达能力。

6.3.1 使用“标记”工具栏

使用“标记”工具栏

“标记”工具栏是 SketchUp 中一个强大的场景管理工具，能帮助用户对场景内的对象进行高效分类与归置，进而简化对象的管理流程。尽管 SketchUp 的组件功能已足够强大，能够独立完成模型的构建，但标记功能的加入，无疑为对象管理带来了更多便利，让建模思路更加条理清晰。

与 AutoCAD 的标记管理器或者 Photoshop 的图层类似，SketchUp 的标记功能允许用户查看、控制并自定义标记，包括标记的名称、颜色以及可见性设置。标记就像是一个个投影片，用户可以将具有不同属性的对象分别放置在各自的“投影片”（即标记层）上。

例如，将图形的主线条、中心线、尺寸标注等分别绘制在不同的标记层上，并为每个标记层设置独特的线型和颜色，最后将这些标记层叠加在一起，形成一张完整且层次分明的视图。这样的管理方式不仅让图形对象的编辑更加便捷，也极大地提升了设计工作的效率。下面介绍使用“标记”工具栏的操作方法。

Step 01 按【Ctrl + O】组合键，打开一个素材模型（资源\素材\第 6 章\卧室.skp），如图 6-79 所示。

Step 02 单击菜单栏中的“视图”|“工具栏”命令，在弹出的“工具栏”对话框中，选中“标记”复选框，如图 6-80 所示。

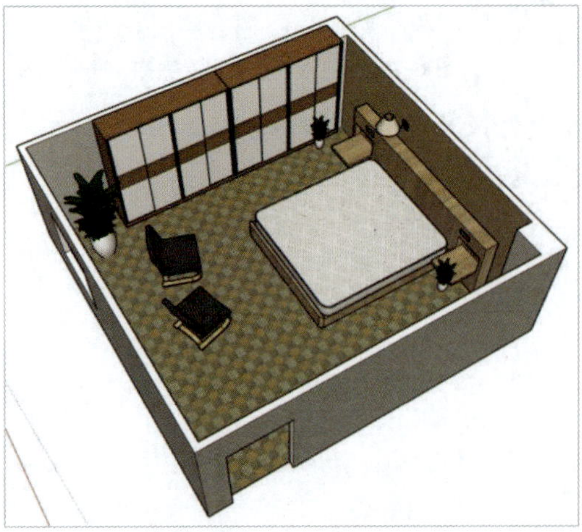
图 6-79 打开素材模型

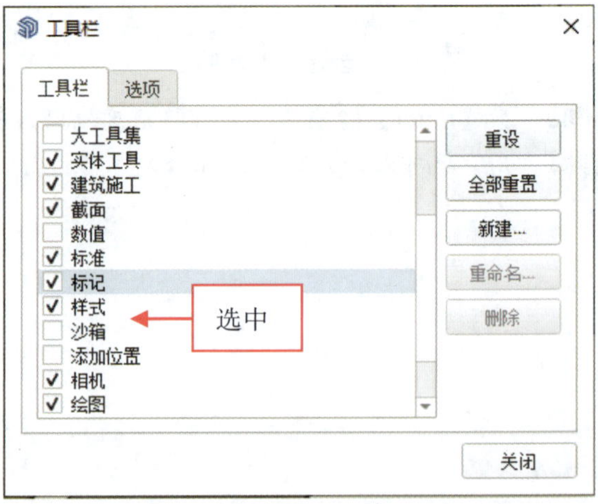

图 6-80 选中“标记”复选框

Step 03　执行操作后，即可显示“标记”工具栏，单击下拉按钮，在弹出的列表框中可以看到当前模型文件中的所有标记，如图 6-81 所示。

Step 04　❶选择沙发模型；❷“标记”工具栏中会显示该模型所在的标记，如图 6-82 所示。

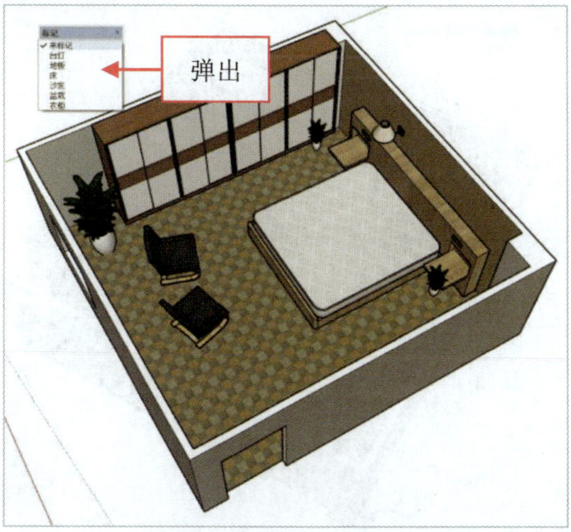

图 6-81　弹出相应列表框

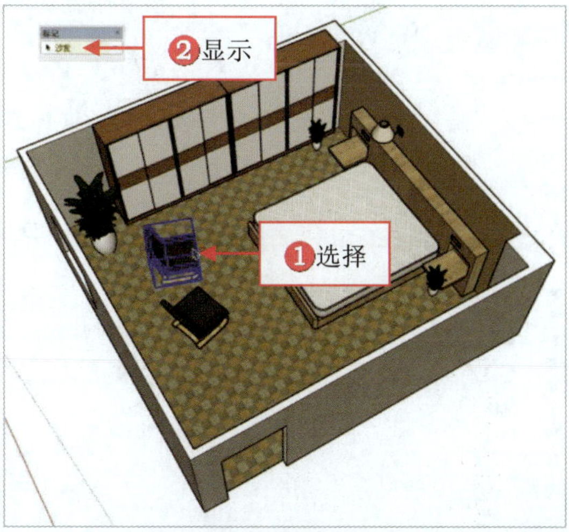

图 6-82　选择沙发模型

6.3.2　使用“标记”面板

通过“标记”面板，用户可以轻松查看、编辑和切换不同的标记层，从而实现对场景对象的精细化分类与控制。无论是调整对象属性、优化视图效果，还是进行复杂的设计修改，“标记”面板都能提供强有力的支持。下面介绍使用“标记”面板的操作方法。

使用“标记”面板

Step 01　按【Ctrl + O】组合键，打开一个素材模型（资源\素材\第 6 章\卧室.skp），在默认面板中展开“标记”面板，如图 6-83 所示。

Step 02　❶在绘图区中选择床模型；❷在“标记”工具栏的列表框中选择“床”标记，如图 6-84 所示，即可将该模型移至相应的标记层。

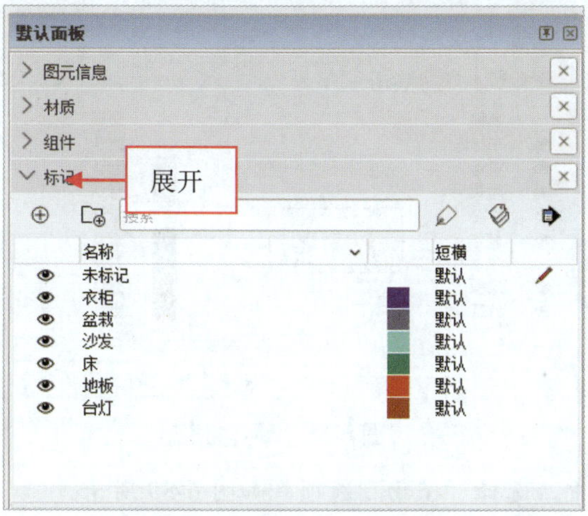

图 6-83　展开“标记”面板

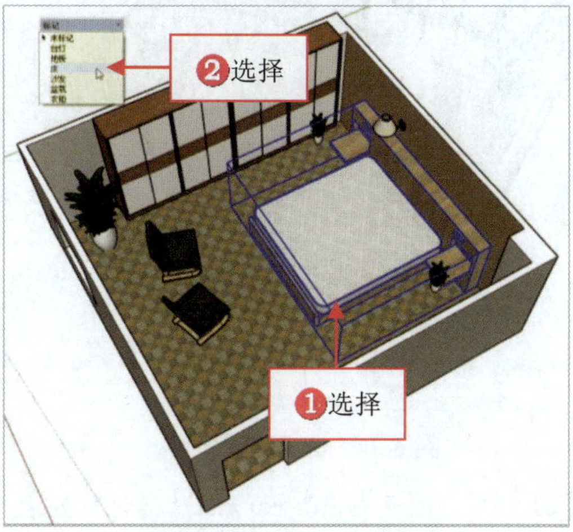

图 6-84　选择“床”标记

Step 03 在“标记”面板中，单击“床”标记前面的👁（显示）图标，该图标变为⬭（隐藏）状态，隐藏相应的标记层，如图 6-85 所示。

Step 04 执行操作后，绘图区中的床模型也会被隐藏，如图 6-86 所示。

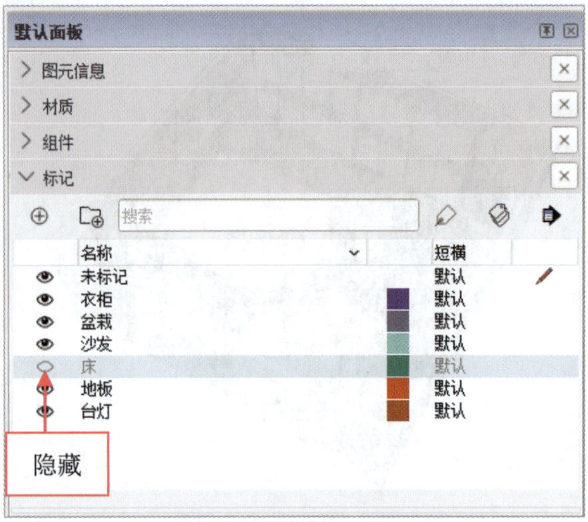

图 6-85　隐藏“床”标记层

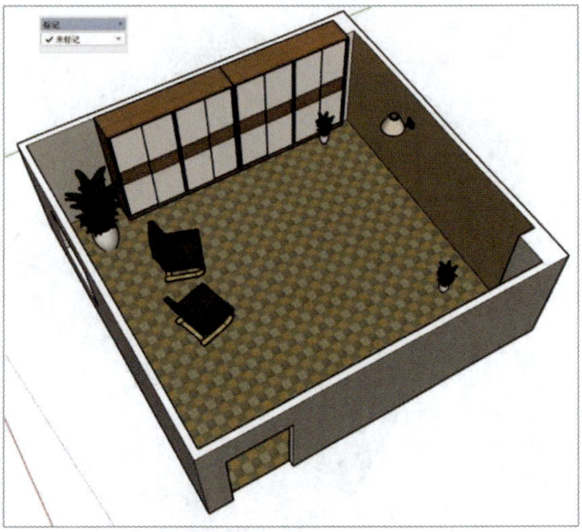

图 6-86　床模型被隐藏

▶ 专家指点

单击⬭图标，可重新显示已隐藏的标记层。若用户需同时隐藏或显示多个标记层，可按【Ctrl】键进行多选操作。

Step 05 在绘图区中选择植物模型，如图 6-87 所示。

Step 06 在“标记”面板中，❶单击“添加标记”按钮⊕；❷新建一个名称为“植物”的标记，如图 6-88 所示。

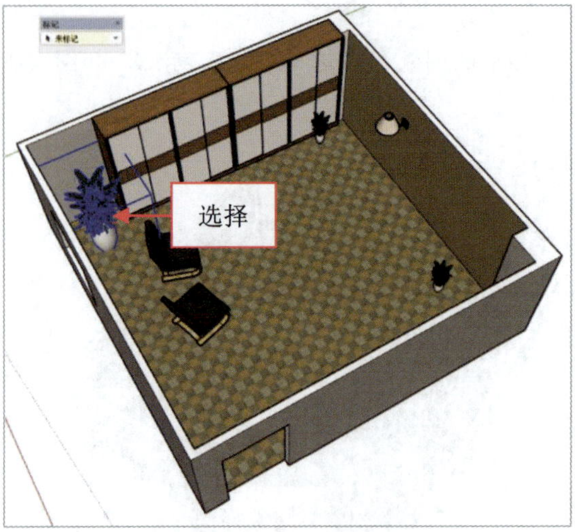

图 6-87　选择植物模型

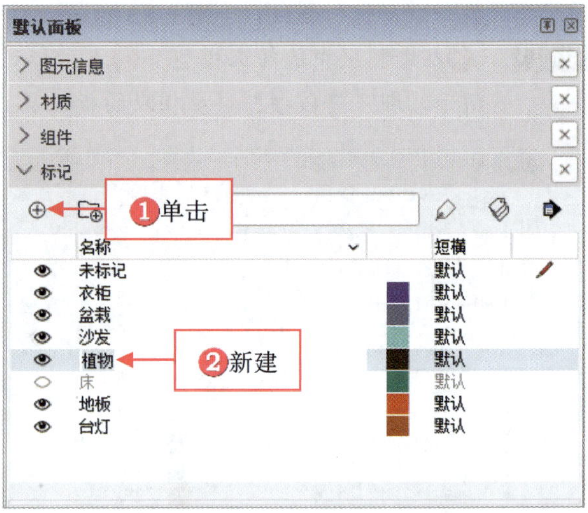

图 6-88　新建标记

Step 07 在“图元信息”面板的“标记”列表框中，选择“植物”选项，如图 6-89 所示。

Step 08 执行操作后，即可将植物模型添加到新建的“植物”标记层中，在“标记”工具栏中会显示“植物”标记，如图 6-90 所示。

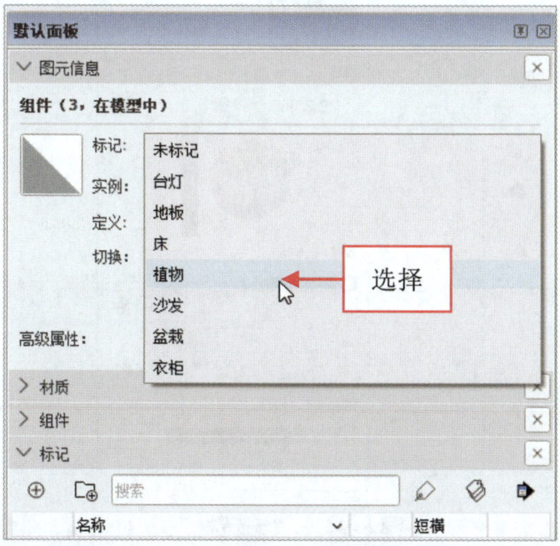

图 6-89　选择“植物”选项

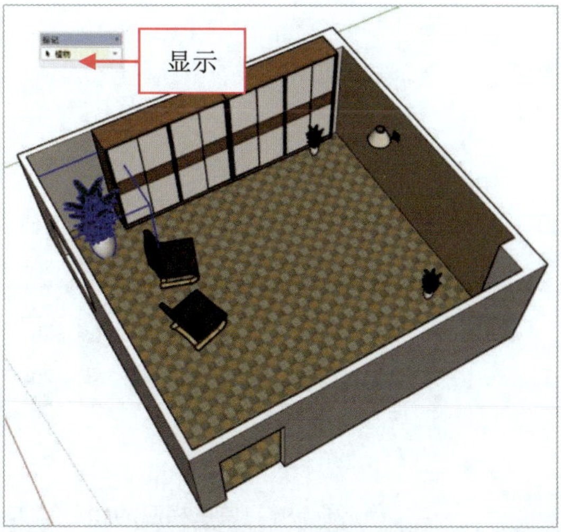

图 6-90　显示“植物”标记

▶ 专家指点

选中一个或多个标记后，单击鼠标右键，在弹出的快捷菜单中选择“删除标记”选项，如图 6-91 所示。若被删除的标记中包含图元，则系统将弹出“删除包含图元的标记”对话框供用户选择，如图 6-92 所示，相关选项的功能如下。

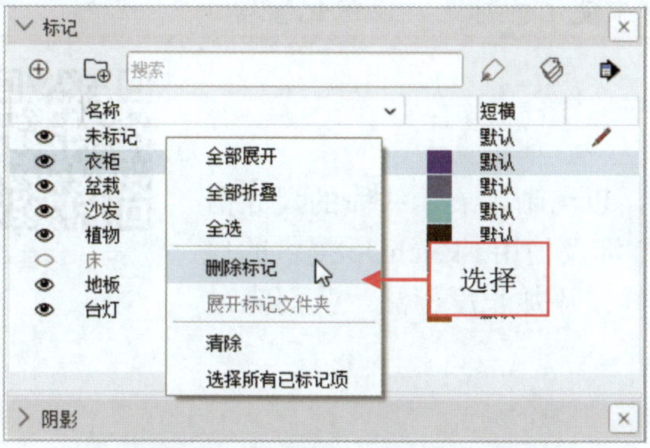

图 6-91　选择“删除标记”选项

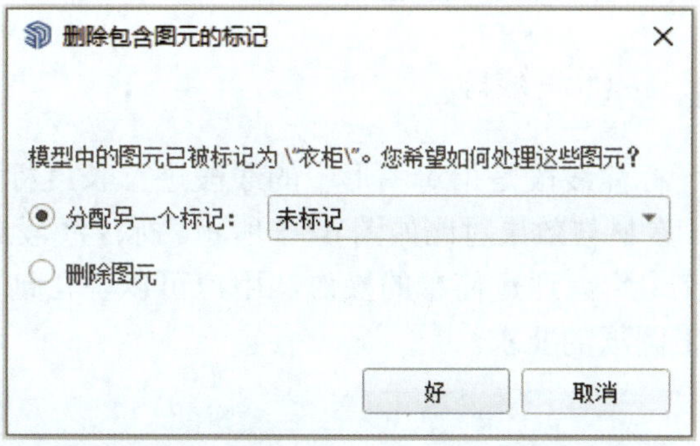

图 6-92　“删除包含图元的标记”对话框

● **分配另一个标记**：选中该单选按钮，仅删除原标记，保留其上的内容，并将这些内容移动到指定的新标记中。

● **删除图元**：选中该单选按钮，会同时删除标记及其上的所有内容。

“标记”面板中各主要选项的含义如下。

● **添加标记** ⊕：单击该按钮，即可创建一个新的标记。用户可以保留其默认名称，或根据个人需求进行重命名。

● **隐藏/显示标记**：通过单击标记左侧的眼睛图标，可以控制该标记的可见性。

● **设置标记颜色**：单击相应的颜色样本，如图 6-93 所示；在弹出的“编辑材质”对话框中，可以设置用户想要的标记颜色，如图 6-94 所示。

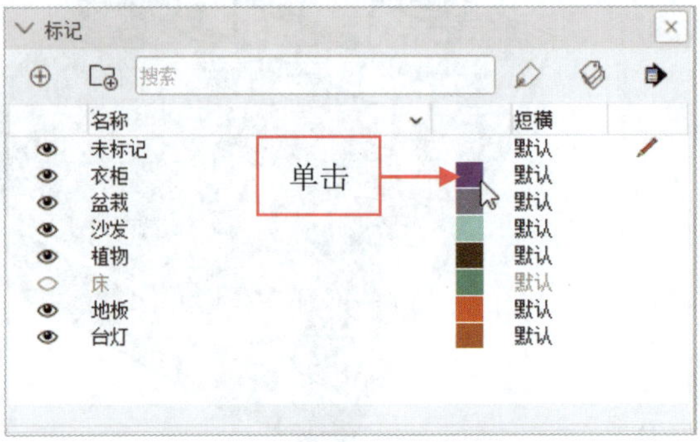

图 6-93　单击相应的颜色样本

图 6-94　“编辑材质”对话框

- **设为当前标记**：在标记右侧位置点击画笔图标，即可将该标记设为当前活动标记。注意，设为当前活动标记后，该标记将无法进行隐藏操作。
- **颜色随标记**：启用此功能后，同一标记下的所有对象将统一显示为“标记”面板中设置的颜色；若禁用，则按建模时的颜色显示。
- **详细信息**：单击该按钮可弹出相应的列表框，在其中选择“全选”选项，可一键选择所有标记；选择“清除”选项，可删除所有未使用的标记，以优化管理。

6.3.3　标注线段

标注线段

标注线段是指对图形中的线段进行长度标注，以清晰地展示线段的尺寸信息，素材与效果对比如图 6-95 所示。标注线段通常涉及使用 SketchUp 提供的尺寸工具，通过简单的操作，用户可以轻松地为线段添加长度标注，从而满足施工图纸的要求。

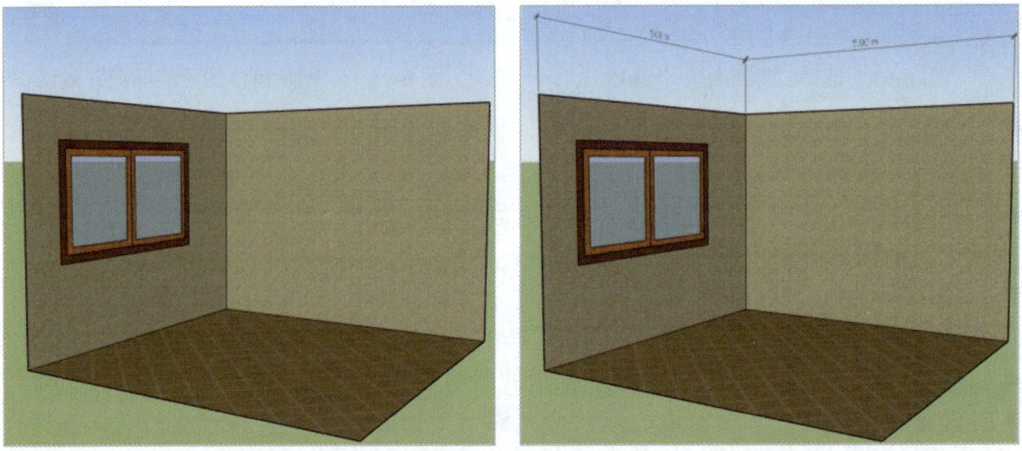

图 6-95　素材与效果对比

下面介绍标注线段的操作方法。

Step 01 按【Ctrl + O】组合键，打开一个素材模型（资源\素材\第 6 章\墙壁.skp），单击“建筑施工”工具栏中的“尺寸”按钮，选取该工具，并通过单击以选取需要标注尺寸的线段的一个端点，如图 6-96 所示。

Step 02 移动鼠标指针至需要标注尺寸的线段的另一个端点上，单击以选取该端点，如图 6-97 所示。

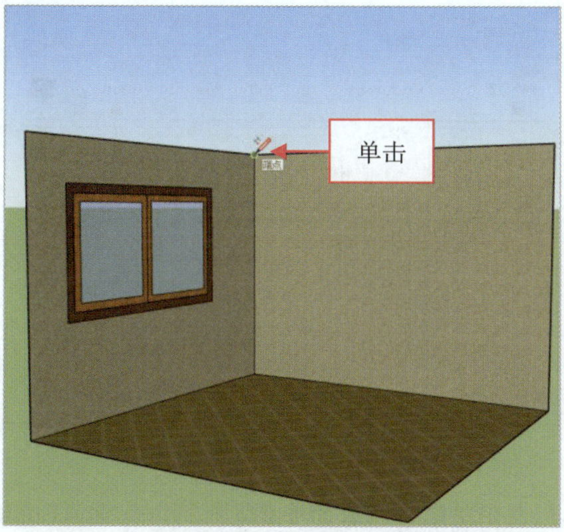

图 6-96　选取需要标注尺寸的线段端点

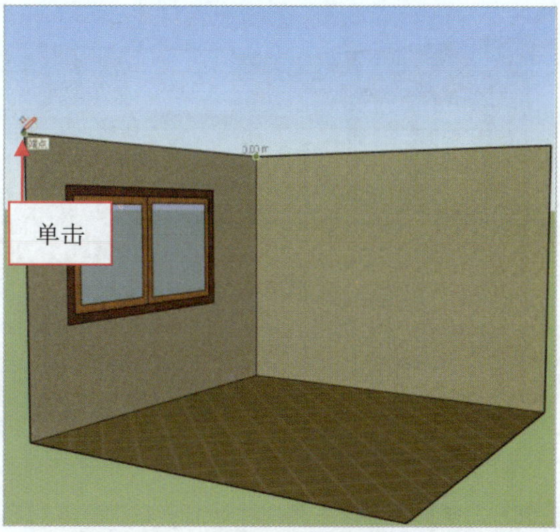

图 6-97　选取线段的另一个端点

Step 03 向上方移动鼠标指针，将标注移动到合适位置后再次单击，即可创建所选线段的尺寸标注，如图 6-98 所示。

Step 04 选取尺寸工具后，直接单击要标注尺寸的线段，如图 6-99 所示。

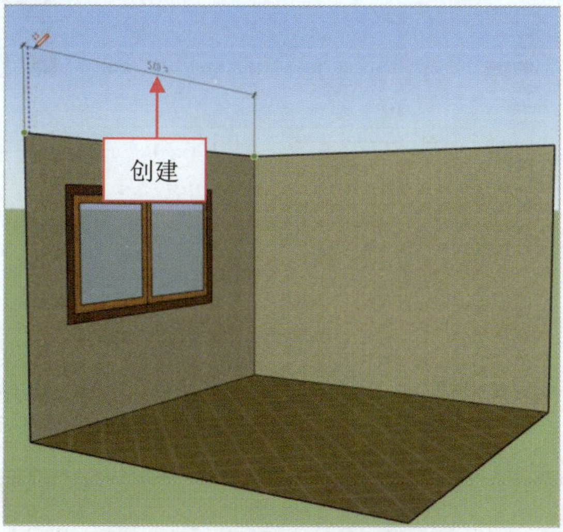

图 6-98　创建所选线段的尺寸标注

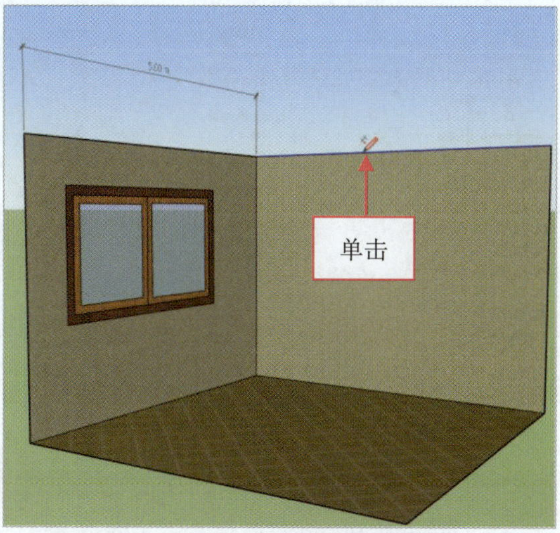

图 6-99　单击要标注尺寸的线段

Step 05 向上方移动鼠标指针，将尺寸标注移动到合适的位置后再次单击，即可创建所选线段的尺寸标注，如图 6-100 所示。

Step 06 单击菜单栏中的“窗口”|“模型信息”命令，弹出“模型信息-墙壁”对话框，❶切换至“尺寸”选项卡，在“文本”选项区中显示了当前字体和文字大小；❷单击“字体”按钮，如图 6-101 所示。

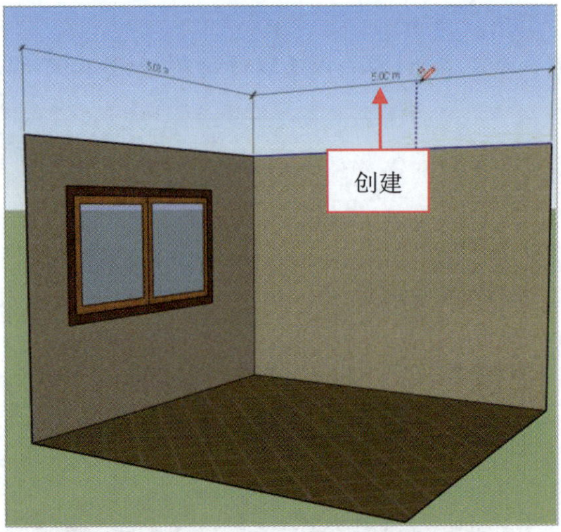

图 6-100 创建所选线段的尺寸标注

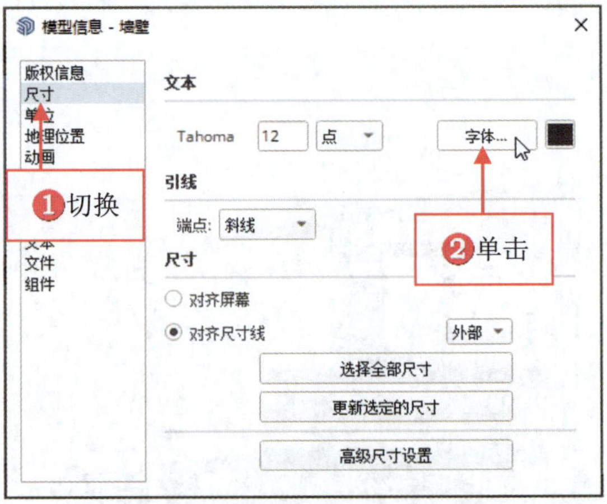

图 6-101 单击“字体”按钮

Step 07 弹出“选择字体”对话框，在“字体”下拉列表框中选择相应的字体，如 Times New Roman，如图 6-102 所示。

Step 08 单击“确定”按钮，在“尺寸”选项卡的“文本”选项区中，可以看到显示的字体的相关信息已经更新，如图 6-103 所示。

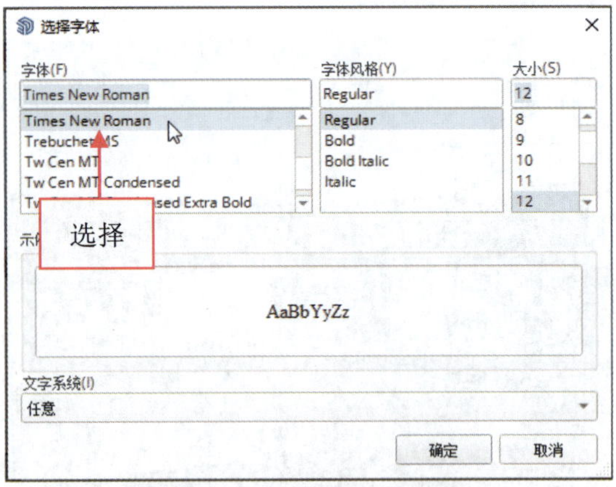

图 6-102 选择相应的字体

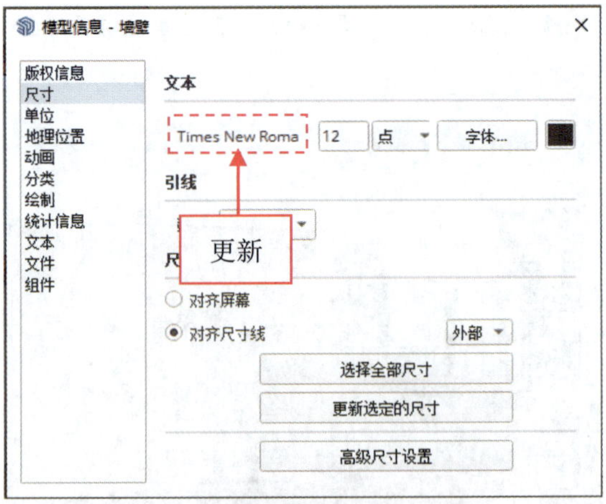

图 6-103 更新字体的相关信息

▶ 专家指点

在进行尺寸标注之前，必须先设定尺寸标注的样式。若直接进行标注而未预设样式，SketchUp 将自动采用默认样式。若用户对默认样式的某些设置不满意，可对其进行调整。在“模型信息”对话框的“尺寸”选项卡内，用户可以自定义尺寸标注的字体、颜色、大小等属性。

在“文本”选项区中，还能查看到当前标注的字体颜色，并且用户可以根据需求进行个性化设置。单击颜色模块（即图 6-103 中的■色块）后，会弹出“选择颜色”对话框，通过拖曳矩形条滑块选择心仪的颜色，如图 6-104 所示。然后单击“确定”按钮，即可完成文本字体颜色的更改。

单击“选择全部尺寸”按钮，SketchUp 会以蓝色高亮形式展示所有尺寸。接着，再单击“更新选定的尺寸”按钮，模型中所有文字的相关属性将随之改变。若仅需更改部分文字的相关属性，可通过选择工具选中对应的尺寸标注，再单击“更新选定的尺寸”按钮，这样模型中仅被选中的文字属性会发生变化。

在“引线”选项区中，用户可以通过“端点”列表框来设置端点效果，如图 6-105 所示。在“尺寸”选项区中，若选中“对齐屏幕”单选按钮，标注的文字将始终保持与屏幕平行；若选中“对齐尺寸线”单选按钮，则可在右侧列表框中切换“上方”“居中”“外部”等对齐形式，不同的对齐方式会产生不同的视觉效果。

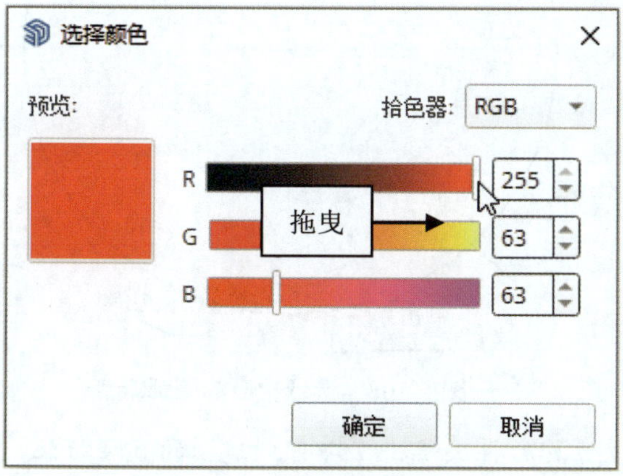

图 6-104　选择心仪的颜色

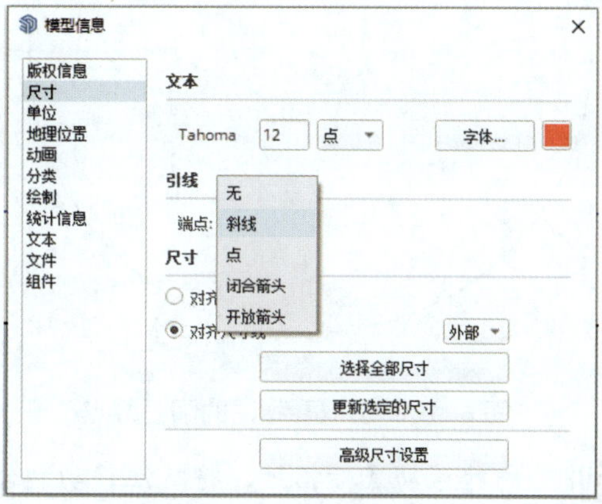

图 6-105　“端点”列表框

6.3.4　标注半径与直径

标注半径与直径

半径是从圆心到圆上任一点的距离，而直径则是穿过圆心、两端均在圆上的线段，其长度等于半径的两倍。标注半径与直径的操作在图纸表达中具有重要意义，不仅能够精确描述圆形的尺寸，确保设计与制造的一致性，还是进行工程计算、材料采购及后续加工的重要依据。素材与效果对比如图 6-106 所示。

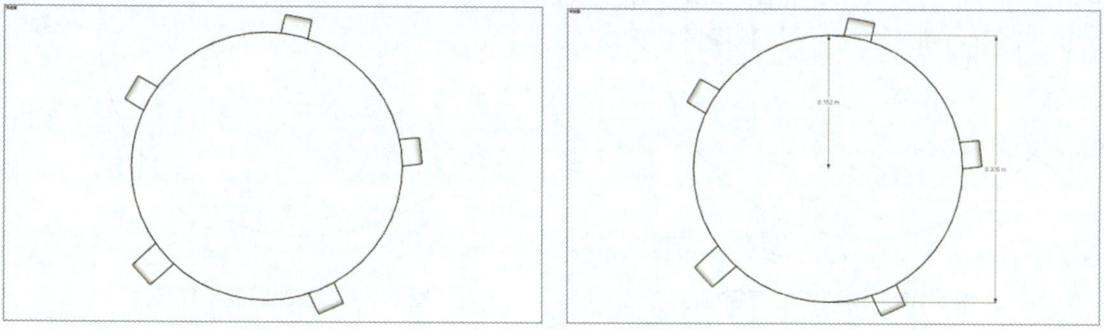

图 6-106　素材与效果对比

下面介绍标注半径与直径的操作方法。

Step 01 按【Ctrl + O】组合键，打开一个素材模型（资源\素材\第 6 章\五脚圆凳.skp），单击“建筑施工”工具栏中的“尺寸”按钮，选取该工具，并通过单击以选取要标注的圆弧端点，如图 6-107 所示。

Step 02 移动鼠标指针，将尺寸标注穿过圆心并移动到合适的位置，再次单击选取相应的圆弧端点，如图 6-108 所示。

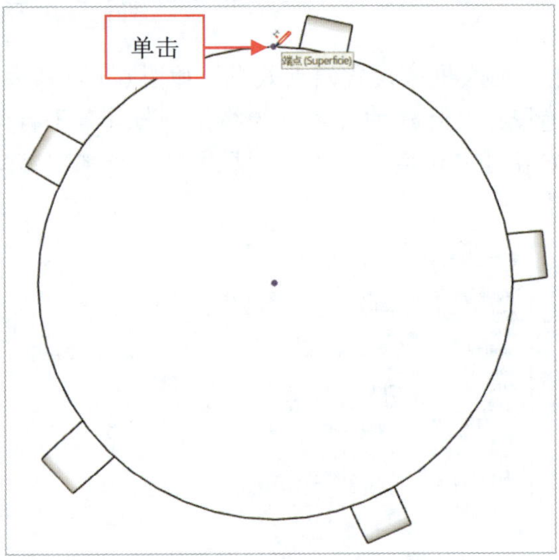

图 6-107　选取要标注的圆弧端点

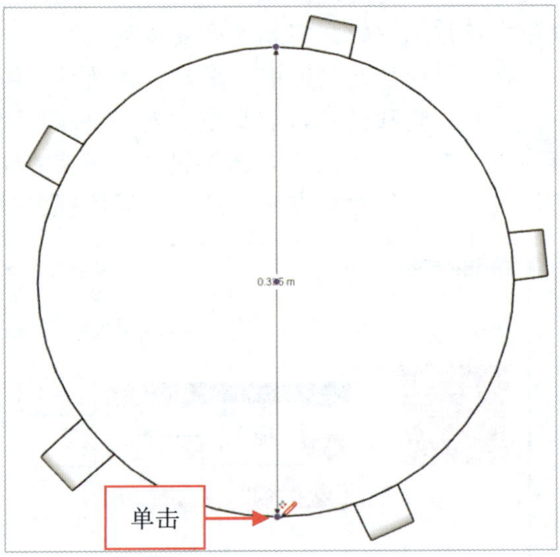

图 6-108　选取相应的圆弧端点

Step 03 向外移动鼠标指针，将标注移动到合适位置后再次单击，即可创建圆的直径标注，如图 6-109 所示。

Step 04 选取尺寸工具后，并通过单击以选取要标注的圆弧端点和圆心，即可创建圆的半径标注，如图 6-110 所示。

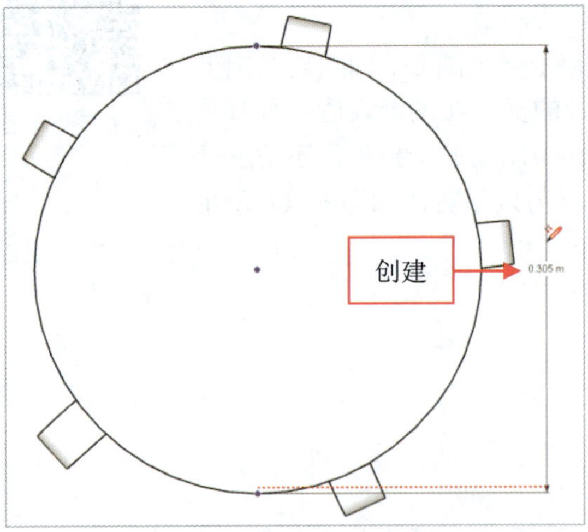

图 6-109　创建圆的直径标注

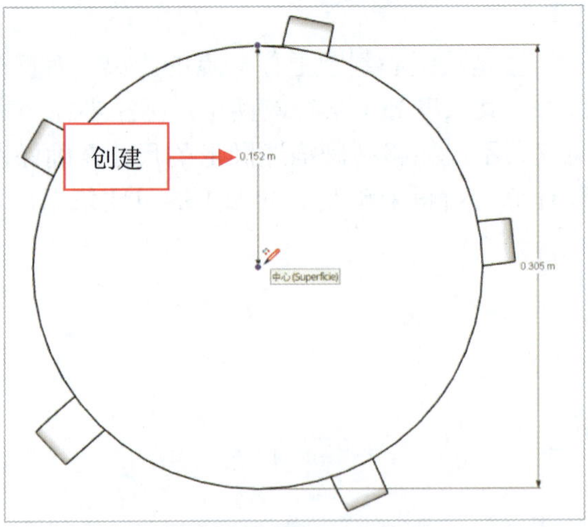

图 6-110　创建圆的半径标注

6.3.5　标注引注文字

标注引注文字

引注文字是指在图形或文本中，为了解释、补充或说明某一内容而特意添加的文字。在图形设计中，这些文字通常以标注的形式出现，用于提供额外的信息或细节，帮助用户更好地理解和解读图形内容。引注文字的使用可以确保信息的准确性和完整性，是图形设计中不可或缺的一部分。素材与效果对比如图 6-111 所示。

图 6-111　素材与效果对比

下面介绍标注引注文字的操作方法。

Step 01　按【Ctrl + O】组合键，打开一个素材模型（资源\素材\第 6 章\推拉门.skp），单击“建筑施工”工具栏中的“文本”按钮，选取该工具，单击需要进行文本标注的实体对象，确定引线的基点，如图 6-112 所示。

Step 02　移动鼠标指针，将标注移至合适位置处，再次单击确定标注文本的放置位置，如图 6-113 所示。

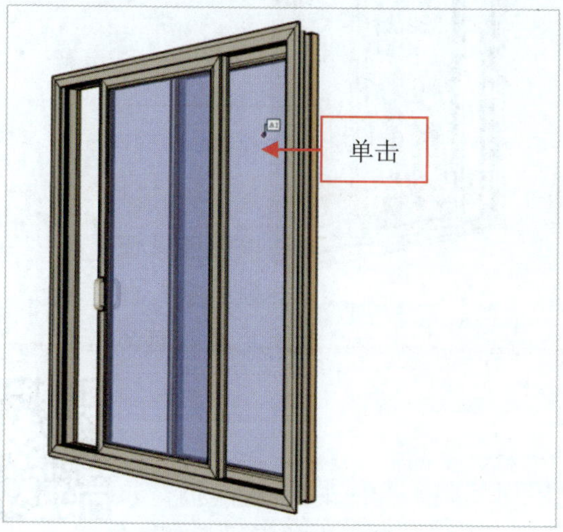

图 6-112　确定引线的基点

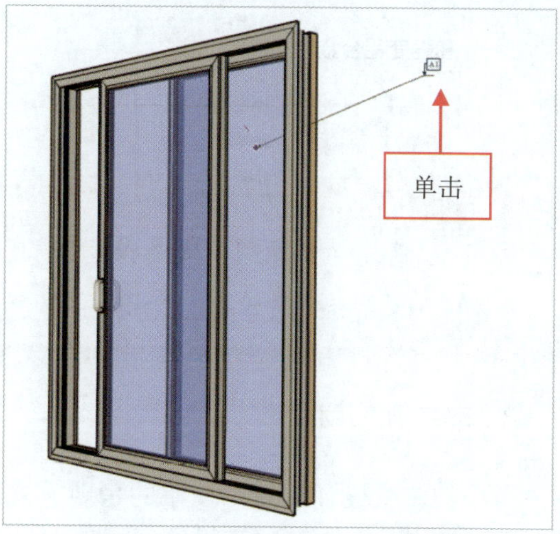

图 6-113　确定标注文本的放置位置

Step 03 执行操作后，在弹出的文本框中输入相应的文字内容，如图 6-114 所示，输入完成后单击文本框外部即可。

Step 04 使用相同的操作方法，给其他实体对象创建引注文字标注，如图 6-115 所示。

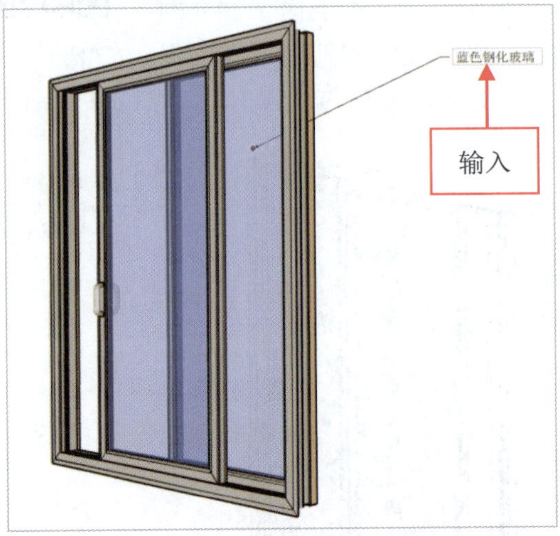

图 6-114　输入相应的文字内容

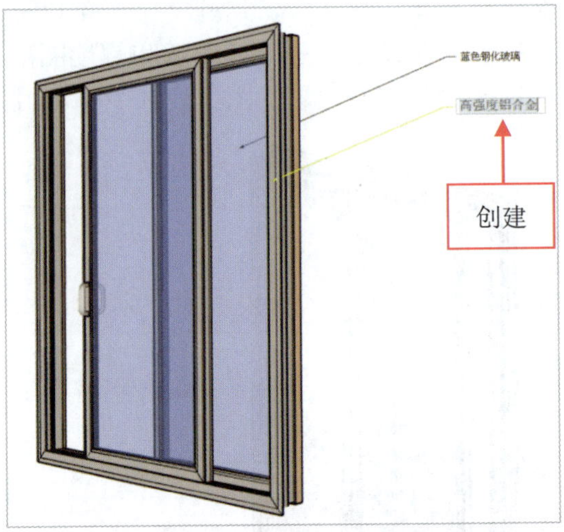

图 6-115　创建引注文字标注

> **▶ 专家指点**
>
> 在编辑或修改引注文字时，用户可以通过两种简便的方式来进入文字编辑模式：可以直接使用鼠标左键双击文本标注区域，系统会立即响应并进入编辑状态；另外，用户还可以在文字标注上单击鼠标右键，在弹出的快捷菜单中选择“文字编辑”选项，如图 6-116 所示，随后即可开始对文字内容进行相应的修改或调整，如图 6-117 所示。

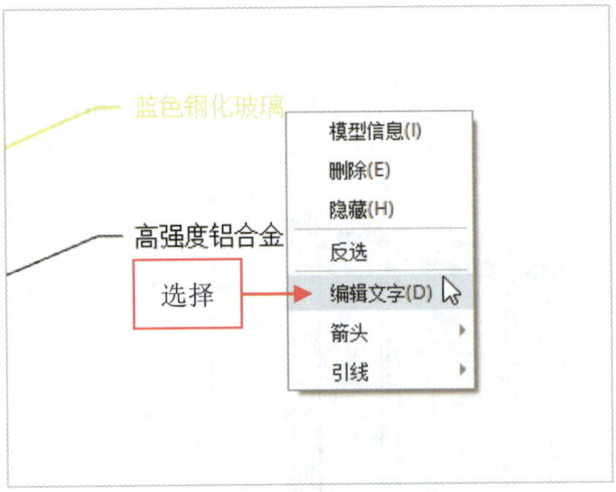

图 6-116　选择“文字编辑”选项

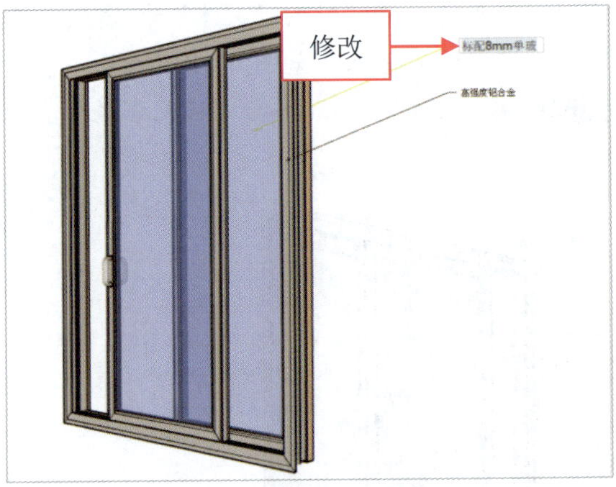

图 6-117　修改文字内容

6.3.6　创建三维文本

创建三维文本

在当今的三维设计领域，文字的呈现方式已不再局限于传统的二维平面，而是向着更加立体、生动的三维空间发展。SketchUp 作为一款强大的三维建模软件，为用户提供了丰富的设计工具和命令，其中“三维文本”命令便是其独特且实用的功能之一。

所谓三维文本，是指在三维空间中创建的具有立体感的文字效果。与平面文字相比，三维文本能够呈现出更加丰富的视觉效果和层次感，使设计作品更加引人注目。在 SketchUp 中，用户只需单击“工具”|“三维文本”命令，即可快速生成三维文字或平面文字效果，无须繁琐的建模过程。素材与效果对比如图 6-118 所示。

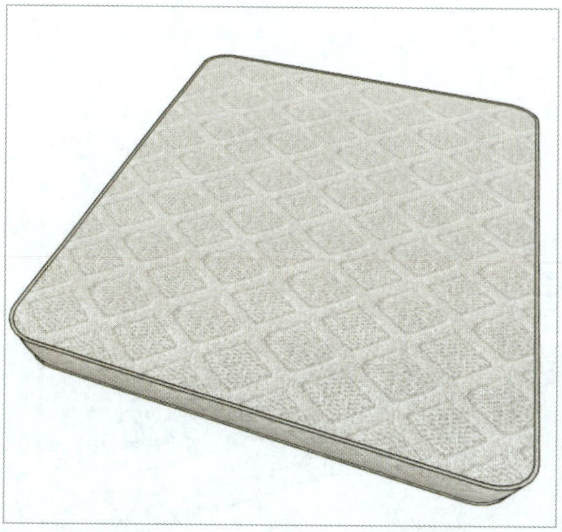

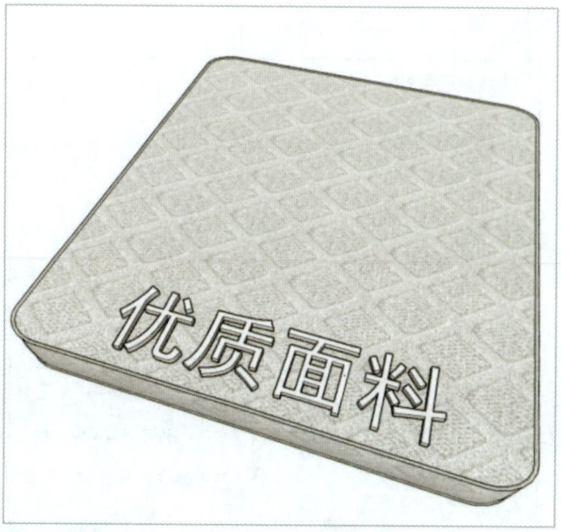

图 6-118　素材与效果对比

下面介绍创建三维文本的操作方法。

Step 01　按【Ctrl + O】组合键，打开一个素材模型（资源\素材\第 6 章\床垫.skp），单击“建筑施工”工具栏中的“三维文本”按钮，弹出“放置三维文本”对话框，在上方的文本框中输入相应的文字内容，如图 6-119 所示。

Step 02　系统已经默认选中了“已延伸”复选框，表示 SketchUp 将创建三维文字，单击“放置”按钮，移动鼠标指针至合适位置处并单击，如图 6-120 所示，即可放置三维文本。

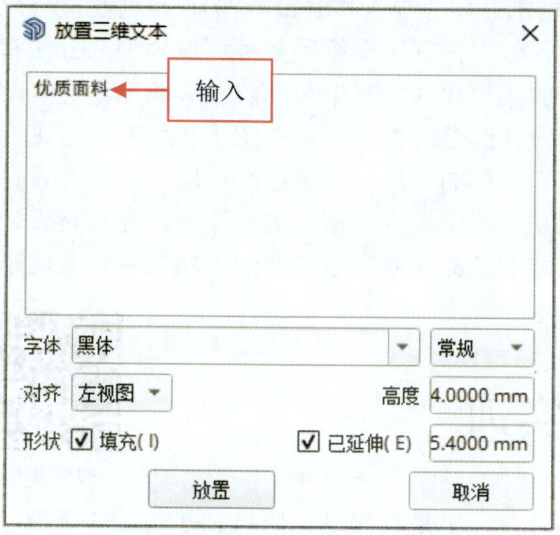

图 6-119　输入相应的文字内容

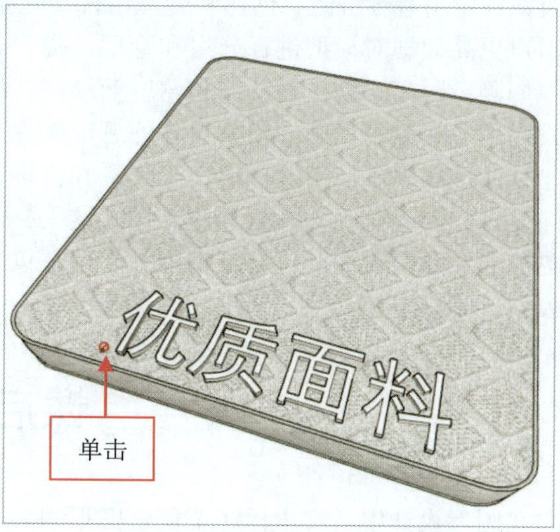

图 6-120　确定文字的放置位置

▶ 专家指点

在“放置三维文本”对话框内，用户可以自由调整文字的字体样式、高度等属性。默认情况下，该对话框会自动选中“填充”与“已延伸”两个复选框。其中，“已延伸”复选框右侧的文本框会清晰地展示三维文字所具备的厚度值。

若用户选择取消选中“已延伸”复选框，如图 6-121 所示，则软件将转而生成平面文字效果，如图 6-122 所示。

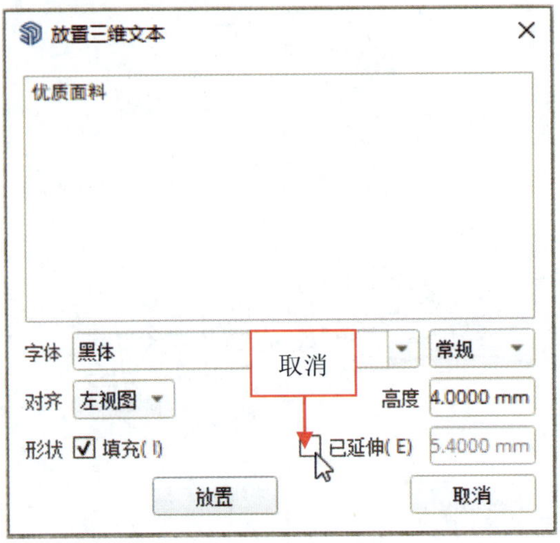

图 6-121 取消选中“已延伸”复选框

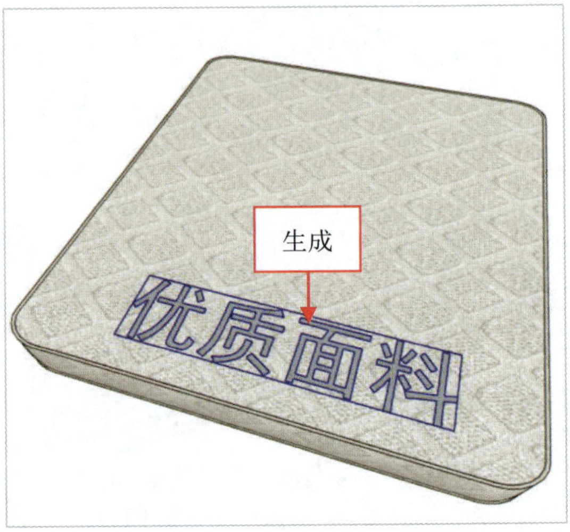

图 6-122 生成平面文字效果

本章小结

本章首先介绍了在建模过程中如何有效地组织模型元素，包括创建与分解群组、创建嵌套群组、锁定与解锁群组、创建和管理组件（包括切割开口、导入和编辑组件），这些功能可以帮助用户更高效地对模型进行分组和管理，提升设计效率；其次介绍了多种测量模型的方法和技巧，如测量距离、创建辅助线和角度辅助线、缩放模型尺寸、测量和创建精确角度，这些测量工具为用户提供了精确的模型尺寸信息，确保了设计的准确性；最后介绍了如何对模型进行标记与标注，涵盖了使用“标记”工具栏和“标记”面板的方法，以及标注线段、半径与直径、引注文字和创建三维文本的具体操作，这些标注功能不仅提升了模型的可读性，还使得设计成果更加专业和易于理解。通过本章的学习，读者能够掌握如何高效地组织、精确测量及清晰标注模型。

课后实训

课后实训

在图形设计中，文本标注不仅是图形内容的补充，更是确保设计信息完整传达的关键。无论是进行机械设计、建筑设计还是其他各类设计，用户不仅要精心绘制出图形本身，还需要在图形中巧妙地标注一些必要的文字，如技术要求、尺寸标注、材料说明、注释解释等，可以帮助人们更准确地理解设计的意图和要求，从而确保设计的准确性和实用性。本次课后实训的主要目标是掌握标注屏幕文字的方法。素材与效果对比如图 6-123 所示。

图 6-123　素材与效果对比

标注屏幕文字的操作方法如下。

Step 01　按【Ctrl + O】组合键，打开一个素材模型（资源\素材\第 6 章\婚纱照.skp），单击“建筑施工”工具栏中的“文本”按钮，选取该工具，单击屏幕空白处，在弹出的文本框中输入相应的文字内容，如图 6-124 所示。

Step 02　选中输入的文字内容，在默认面板的“图元信息”面板中，设置文字大小为 60 点，如图 6-125 所示，将文字效果调大，并适当调整其位置。

图 6-124　输入相应的文字内容

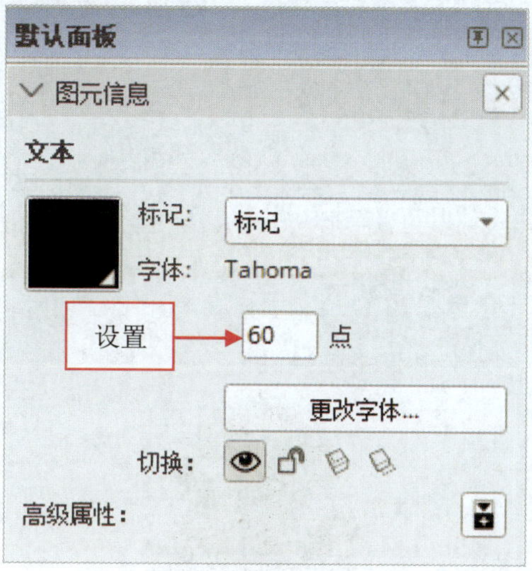

图 6-125　设置文字大小参数

▶ 专家指点

注意，屏幕文字会固定在屏幕中的某个位置上，其位置不会随视图的旋转或移动而改变。

第 7 章 给模型添加材质与效果

7

在三维建模的世界里，材质与效果不仅是模型外观的灵魂，更是赋予其生命力与真实感的关键。本章将讲述 SketchUp 中材质应用的奥秘，从基础的材质选择到高级的模型外观和截面效果调整，逐步掌握如何让模型从平淡无奇变得栩栩如生。

本章重点

- 掌握给模型添加材质的方法
- 掌握给模型添加外观效果的方法
- 熟悉制作模型截面效果的方法

思政目标

- 引导读者反复优化模型细节，从线条流畅度到材质真实感，以追求极致完美的态度完成每一个设计作品，塑造专业领域的品质标杆
- 培养读者重视测绘数据与模型精度关系，强化技术服务国家需求的意识

7.1　给模型添加材质

在 SketchUp 中，完成模型的基本绘制后，为了让模型更加生动逼真，添加合适的材质是不可或缺的一步。本节将详细介绍如何为模型添加材质，从工具的使用到材质的选择与创建，再到深入了解编辑材质的方法，全方位提升用户的建模技巧。

7.1.1　选择材质

选择材质

颜料桶是 SketchUp 中用于为模型表面添加材质的重要工具，位于“大工具集”和“使用入门”这两个工具栏上，图标通常是一个带有颜色的小桶。用户可以先在“材质”面板中选择合适的材质，然后使用颜料桶工具来给模型赋予材质。素材与效果对比如图 7-1 所示。

图 7-1　素材与效果对比

下面介绍选择材质的操作方法。

Step 01 按【Ctrl + O】组合键，打开一个素材模型（资源\素材\第 7 章\柜子.skp），在“使用入门”工具栏中单击“颜料桶”按钮，选取该工具，在“材质”面板的材质浏览选择框中选择“木质纹”文件夹，如图 7-2 所示。

图 7-2　选择“木质纹”选项

Step 02 执行操作后，打开“木质纹”文件夹，在其中选择“原色樱桃木”材质，如图 7-3 所示。

Step 03 使用颜料桶工具在相应物体上单击，即可为其赋予材质，如图 7-4 所示。使用相同的操作方法，为模型中的其他物体赋予材质。

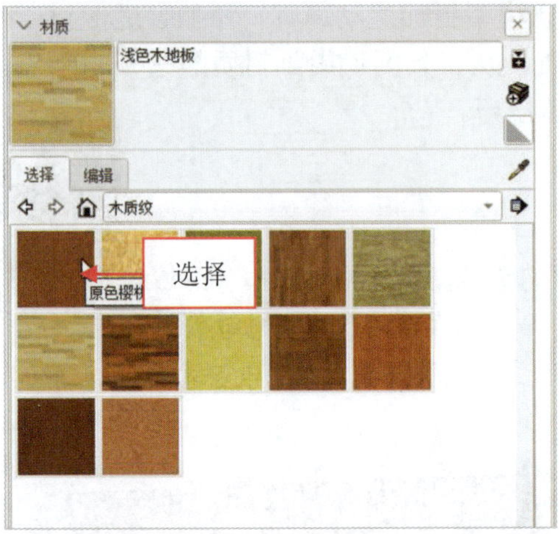

图 7-3　选择“原色樱桃木”材质

图 7-4　为模型中的物体赋予材质

▶ 专家指点

在“材质”面板的顶部，用户可以选择使用软件预设的材质名称，或者根据个人喜好设置自定义的名称。在选择某个材质后，需先将其应用于模型，随后方能修改材质名称。在“材质”面板的材质浏览选择框中，将展示材质的缩略图，用户可以在此查看和选择材质。

单击“在模型中”按钮后，系统将在材质浏览选择框中列出模型中已应用的材质，如图 7-5 所示。对于已成功添加的材质，其右下角会标记有白色小三角形作为标识，如图 7-6 所示；而对于模型中缺失或已被替换的材质，则无此标识，见图 7-7 所示。

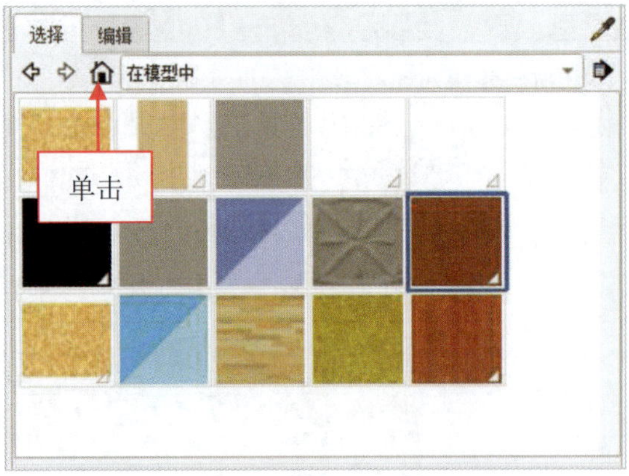

图 7-5　列出模型中已应用的材质

图 7-6　标记有白色小三角形

选中任意材质并单击鼠标右键，将弹出一个如图 7-8 所示的快捷菜单，其中主要选项的功能如下。

- **删除**：将移除组件中的材质，并自动应用默认材质。
- **另存为**：允许用户将选中的组件以 SKP 格式单独保存。
- **面积**：计算出具有相同材质的总面积。

图 7-7　已被替换的材质无标识

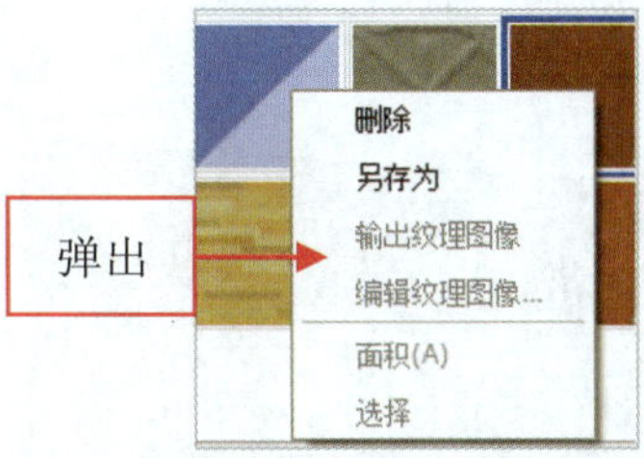

图 7-8　弹出一个快捷菜单

- **选择：**在模型中快速选中与指定组件材质相同的所有组件。

单击“材质”面板中的“返回”按钮或“前进”按钮，可以在材质浏览选择框中实现前进或后退操作。另外，用户也可以在路径列表框中精确选择所需的材质，如图 7-9 所示。单击“样本颜料”按钮，如图 7-10 所示，可以从当前模型中提取材质，并将其应用于新的模型中。

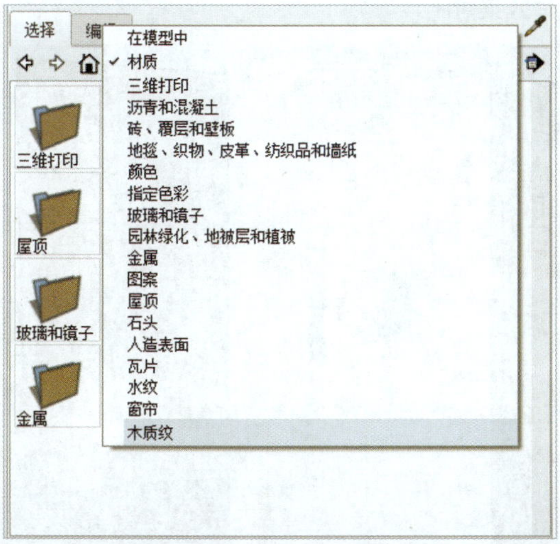

图 7-9　路径列表框

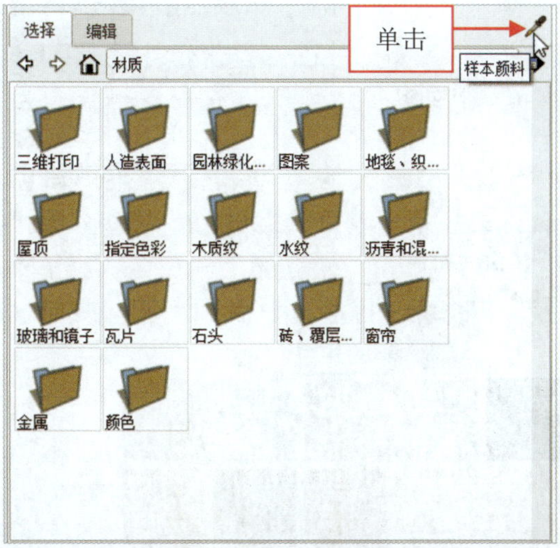

图 7-10　单击“样本颜料”按钮

7.1.2　创建材质

创建材质

在三维建模与设计中，材质的选择与应用至关重要。用户可以在材质浏览选择框中轻松浏览并挑选出一种符合自己需求的材质，如木材、石材、金属等，可以满足不同的设计需求。如果在这个丰富的材质库中仍然找不到心仪的那一款，不必担心，因为系统还提供了一个强大的功能——创建材质。只需简单单击“创建材质”按钮，即可为模型增添个性化色彩和纹理。素材与效果对比如图 7-11 所示。

下面介绍创建材质的操作方法。

Step 01　按【Ctrl + O】组合键，打开一个素材模型（资源\素材\第 7 章\地面.skp），在“材质”面板中单击“创建材质”按钮，如图 7-12 所示。

Step 02　执行操作后，弹出“创建材质”对话框，单击右侧的“浏览材质图像文件”按钮，如图 7-13 所示。

图 7-11　素材与效果对比

图 7-12　单击“创建材质”按钮

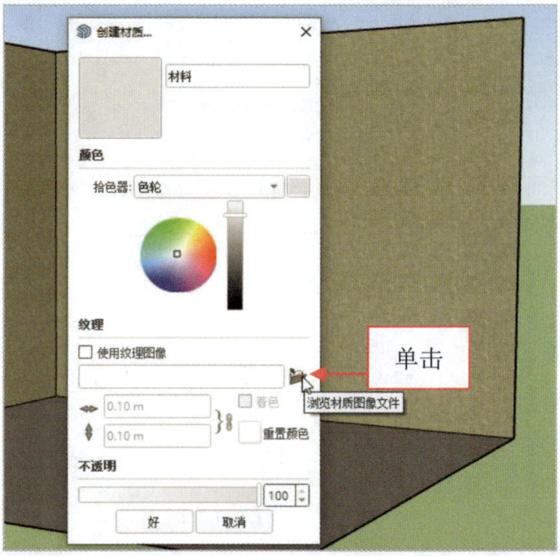

图 7-13　单击“浏览材质图像文件”按钮

▶ 专家指点

在“颜色”选项区的“拾色器”列表框中，包含了色轮、HLS、HSB 和 RGB 这 4 种颜色体系，相关介绍如下。

- **色轮**：用户可以通过鼠标直接在圆形区域内选择并调整颜色，而颜色的明度（即亮度）则可以通过色轮右侧的滑块来进行精细的调节，如图 7-14 所示。
- **色相/亮度/饱和度**（hue/lightness/saturation，HLS）：色相是颜色的一种基本属性，它代表了色彩的基本种类，也就是我们经常提到的红、橙、黄、绿、青、蓝、紫这 7 种颜色，每一种颜色都代表了一种特定的色相。在 HLS 颜色体系下，主要通过调整色相来控制颜色，色相实际上就是改变颜色的种类，如图 7-15 所示。

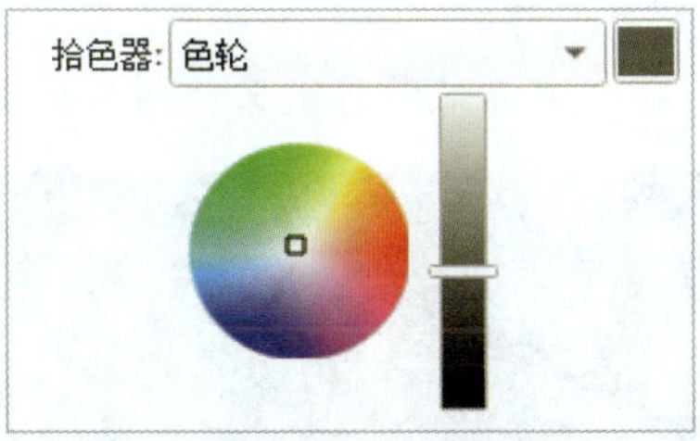

图 7-14　色轮颜色体系

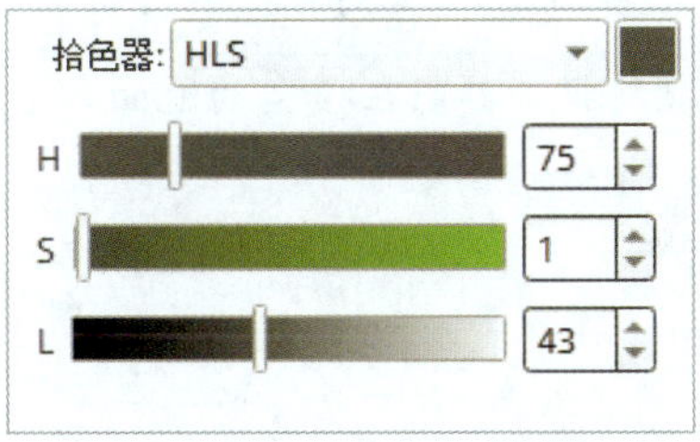

图 7-15　HLS 颜色体系

- **色相/饱和度/明度**（hue/saturation/brightness，HSB）：HSB 颜色体系是通过色相、饱和度和明度这 3 个参数来共同确定一个颜色的，特别适用于对非饱和颜色的精细推敲和调整，如图 7-16 所示。
- **红/绿/蓝**（red/green/blue，RGB）：RGB 颜色体系是通过在红色、绿色和蓝色这 3 种基色中按不同比例混合来生成各种颜色的，这是计算机图形学中使用的传统颜色系统，广泛应用于计算机屏幕显示，如图 7-17 所示。

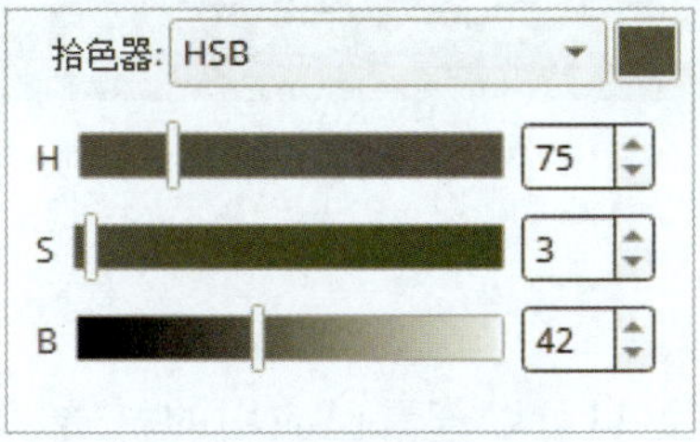

图 7-16　HSB 颜色体系

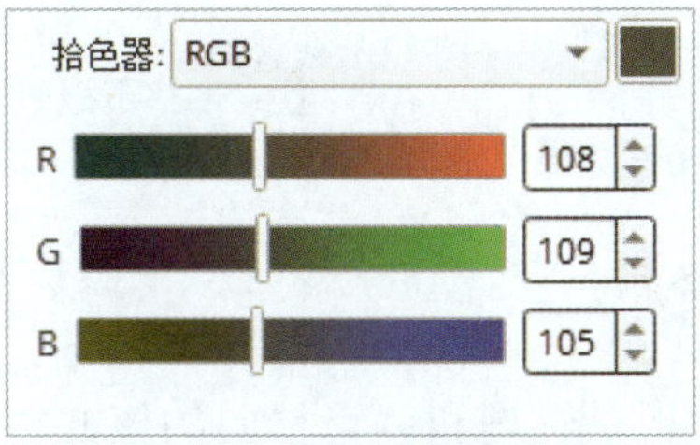

图 7-17　RGB 颜色体系

Step 03　执行操作后，弹出“选择图像”对话框，选择相应的材质贴图文件，如图 7-18 所示。

Step 04　单击“打开”按钮，❶即可导入纹理图像；❷并将材质名称修改为“地面贴图”，为其定义一个独特而易于识别的名称；❸设置图像的宽度为 5.00 m，指定纹理图像的尺寸大小，如图 7-19 所示。

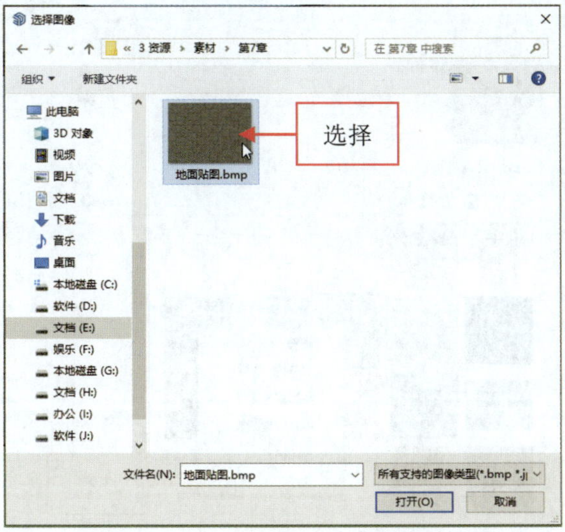

图 7-18　选择相应的材质贴图文件

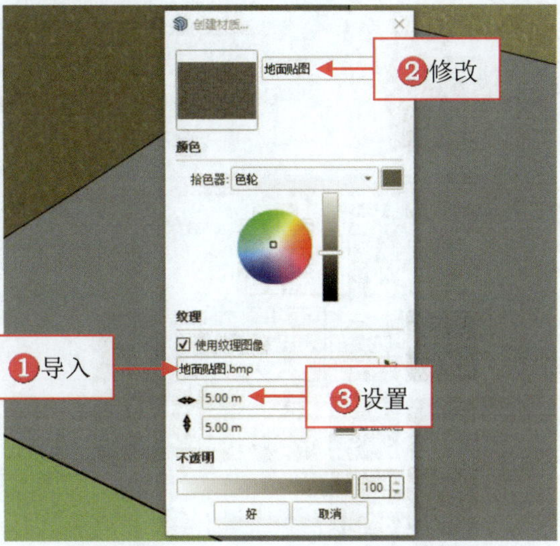

图 7-19　设置材质的名称和图像尺寸

Step 05 单击“好”按钮，在材质浏览选择框中选择刚才创建的“地面贴图”材质，如图 7-20 所示。

Step 06 使用颜料桶工具在模型的地面部分单击，即可为其赋予自定义的材质，如图 7-21 所示。

图 7-20　选择“地面贴图”材质

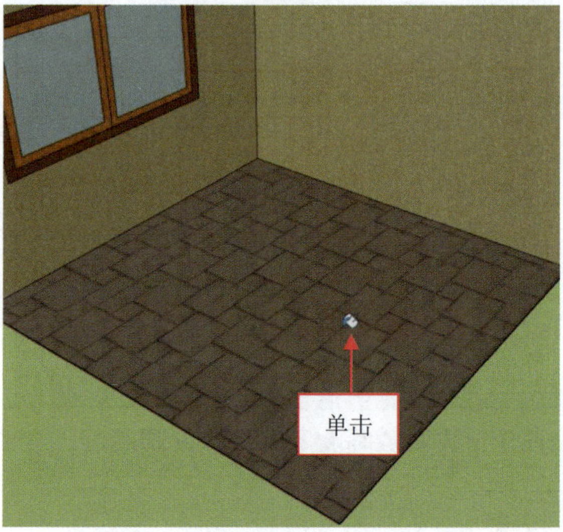

图 7-21　赋予自定义的材质

7.1.3　编辑材质

“材质”面板是管理和编辑材质的核心区域，在这里可以查看已应用的材质、调整材质属性（如颜色、纹理、透明度等），以及管理材质库。通过熟练掌握“材质”面板的使用，用户将能够更加高效地应用和管理材质，使模型效果更上一层楼。下面介绍编辑材质的操作方法。

编辑材质

Step 01 在上一例效果的基础上，在“材质”面板的“选择”选项卡中，选择相应的材质，如图 7-22 所示。

Step 02 单击鼠标右键，在弹出的快捷菜单中选择“选择”选项，如图 7-23 所示。

图 7-22　选择相应的材质

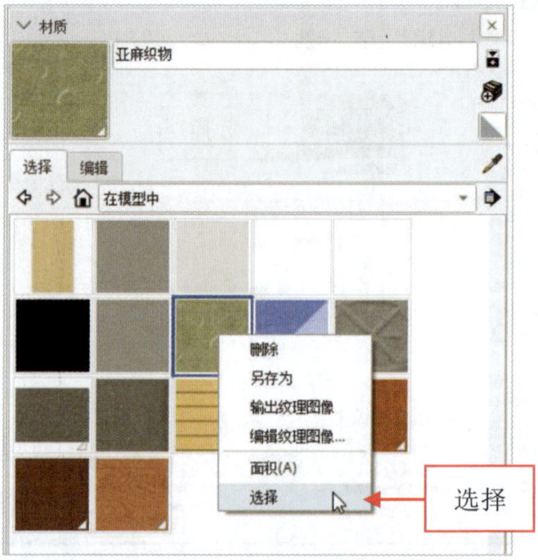

图 7-23　选择“选择”选项

Step 03 执行操作后，即可自动选中模型中应用了该材质的墙面，如图 7-24 所示。

Step 04 在相应材质的右键菜单中选择“面积”选项，弹出“面积”对话框，系统会自动计算出应用该材质的墙面面积，如图 7-25 所示。

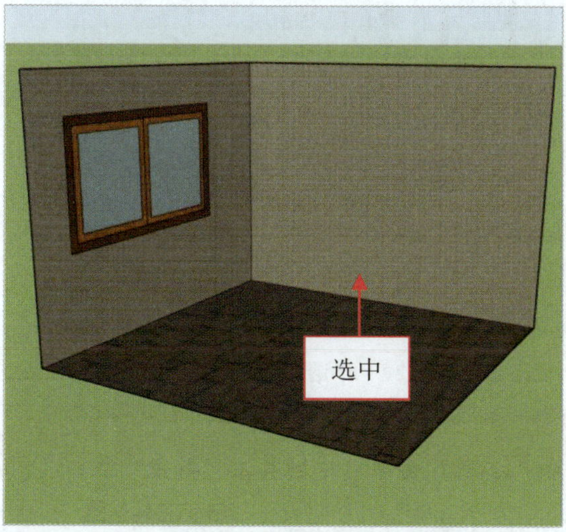

图 7-24 选中应用相应材质的墙面

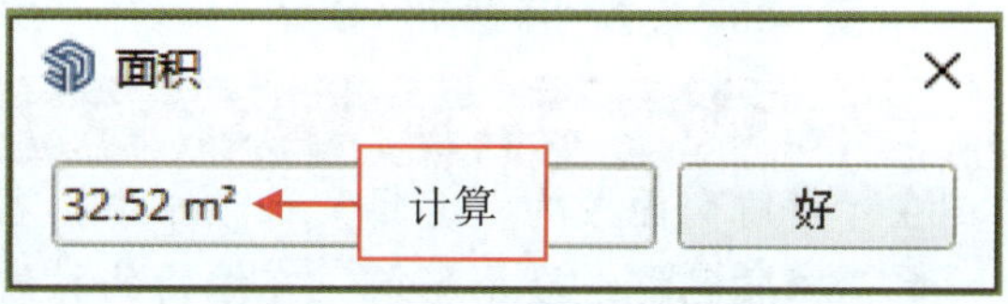

图 7-25 自动计算出墙面的面积

Step 05 在相应材质的右键菜单中选择“输出纹理图像”选项，弹出“输出光栅图像”对话框，设置相应的保存路径，如图 7-26 所示。

Step 06 单击“导出”按钮，即可将图片保存到相应文件夹中，这样以后就可以直接调用这张贴图，用于本模型或其他模型，充实贴图库，从而节省绘图的时间，如图 7-27 所示。

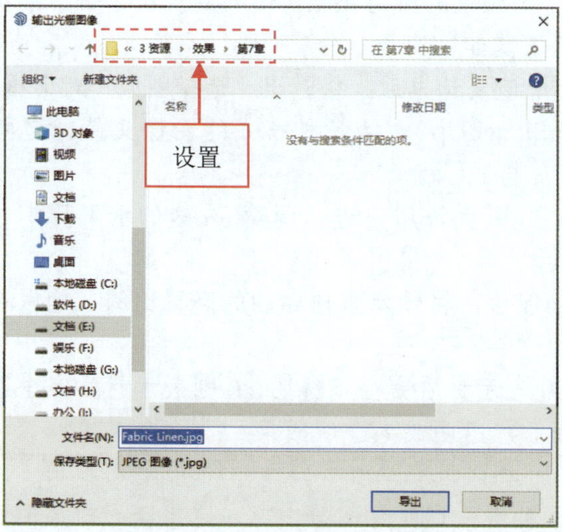

图 7-26 设置相应的保存路径

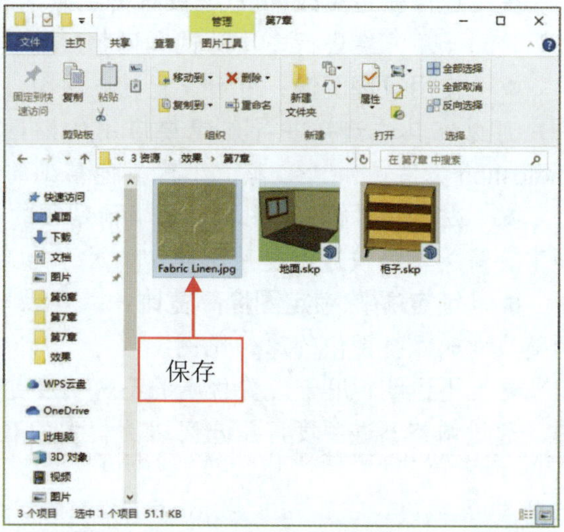

图 7-27 将图片保存到相应文件夹中

Step 07 切换至“编辑”选项卡，在此可以修改材质的名称，以及设置“颜色”“纹理”“不透明”等参数，如将“不透明”设置为 66，如图 7-28 所示。

Step 08 执行操作后，即可使该材质在视觉上呈现出一定的半透明效果，如使模型中的墙面具备一定的透光性，如图 7-29 所示。

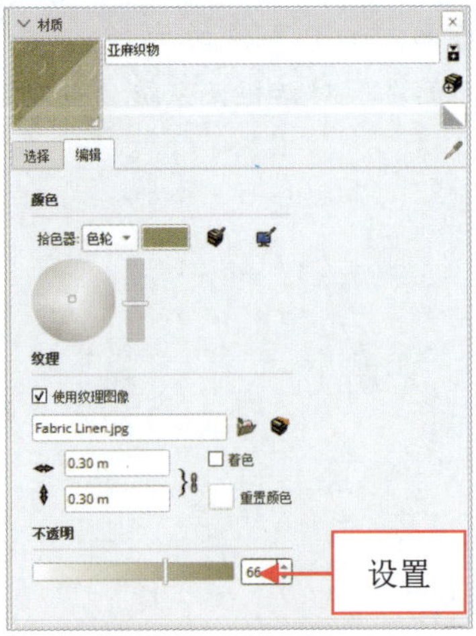

图 7-28　设置“不透明”参数

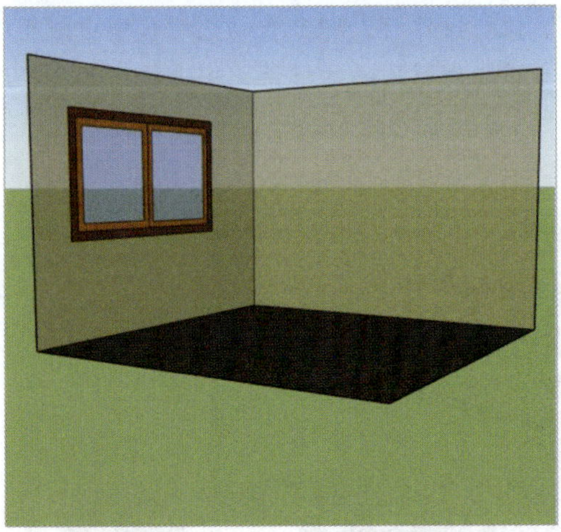

图 7-29　半透明材质效果

▶ 专家指点

在“材质”面板的“编辑”选项卡中，各主要选项的含义如下。

- **材质名称：** 显示当前正在编辑的材质的名称（如图 7-28 中的“亚麻织物”），便于用户识别和区分不同的材质。
- **匹配模型中对象的颜色：** 此功能允许用户从模型中提取当前对象的材质，并将其自动设置为油漆桶工具的当前材质，这样就可以方便地将该材质应用到模型的其他部分。
- **匹配屏幕上的颜色：** 单击该按钮后，用户只需单击模型中的另一种材质，当前选中的材质就会立即转变为所单击的材质，这为用户提供了快速替换材质的方法。
- **还原颜色更改：** 该按钮用于撤销对材质颜色的所有更改，恢复到上次编辑前的状态，这对于用户在进行多次尝试和调整后的快速恢复非常有用。
- **使用纹理图像：** 用于设置材质贴图，选中该复选框后，将弹出“选择图像”对话框，用户可以在其中选择并导入想要应用的贴图。SketchUp 支持多种格式的图像文件，包括 Photoshop 文件（如 PSD 格式）和其他常见的图片格式。
- **贴图尺寸框：** 此区域显示当前贴图的尺寸，并允许用户进行调整。左边的水平箭头和垂直箭头是快速恢复贴图到初始尺寸的工具。
- **锁定/解除锁定图像高宽比：** 激活此功能后，将锁定当前贴图的高宽比例，确保在调整尺寸时保持图像的原始比例。
- **不透明：** 用于设置材质的不透明度，100 表示材质完全不透明，0 则表示材质完全透明。通过调整不透明度，用户可以为模型的表面添加透明或半透明效果。

7.2　给模型添加外观效果

在三维建模中，赋予模型逼真的外观效果是至关重要的。通过设置阴影和纹理等效果，可以使模型更加立体、生动，仿佛跃然于屏幕之上。本节将介绍阴影与纹理这两种外观效果工具的使用方法，帮助用户掌握如何为模型添加细腻的光影变化和丰富的表面细节。

7.2.1　“阴影”面板

单击 SketchUp 菜单栏中的“视图”|“阴影”命令，或者单击“阴影”工具栏中的“阴影”按钮，即可展开“阴影”面板，如图 7-30 所示。在“阴影”面板或“阴影”工具栏中，用户能够精细调整时区、日期和时间等参数，如图 7-31 所示，以精确模拟光影效果。

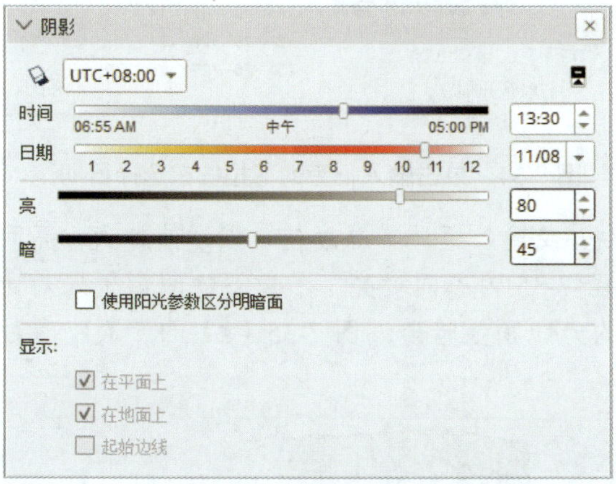

图 7-30　“阴影”面板

图 7-31　“阴影”工具栏

在“阴影”面板中，各主要选项的含义如下。

- **显示/隐藏阴影**：单击该按钮，可以为场景中的物体添加或移除阴影，效果如图 7-32 所示。

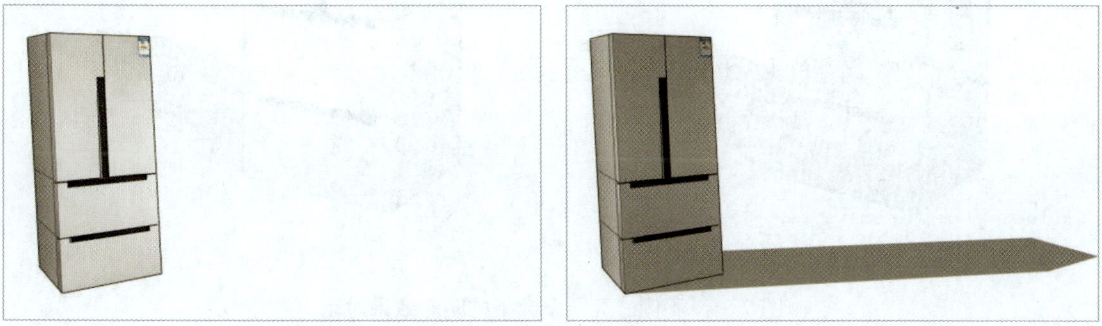

（a）　　（b）

图 7-32　隐藏阴影（左图）与显示阴影（右图）的效果对比

- **时间**：通过拖曳滑块或直接在输入框中输入时间值，可设置阴影投射的具体时间。随着时间的变化，阴影效果也会相应调整。图 7-33 为 12:30 的阴影效果，而图 7-32（b）为 1:30 的阴影效果，通过对比可以看到，随着时间的改变，太阳照射角度越低，物体投射的影子会越长。
- **日期**：阴影效果会随日期的改变而变化。拖曳滑块、在输入框中输入日期或单击输入框旁的下拉按钮，如图 7-34 所示，都可以选择日期，可以观察不同日期下太阳入射角对阴影的影响。

图 7-33　12:30 的阴影效果

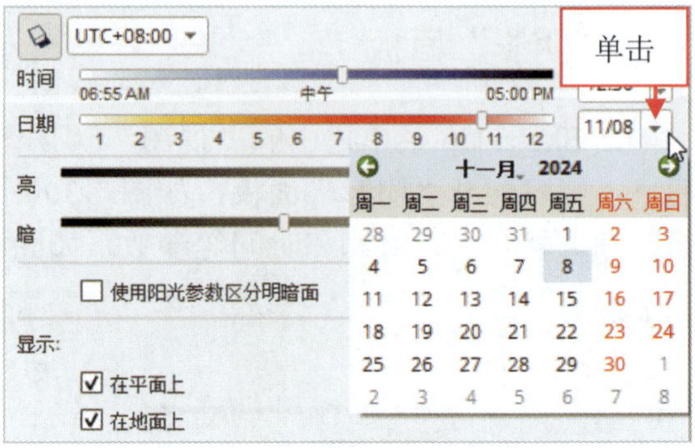

图 7-34　单击输入框旁的下拉按钮选择日期

- **亮：**用于控制漫射光的强度，可通过滑块或输入框调节亮度值，强度值越大，亮面越明亮。当强度为 0 时，亮面和暗面的亮度相同。图 7-35 为不同“亮”参数下的阴影效果对比，图 7-35（a）的“亮”参数设置为 10，物体表面的光线稍显暗淡；图 7-35（a）的“亮”参数设置为 100，物体表面的光线则比较明亮。

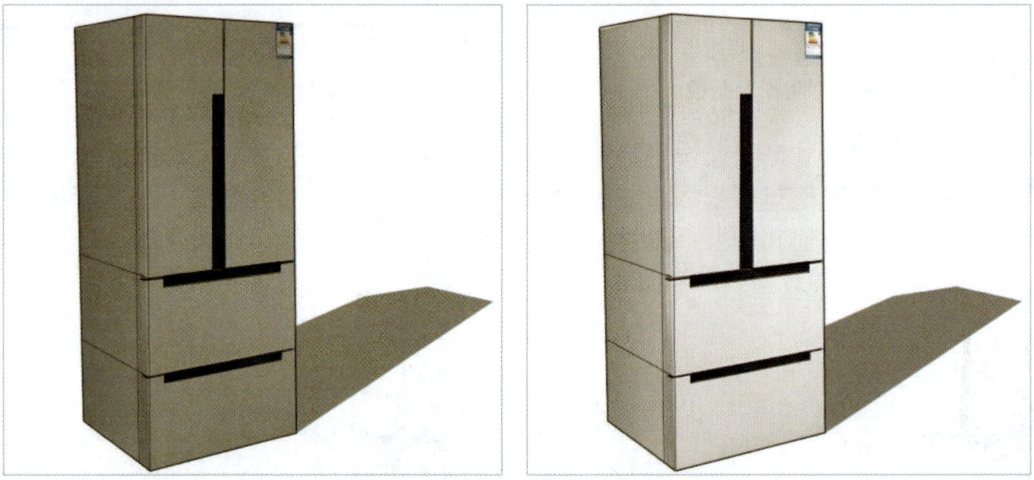

（a）　　　　（b）

图 7-35　不同“亮”参数下的阴影效果对比

- **暗：**用于控制阴影的明暗程度，强度值越小，阴影越暗，可通过滑块或输入框调整具体数值。
- **使用阳光参数区分明暗面：**选中该复选框后，物体表面将呈现更真实的阴影效果。

▶ 专家指点

“使用阳光参数区分明暗面”复选框允许软件根据阳光参数（如日期、时间、太阳位置等）自动计算并区分模型中每个面的明暗程度。通过模拟阳光照射下的明暗变化，可以使模型看起来更加立体和真实。明暗面的对比能够突出模型的轮廓和细节，增强视觉效果。

在模型较为复杂或场景较大的情况下，直接渲染阴影可能会导致硬件加速卡顿。通过选中“使用阳光参数区分明暗面”复选框，可以先通过观察模型中每个面的明暗度来调整阳光参数，达到理想的阴影角度后再进行阴影渲染，从而提高渲染效率。

- **在平面上**：选中该复选框后，物体表面将接受阴影。
- **在地面上**：选中该复选框后，地面将接受物体的投影。
- **起始边线**：选中该复选框后，单独的边线将产生投影。

7.2.2　为模型添加阴影效果

为模型添加阴影效果

光影的巧妙运用无疑能赋予模型更为生动和立体的视觉效果，通过给模型添加阴影效果，不仅能够模拟出真实世界中的光影变化，还能进一步增强模型的立体感和空间感。素材与效果对比如图 7-36 所示。

图 7-36　素材与效果对比

下面介绍为模型添加阴影效果的操作方法。

Step 01　按【Ctrl + O】组合键，打开一个素材模型（资源\素材\第 7 章\树.skp），展开“阴影”面板，单击“显示/隐藏阴影”按钮，如图 7-37 所示。

Step 02　执行操作后，即可为模型添加阴影效果，如图 7-38 所示。

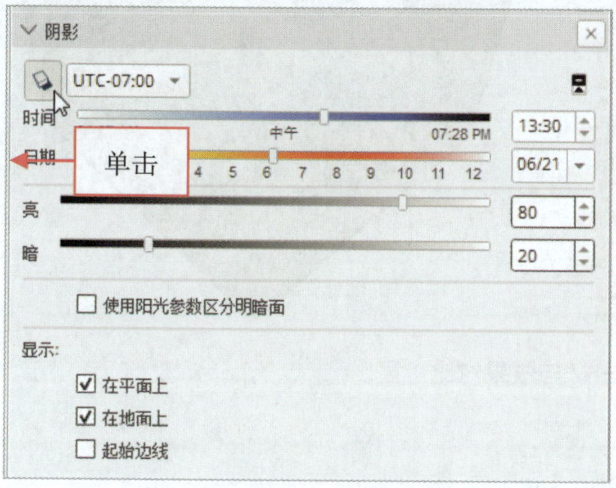

图 7-37　单击“显示/隐藏阴影”按钮

图 7-38　为模型添加阴影效果

Step 03 在“阴影”面板中，设置“时间”为 09:30，如图 7-39 所示，改变树影的投射方向和角度。

Step 04 在“阴影”面板中，设置“亮”为 50、“暗”为 10，如图 7-40 所示，改变漫射光的照射强度和阴影的明暗程度。

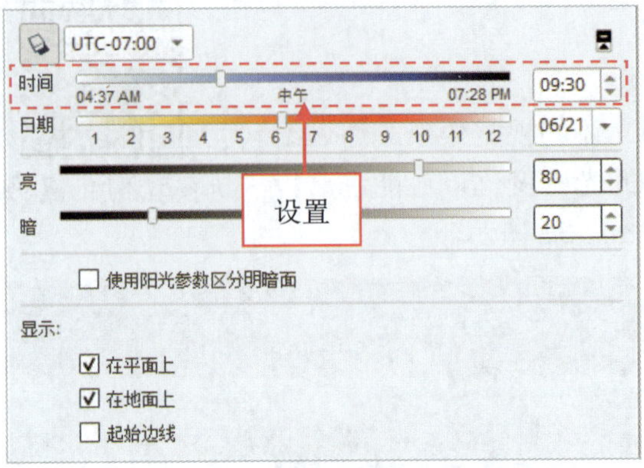

图 7-39　设置“时间”参数

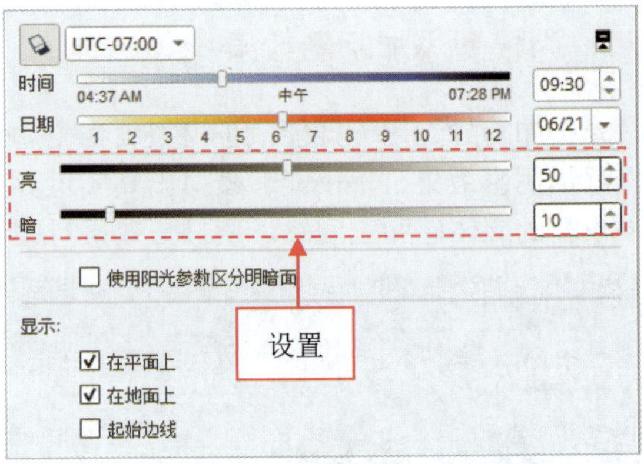

图 7-40　设置相应参数

7.2.3　制作常规纹理贴图

制作常规纹理贴图

纹理贴图不仅能够丰富模型的视觉效果，还能增强其真实感和质感。通过结合 SketchUp 与 Photoshop 等图像处理软件，用户可以轻松创建并应用精美的纹理贴图。在 SketchUp 的“材质”面板中，用户不仅可以轻松编辑颜色材质，还能通过一系列操作添加纹理贴图，为模型增添更多细节。素材与效果对比如图 7-41 所示。

图 7-41　素材与效果对比

下面介绍制作常规纹理贴图的操作方法。

Step 01 在 SketchUp 中绘制一个长、宽、高均为 100 mm 的正方体，如图 7-42 所示。

Step 02 在“材质”面板中单击“创建材质”按钮，弹出“创建材质”对话框，任意设置一种颜色，如白色（RGB 参数值均为 255），如图 7-43 所示。

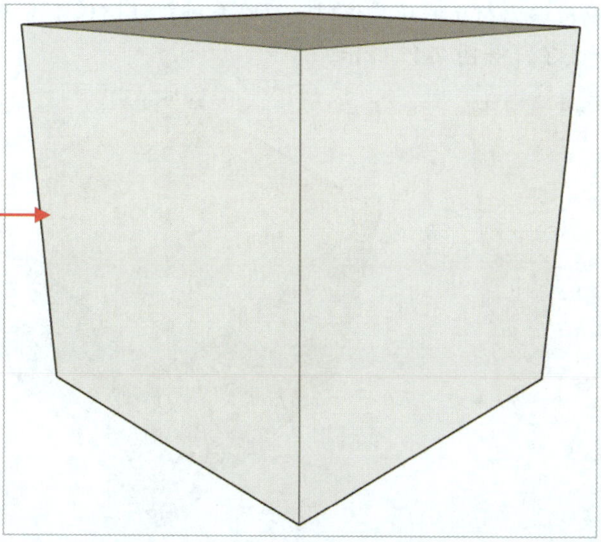

图 7-42　绘制一个正方体

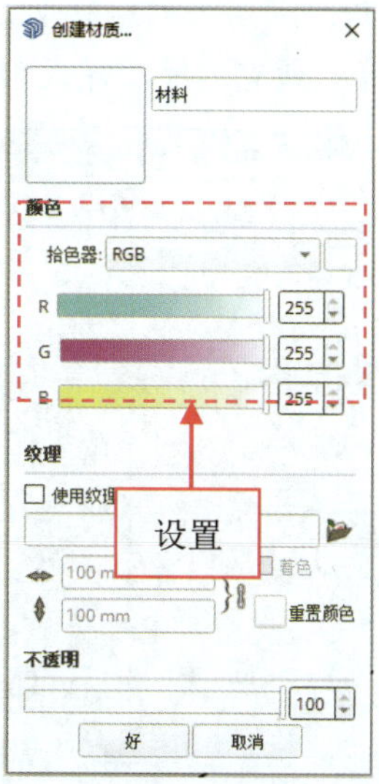

图 7-43　任意设置一种颜色

Step 03 选中“使用纹理图像”复选框，弹出“选择图像”对话框，选择相应的材质贴图文件，如图 7-44 所示。

Step 04 单击“打开”按钮，创建贴图材质，将纹理图像的尺寸设置为 20 mm × 20 mm，并使用颜料桶工具在为正方体赋予材质，效果如图 7-45 所示。

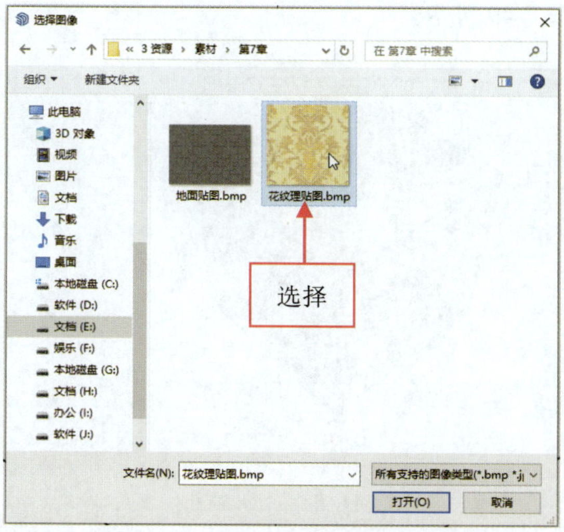

图 7-44　选择相应的材质贴图文件

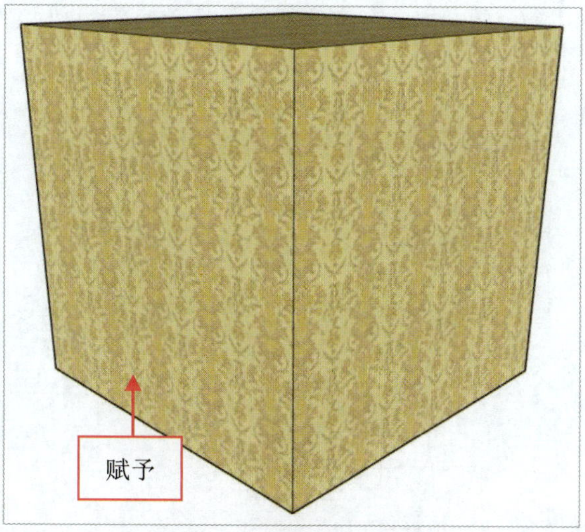

图 7-45　为正方体赋予材质

▶ 专家指点

贴图是将纹理（即一张包含细节和颜色的图片）映射到三维物体表面的过程。简单来说，贴图就是把纹理图像应用到模型上，使其看起来更真实。材质是描述物体外观和光学特性的属性集合，包括颜色、反射属性（如漫反射、高光反射）、透明度、折射率等。

Step 05 当正方体尺寸与贴图材质长宽比相匹配时，将纹理图像的尺寸也调整为 100 mm × 100 mm，即可获得理想的贴图效果，如图 7-46 所示。

Step 06 当使用移动工具移动已应用贴图材质的正方体时，可以看到纹理图像本身并不会随模型移动，所有的纹理样式都变乱了，如图 7-47 所示。

图 7-46 获得理想的贴图效果

图 7-47 纹理图像不会随模型移动

Step 07 这是因为贴图材质已自动与 SketchUp 坐标系绑定，为了确保纹理图像随模型移动，可以在贴图前将正方体转换为组件，如图 7-48 所示。

Step 08 再次使用颜料桶工具在为正方体赋予材质，SketchUp 中的每个组件都拥有独立的坐标系，组件内的物体和贴图都将遵循这一坐标系，因此将正方体转换为组件后，无论模型如何移动，纹理图像都会保持同步移动，如图 7-49 所示。

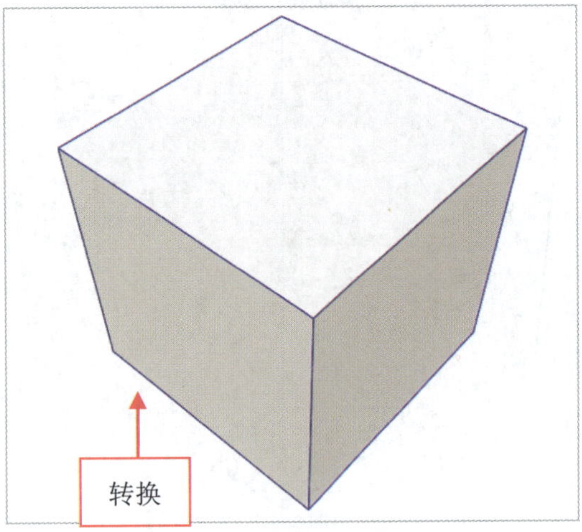

图 7-48 将正方体转换为组件

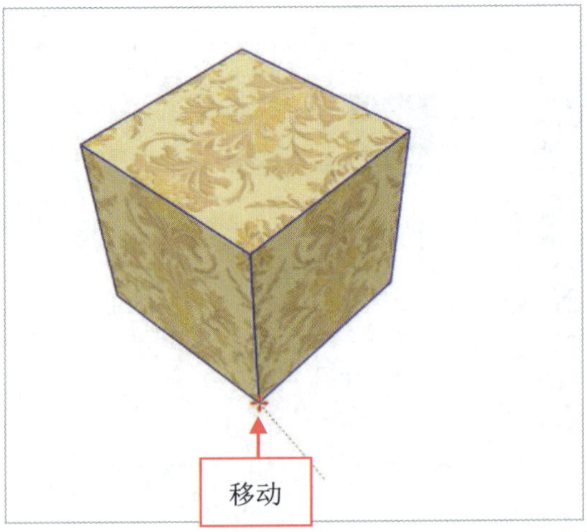

图 7-49 纹理图像保持同步移动

7.2.4 应用固定图钉模式

应用固定图钉模式

纹理贴图坐标具备固定图钉与自由图钉两种操作模式，且支持纹理包裹转角。但需要注意的是，纹理贴图坐标的设置仅限于平面，曲面则无法进行配置。在固定图钉模式下，4 个图钉各自承担不同职责，具备移动、修剪、旋转、缩放纹理等功能。下面介绍应用固定图钉模式的操作方法。

Step 01 按【Ctrl + O】组合键，打开一个素材模型（资源\素材\第 7 章\地毯.skp），在应用了纹理贴图材质的物体上单击鼠标右键，在弹出的快捷菜单中选择“纹理”|“位置”选项，如图 7-50 所示。

Step 02 执行操作后，纹理上会出现虚线网格和 4 个固定图钉，如图 7-51 所示。单击图钉可改变其位置，拖曳图钉则会使纹理形变。

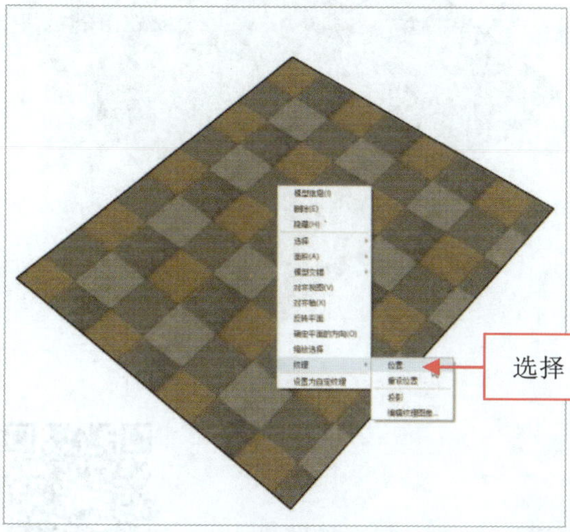

图 7-50 选择“位置”选项

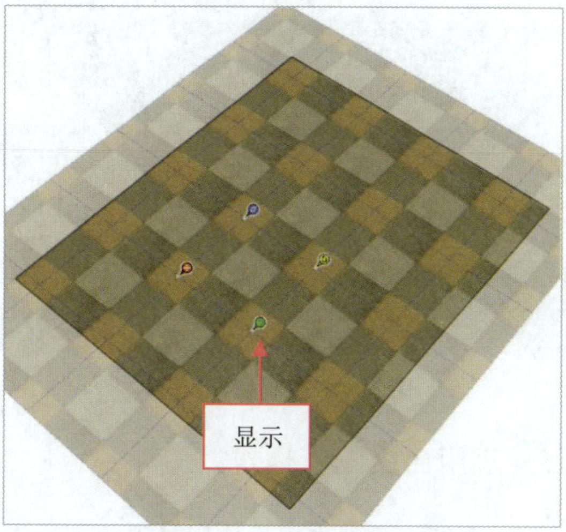

图 7-51 显示 4 个图钉

Step 03 按住移动图钉并拖曳，可以实现纹理的移动，如图 7-52 所示。在调整过程中按下【Esc】键，将撤销当前的纹理贴图坐标的更改。

Step 04 按住缩放/旋转图钉并拖曳，可以调整纹理比例或旋转纹理，如图 7-53 所示。

图 7-52 拖曳移动图钉

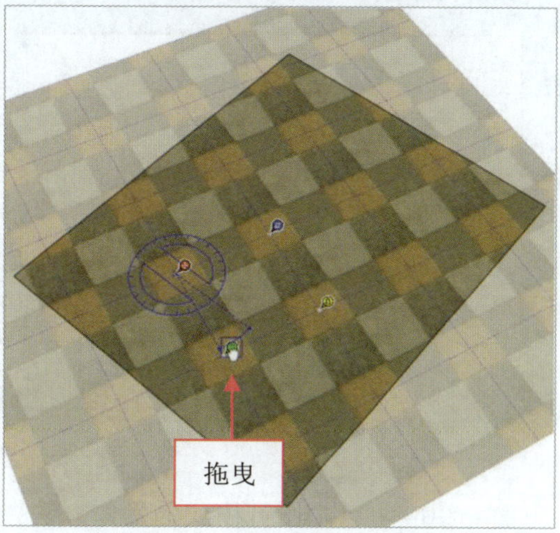

图 7-53 拖曳缩放/旋转图钉

Step 05 按住扭曲图钉并拖曳，可以造成纹理的扭曲形变，如图 7-54 所示。

Step 06 按住缩放/修剪图钉并拖曳，可以调整纹理比例或修剪纹理，如图 7-55 所示。用户可以使用此方法，根据场景需求，调整不同的图钉来变形纹理。操作完成后，单击空白区域或按【Enter】键即可完成处理。

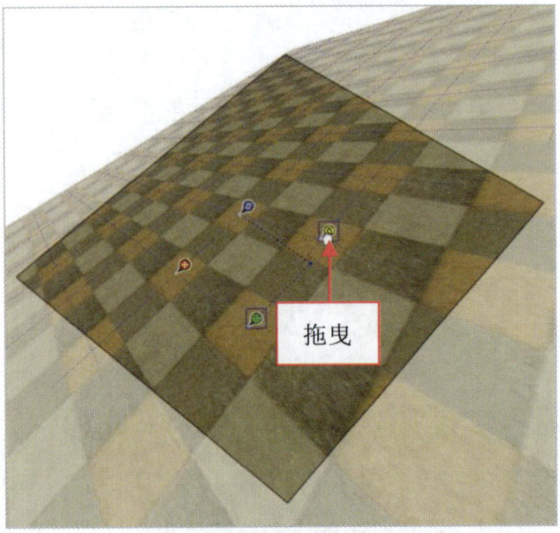

图 7-54　拖曳扭曲图钉

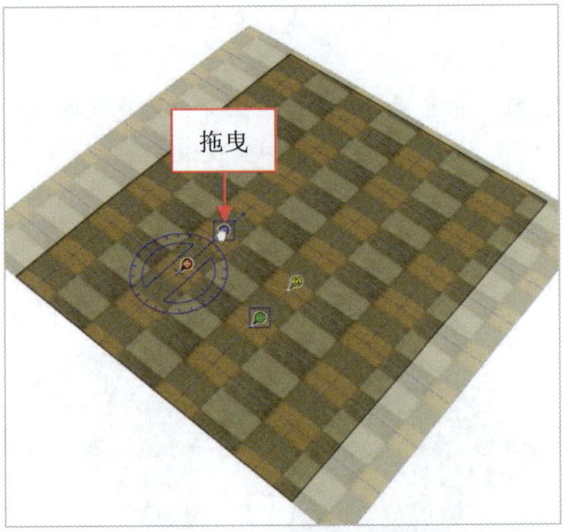

图 7-55　拖曳缩放/修剪图钉

7.2.5　应用自由图钉模式

应用自由图钉模式

自由图钉模式允许用户使用导入的图片作为底图，并在底图上按照上一节介绍的方法进行建模。素材与效果对比如图 7-56 所示。

图 7-56　素材与效果对比

下面介绍应用自由图钉模式的操作方法。

Step 01 按【Ctrl + O】组合键，打开一个素材模型（资源\素材\第 7 章\矩形.skp），单击菜单栏中的“文件”|“导入”命令，弹出“导入”对话框，❶选择相应的图片文件；❷并选中“纹理”单选按钮，如图 7-57 所示。

Step 02 单击“导入”按钮，鼠标指针将变为待导入的图像，将其放置于矩形上，并单击确认端点，如图 7-58 所示。注意，作为贴图导入的二维图像必须依附于物体上。

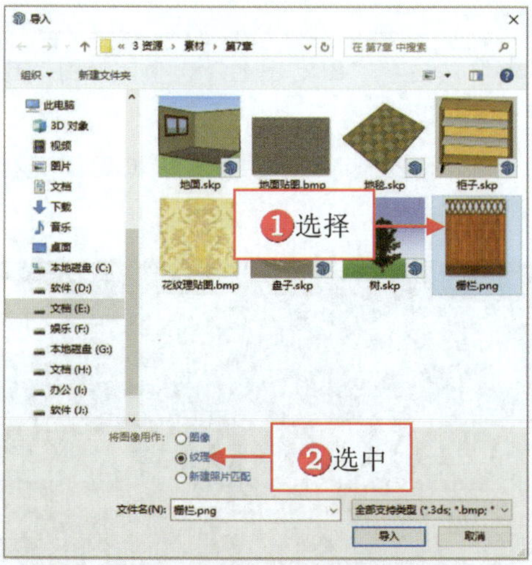

图 7-57　选中“纹理”单选按钮

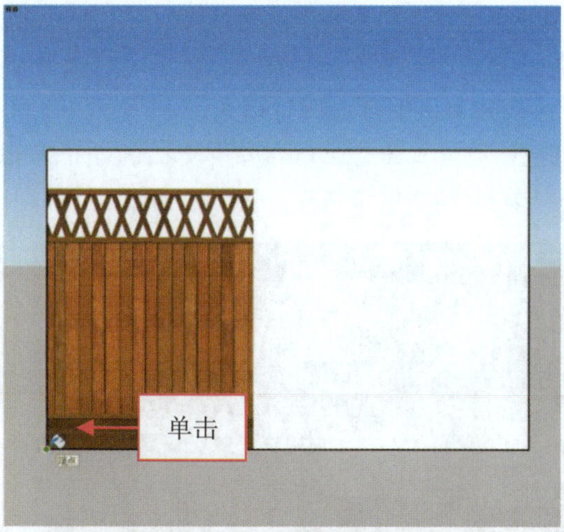

图 7-58　单击确认端点

Step 03 移动鼠标指针，选择矩形上边线的端点，确认图片的放置大小，如图 7-59 所示。

Step 04 执行操作后，即可将图片放置到矩形上，在贴图平面上单击鼠标右键，在弹出的快捷菜单中选择“纹理”|“位置”，纹理上将显示虚线网格和图钉，如图 7-60 所示。

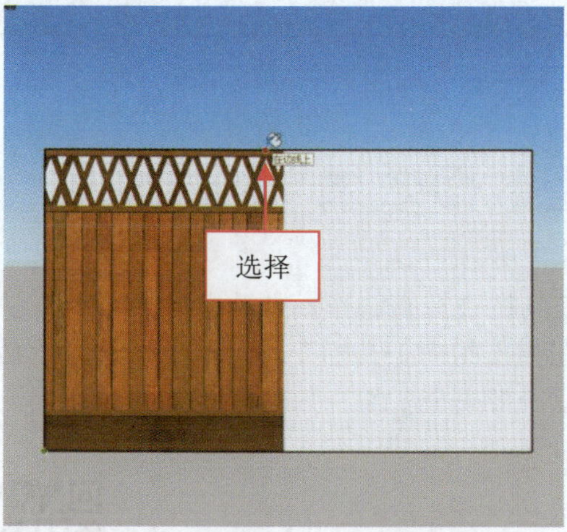

图 7-59　选择矩形上边线的端点

图 7-60　显示虚线网格和图钉

▶ **专家指点**

包裹贴图意味着纹理在转折处能够无缝对接，像包装纸一样包裹在物体表面。实现这一效果并不复杂，首先给平面赋予贴图材质，利用贴图坐标调整其大小和位置，然后使用吸管工具（即样本颜料工具）吸取该平面的材质，并赋予其他相邻平面。

需要注意的是，关键在于使用吸管工具吸取平面的材质，而非在材质管理器中选择。因为经过调整大小和坐标的平面材质，具有独立的属性，这些属性是实现纹理无缝对接的关键。需要将具有相同属性的纹理赋予其他平面，而非未调整的原始纹理。

包裹纹理也有其局限性，以正对相机的面为基准面，吸取材质并赋予其他面，虽然相邻面与基准面的纹理实现了无缝连接，但由于纹理大小和位置的原因，其他面之间仍可能出现错位。

Step 05 在图钉上单击鼠标右键，在弹出的快捷菜单中取消选择“固定图钉”选项，如图 7-61 所示，从而切换至自由图钉模式。

Step 06 依次拖曳图钉至所在矩形平面的 4 个角上，使贴图与平面重合，然后依据贴图进行建模，如图 7-62 所示。

图 7-61 取消选择“固定图钉”选项

图 7-62 拖曳图钉

7.3 制作模型截面效果

本节将介绍“截面”工具栏的实用功能，该工具栏中拥有制作模型截面效果不可或缺的工具。单击菜单栏中的“视图”|“工具栏”命令，在弹出的“工具栏”对话框中，选中“截面”复选框，即可调出“截面”工具栏，它将为模型设计带来全新的视角和表现方式，让用户的创作更加丰富多彩。

7.3.1 创建剖切面

创建剖切面

剖切面在建筑设计图示中占据重要地位，能够清晰地揭示空间的层次和结构特征。剖切面工具不仅动态灵活，还能根据用户的实际需求调整位置，便于深入观察模型内部，甚至直接进行编辑修改。下面介绍创建剖切面的操作方法。

Step 01 按【Ctrl + O】组合键，打开一个素材模型（资源\素材\第 7 章\楼房.skp），单击菜单栏中的“相机”|“平行投影”命令，将相机模式切换为平行投影，接着在“截面”工具栏中单击“剖切面”按钮，选取该工具，此时鼠标指针将附带一个剖切面标识，如图 7-63 所示。

Step 02 移动鼠标指针至希望剖切的平面位置，剖切面的颜色会随目标平面的变化而调整，如与蓝色轴垂直时显示为蓝色，如图 7-64 所示。

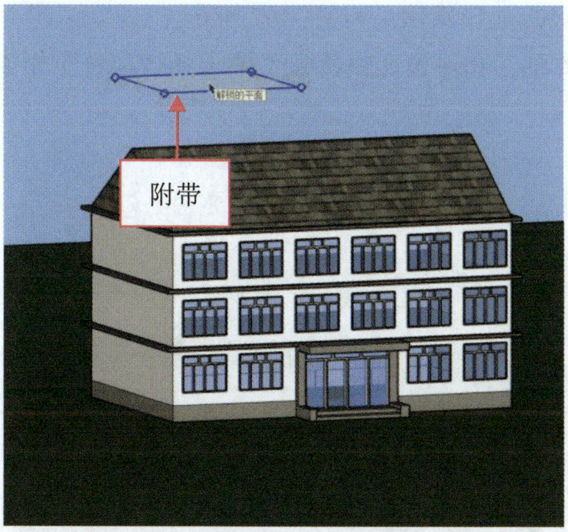

图 7-63　鼠标指针附带剖切面标识

图 7-64　移动鼠标指针至相应位置

Step 03 确认位置后单击，剖切面将与建筑接触并生成，与此同时系统会自动弹出“命名剖切面”对话框，在此可以输入剖切面的名称和符号，这里保持默认设置即可，单击“好”按钮，如图 7-65 所示。

Step 04 选定已命名的剖切面，将其移动至期望放置的剖切位置并单击确认，此时模型将在该位置被剖切，而与剖切方向相反的部分将被自动隐藏，效果如图 7-66 所示。

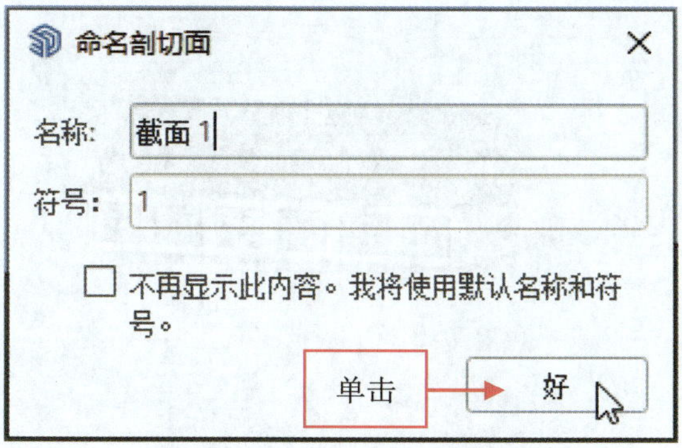

图 7-65　单击“好”按钮

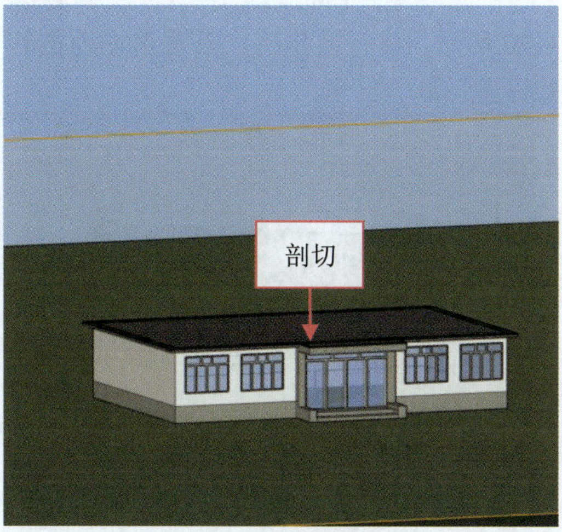

图 7-66　模型剖切效果

7.3.2　翻转剖切面

翻转剖切面

翻转剖切面不仅可以帮助用户获得不同的视角和观察角度，还能在模型内部结构的展示和分析上发挥关键作用。通过翻转剖切面，用户可以更加直观地定位和修复模型中的问题，提升工作效率。同时，这一功能还为模型的编辑和修改提供了更多可能性，使得设计过程更加灵活和高效。下面介绍翻转剖切面的操作方法。

Step 01 在上一例效果的基础上，选取移动工具，并按【Ctrl】键，将剖切面向上复制移动至合适位置，此时会发现只有其中一个剖切面（无论是原始的还是复制的）会显示为蓝色，这是因为 SketchUp 一次只允许激活一个剖切面进行操作，如图 7-67 所示。

Step 02 使用选择工具选择剖切面，单击鼠标右键，在弹出的快捷菜单中选择“翻转”选项，如图 7-68 所示。

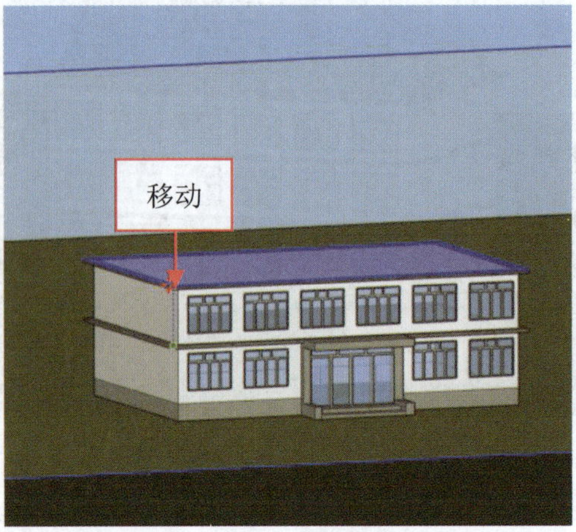

图 7-67　向上复制移动剖切面

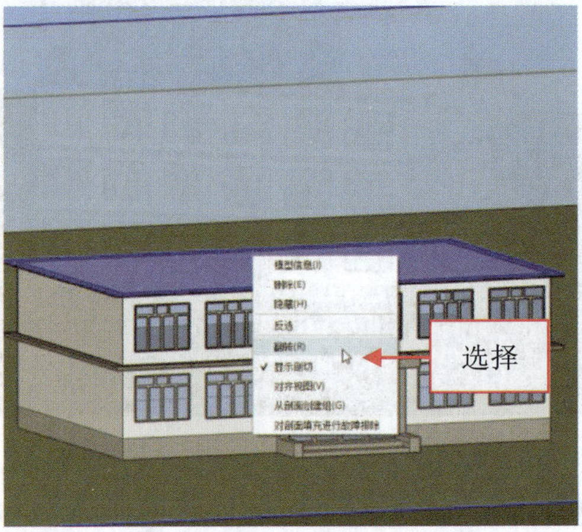

图 7-68　选择“翻转”选项

Step 03 执行操作后，即可翻转剖切面，以调整剖切面的方向，如图 7-69 所示。

▶ 专家指点

选中想要删除的剖切面，单击鼠标右键，在弹出的快捷操作菜单选择“删除”选项，如图 7-70 所示。执行操作后，当前选中的剖切面将会被移除，同时之前因剖切而隐藏的模型部分也将重新显示出来。

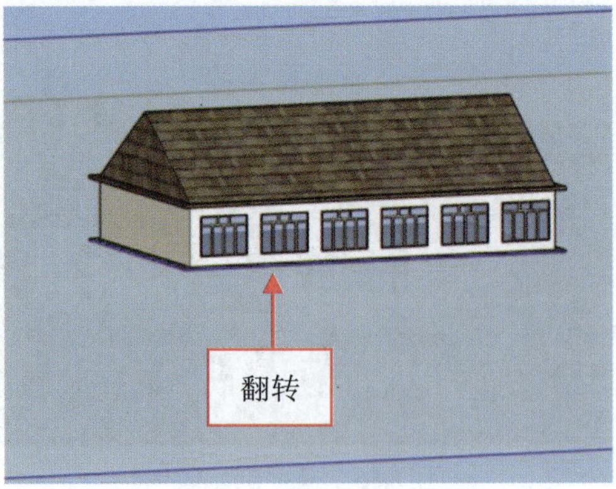

图 7-69　翻转剖切面效果

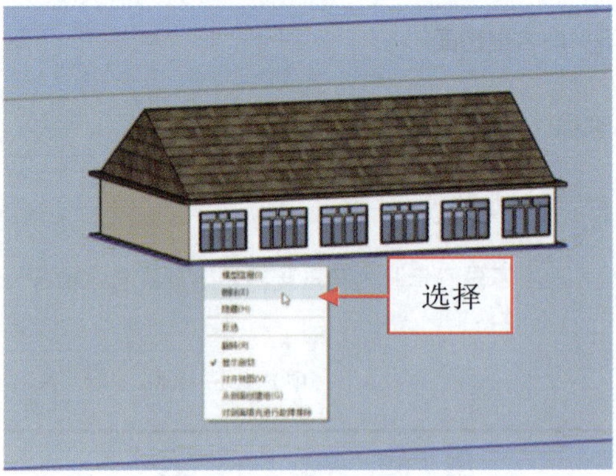

图 7-70　选择“删除”选项

7.3.3　隐藏与显示剖切面

隐藏与显示剖切面

通过隐藏剖切面，用户可以清晰地查看模型的其他部分，避免剖切面对视线造成干扰。同时，当需要再次审视内部结构时，只需简单操作即可重新显示剖切面。下面介绍隐藏与显示剖切面的操作方法。

Step 01　在 7.3.1 小节的效果基础上，选取所需的剖切面，单击鼠标右键，在弹出的快速菜单中选择“隐藏”选项，如图 7-71 所示。

Step 02　执行操作后，当前选定的剖切面将被隐藏，如图 7-72 所示。

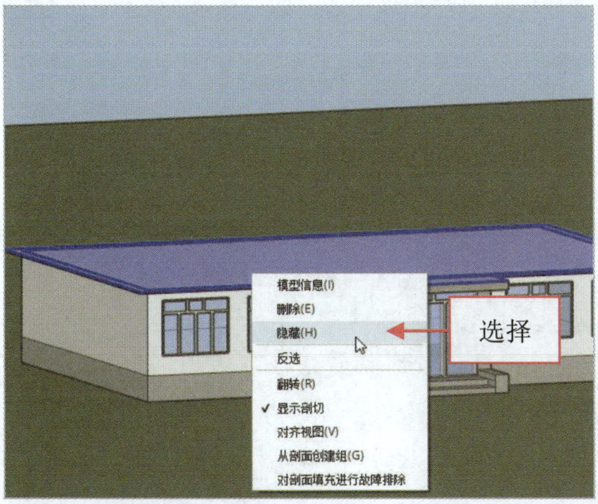

图 7-71　选择“隐藏”选项

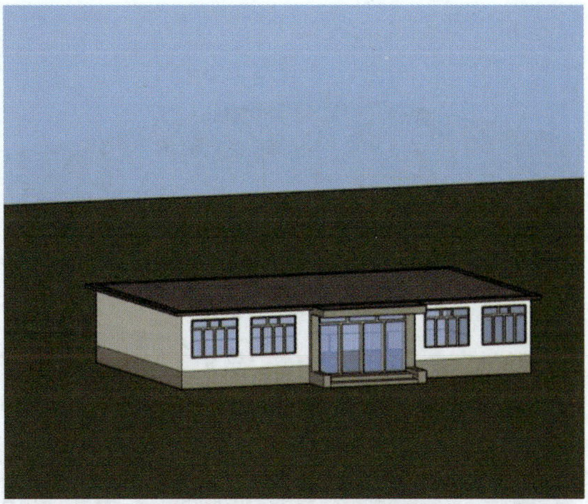

图 7-72　隐藏剖切面

Step 03　若要重新显示已隐藏的剖切面，可单击菜单栏中的“编辑”|“撤销隐藏”|“全部”命令，如图 7-73 所示，即可显示剖切面。

Step 04　单击“编辑”|“剖切面”|“显示剖切”命令，当前选定的剖切面将被隐藏，同时整个模型将恢复显示状态，效果如图 7-74 所示。

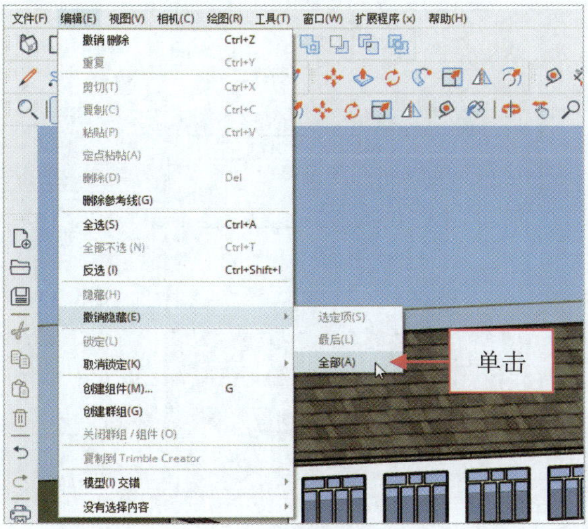

图 7-73　单击“全部”命令

图 7-74　恢复显示状态

7.3.4　利用剖切面对齐视图

通过剖切面对齐视图，可以确保剖切面与视图方向保持一致，从而更准确地展示模型内部结构。其具体操作方法如下。

利用剖切面对齐视图

Step 01　按【Ctrl + O】组合键，打开一个素材模型（资源\素材\第 7 章\楼房.skp），使用剖切面工具在红色轴线的相应平面上单击，如图 7-75 所示。

Step 02 执行操作后，即可创建一个剖切面，并使用移动工具沿着红色轴线将剖切面向右移动至合适位置，如图 7-76 所示。

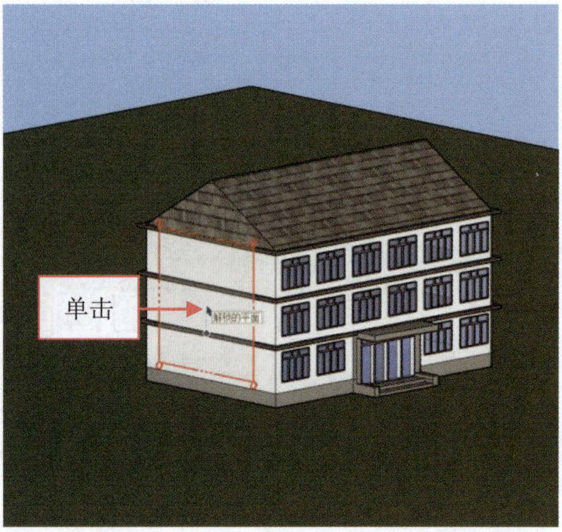

图 7-75　单击红色轴线的相应平面

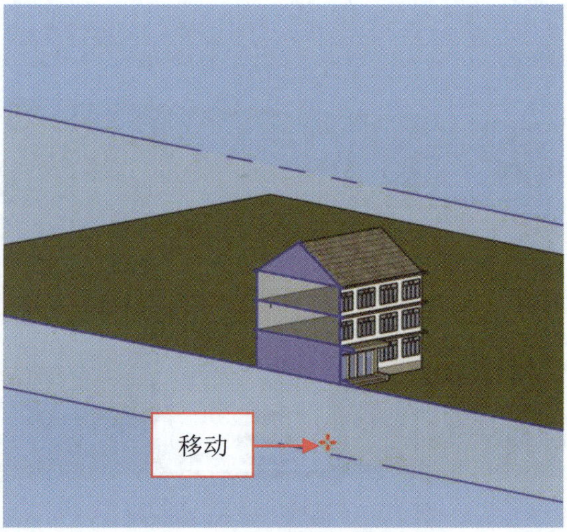

图 7-76　向右移动剖切面

Step 03 选择剖切面，单击鼠标右键，在弹出的快捷菜单中选择“对齐视图”选项，如图 7-77 所示。

Step 04 执行操作后，即可自动转到当前剖切面对应的视图，方便用户查看和编辑模型，如图 7-78 所示。

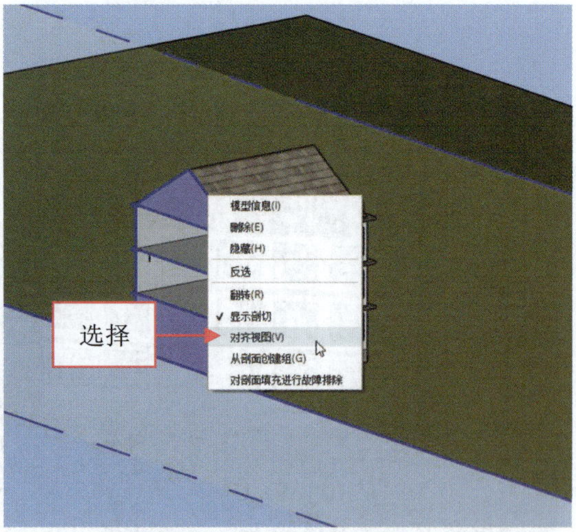

图 7-77　选择“对齐视图”选项

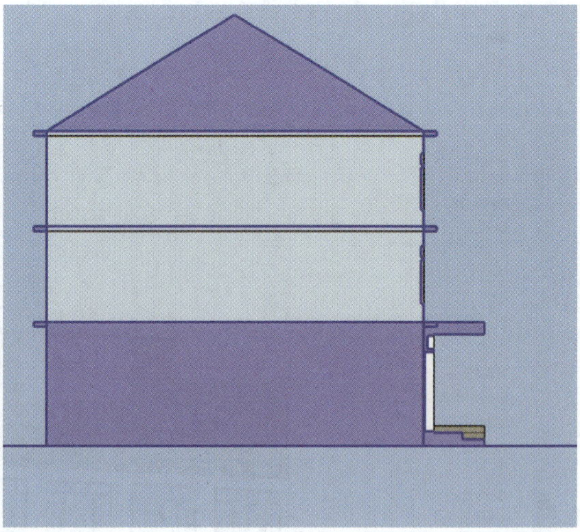

图 7-78　转到当前剖切面对应的视图

7.3.5　利用剖切面生成平面图形

利用剖切面生成平面图形是一项非常实用的功能，可以帮助用户快速地将三维模型转化为二维平面图，以便更好地展示和解释设计方案。通过剖切面，用户可以准确地切割模型，展示其内部结构或特定截面，这对于建筑、机械等

利用剖切面生成平面图形

领域的设计工作尤为重要。此外，生成的平面图形还可以方便地导出为各种格式，如 DWG、DXF 等，供其他软件进行进一步处理或加工。下面介绍利用剖切面生成平面图形的操作方法。

Step 01 在上一例效果的基础上，选择剖切面，单击鼠标右键，在弹出的快捷菜单中选择“从剖面创建组”选项，如图 7-79 所示。

Step 02 执行操作后，即可自动在剖切面位置生成平面图，调整视图角度，利用移动工具调整平面图的位置，得到相应图形，如图 7-80 所示。

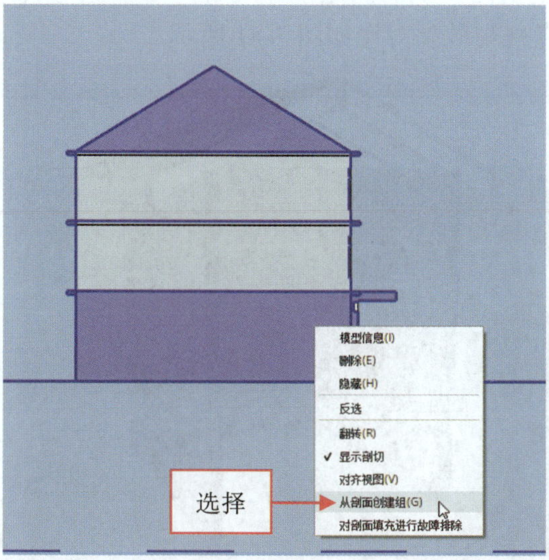

图 7-79 选择“从剖面创建组”选项

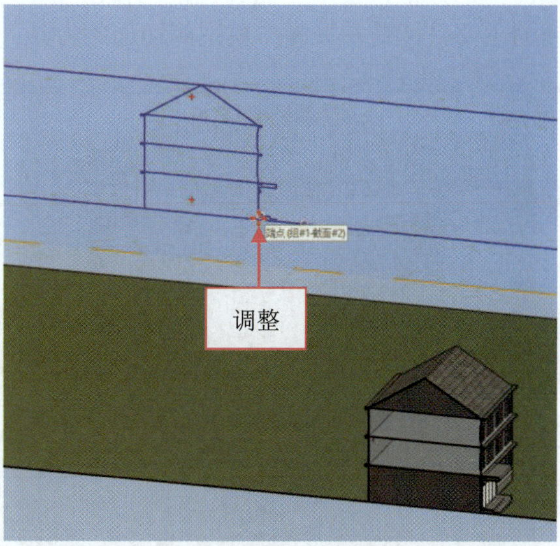

图 7-80 调整平面图的位置

▶ 专家指点

用户可以将剖切面与被剖切的物体打包成一个组，不仅简化了工作流程，还极大地促进了模型元素的组合使用与统一管理。通过将剖切面和相关物体打包成组，用户可以更轻松地移动、复制或编辑这一组合体，而无须单独处理每一个组成部分。

本章小结

本章首先介绍了在 SketchUp 中给模型添加材质的方法和步骤，包括选择预设材质、创建自定义材质以及编辑材质属性，这些操作能够丰富模型的外观表现，使其更加逼真和符合设计要求；其次介绍了如何给模型添加外观效果，包括阴影效果的设置、常规纹理贴图的制作、固定图钉模式和自由图钉模式的应用，这些功能能够进一步提升模型的视觉效果和真实感；最后介绍了制作模型截面效果的相关技巧，包括创建和翻转剖切面、隐藏与显示剖切面、利用剖切面对齐视图以及利用剖切面生成平面图形，这些技巧对于展示模型内部结构、辅助设计和交流沟通具有重要意义。通过本章的学习，读者能够掌握 SketchUp 中材质应用的奥秘。

课后实训

课后实训

用户常常利用 SketchUp 来迅速呈现建筑和景观设计方案，为了直观展示内部结构或空间布局效果，剖切面成为了不可或缺的表达手段。SketchUp 内置了一个高效便捷的“截面”工具栏，使用户能够轻松制作出精确的剖切面，从而满足设计展示的需求。本次课后实训的主要目标是掌握制作模型剖切面的方法。素材与效果对比如图 7-81 所示。

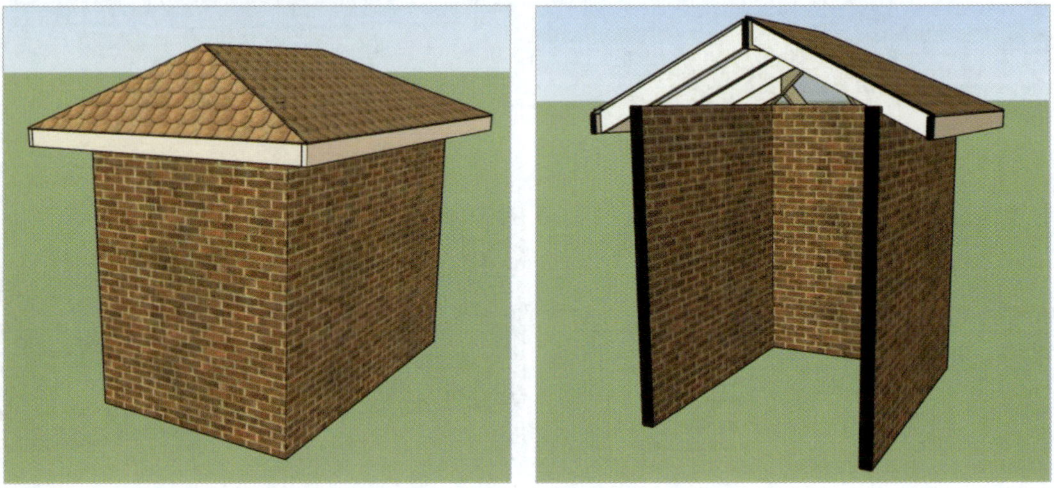

图 7-81　素材与效果对比

制作模型剖切面的操作方法如下。

Step 01　按【Ctrl + O】组合键，打开一个素材模型（资源\素材\第 7 章\房子.skp），单击菜单栏中的“相机”|“平行投影”命令，将相机模式切换为平行投影，如图 7-82 所示。

Step 02　在“截面”工具栏中单击“剖切面”按钮，选取该工具，在绿色轴线的相应平面上单击，如图 7-83 所示。

图 7-82　将相机模式切换为平行投影

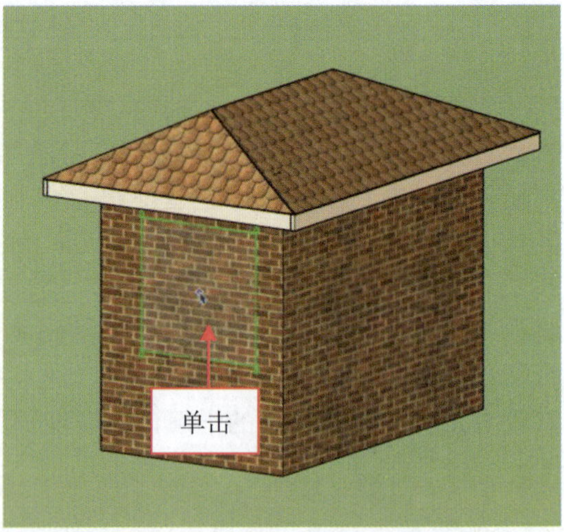

图 7-83　单击绿色轴线的相应平面

Step 03 执行操作后，弹出“命名剖切面”对话框，保持默认设置即可，单击“好”按钮，如图 7-84 所示。

Step 04 执行操作后，即可创建一个剖切面，并使用移动工具沿着绿色轴线将剖切面向右移动至合适位置，如图 7-85 所示。

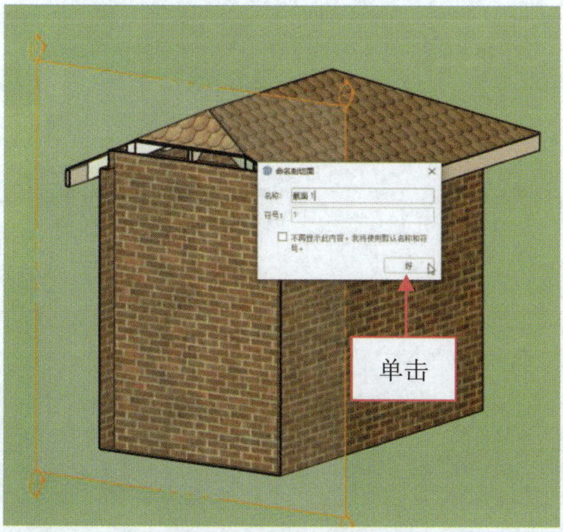

图 7-84　单击“好”按钮

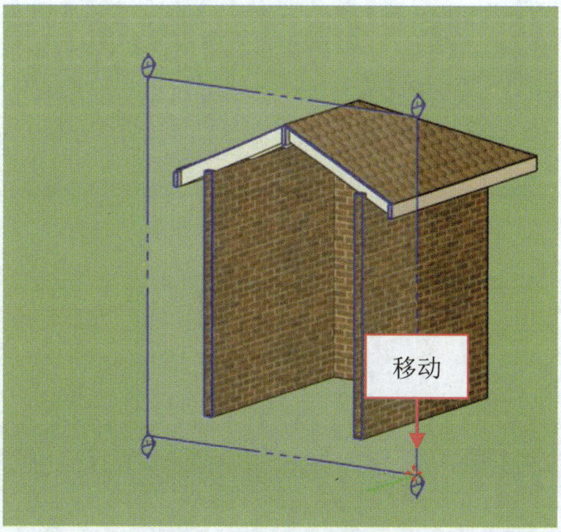

图 7-85　向右移动剖切面

Step 05 在“截面”工具栏中单击“显示剖面填充”按钮，即可显示剖切面内的填充效果，如图 7-86 所示。

Step 06 在“截面”工具栏中单击“显示剖切面”按钮，即可隐藏剖切面，如图 7-87 所示。

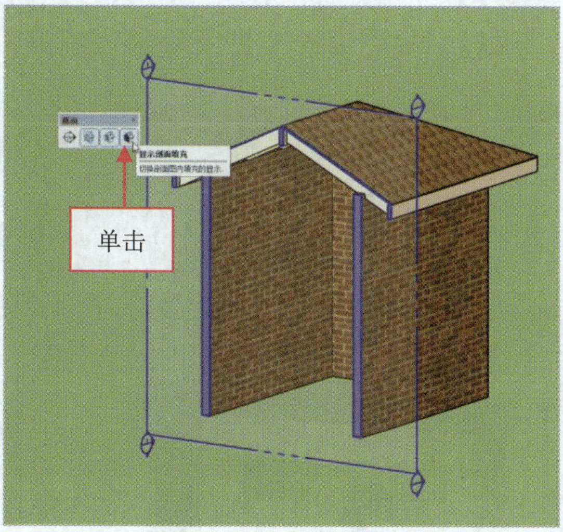

图 7-86　显示填充效果

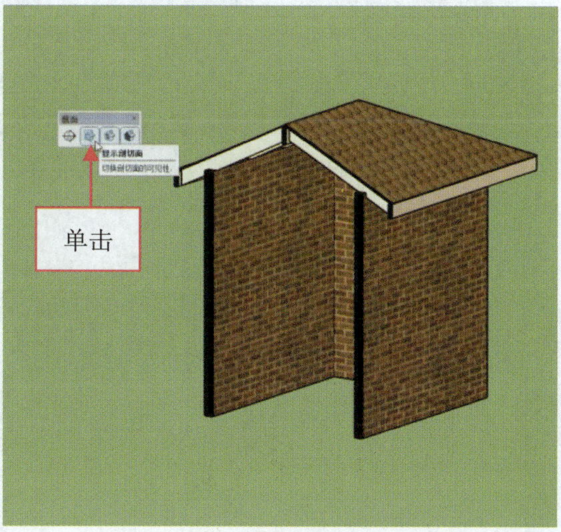

图 7-87　隐藏剖切面

第 8 章
动画制作与数据交互

8

本章将讲述 SketchUp 如何凭借其强大的动画制作功能，将静态的三维模型转化为生动、流畅的动画演示效果。同时，本章还将聚焦于 SketchUp 与其他软件及平台的文件数据交互能力，揭示其如何通过“导入”“导出”命令来实现数据的无缝流通与高效协作。

本章重点

- 掌握动画功能的使用
- 熟悉如何导入文件
- 熟悉如何导出文件

思政目标

- 突破常规建模惯性，激发读者技术批判与创新思维
- 理解我国传统建筑的榫卯结构和空间美学，培养读者对中华优秀传统文化的认同感

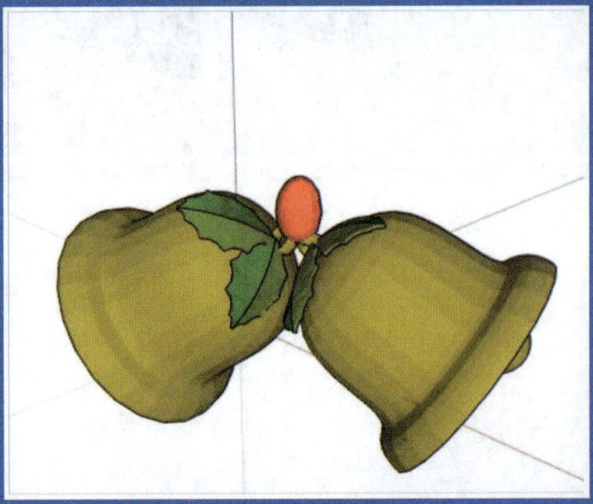

8.1　使用动画功能

在 3ds Max 中，用户可以通过时间轴记录关键帧，自动捕捉并生成两个关键帧间物体的变化，从而创造出动画效果。相比之下，SketchUp 并不依赖时间轴，而是采用场景来实现动画效果。用户只需单击菜单栏中的“视图”|“动画”命令，便会弹出一个子菜单，如图 8-1 所示。“动画”子菜单中的操作与“场景”面板中的操作是相互对应的，如图 8-2 所示。

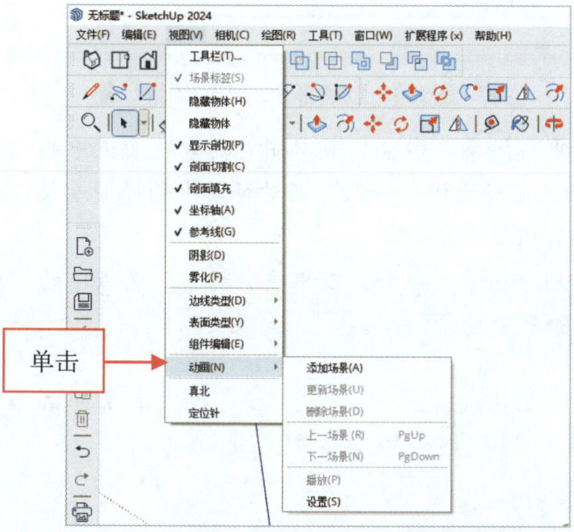

图 8-1　“动画”子菜单

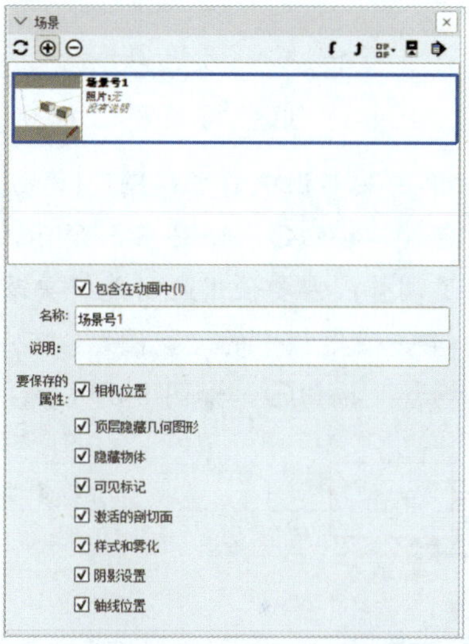

图 8-2　“场景”面板

“动画”子菜单和“场景”面板中的各种动画功能，为用户打开了一扇通往动态视觉表现的大门。本节将聚焦于如何使用这些动画功能，从管理动画场景这一基础环节开始，逐步深入到导出动画文件和制作动画效果的实践操作中。

8.1.1　管理动画场景

管理动画场景

无论是为了更生动地展示设计理念，还是为了更直观地呈现设计变化，SketchUp 的动画功能都扮演着举足轻重的角色。下面将介绍索 SketchUp 的动画功能，从场景的添加、更新、删除到切换，再到动画的播放与设置，每一步操作都将为用户详尽解析。其具体操作方法如下。

Step 01　单击菜单栏中的“视图”|“动画”|“添加场景”命令，或单击“场景”面板中的“添加场景”按钮⊕，此时工具栏下方会创建“场景号 1”标签，图 8-3 所示。

Step 02　重复上述操作，可添加多个场景，每个场景在工具栏下和“场景”面板中都会创建对应的标签，如图 8-4 所示。

> **▶ 专家指点**
>
> 在 SketchUp 中初次添加场景时，会弹出“警告-场景和风格”对话框，默认选中“另存为新的样式”单选按钮，即可将当前场景保存为一个新场景。若想更新现有场景，可选中“更新选定的样式”单选按钮。

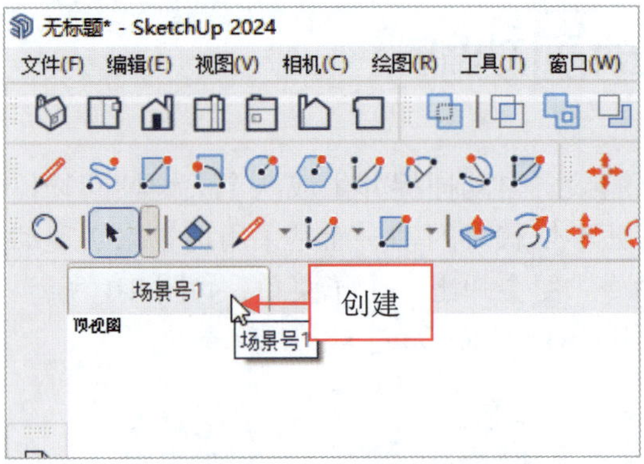

图 8-3　创建“场景号 1”标签

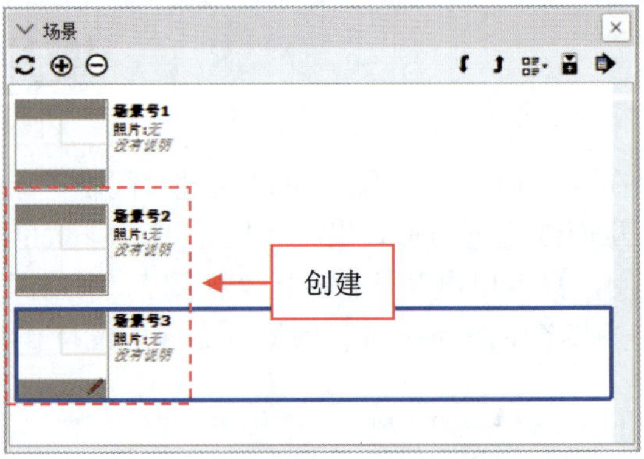

图 8-4　创建多个对应的场景标签

Step 03 单击菜单栏中的“视图”|“动画”|“更新场景”命令，或单击“场景”面板中的“更新场景”按钮，如图 8-5 所示，可以对选定场景进行修改。若对场景中的模型或属性进行了调整，需要使用此功能将更改应用到当前场景中。

Step 04 单击菜单栏中的“视图”|“动画”|“删除场景”命令，或单击“场景”面板中的“删除场景”按钮，如图 8-6 所示，可以移除当前场景。

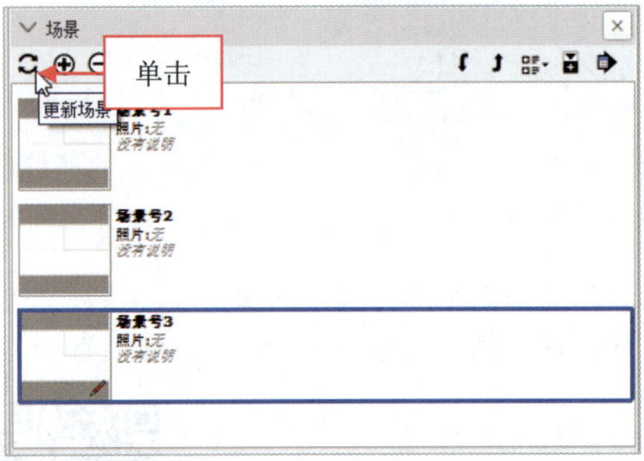

图 8-5　单击“更新场景”按钮

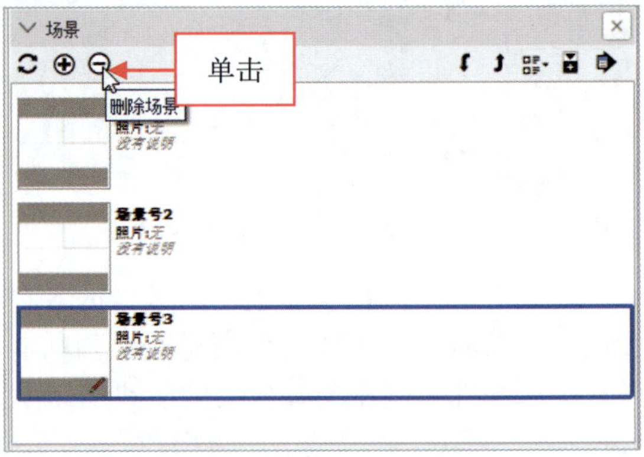

图 8-6　单击“删除场景”按钮

Step 05 单击菜单栏中的“视图”|“动画”|“播放”命令，即可开始播放场景动画，并弹出“动画”对话框，单击“暂停”按钮，如图 8-7 所示。

Step 06 执行操作后，即可暂停播放动画，同时“暂停”按钮变成了“播放”按钮，如图 8-8 所示。

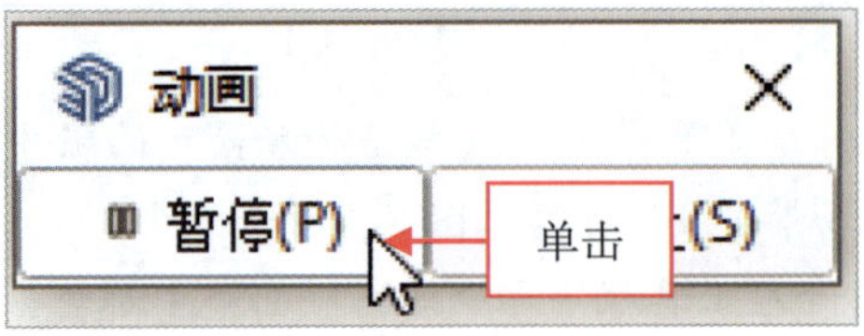

图 8-7　单击“暂停”按钮

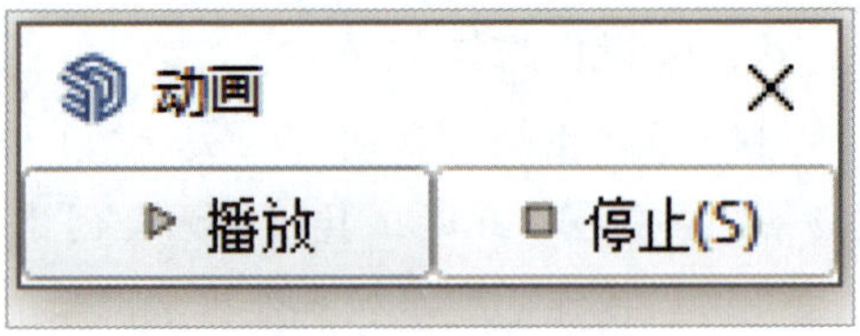

图 8-8　暂停播放动画

Step 07 单击菜单栏中的“视图”|“动画”|“设置”命令，弹出“模型信息”对话框，并自动切换至“动画”选项卡，在此可以进行动画播放和暂停时间的设置，如图 8-9 所示。

Step 08 在场景标签上单击鼠标右键，在弹出的快捷菜单中可以进行添加、更新或重命名场景等操作，如图 8-10 所示。

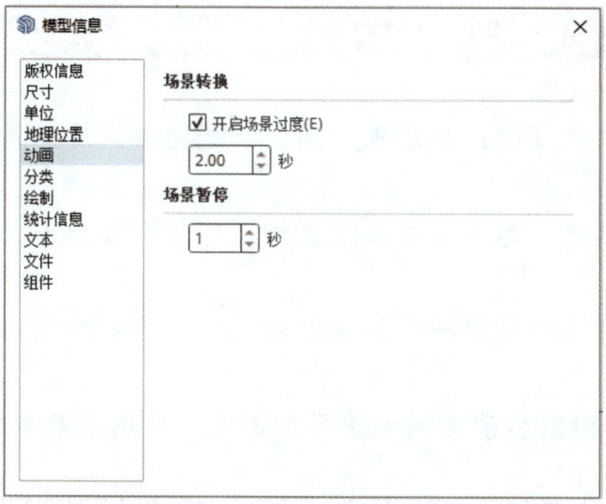

图 8-9　“模型信息”对话框

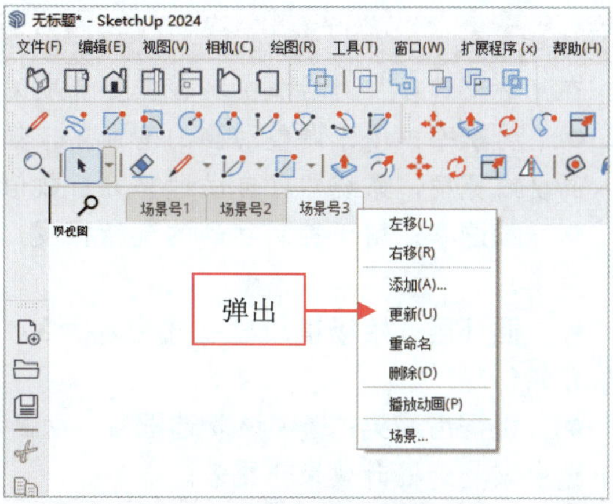

图 8-10　场景标签的右键菜单

> ▶ **专家指点**
>
> 在“模型信息”对话框的“动画”选项卡中，各主要选项的含义如下。
>
> - **开启场景过度（注意，此处的“度”应为软件翻译错误，正确写法应为“渡”）：** 选中该复选框后，系统会根据设置的过渡时间在两个场景间生成动画效果。
> - **场景转换时间：** 选中“开启场景过度”复选框后，可调整场景之间的过渡时间。
> - **场景暂停时间：** 用于设置动画在每个场景中停留的时间。

8.1.2　导出动画文件

导出动画文件

动画的导出是一个至关重要的环节，它允许用户将精心制作的动画作品分享给更多人，或在不同的平台上进行展示和应用。下面介绍导出动画文件的操作方法。

Step 01　单击菜单栏中的“文件”|“导出”|“动画”命令，弹出“输出动画”对话框，❶设置要导出动画的路径和文件名；❷单击“选项”按钮，图 8-11 所示。

Step 02　弹出“输出选项”对话框，在此可以设置分辨率、宽度、高度等选项，如图 8-12 所示。

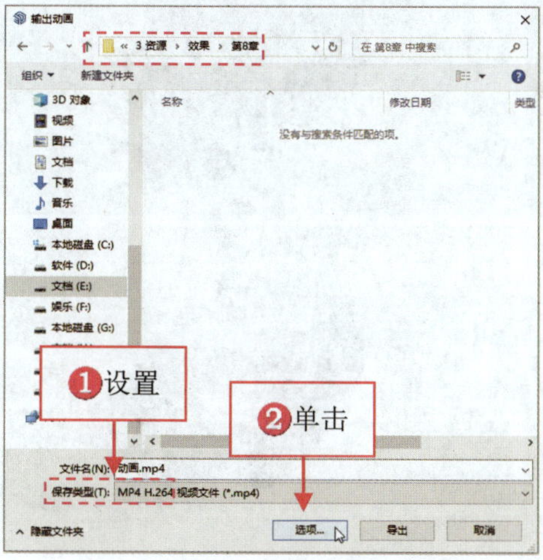

图 8-11　单击“选项”按钮

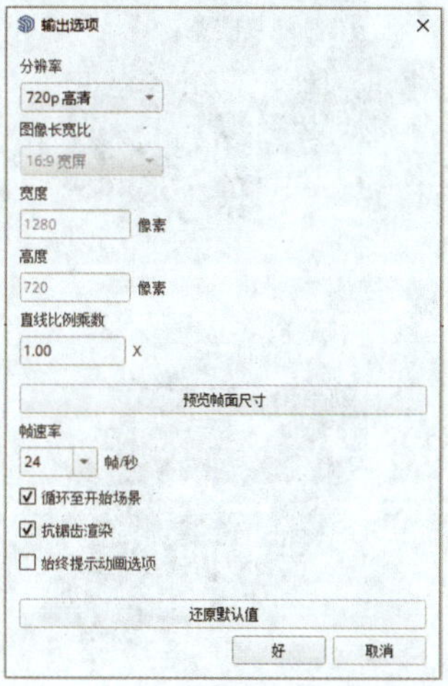

图 8-12　“输出选项”对话框

▶ 专家指点

在“输出选项”对话框中，各主要选项的含义如下。

- **分辨率：**用于调整动画的清晰度，像素越高动画越清晰。图像长宽比锁定后，只需输入高度或宽度，系统即可自动计算另一数值。
- **帧速率：**用于控制动画的流畅程度，帧速率越大，动画越流畅，即每秒播放的“图片”越多。
- **循环至开始场景：**选中该复选框后，动画将从第一个场景开始创建，否则将从当前场景开始创建。
- **抗锯齿渲染：**选中该复选框后，动画创建时会消除模型边缘的锯齿，虽然效果有限，但不选中该复选框时效果会更差。

Step 03 单击“好”按钮，完成动画的设置，单击“导出”按钮将动画导出，此时会弹出“正在导出动画”对话框，显示动画文件的导出进度，如图 8-13 所示。待系统计算出导出的时间和大小等数值后，即可导出动画文件。

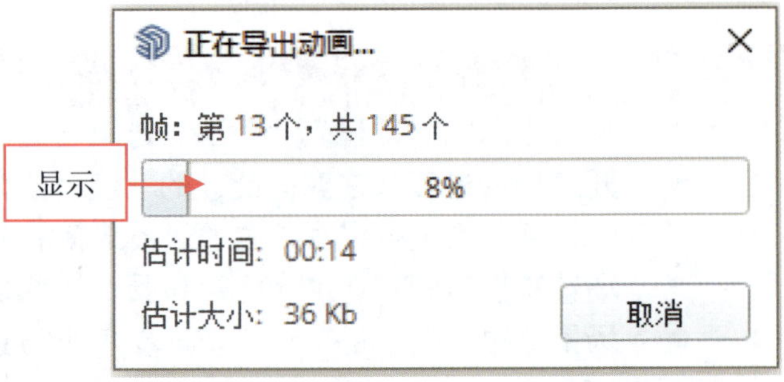

图 8-13　显示动画文件的导出进度

8.1.3　制作阴影动画效果

制作阴影动画效果

在 SketchUp 中通过巧妙地调整阴影时间以及动画参数，可以轻松模拟出阴影动画效果，为静态的三维模型赋予动态的生命力。效果展示如图 8-14 所示。

图 8-14　效果展示

下面介绍制作阴影动画效果的操作方法。

Step 01 按【Ctrl + O】组合键，打开一个素材模型（资源\素材\第 8 章\别墅.skp），在“阴影”面板中，设置“时间”为 09:30，如图 8-15 所示。

Step 02 在“场景”面板中，单击“添加场景”按钮⊕，弹出“警告-场景和风格”对话框，默认选中“另存为新的样式”单选按钮，可以使当前场景成为一个新场景，单击“创建场景”按钮，如图 8-16 所示。

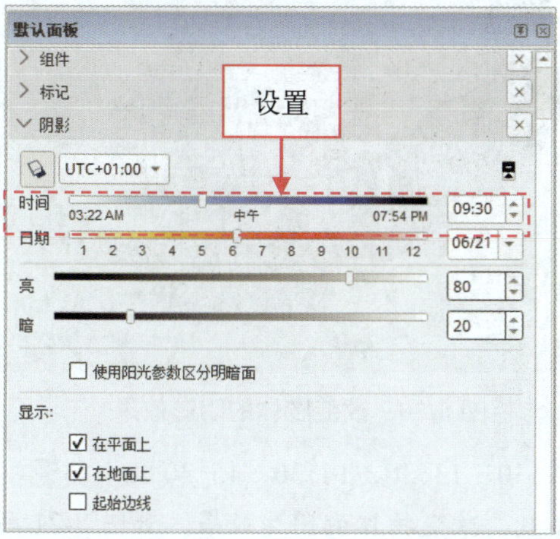

图 8-15 设置“时间”参数

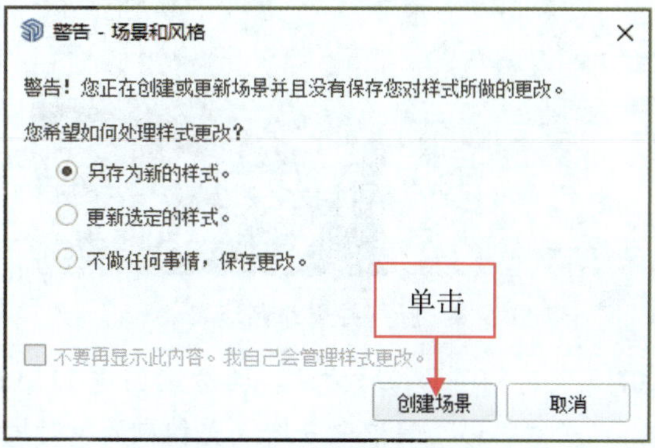

图 8-16 单击“创建场景”按钮

Step 03 在“场景号 1”标签上单击鼠标右键，在弹出的快捷菜单中选择“重命名”选项，如图 8-17 所示。

Step 04 执行操作后，输入 09:30，修改场景名称，如图 8-18 所示。

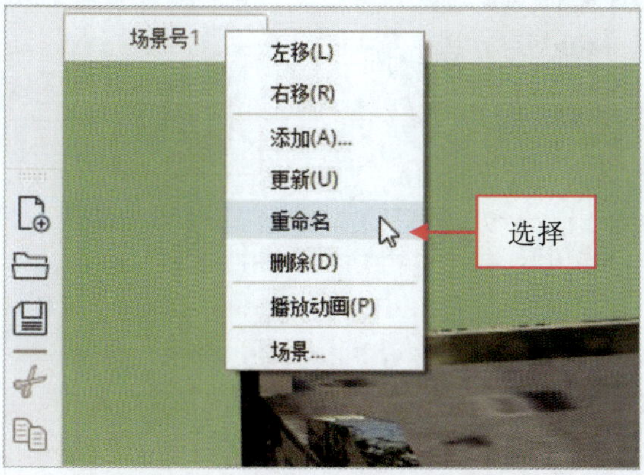

图 8-17 选择“重命名”选项

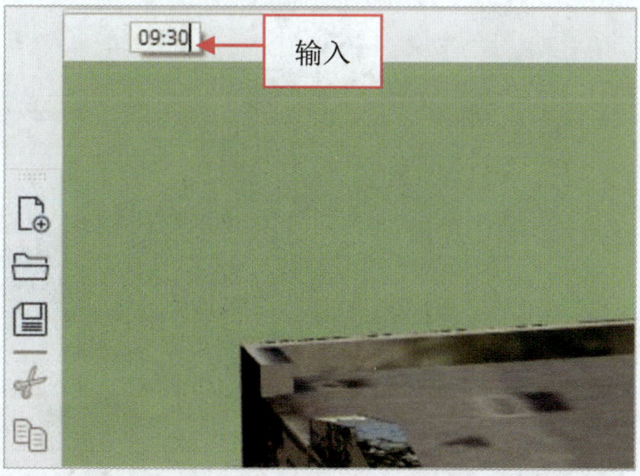

图 8-18 修改场景名称

▶ 专家指点

在制作阴影动画效果时，用户还可以设置地区，因为不同地区、不同季节物体的阴影是不一样的。单击菜单栏中的“窗口”|“模型信息”命令，在弹出的对话框中切换至“地理位置”选项卡，单击“手动设置位置”按钮，弹出“手动设置地理位置”对话框。在该对话框中，可以依次设置“国家/地区”和“位置”选项，并同时输入准确的经度和纬度。所有设置完成后，单击“确定”按钮以保存设置。

Step 05 使用相同的操作方法，创建一个新的场景，并将其重命名为 10:30，如图 8-19 所示。

Step 06 在“阴影”面板中，设置“时间”为 10:30，即可改变物体的阴影效果，如图 8-20 所示。

图 8-19 新建并重命名场景

图 8-20 改变物体的阴影效果

Step 07 使用相同的操作方法，再分别创建 11:30、12:30、13:30、14:30、15:30 几个场景，同时在“阴影”面板中分别调整相应的“时间”参数，改变物体的阴影效果，如图 8-21 所示。

Step 08 单击菜单栏中的“窗口”|“模型信息”命令，在弹出的“模型信息”对话框中，❶切换至“动画”选项卡；❷设置场景转换时间为 5 s，如图 8-22 所示。

图 8-21 创建并调整多个场景

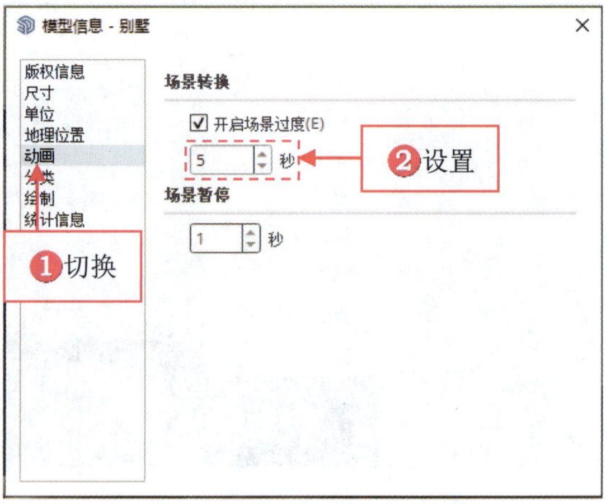

图 8-22 设置场景转换时间

Step 09 单击菜单栏中的“文件”|“导出”|“动画”命令，弹出“输出动画”对话框，设置要导出的动画路径，如图 8-23 所示。

Step 10 单击“导出”按钮，弹出“正在导出动画”对话框，显示动画文件的导出进度，如图 8-24 所示。稍等片刻，即可导出动画文件。

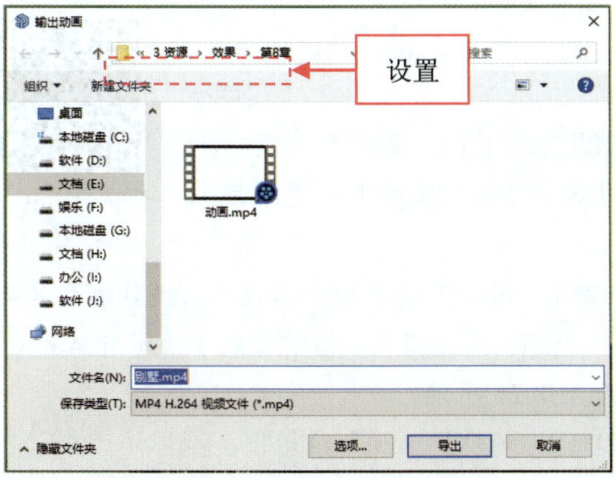

图 8-23　设置要导出动画路径

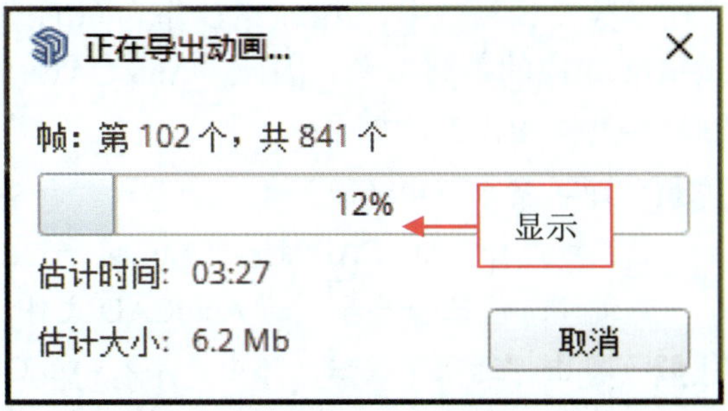

图 8-24　显示动画文件的导出进度

8.2　导入文件

在三维建模过程中，导入功能扮演着不可或缺的角色，因为它为场景增添了必需的“信息”。举例来说，用户可以导入 AutoCAD 图形作为建模的参考基准，或者引入 3DS 格式的模型以构成设计的一部分，甚至还能导入图片，并将其分解后应用于材质设定中。

SketchUp 软件以其卓越的兼容性在众多设计工具中脱颖而出，其导入功能极为强大。单击菜单栏中的“文件”|“导入”命令，弹出“导入”对话框，单击导入类型右侧的下拉按钮，即可弹出导入文件类型的列表框，如图 8-25 所示。

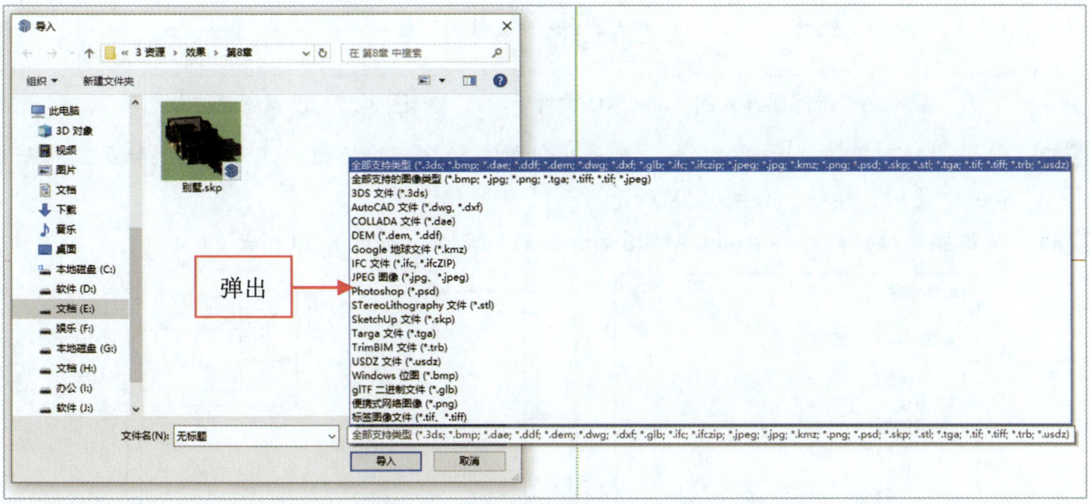

图 8-25　导入文件类型的列表框

从图 8-25 中可以看到，SketchUp 能够跟多种格式的文件实现数据交互，无论是精细的矢量图、生动的位图与像素图、流畅的动画，还是基础的二维图形与复杂的三维模型，SketchUp 都能轻松导入并进行编辑处理，这些也是本节将重点介绍的内容。

8.2.1　导入 AutoCAD 文件

导入 AutoCAD 文件

在多数设计领域中，AutoCAD 作为图纸绘制的首选工具，其图纸经常作为 SketchUp 建模的重要参考。因此，AutoCAD 文件成为 SketchUp 中常见的导入对象。其具体操作方法如下。

Step 01 单击菜单栏中的“文件”|“导入”命令，弹出“导入”对话框，❶在导入文件类型的列表框中选择“AuoCAD 文件（*.dwg，*.dxf）”选项，系统将展示当前目录下的所有 AutoCAD 文件；❷选择要导入的 AutoCAD 文件，如图 8-26 所示。

Step 02 单击“选项”按钮，弹出“导入 AuoCAD DWG/DXF 选项”对话框，❶取消选中“导入材质”复选框，不导入材质；❷设置“单位”为“毫米”，统一建模单位，如图 8-27 所示。

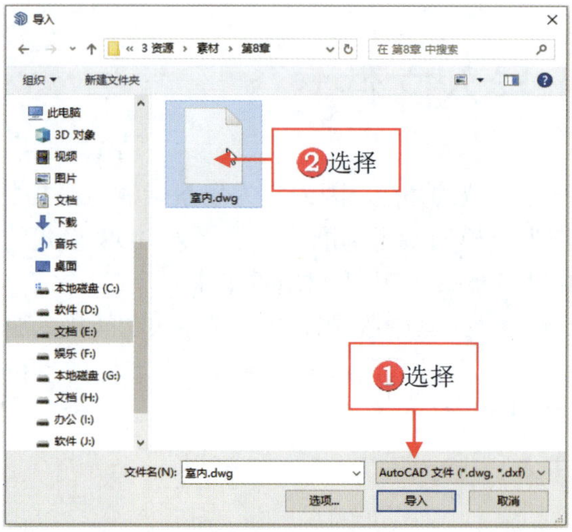

图 8-26　选择要导入的 AutoCAD 文件

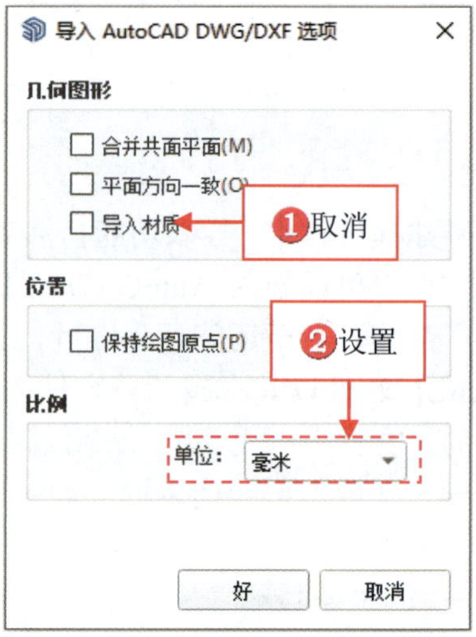

图 8-27　设置“单位”选项

Step 03 单击“好”按钮，返回“导入”对话框，单击“导入”按钮，弹出“导入结果”对话框，单击“关闭”按钮，如图 8-28 所示。

Step 04 执行操作后，即可将 AutoCAD 图形加载到场景中，如图 8-29 所示。

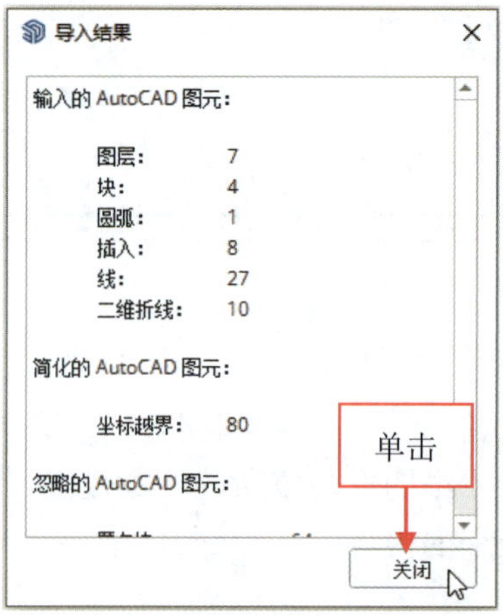

图 8-28　单击“关闭”按钮

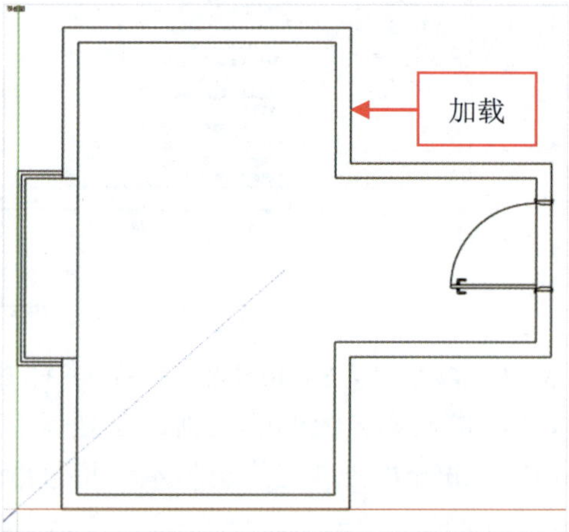

图 8-29　加载 AutoCAD 图形

▶ 专家指点

在“导入 AuoCAD DWG/DXF 选项”对话框中，各主要选项的含义如下。

- **合并共面平面**：选中该复选框后，导入的 AutoCAD 图形将以面的形式展现，且每个“面域”将自动成组。同时，AutoCAD 中创建的三维模型也会在 SketchUp 中以实体模型的形式呈现。值得注意的是，面由众多三角面构成，在 SketchUp 中若一个导入的面被分割成多个小三角面，则无法整体拉伸。
- **平面方向一致**：SketchUp 中的面具有正面与反面之分，选中该复选框后，可确保所有导入的面具有相同的朝向；否则，导入的面可能出现朝向不一的情况。
- **保持绘图原点**：此复选框用于控制导入图形与原点坐标的相对位置。选中该复选框后，导入的图形与 SketchUp 原点的相对位置，将与在 AutoCAD 中的相对位置保持一致；否则，导入的图形将紧贴 *X* 轴和 *Y* 轴的正半轴。
- **单位**：用于设置导入图形的单位。根据 AutoCAD 图纸的单位和当前 SketchUp 场景中系统的单位进行综合选择。例如，若 AutoCAD 图纸以毫米为单位绘制，且当前系统同样采用毫米单位，则应选择毫米作为导入单位。

另外，在将 AutoCAD 文件导入 SketchUp 时，用户可能会遇到一个问题：某段墙体未能正确显示，原因可能是这段墙体是使用 AutoCAD 的“多线”命令创建的，而 SketchUp 无法识别这种格式。针对此问题，有两种解决方案可供选择：一是使用 SketchUp 的直线工具手动补全缺失的墙体；二是重新打开 AutoCAD 文件，将墙体通过分解操作转换成可识别的格式后，再次尝试导入 SketchUp 中。

8.2.2　管理模型标记

管理模型标记

在 SketchUp 中导入 AutoCAD 文件后，用户可以对标记进行灵活管理。这些标记可能是图层、块、文字样式或其他 AutoCAD 特有的元素，它们在导入过程中可能被识别为特定的 SketchUp 组件或属性。对于复杂的 AutoCAD 文件，合理管理标记将大大提升在 SketchUp 中的操作效率和设计质量。其具体操作方法如下。

Step 01　在上一例效果的基础上，展开“标记”面板，选中除“未标记”以外的所有标记，如图 8-30 所示。

Step 02　单击鼠标右键，在弹出的快捷菜单中选择“删除标记”选项，如图 8-31 所示。

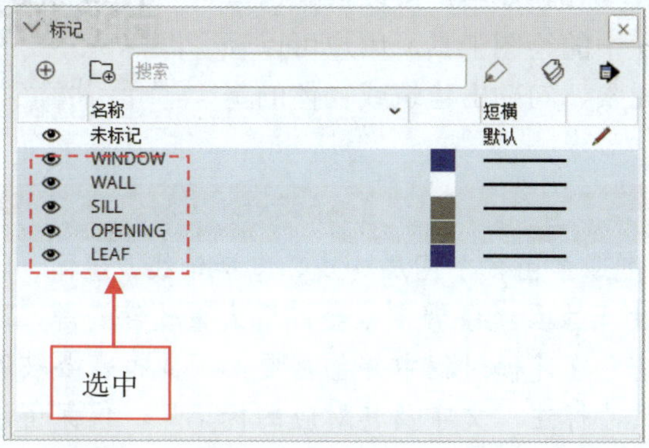

图 8-30　选中除“未标记”以外的所有标记

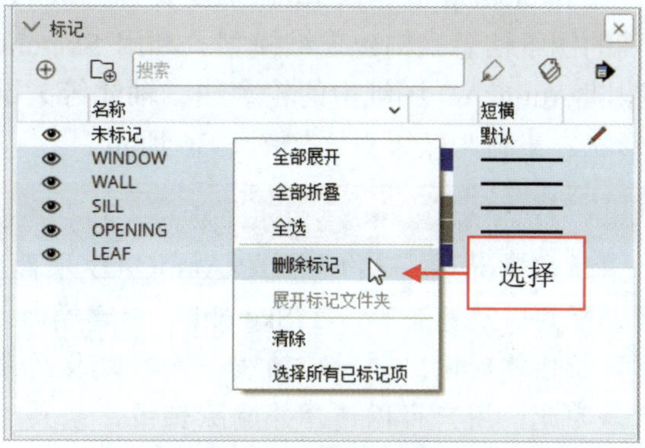

图 8-31　选择“删除标记”选项

Step 03 执行操作后，弹出“删除包含图元的标记”对话框，设置“分配另一个标记”为“未标记”选项，将所有图元分配给“未标记”标记，如图 8-32 所示。

Step 04 单击“好”按钮，在“标记”面板中，❶单击“添加标记”按钮⊕；❷新建一个名称为“墙体”的标记；❸将颜色设置为黑色（RGB 参数值均为 0），如图 8-33 所示。

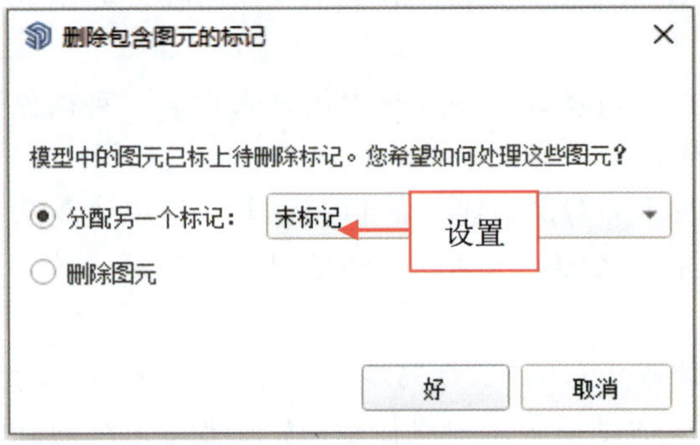

图 8-32　设置“分配另一个标记”为“未标记”

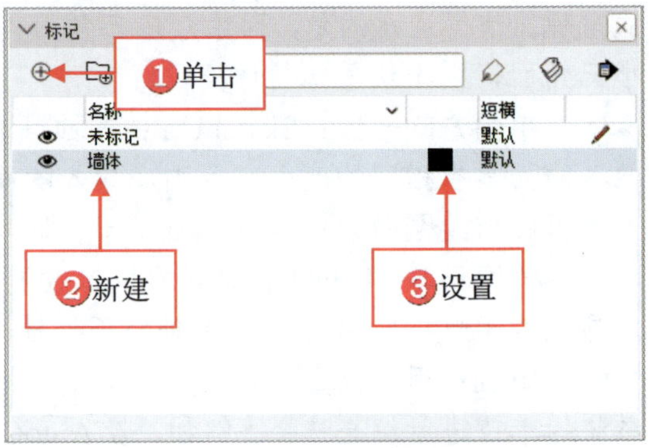

图 8-33　新建并设置标记颜色

Step 05 将“墙体”设置为当前标记，如图 8-34 所示。

Step 06 使用相同的操作方法，创建其他的标记，如图 8-35 所示。

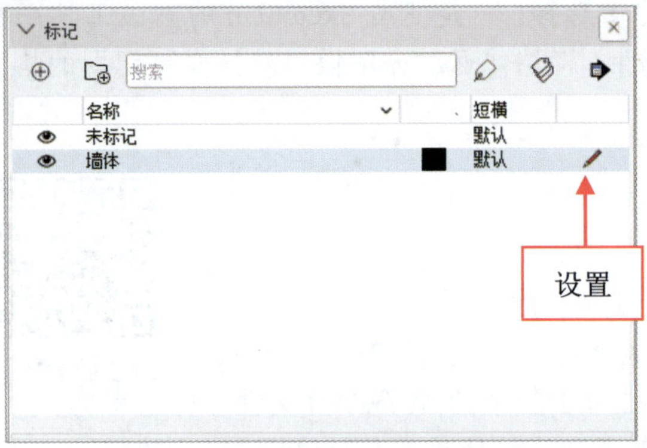

图 8-34　将“墙体”设置为当前标记

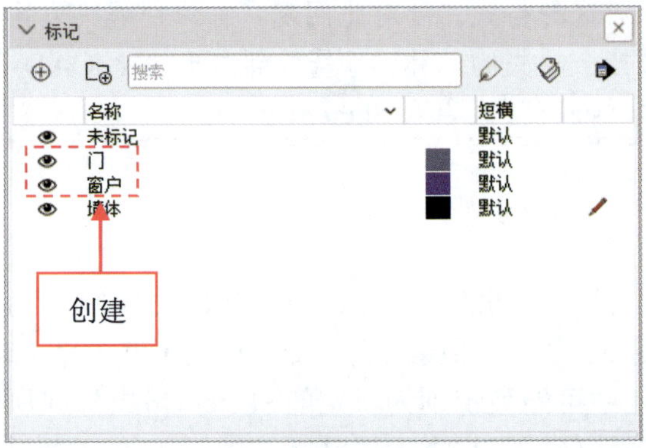

图 8-35　创建其他的标记

8.2.3　根据 AutoCAD 图纸建模

在 SketchUp 中导入 AutoCAD 文件并成功创建标记后，用户可以依据这些精确的图纸信息来构建三维模型。利用 SketchUp 中的绘图工具，用户可以轻松跟随 AutoCAD 图纸中的轮廓线、轴线等关键元素，勾勒出建筑或物体的基本形状。素材与效果对比如图 8-36 所示。

根据 AutoCAD 图纸建模

▶ 专家指点

通常情况下，一份全面的 AutoCAD 平面图纸通常由多个图层构成，包括轴线、墙体、门窗、家具以及标注等。在 SketchUp 中建模时，由于家具线条繁多，会占用大量软件资源，进而延长建模时间。同时，轴线、文字以及尺寸信息在建模过程中并不需要，因此也需要被删除。为此，用户可以选择并删除轴线、家具、尺寸标注、文字及其对应的标记层，仅保留墙体、门窗等基本的图形元素，并尽量选择保存为较低版本的 AutoCAD 文件。

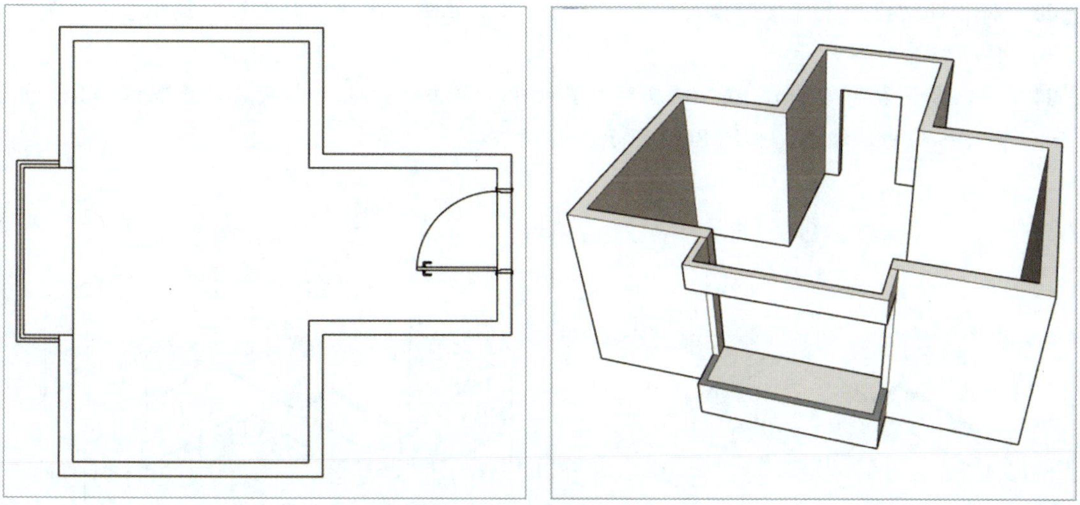

图 8-36　素材与效果对比

下面介绍根据 AutoCAD 图纸建模的操作方法。

Step 01 在上一例效果的基础上，在“绘图”工具栏中单击“矩形”按钮，选取该工具，捕捉 AutoCAD 图纸上的墙体轮廓进行绘制，最后封闭成面，如图 8-37 所示。

Step 02 在“使用入门”工具栏中，单击“删除”按钮，选取该工具，删除建筑结构中的多余线条，如图 8-38 所示。

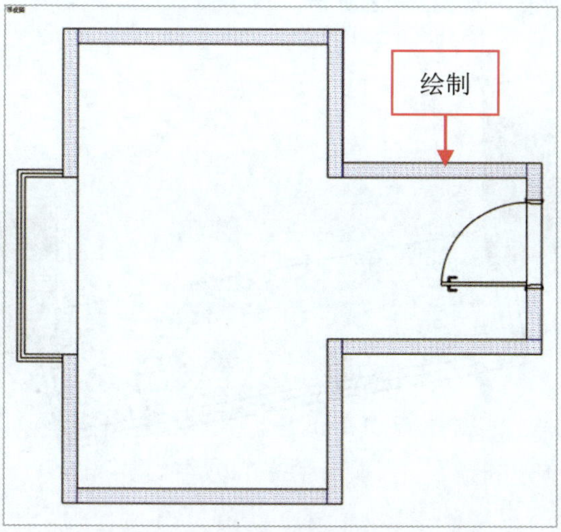

图 8-37　根据墙体轮廓绘制封闭面

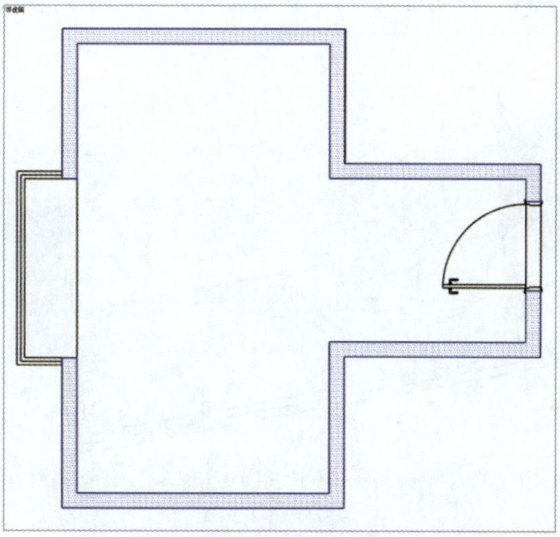

图 8-38　删除建筑结构中的多余线条

> ▶ **专家指点**
>
> 在 SketchUp 中使用绘图工具时，能够精确地识别并捕捉到 AutoCAD 图纸上墙体轮廓的特定点、线或边缘，以便按照图纸上的尺寸和形状绘制出相应的墙体。SketchUp 具有自动捕捉功能，当光标靠近图纸上的点、线或边缘时，会自动锁定并捕捉它们。通过捕捉 AutoCAD 图纸上的墙体轮廓，可以确保在 SketchUp 中绘制的墙体与图纸上的尺寸和形状完全一致，从而提高建模的精度。

Step 03 将相机切换到平行投影模式，在“视图”工具栏中，单击“轴测图”按钮，改变视图角度，如图 8-39 所示。

Step 04 将层高设置为 2.8m，在“编辑”工具栏中，单击“推/拉”按钮，选取该工具，并沿着高度方向拉伸墙体，如图 8-40 所示。

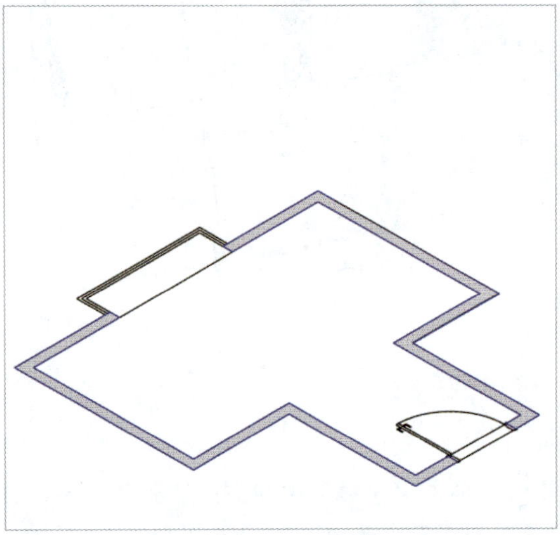

图 8-39 改变视图角度

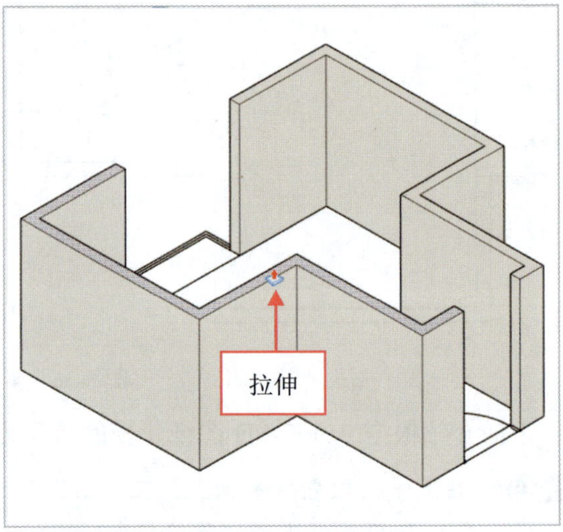

图 8-40 拉伸墙体

Step 05 使用矩形工具捕捉 AutoCAD 图纸上的窗户轮廓进行绘制，并封闭成面，如图 8-41 所示。

Step 06 使用删除工具删除窗户结构中的多余线条，如图 8-42 所示。

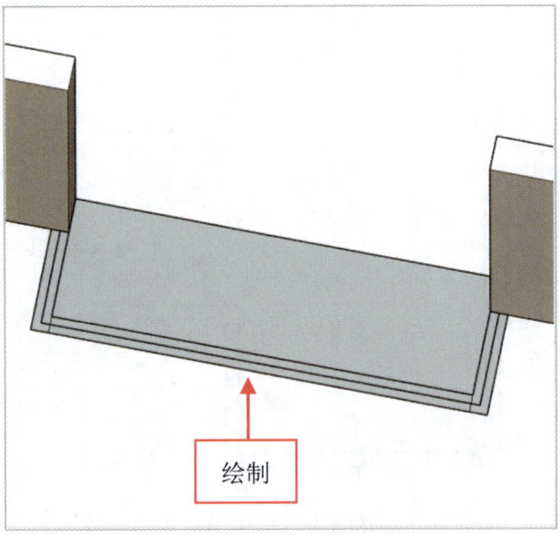

图 8-41 绘制窗户轮廓并封闭成面

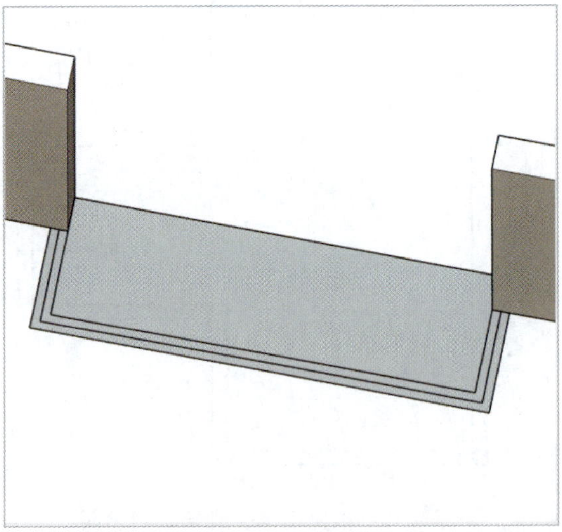

图 8-42 删除窗户结构中的多余线条

▶ 专家指点

AutoCAD 图纸通常包含精确的尺寸、比例和详细信息，如墙体、门窗、家具布局等。将 AutoCAD 图纸导入 SketchUp 后，用户可以将其作为参考，在 SketchUp 的三维环境中进行更加直观和立体的设计。这有助于用户更好地理解空间布局，并在三维模型中实现与 AutoCAD 图纸相符的设计效果。

Step 07　将飘窗高度设置为 0.6 m，使用推/拉工具沿着高度方向拉伸飘窗，如图 8-43 所示。

Step 08　将窗台高度设置为 0.6 m、窗高设置为 1.8 m，使用推/拉工具并按住【Ctrl】键，沿着高度方向拉伸窗台，如图 8-44 所示。

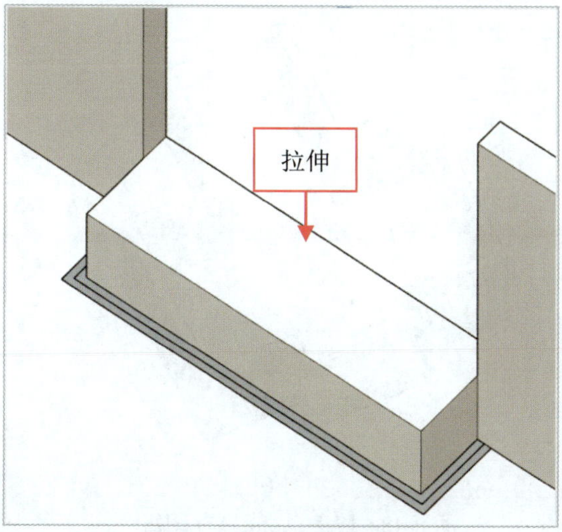

图 8-43　拉伸飘窗

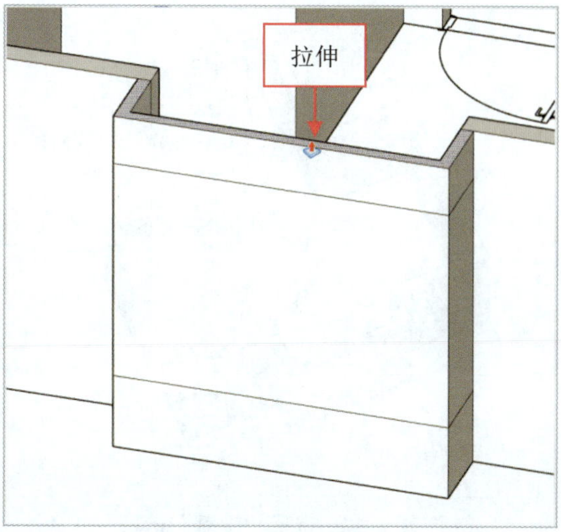

图 8-44　拉伸窗台

Step 09　使用删除工具删除中间的平面和多余的直线，绘制窗洞效果，如图 8-45 所示。

Step 10　将门的高度设置为 2 m，使用相同的操作方法，绘制门洞效果，如图 8-46 所示。

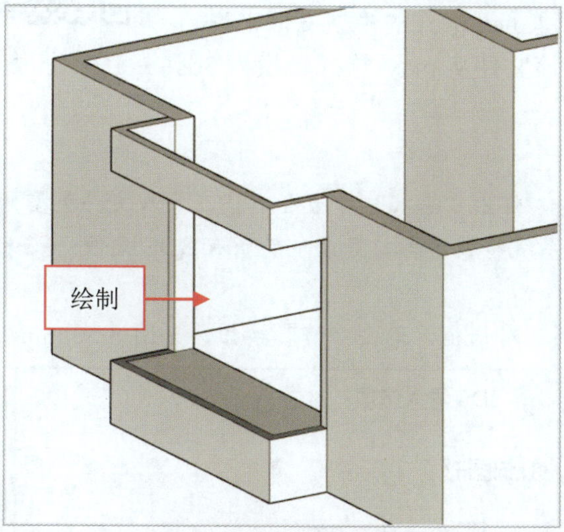

图 8-45　绘制窗洞效果

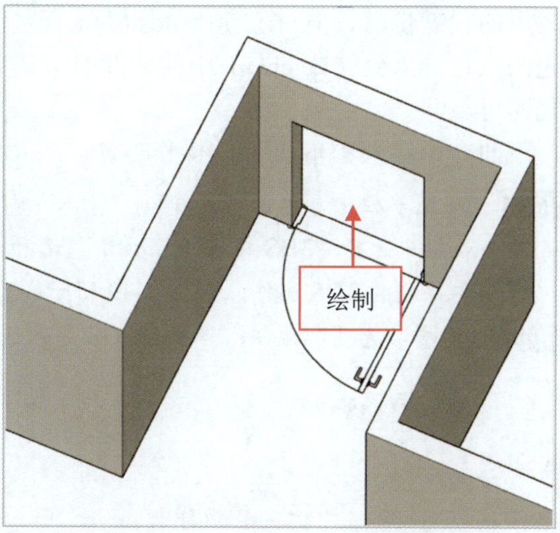

图 8-46　绘制门洞效果

▶ 专家指点

在建筑和室内设计领域，用户可能需要使用多种软件进行协同设计。AutoCAD 主要用于二维绘图和详细设计，而 SketchUp 则擅长于三维建模和可视化。通过导入 AutoCAD 图纸到 SketchUp，用户可以在两个软件之间实现文件数据的无缝切换，充分利用各自的优势进行协同设计。

Step 11　选择 AutoCAD 图纸，单击鼠标右键，在弹出的快捷菜单中选择“隐藏”选项，如图 8-47 所示。

Step 12　执行操作后，即可隐藏 AutoCAD 图纸，如图 8-48 所示。

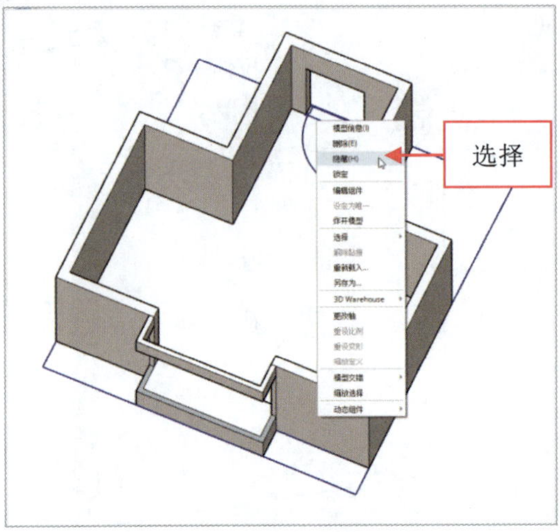

图 8-47　选择“隐藏”选项

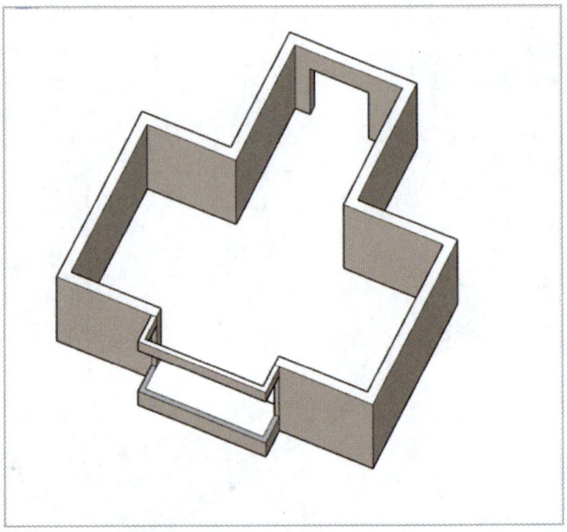
图 8-48　隐藏 AutoCAD 图纸

8.2.4　导入 3DS 文件

导入 3DS 文件

在 SketchUp 中，导入与导出模型文件是与其他软件进行数据交换和共享设计成果的关键步骤。但对于使用 3ds Max 直接创建.max 格式的模型文件来说，是无法直接导入到 SketchUp 中的，此时只需将该文件从.max 格式转换为.3ds 格式即可。

下面介绍导入 3DS 文件的操作方法。

Step 01　在菜单栏中，单击“文件”|“导入”命令，弹出“导入”对话框，❶在导入文件类型的列表框中选择“3DS 文件（*.3ds）”选项，系统将展示当前目录下的所有 3DS 文件；❷选择要导入的 3DS 文件，如图 8-49 所示。

Step 02　单击“选项”按钮，弹出“3DS 导入选项”对话框，单击“好”按钮，如图 8-50 所示。

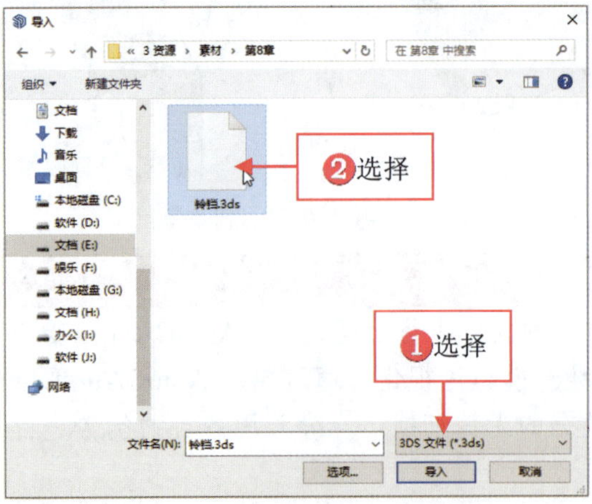

图 8-49　选择要导入的 3DS 文件

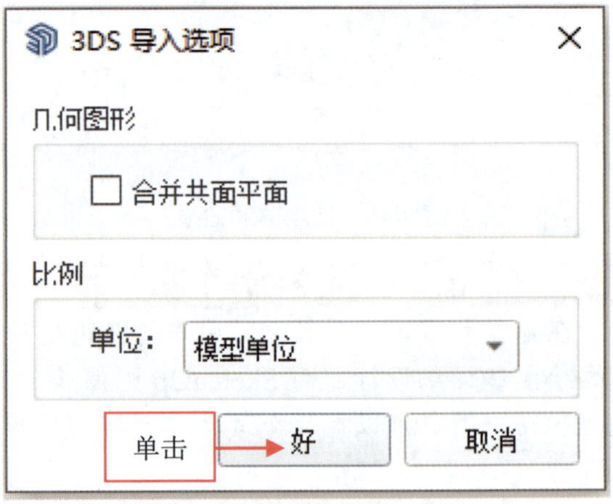

图 8-50　单击“好”按钮

Step 03 单击“导入”按钮，弹出“导入结果”对话框，单击“关闭”按钮，如图 8-51 所示。

Step 04 执行操作后，即可导入相应的 3DS 文件，如图 8-52 所示。

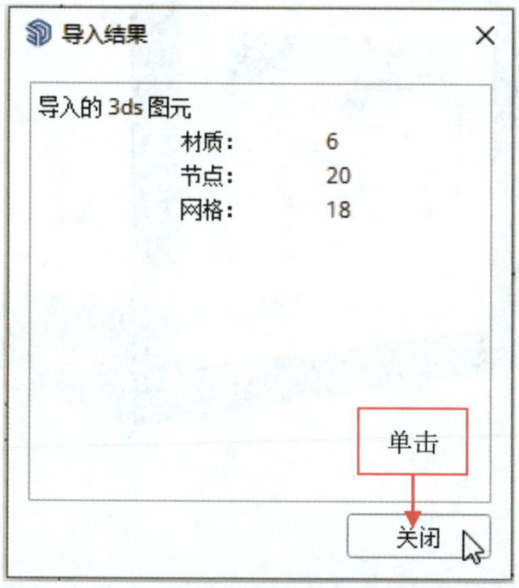

图 8-51　单击“关闭”按钮

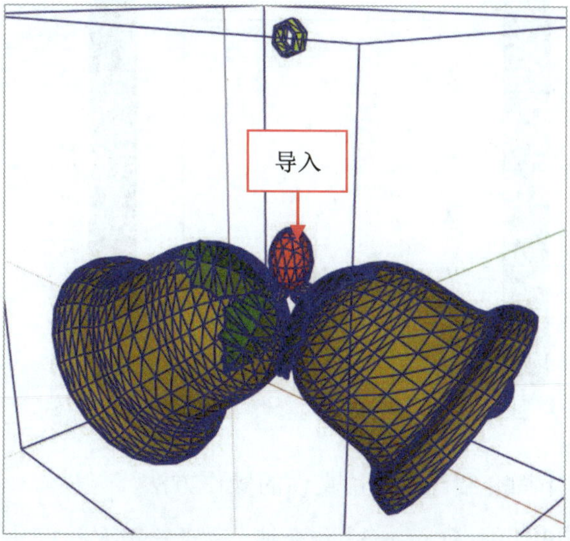

图 8-52　导入相应的 3DS 文件

Step 05 在菜单栏中，单击“视图”|“边线类型”|“边线”命令，如图 8-53 所示。

Step 06 执行操作后，即可隐藏模型上的边线效果，如图 8-54 所示。

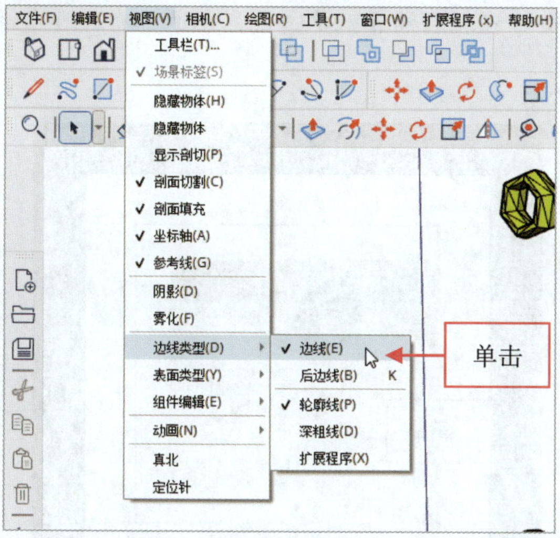

图 8-53　单击“边线”命令

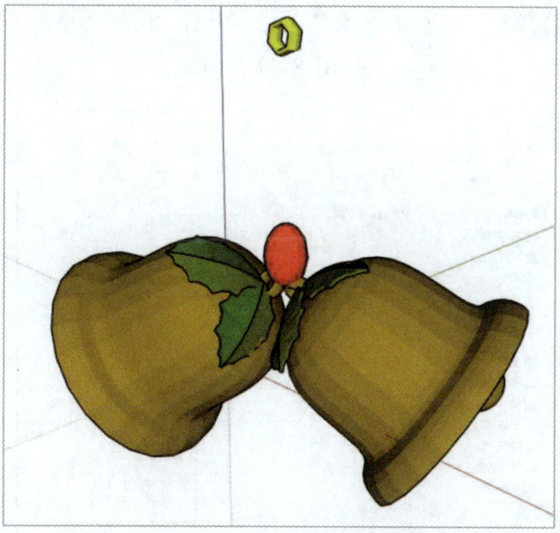

图 8-54　隐藏边线效果

8.2.5　导入图片文件

导入图片文件

图片文件作为数字图像的存储形式，是用户在日常生活中频繁接触和使用的一种数据类型。图片文件可以是照片、图表、设计稿等，通过电子设备捕捉或创作而成。在 SketchUp 中导入图片文件，具有诸多实用价值：首先，图片能够直观地展示信息，增强内容的表达力和吸引力；其次，通过导入图片，用户可以实现视觉元素的整合，提升整体设计的美观度和专业性。素材与效果对比如图 8-55 所示。

图 8-55　素材与效果对比

下面介绍导入图片文件的操作方法。

Step 01　按【Ctrl + O】组合键，打开一个素材模型（资源\素材\第 8 章\相框.skp），在菜单栏中，单击“文件”|“导入”命令，弹出“导入”对话框，❶在导入文件类型的列表框中选择“Windows 位图（*.bmp）”选项，系统将展示当前目录下的所有 BMP 文件；❷选择要导入的图片文件，如图 8-56 所示。

Step 02　选中“图像”单选按钮，单击“导入”按钮，在相应端点上单击鼠标左键，确认图片的放置位置，如图 8-57 所示。

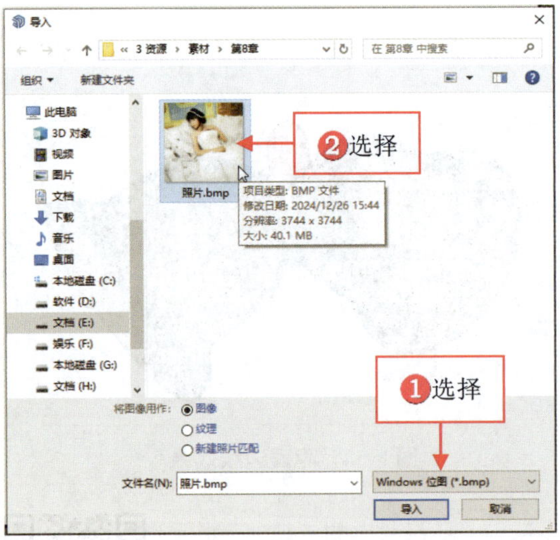

图 8-56　选择要导入的图片文件

图 8-57　确认图片的放置位置

▶ 专家指点

在导入图片文件的过程中，会弹出一个“导入”对话框，其中的“将图像用作”选项区包含了 3 个选项，用于定义图像的具体用途，相关含义如下。

- **图像：** 选中该单选按钮，导入的图片将作为独立的对象存在于场景中。

- **纹理**：选中该单选按钮，导入的图片将直接作为材质使用，并且必须附着在物体的表面才能完成有效导入，否则导入将不会生效。
- **新建照片匹配**：选中该单选按钮，导入的图片将在场景中作为照片匹配的对象进行处理。

Step 03　移动鼠标指针至相应端点上并单击，确认导入图片的大小，如图 8-58 所示。

Step 04　执行操作后，即可导入相应的图片文件，如图 8-59 所示。

图 8-58　确认导入图片的大小

图 8-59　导入相应的图片文件

▶ 专家指点

SketchUp 是一个功能强大的三维建模软件，支持导入多种文件格式，这些格式涵盖了不同的三维建模软件、CAD 软件以及常见的图像格式。

下面是 SketchUp 可以导入的部分文件类型。

- **SKP 文件**：这是 SketchUp 的原生文件格式，用于保存完整的 SketchUp 模型。用户可以将其他 SketchUp 模型文件（.skp）直接导入到当前绘图区中进行编辑和修改。
- **DWG/DXF 文件**：这两种格式是 AutoCAD 软件使用的文件格式，SketchUp 可以直接导入这些格式的文件。这为用户提供了将 AutoCAD 中的设计图或平面图轻松导入 SketchUp 进行三维建模的便利。
- **3DS 文件**：这是 3ds Max 使用的文件格式，SketchUp 也支持导入这种文件格式。这允许用户将 3ds Max 中创建的模型导入到 SketchUp 中，进行进一步的编辑和优化。
- **FBX 文件**：FBX 是一种通用的三维模型文件格式，常用于游戏开发和虚拟现实应用。SketchUp 支持导入和导出 FBX 文件，这使得用户可以在不同的三维建模软件之间传输和共享模型数据。
- **OBJ 文件**：OBJ 文件是一种常用的三维模型文件格式，可以被多种三维建模软件支持。SketchUp 也支持导入和导出 OBJ 文件，为用户提供了更多的模型来源和共享选项。
- **STL 文件**：STL 文件是一种常用的三维打印文件格式，用户可以将 SketchUp 中创建的模型直接用于三维打印，或者将其他 STL 文件导入到 SketchUp 中进行编辑和调整。

8.3　导出文件

在 SketchUp 的建模过程中，导出是达成最终目标的关键步骤。无论是精心绘制的建筑模型，还是生动有趣的创意设计，它们的真正价值在于能够被广泛地分享与应用。导出文件，这一看似简单的操作，实则承载着将创意转化为实际应用的桥梁作用，它不仅限于模型的直接输出，更涵盖了图片、动画等多种数据格式的交互。通过导出文件，用户在 SketchUp 中创建的每一个细节都能以最合适的方式呈现给需要的人，无论是用于项目汇报、团队协作，还是公开分享，都能轻松实现，让创意无界，共享无限可能。

8.3.1　导出三维模型

导出三维模型

三维模型是计算机图形学中的一种重要表现形式，是以三维空间为基础，通过点、线、面等元素构建出的立体图形。三维模型不仅具有长、宽、高三个维度的信息，还能够模拟真实物体的形状、大小、颜色、纹理等属性。在各个领域，如建筑、游戏、影视、工业设计等，三维模型都发挥着至关重要的作用，它可以帮助设计师更好地呈现创意，同时为用户带来更加逼真的视觉体验。

在 SketchUp 中，导出三维模型是将其应用于实际项目或与他人共享的关键步骤。通过简单的菜单操作，用户可以轻松地将模型导出为 3DS 文件或 DWG 文件等，以满足不同的使用需求。在导出过程中，用户还可以根据具体需求调整导出选项，确保模型的准确性和可读性。下面介绍导出三维模型的操作方法。

Step 01　按【Ctrl + O】组合键，打开一个素材模型（资源\素材\第 8 章\室内建筑.skp），如图 8-60 所示。

Step 02　单击菜单栏中的“文件”|“导出”|“三维模型”命令，如图 8-61 所示。

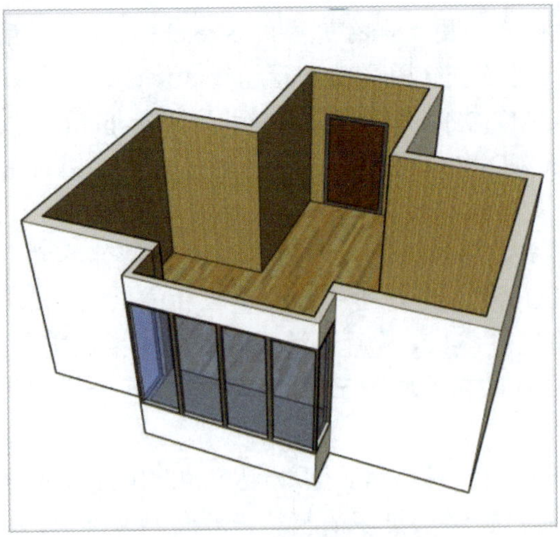

图 8-60　打开素材模型

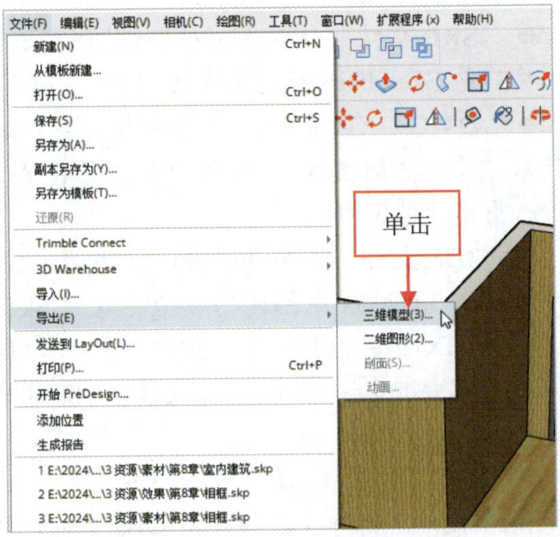

图 8-61　单击“三维模型”命令

Step 03　执行操作后，弹出“输出模型”对话框，在“保存类型”列表框中选择“3DS 文件（*.3ds）”选项，如图 8-62 所示。

Step 04 单击“选项”按钮，弹出“3DS 导出选项”对话框，在此可以设置导出文件的比例和材质，保持默认设置，单击“好”按钮，如图 8-63 所示。

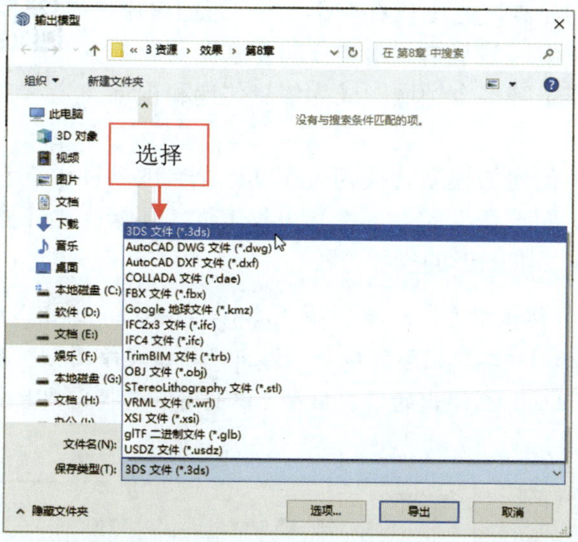

图 8-62　选择“3DS 文件（*.3ds）”选项

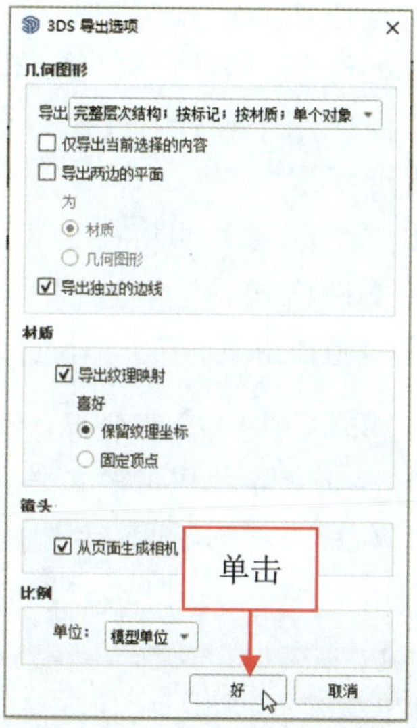

图 8-63　单击“好”按钮

Step 05 单击“导出”按钮，弹出“3DS 导出结果”对话框，显示已处理的 SketchUp 图元和导出的 3DS 图元，单击“好”按钮，如图 8-64 所示。

Step 06 执行操作后，即可将文件导出为三维模型，此时可以使用其他三维设计软件（如 3ds Max）打开该文件，如图 8-65 所示。

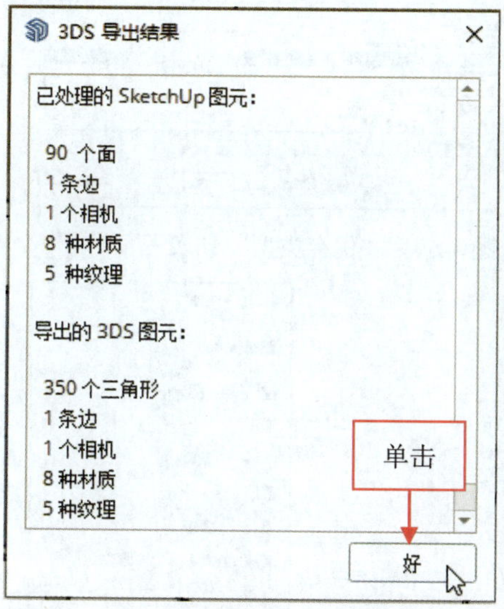

图 8-64　单击“好”按钮

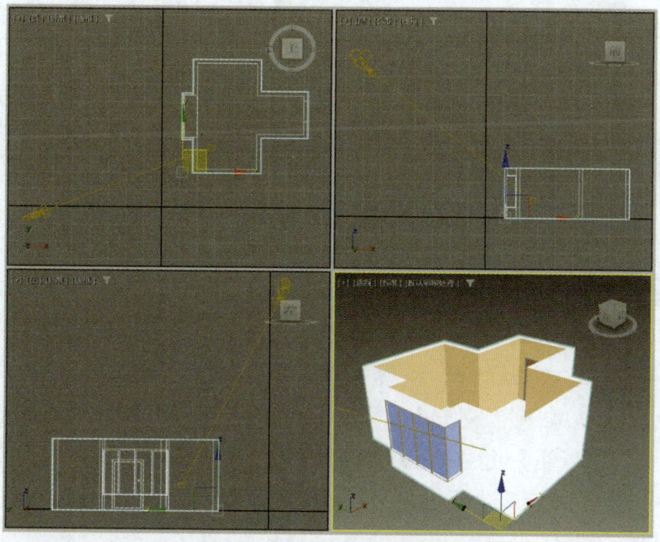

图 8-65　在 3ds Max 中打开文件

▶ 专家指点

3ds Max 是由 Autodesk 公司推出的一款三维建模、动画以及渲染软件，广泛应用于建筑和动画设计等领域。

8.3.2 导出二维图形

导出二维图形

二维图形作为计算机图形学中的基础元素，是指仅存在于二维平面上的图形表示，如线条、多边形、圆形以及各种由这些基本元素构成的复杂图案。二维图形广泛应用于设计、工程、教育及娱乐等多个领域，成为信息传递和视觉表达的重要手段。

导出二维图形，即将在计算机软件中创建的模型转换为可在其他平台或软件中查看、编辑或打印的文件格式。这一过程不仅确保了图形数据的兼容性和可移植性，还极大地拓宽了二维图形的应用范围和影响力。下面介绍导出二维图形的操作方法。

Step 01 按【Ctrl＋O】组合键，打开一个素材模型（资源\素材\第 8 章\房子.skp），如图 8-66 所示。

Step 02 单击菜单栏中的“文件”|“导出”|“二维图形”命令，弹出“输出二维图形”对话框，单击“保存类型”右侧的下拉按钮，在弹出的列表框中可以查看和选择需要导出的二维图形类型，如图 8-67 所示。

图 8-66 打开素材模型

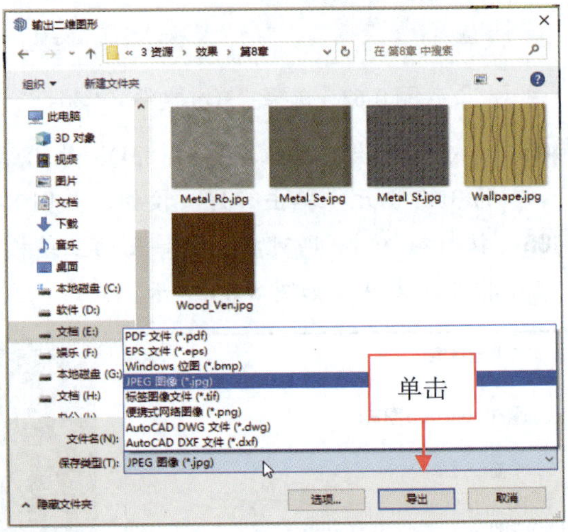

图 8-67 “保存类型”列表框

Step 03 选择“JPEG 图像（*.jpg）”选项，单击“选项”按钮，弹出“输出选项”对话框，保持默认设置，单击“好”按钮，如图 8-68 所示。返回“输出二维图形”对话框，单击“导出”按钮，即可将模型文件导出为 JPEG 图像。

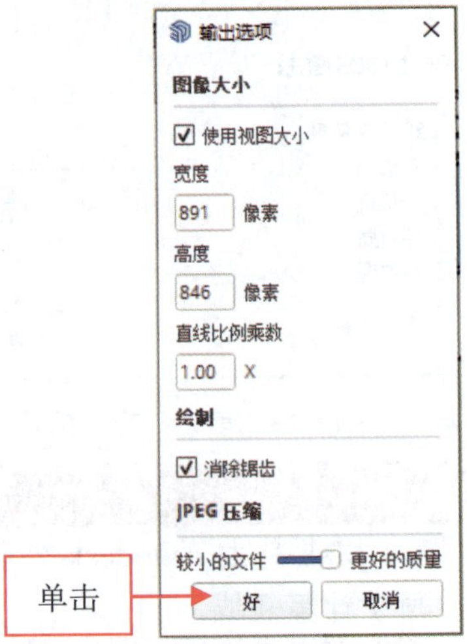

图 8-68 单击“好”按钮

▶ 专家指点

在导出二维图形为 JPEG、标签图像文件、便携式网络图像、Windows 位图以及 EPS 文件格式时，它们都会用到相同的"输出选项"对话框。其中各主要选项的含义如下。

- **使用视图大小**：选中该复选框后，导出的图片像素将与当前视图保持一致。
- **宽度和高度**：当未选中"使用视图大小"复选框时，用户可自定义设置图片的宽度和高度。需要注意的是，图片尺寸越大，所需的导出时间也会相应增加。
- **直线比例乘数**：用于调整导出图片中边线的厚度。当直线比例乘数的数值增大时，边线的厚度也会相应增加。这个选项在需要强调图形边缘或线条细节时特别有用。然而，过高的值可能会导致线条看起来过于粗重，影响图形的整体美观。因此，在使用时需要根据具体需求进行适当调整。
- **消除锯齿**：选中该复选框后，能有效减少导出图片中的锯齿现象，使图像更加平滑。
- **JPEG 压缩**：JPEG 是一种常用的图像压缩格式，它能够在保持较高图像质量的同时，大幅度减少文件大小。这个选项提供了两个调节参数：文件大小和图像质量。
- **较小的文件**：意味着在导出 JPEG 图像时，会采用更高的压缩比，从而减小文件大小。但这样做可能会在一定程度上牺牲图像质量，导致图像出现轻微的模糊或失真。
- **更好的质量**：会降低压缩比，以保留更多的图像细节和色彩信息，从而确保导出的 JPEG 图像具有更高的质量。但这样做会增加文件大小，占用更多的存储空间。

8.3.3　导出剖面

导出剖面

剖面是一种通过切割物体以展示其内部结构或特定截面的视图方式。在 SketchUp 中导出剖面图，可以通过更加直观、准确的方式展示建筑或物体的内部构造和空间布局。其具体操作方法如下。

Step 01 按【Ctrl + O】组合键，打开一个素材模型（资源\素材\第 8 章\房子剖面.skp），如图 8-69 所示。

Step 02 单击菜单栏中的"文件"|"导出"|"剖面"命令，弹出"输出二维剖面"对话框，单击"选项"按钮，如图 8-70 所示。

图 8-69　打开素材模型

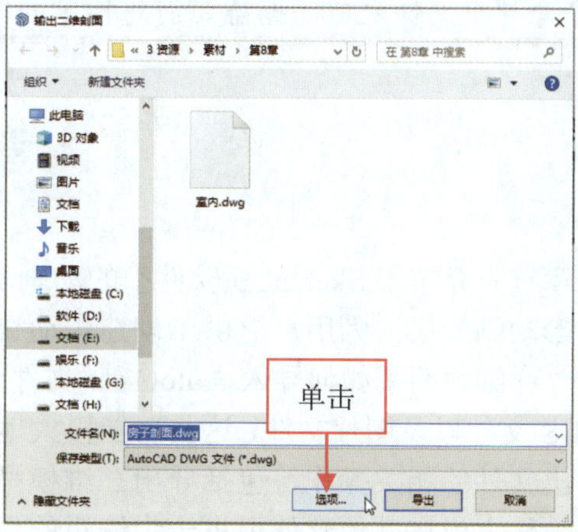

图 8-70　单击"选项"按钮

Step 03 执行操作后，弹出“DWG/DXF 输出选项”对话框，在“AutoCAD 版本”列表框中选择 AutoCAD 2000 选项，如图 8-71 所示，将其导出为较低版本的 AutoCAD 文件。

Step 04 单击“好”按钮，返回“输出二维剖面”对话框，单击“导出”按钮，弹出 SketchUp 信息提示框，提示导出已完成，单击“确定”按钮即可，如图 8-72 所示。

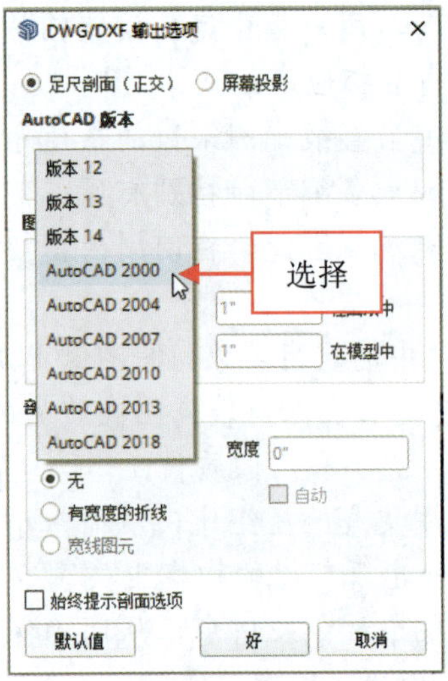

图 8-71 选择 AutoCAD 2000 选项

图 8-72 单击“确定”按钮

> **专家指点**
>
> “DWG/DXF 输出选项”对话框中包括以下几个选项区。
>
> - **“AutoCAD 版本”选项区**：用于设置导出文件的版本属性。用户可以根据实际需求，从列表框中选择不同的 AutoCAD 版本。
> - **“图纸比例与大小”选项区**：选中“全尺寸（1:1）”复选框，可以使导出的 DWG 文件保持与 SketchUp 中原设计完全相同的尺寸比例，其他设置保持为默认值即可。
> - **“剖切线”选项区**：用于控制导出图形的剖切线属性。
>
> 需要注意的是，如果模型中缺乏剖切面，则“导出”子菜单中的“剖面”命令将无法被激活。这意味着，模型中必须存在剖切面，才能执行“导出”命令。同样地，在尝试使用“动画”命令导出文件之前，也需要创建相应的场景，这是导出动画文件的必要前提。

本章小结

本章首先介绍了 SketchUp 软件中的动画功能，包括如何管理动画场景、导出动画文件以及制作阴影动画效果，为用户提供了创建生动、动态演示的实用工具；然后介绍了导入文件的相关操作，详细说明了如何导入 AutoCAD 文件、管理模型标记、根据 AutoCAD 图纸进行建模、导入 3DS 文件以及图片文件，这些功能极大地丰富了 SketchUp 的建模素材和灵活性；最后还介绍了导出文件的相关操作，包括导出三维模型、二维图形以及剖面等，为用户提供了将设计成果分享给他人或在其他软件中进一步编辑的便捷途径。通过本章的学习，读者能够掌握如何将静态的三维模型转化为生动、流畅的动画演示效果。

课后实训

课后实训

在 SketchUp 软件中，用户可以将模型导出为 DWG 文件，能够更轻松地在其他 AutoCAD 软件中打开、编辑和进一步细化这些图纸，从而提升了工作效率和协作的流畅性。本次课后实训的主要目标是掌握导出 DWG 文件的方法。

导出 DWG 文件的操作方法如下。

Step 01 按【Ctrl + O】组合键，打开一个素材模型（资源\素材\第 8 章\厨房立面图.skp），如图 8-73 所示。

Step 02 单击菜单栏中的“文件”|“导出”|“二维图形”命令，弹出“输出二维图形”对话框，在“保存类型”列表框中选择“AutoCAD DWG 文件（*.dwg）”选项，如图 8-74 所示。

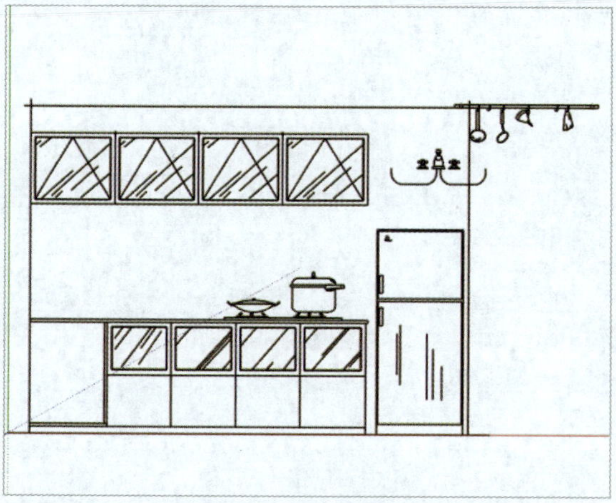

图 8-73　打开素材模型

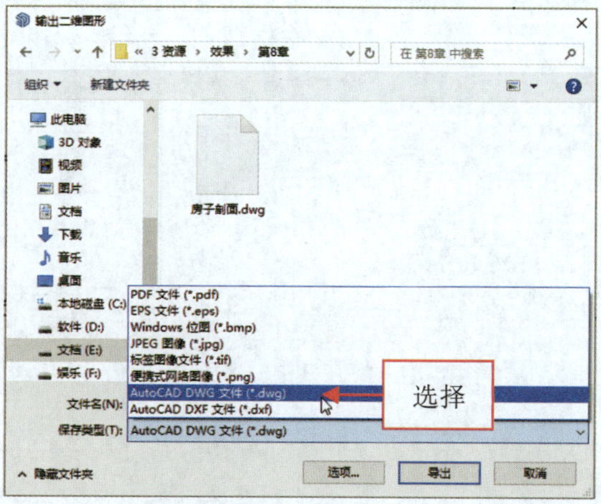

图 8-74　选择“AutoCAD DWG 文件（*.dwg）”选项

Step 03 单击“导出”按钮，弹出 SketchUp 信息提示框，提示导出已完成，单击“确定”按钮，如图 8-75 所示。

Step 04 执行操作后，即可导出 DWG 文件，如图 8-76 所示。

图 8-75　单击“确定”按钮

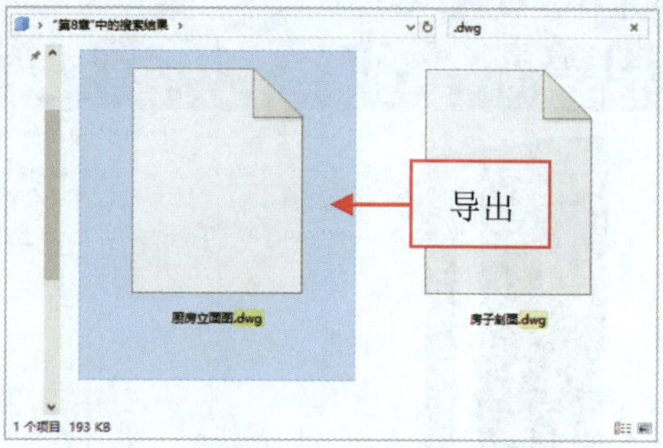

图 8-76　导出 DWG 文件

第 9 章
卧室室内建模综合实战

9

作为人们休憩与私享的空间，卧室的设计不仅要美观，更在于营造一份专属的温馨与舒适。本章将通过 SketchUp 这一强大的三维建模工具，引领读者从零开始，逐步构建出一个既符合个人品味又兼顾功能性的理想卧室模型。

本章重点

- 了解预览卧室室内模型
- 掌握绘制卧室室内模型的方法

思政目标

- 通过分层建模操作，培养读者标准化思维与按规行事习惯
- 运用软件分析功能验证设计规范，培养读者数据驱动的科学思维

9.1　预览卧室室内模型

室内设计作为建筑设计的延续与深化，是运用美学原理和技术手段，创造出满足人们物质和精神需求的美好室内环境的过程。而卧室，作为人们日常生活中最为私密与重要的空间之一，其设计不仅关乎休息与放松的质量，更是个人品味与生活态度的体现。

如何设计出一个既舒适又美观的卧室呢？关键在于理解空间的功能需求，选择合适的色彩、材质与家具，以及合理布局与光影运用。在踏入卧室室内设计的奇妙之旅前，读者可以先预览一下通过 SketchUp 精心绘制的卧室室内模型的整体效果，如图 9-1 所示。

图 9-1　效果展示

9.2　绘制卧室室内模型

在 SketchUp 的世界里，绘制卧室室内模型并非难事，只要遵循一套清晰的基本流程，就能轻松打造出心中的理想空间。从规划布局到细节雕琢，每一步都至关重要。本节将介绍这一流程，从基础墙体绘制开始，逐步添加窗户、大门，再赋予材质效果，最后点缀上家具软装，让卧室模型逐渐丰满起来。

9.2.1　绘制卧室墙体

绘制卧室墙体

卧室墙体作为卧室空间的基本框架，不仅承载着结构支撑的重要作用，还直接影响着卧室的采光、通风与私密性。在卧室设计中，墙体的设计至关重要，它不仅仅是简单的分隔与围合，更是对空间感、风格与氛围的塑造。

设计卧室墙体时，用户需要考虑墙体的材质、色彩、纹理以及与其他元素的协调搭配。同时，墙体的布局与尺寸也需根据卧室的实际功能与需求进行合理规划，以确保空间的通透性与实用性。

在 SketchUp 中绘制墙体，就像是在白纸上勾勒出家的轮廓。每一面墙都承载着对空间的定义与分割，它们的存在让卧室有了形状与边界。通过精确的尺寸与比例，用户可以轻松绘制出卧室的墙体结构。其具体操作方法如下。

Step 01 在菜单栏中，单击“文件”|“从模板新建”命令，弹出“选择模板”对话框，在“默认模板”选项卡中选择“建筑（毫米）”模板，如图 9-2 所示，即可新建一个模型文件。

Step 02 在“样式”面板的“编辑”选项卡中，❶单击背景设置图标，切换至对应选项卡；❷取消选中“天空”复选框，如图 9-3 所示，不显示天空效果。

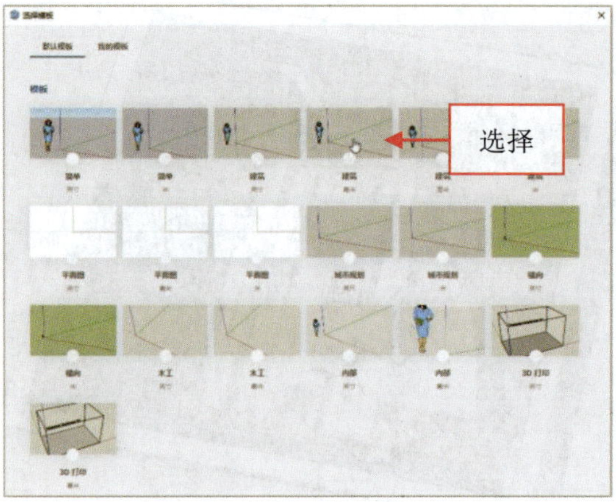

图 9-2 选择“建筑（毫米）”模板

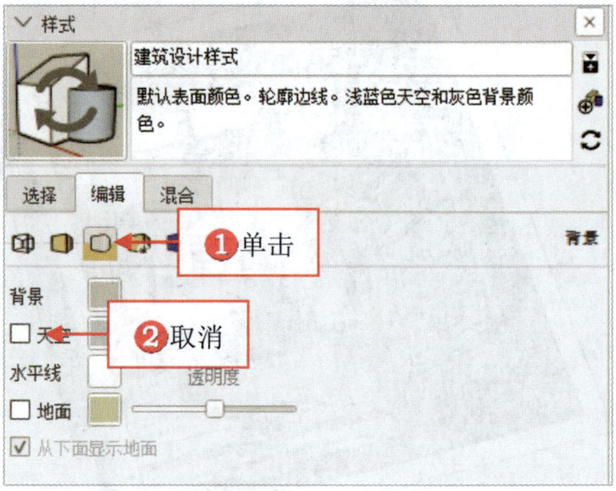

图 9-3 取消选中“天空”复选框

Step 03 在“绘图”工具栏中，单击“矩形”按钮，选取该工具，绘制一个合适大小的矩形，如图 9-4 所示。

Step 04 在“编辑”工具栏中，单击“偏移”按钮，选取该工具，将矩形向外偏移一段距离，如图 9-5 所示，绘制出墙体的厚度。

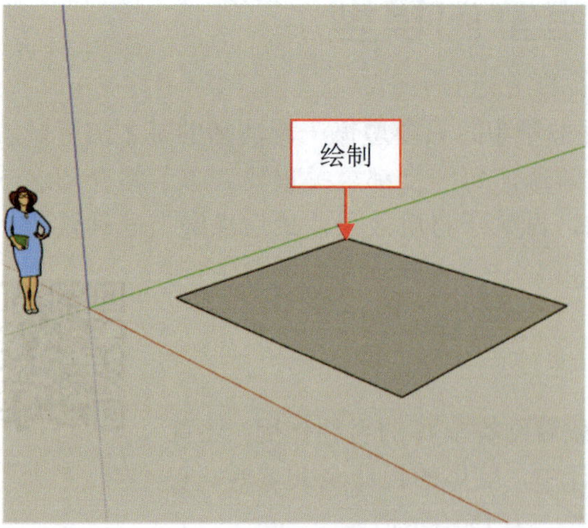

图 9-4 绘制一个矩形

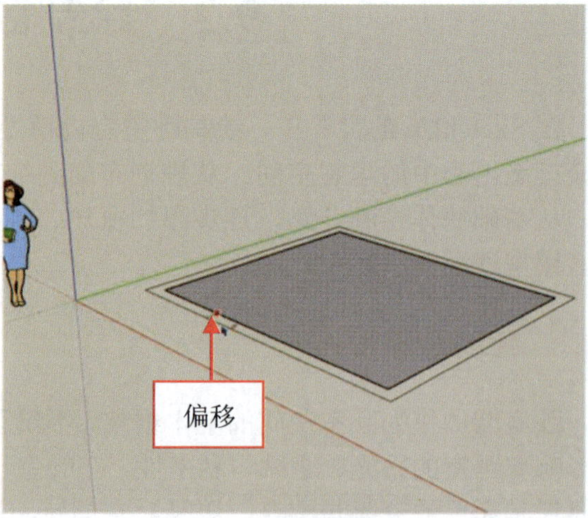

图 9-5 向外偏移矩形

Step 05　使用选择工具选择偏移出来的墙体部分，如图 9-6 所示。

Step 06　在“编辑”工具栏中，单击“推/拉”按钮，选取该工具，并沿着高度方向拉伸墙体，如图 9-7 所示，绘制出墙体的高度。

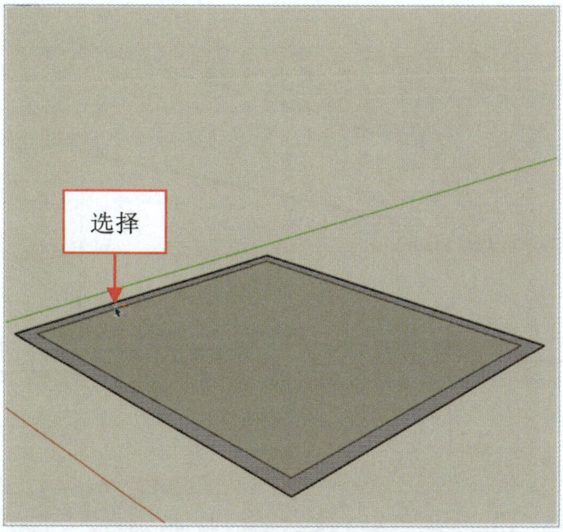

图 9-6　选择偏移出来的墙体部分

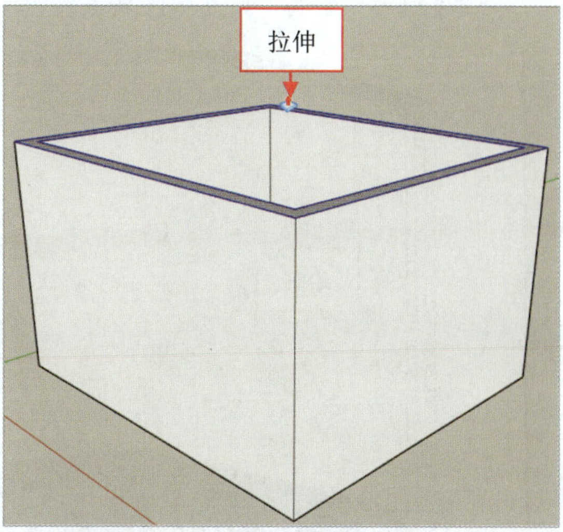

图 9-7　沿着高度方向拉伸墙体

9.2.2　绘制卧室窗户

绘制卧室窗户

窗户是卧室与外界沟通的桥梁，也是自然光与空气进入的通道。在 SketchUp 中绘制窗户，不仅要考虑其美观性，还要兼顾实用性与安全性。选择合适的窗户样式与尺寸，精确绘制其轮廓与开启方式，让卧室在享受阳光与美景的同时，也能保持良好的通风与私密性。下面介绍绘制卧室窗户的操作方法。

Step 01　使用矩形工具在墙体侧面，绘制一个合适大小的矩形，如图 9-8 所示。

Step 02　使用推/拉工具将绘制好的矩形向内推进，绘制一个窗洞，如图 9-9 所示。

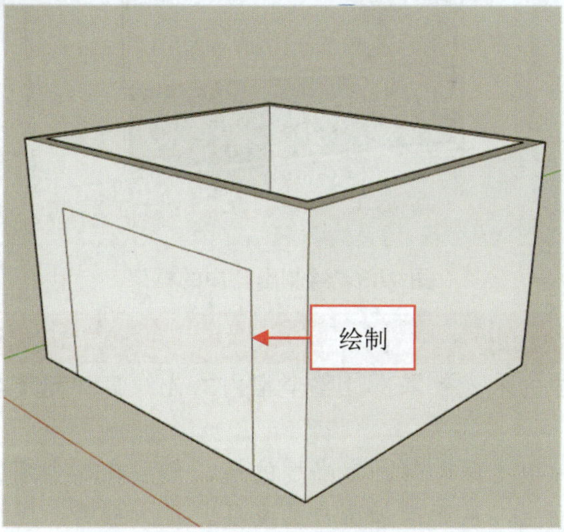

图 9-8　绘制一个矩形

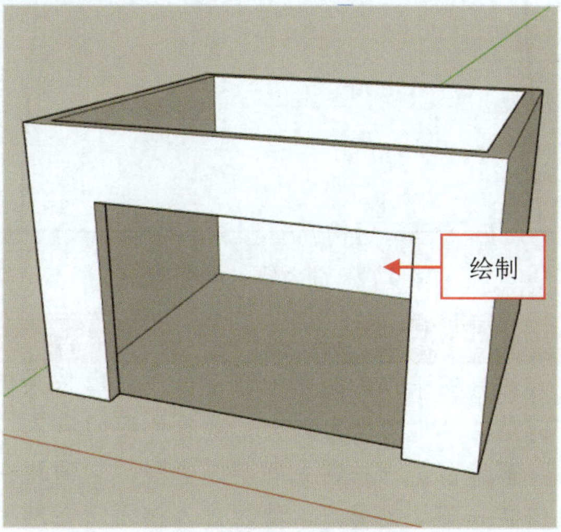

图 9-9　绘制一个窗洞

Step 03 在“绘图”工具栏中，单击“直线”按钮，选取该工具，在窗洞左侧的壁面上绘制两条直线，如图 9-10 所示。

Step 04 使用推/拉工具拉伸窗洞左侧壁面上的矩形（由前一步绘制的两条直线组成的矩形），使其充满整个窗洞，如图 9-11 所示。

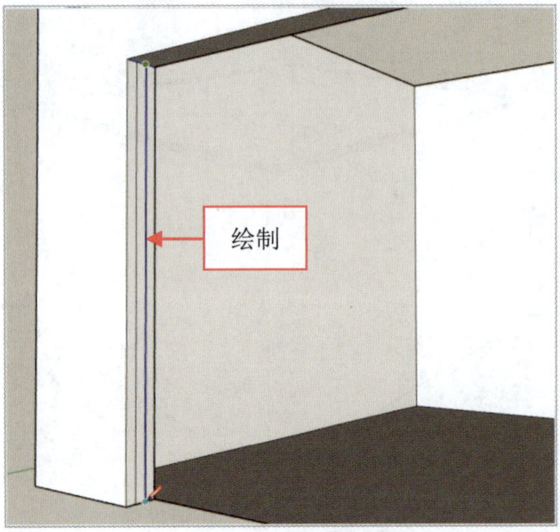

图 9-10　绘制两条直线

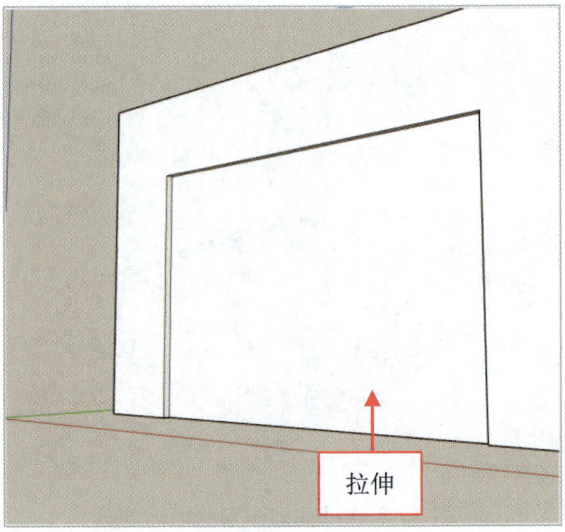

图 9-11　拉伸窗洞左侧壁面上的矩形

Step 05 使用偏移工具将窗洞内的矩形向内偏移一段距离，如图 9-12 所示。

Step 06 使用推/拉工具推进偏移出来的矩形，绘制出窗户的框架，如图 9-13 所示。

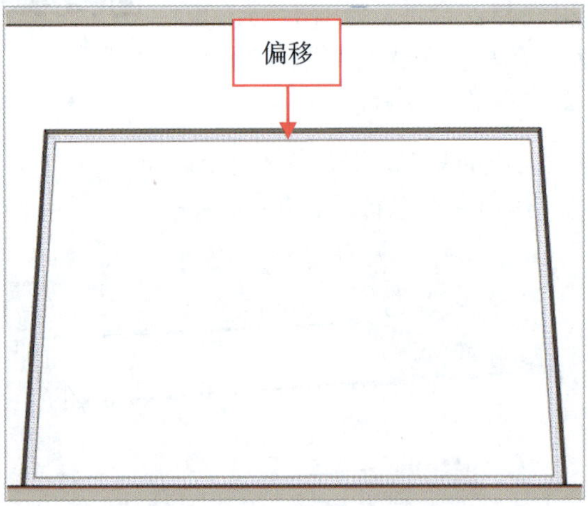

图 9-12　向内偏移一段距离

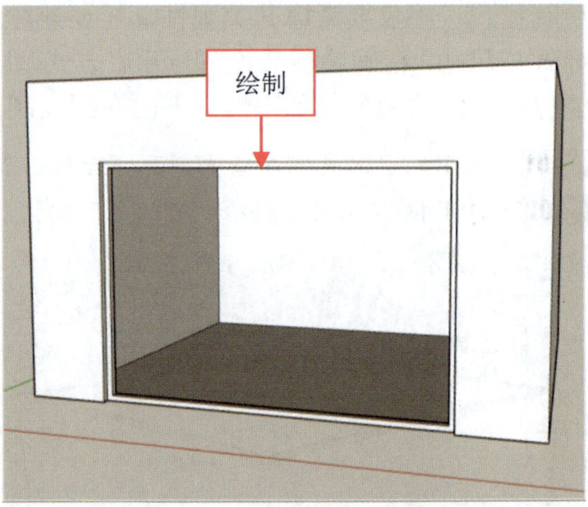

图 9-13　绘制出窗户的框架

▶ 专家指点

该卧室采用的是落地窗设计，能够带来极佳的采光效果，让整个室内的光线更加充足，同时站在落地窗前可以全景观看外面的风景。

落地窗是一种常见的窗户类型，它通过在地板上面砌筑一定高度的墙，然后在这个墙面上安装一整块的窗户，使窗户直接固定在地板面上，从而增加窗户的高度，扩大视野。无论是在平房、瓦房还是楼房中，都可以砌筑落地窗。

Step 07 按住鼠标滚轮并拖曳，调整视图角度，在窗户框架的顶部矩形轮廓内，使用直线工具绘制一条直线，如图 9-14 所示。

Step 08 使用选择工具选择上一步绘制的直线，单击鼠标右键，在弹出的快捷菜单中选择“拆分”选项，如图 9-15 所示。

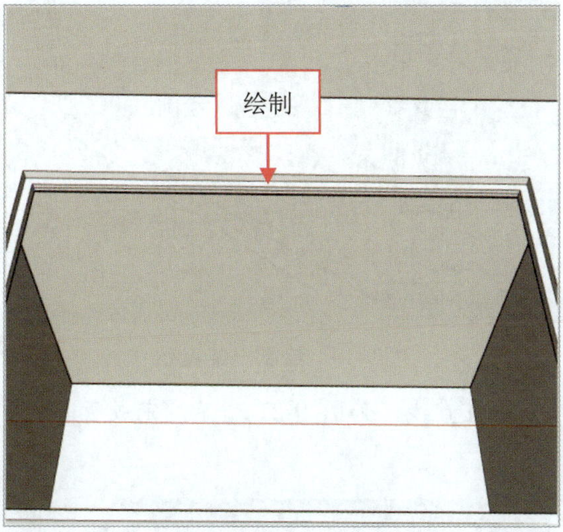

图 9-14　绘制一条直线

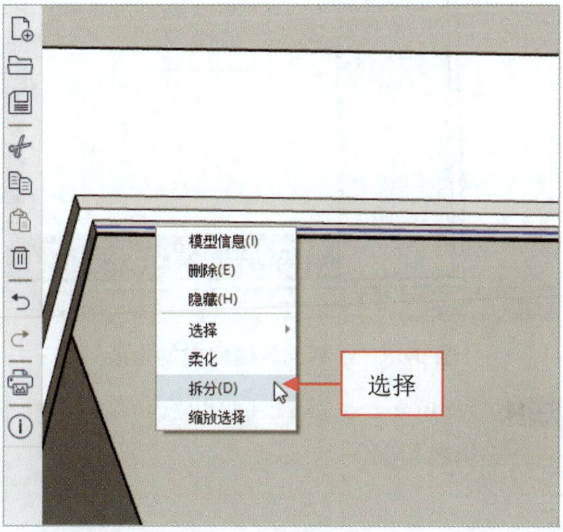

图 9-15　选择“拆分”选项

Step 09 在“段”输入框中输入 4，将直线拆分为 4 段，如图 9-16 所示。

Step 10 使用使用矩形工具，捕捉水平直线的端点和等分点，在窗户框架内绘制一个矩形，如图 9-17 所示。

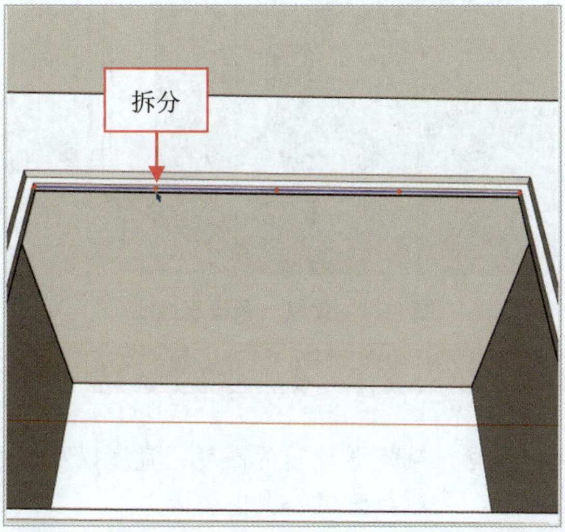

图 9-16　将直线拆分为 4 段

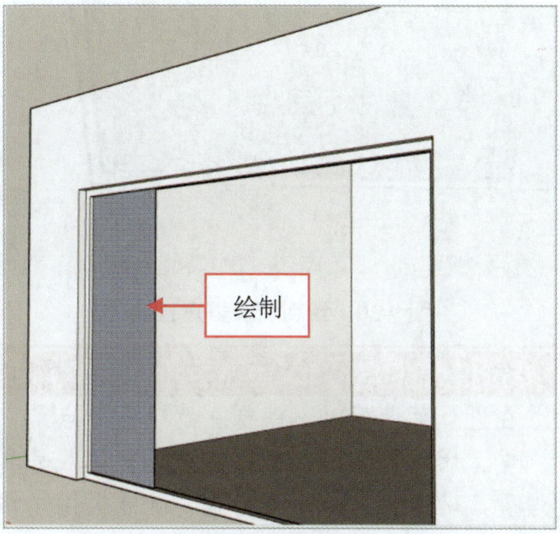

图 9-17　在窗户框架内绘制一个矩形

Step 11 使用偏移工具将分割出来的矩形向内偏移一段距离，绘制出单扇窗户的框架，如图 9-18 所示。

Step 12 使用直线工具捕捉相应的端点，在窗户框架底部平面上绘制一条直线，如图 9-19 所示。

Step 13 使用直线工具捕捉相应的端点，绘制两条垂直直线，如图 9-20 所示，绘制窗户玻璃。

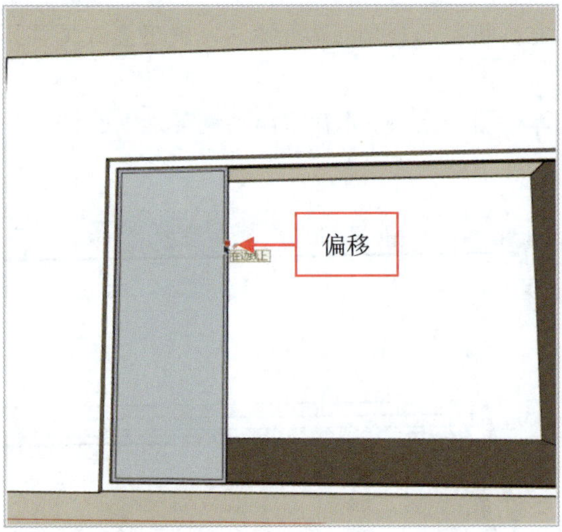

图 9-18　绘制出单扇窗户的框架

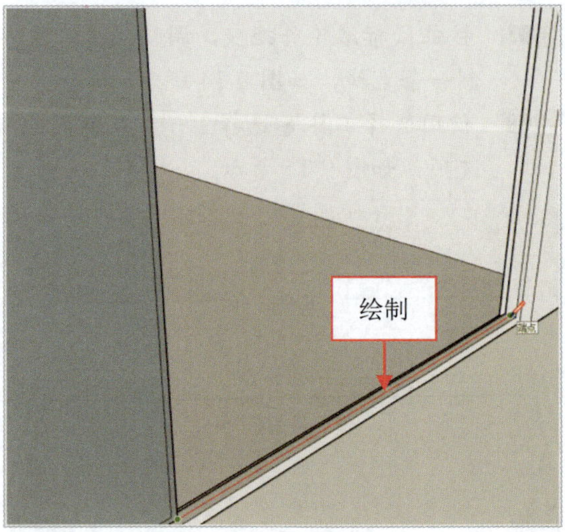

图 9-19　绘制一条直线

Step 14　使用直线工具捕捉相应的端点，绘制一条垂直直线，如图 9-21 所示，完成所有窗户玻璃的绘制。

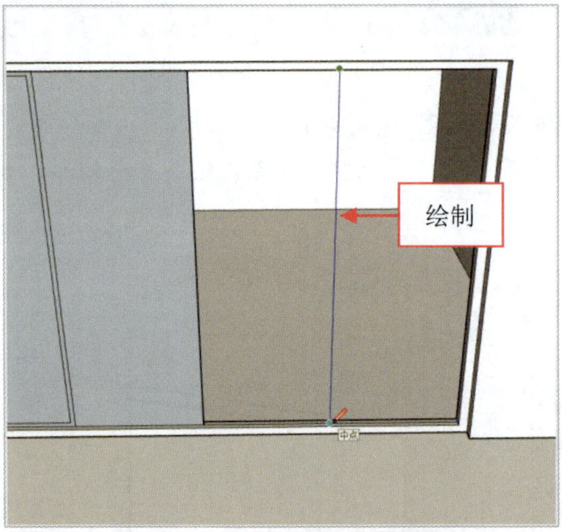

图 9-20　绘制两条垂直直线

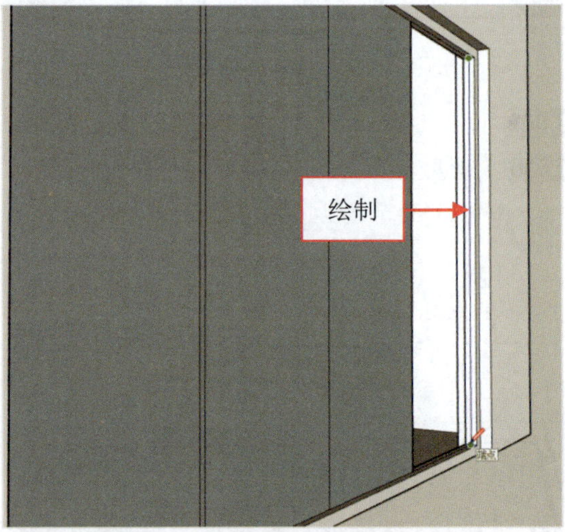

图 9-21　绘制一条垂直直线

▶ **专家指点**

在设计落地窗时，需要注意以下要点。

- **尺寸与比例**：根据建筑的整体尺寸和设计风格，确定落地窗的高度、宽度以及窗框的厚度，确保窗户的比例协调，既能提供足够的视野，又能与建筑外观相和谐。
- **框架与材质**：选择适当的材质来模拟窗框，如木材、金属等，并根据需要调整材质的颜色、纹理和反射等属性。确保窗框的模型精细，能够真实反映材质的质感和细节。
- **玻璃效果**：玻璃部分需要设置高透明度，以模拟真实玻璃的视觉效果。同时，可以根据需要调整玻璃的反射和折射属性，使其更加逼真。此外，还可以考虑添加窗帘、遮阳板等元素，增加模型的细节和实用性。

Step 15　使用偏移工具将前面分割出来的窗户玻璃矩形向内偏移一段距离，绘制出所有单扇窗户的框架，如图 9-22 所示。

Step 16　❶在“材质”面板的路径列表框中选择“玻璃和镜子”选项；❷在其中选择“染色半透明玻璃”材质，如图 9-23 所示。

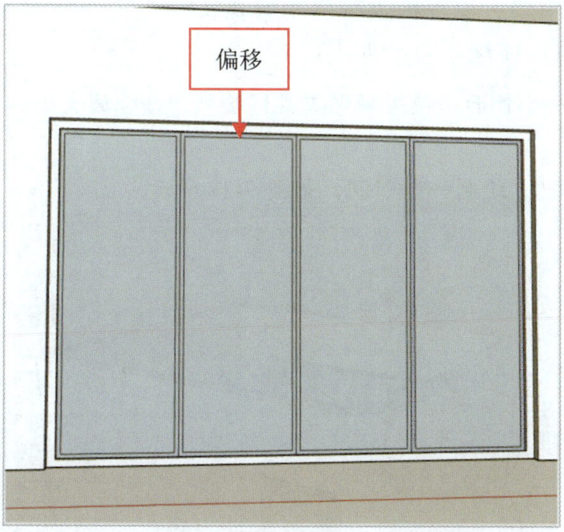

图 9-22　绘制出所有单扇窗户的框架

图 9-23　选择“染色半透明玻璃”材质

Step 17　在“使用入门”工具栏中，单击“颜料桶”按钮，选取该工具，单击窗户玻璃，赋予材质，如图 9-24 所示。

Step 18　使用相同的操作方法，赋予其他窗户玻璃材质，如图 9-25 所示。

图 9-24　赋予窗户玻璃材质

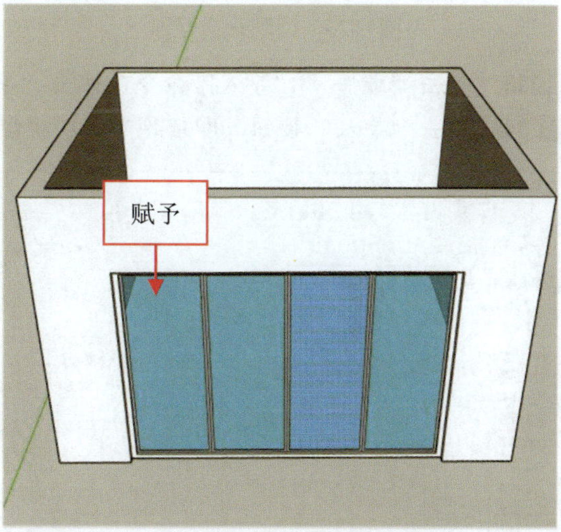

图 9-25　赋予其他窗户玻璃材质

▶ 专家指点

“染色半透明玻璃”结合了玻璃的透明性和染色效果，能够呈现出既透明又带有颜色的外观，常用于模拟现实世界中染色或有色玻璃的效果，使模型更加逼真和具有细节感。

9.2.3　绘制卧室大门

绘制卧室大门

大门是卧室的门户，也是私密与安全的保障。在 SketchUp 中绘制大门，不仅要注重其功能性，还要与整体设计风格相协调。从材质的选择到样式的确定，每一步都需精心考量。通过精确的尺寸与比例，用户可以轻松绘制出既美观又实用的大门模型，为卧室增添一份庄重与典雅。其具体操作方法如下。

Step 01　调整视图角度，将视图旋转至墙体的另一个侧面，使用矩形工具绘制一个合适大小的矩形，如图 9-26 所示。

Step 02　使用推/拉工具将绘制好的矩形向内推进，绘制一个门洞，如图 9-27 所示。

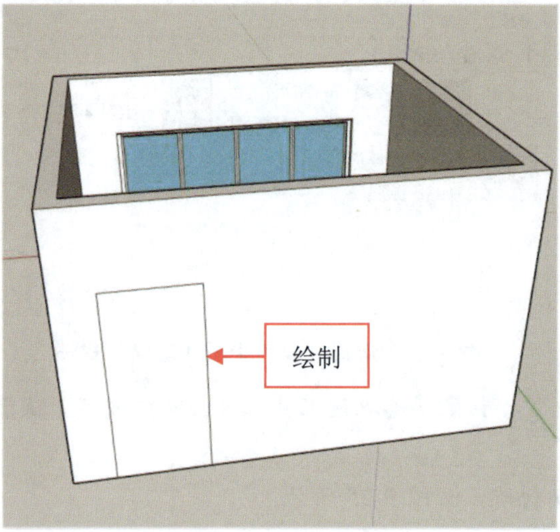

图 9-26　绘制一个矩形

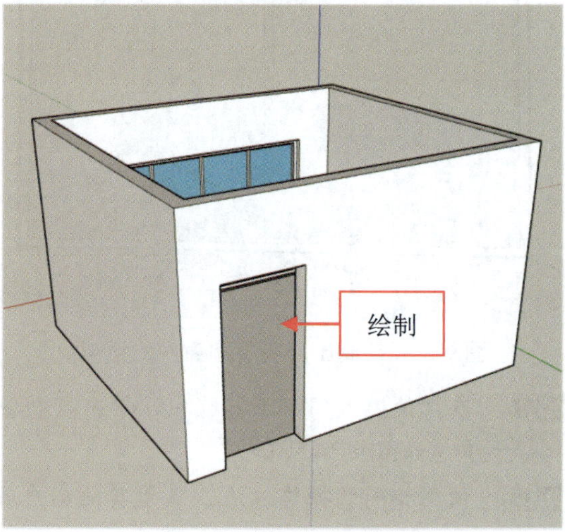

图 9-27　绘制一个门洞

Step 03　单击“文件”|“导入”命令，弹出“导入”对话框，选择相应大门模型，如图 9-28 所示。

Step 04　单击“导入”按钮，即可导入大门模型，如图 9-29 所示。

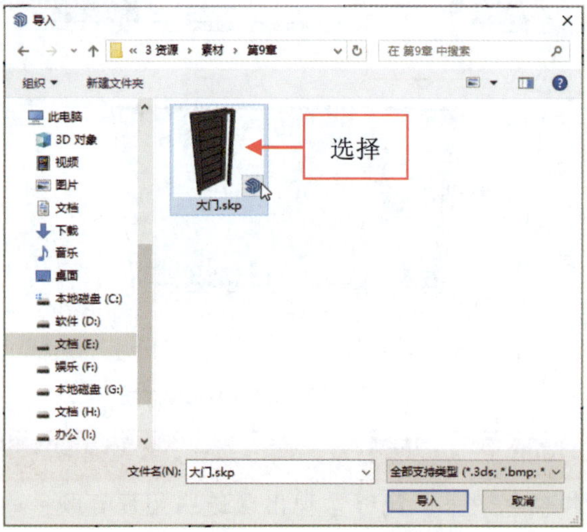

图 9-28　选择相应的大门模型

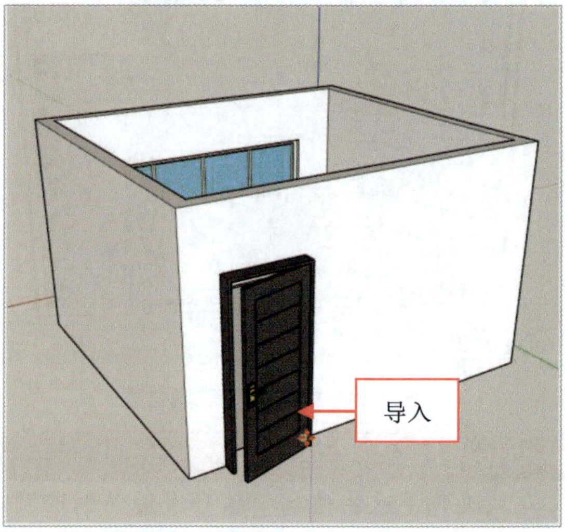

图 9-29　导入大门模型

Step 05 切换至顶视图，单击“编辑”工具栏上的“旋转”按钮，选取该工具，将大门模型旋转 180°，如图 9-30 所示。

Step 06 单击“编辑”工具栏上的“移动”按钮，选取该工具，将大门模型移动至门洞内，如图 9-31 所示。

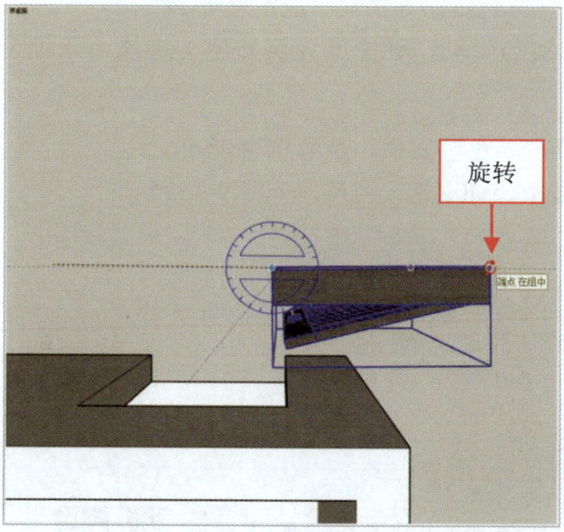

图 9-30　将大门模型旋转 180°

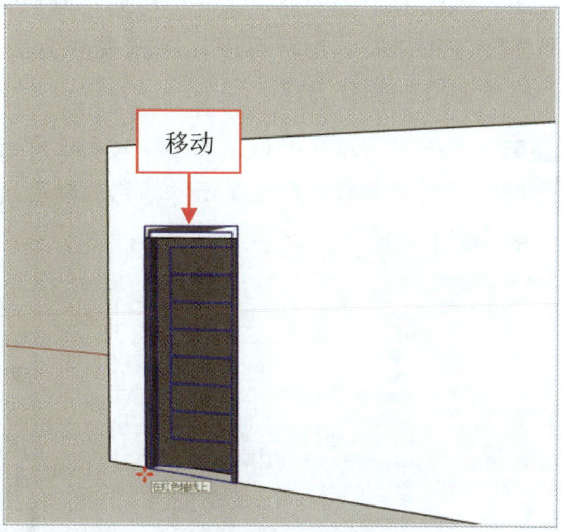

图 9-31　将大门模型移动至门洞内

Step 07 使用推/拉工具向上推进门洞上方的矩形轮廓，增加门洞高度，使其与大门模型相匹配，如图 9-32 所示。

Step 08 使用推/拉工具向右推进门洞右侧的矩形轮廓，增加门洞宽度，使其与大门模型相匹配，如图 9-33 所示。

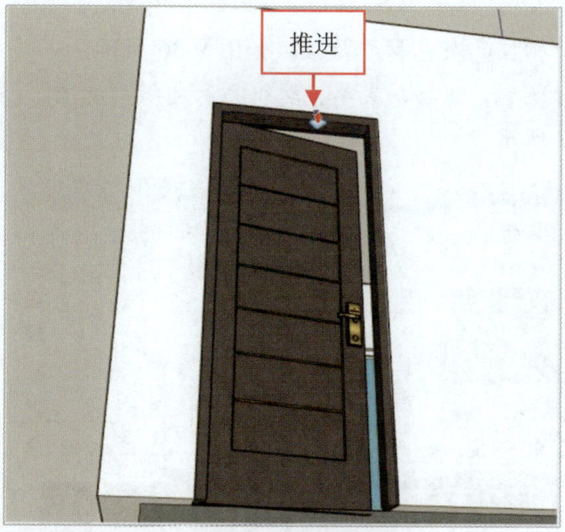

图 9-32　增加门洞高度

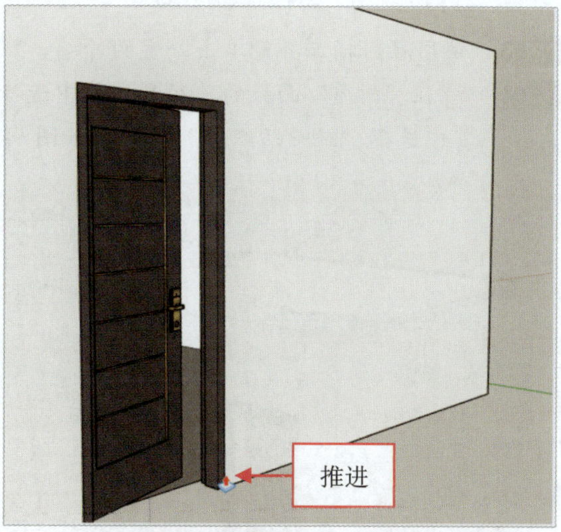

图 9-33　增加门洞宽度

▶ 专家指点

卧室大门的标准尺寸通常是宽约 80 cm、高约 200 cm，这个尺寸足以让大多数人顺利通过，同时也能方便家具的进出。

9.2.4 赋予材质效果

赋予材质效果

材质是赋予卧室模型生命力的关键，在 SketchUp 中可以通过材质库轻松为墙体、地板等赋予逼真的材质效果。从细腻的乳胶漆到温暖的木质纹理，从光滑的瓷砖到柔软的织物面料，每一种材质都承载着不同的质感与情感。通过精心挑选与搭配各种材质，用户可以让卧室模型更加真实与生动，让空间充满质感与层次。下面介绍赋予材质效果的操作方法。

Step 01 展开“材质”面板，在路径列表框中选择“颜色”选项，如图 9-34 所示。

Step 02 执行操作后，即可显示“颜色”材质，选择“M02 色”材质，如图 9-35 所示。

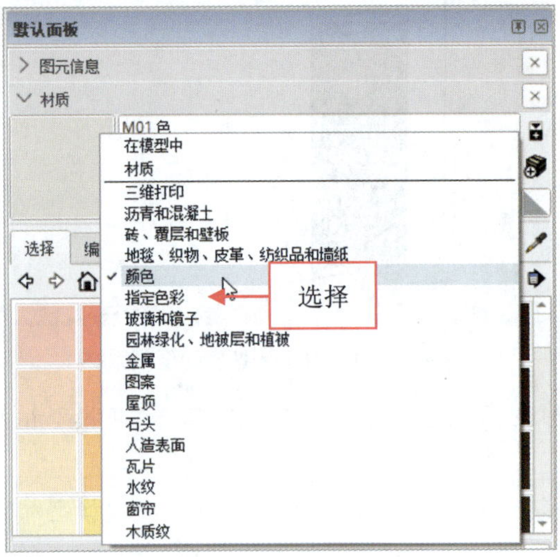

图 9-34 选择“颜色”选项

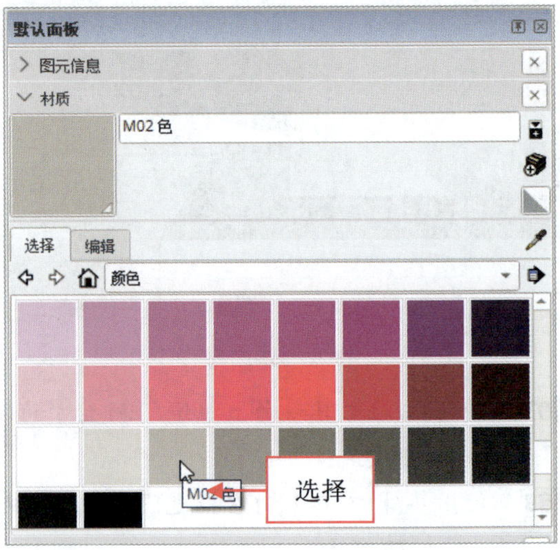

图 9-35 选择“M02 色”材质

Step 03 使用颜料桶工具单击卧室的外墙，赋予相应的灰色材质效果，如图 9-36 所示。

Step 04 ❶在“材质”面板的路径列表框中选择“地毯、织物、皮革、纺织品和墙纸”选项；❷在其中选择“绿叶纺织品”材质，如图 9-37 所示。

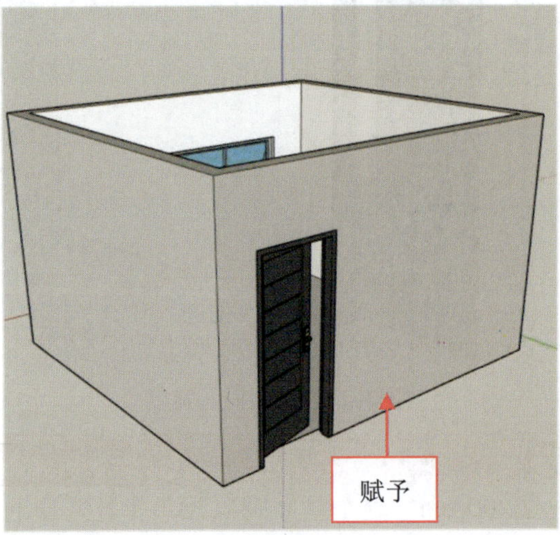

图 9-36 赋予相应的灰色材质效果

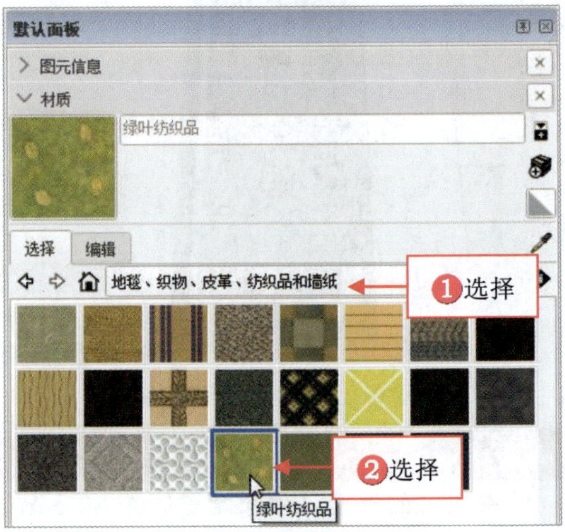

图 9-37 选择“绿叶纺织品”材质

Step 05　使用颜料桶工具为卧室内墙赋予“绿叶纺织品”材质，如图 9-38 所示。

Step 06　❶在“材质”面板的路径列表框中选择“木质纹”选项；❷在其中选择“深色木地板”材质，如图 9-39 所示。

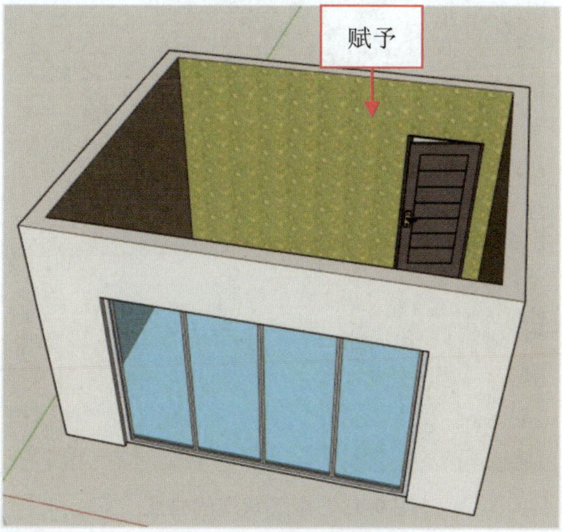

图 9-38　赋予“绿叶纺织品”材质

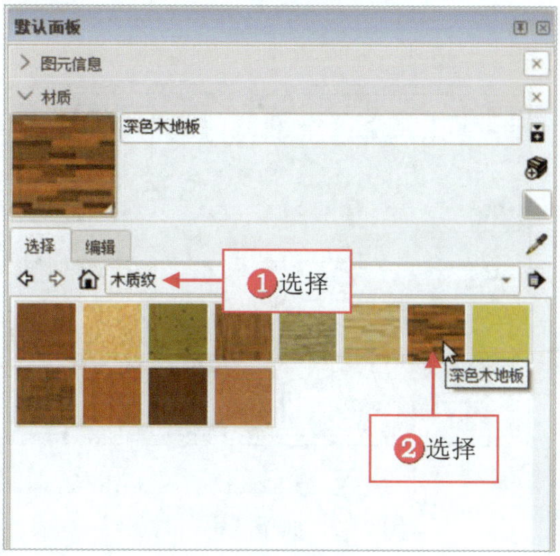

图 9-39　选择“深色木地板”材质

Step 07　使用颜料桶工具为卧室地面赋予“深色木地板”材质，如图 9-40 所示。

Step 08　❶在“材质”面板的路径列表框中选择“金属”选项；❷在其中选择“铝”材质，如图 9-41 所示。

图 9-40　赋予“深色木地板”材质

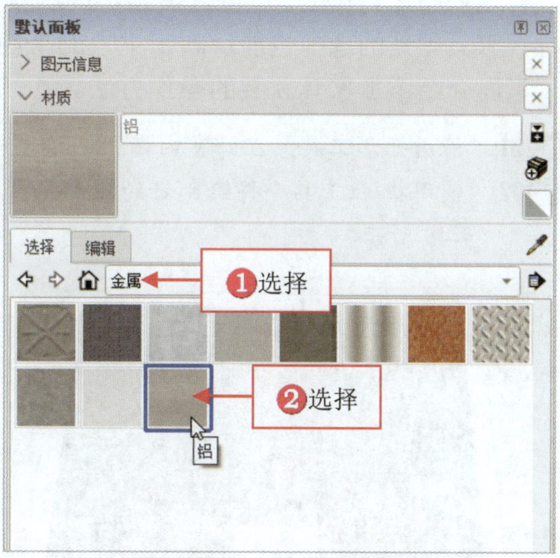

图 9-41　选择“铝”材质

▶ 专家指点

“深色木地板”材质是一种预设的材质选项，用于模拟深色木地板的外观。“深色木地板”材质具有深色系的颜色和木质的纹理，能够为用户的设计增添真实感和温馨感。

Step 09 使用颜料桶工具为窗户框架赋予“铝”材质，如图 9-42 所示。

Step 10 检查其他部分错误的材质，并进行适当修正，如图 9-43 所示。

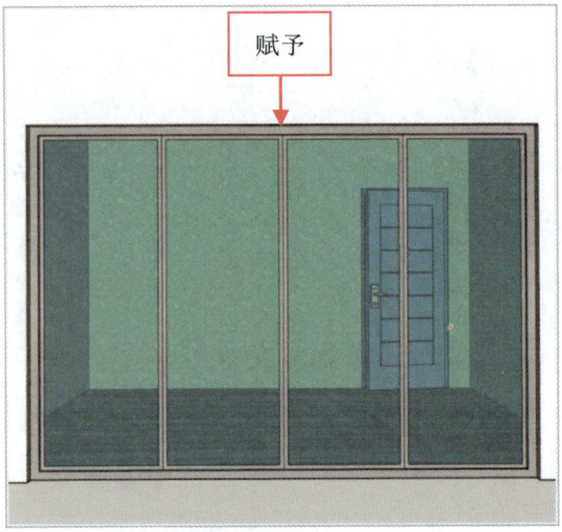

图 9-42 赋予“铝”材质

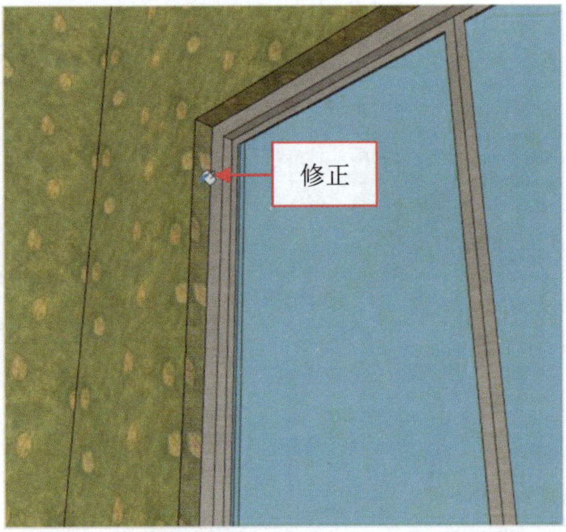

图 9-43 修正错误的材质

9.2.5 添加家具软装

添加家具软装

室内的家具软装是卧室三维建模的点睛之笔。在 SketchUp 中，用户可以轻松添加各种家具与装饰品，如床、地毯、窗帘等，让卧室空间更加完整与丰富。通过合理的布局与搭配，可以营造出不同的氛围与风格，如简约、田园、现代等。同时，家具软装的选择也能反映出主人的个性与品味。

下面介绍添加家具软装的操作方法。

Step 01 使用矩形工具在卧室内墙上，绘制一个合适大小的矩形，如图 9-44 所示。

Step 02 使用推/拉工具将绘制好的矩形向内推进一段距离，绘制出床头背景墙的大体框架，如图 9-45 所示。

图 9-44 绘制一个矩形

图 9-45 绘制床头背景墙框架

> **▶ 专家指点**
>
> 床头背景墙是指卧室床头的造型墙面，具有装饰、隔音、吸音等功能。床头背景墙的设计需要与卧室整体风格相协调，简洁大气的设计能让卧室更加温馨惬意。床头背景墙的设计多种多样，包括但不限于乳胶漆、壁纸、护墙板、软包、木饰面板、墙咔以及石膏线等材料或元素，旨在提升卧室的颜值和氛围感，并满足收纳、灯光等实用功能需求。

Step 03 单击“文件”|“导入”命令，弹出“导入”对话框，选择相应的床模型，如图 9-46 所示。

Step 04 单击“导入”按钮，即可导入床模型，并适当调整其位置，如图 9-47 所示。

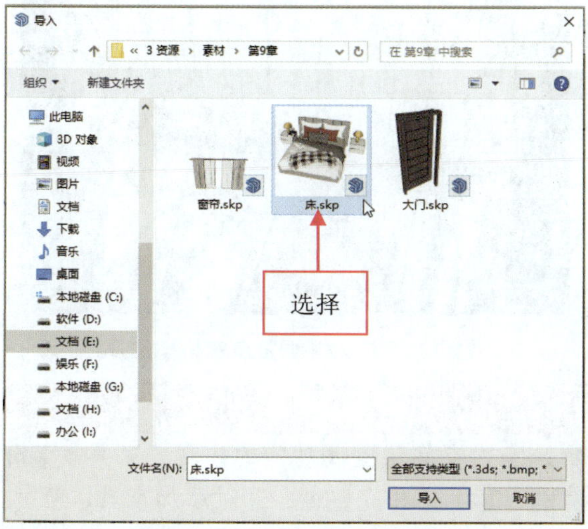

图 9-46　选择相应的床模型

图 9-47　导入并调整床模型位置

Step 05 单击“文件”|“导入”命令，弹出“导入”对话框，选择相应的地毯模型，如图 9-48 所示。

Step 06 单击“导入”按钮，即可导入地毯模型，并适当调整其位置，如图 9-49 所示。

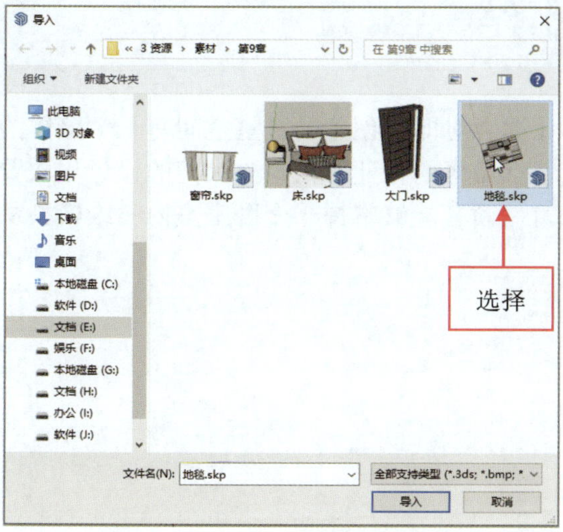

图 9-48　选择相应的地毯模型

图 9-49　导入并调整地毯模型位置

Step 07 单击“文件”|“导入”命令，在弹出“导入”对话框中，选择相应的窗帘模型，如图 9-50 所示。

Step 08 单击“导入”按钮，即可导入窗帘模型，并适当调整其位置，如图 9-51 所示。

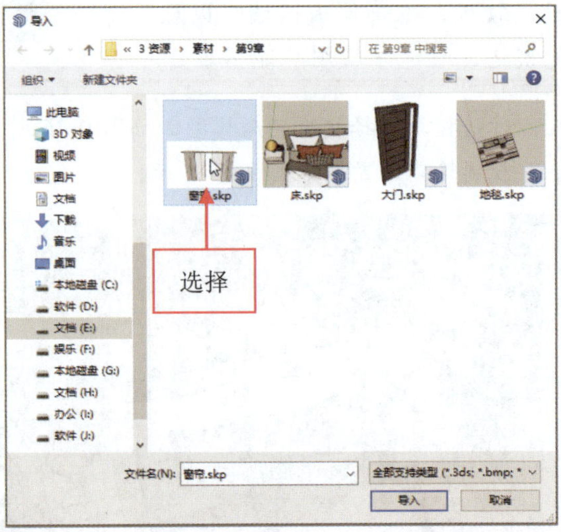

图 9-50 选择相应的窗帘模型

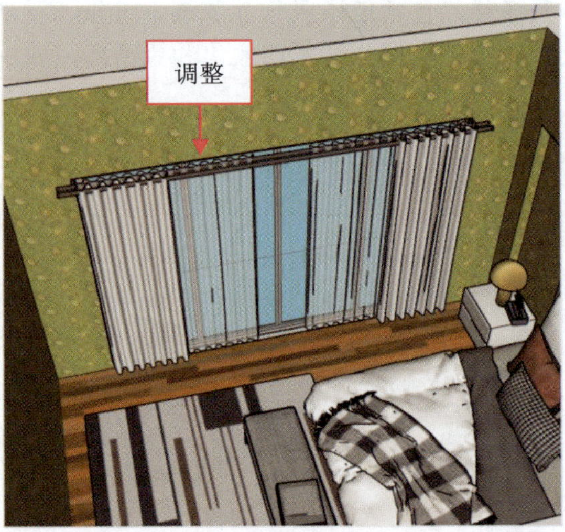

图 9-51 导入并调整窗帘模型位置

▶ 专家指点

三维室内模型不仅仅是建筑结构的展示，更是室内空间氛围和功能的体现。家具软装作为室内空间的重要组成部分，能够极大地提升模型的真实感和完整性。通过添加家具、窗帘、地毯、灯具等软装元素，模型不仅具备了基本的空间结构，还拥有了更加丰富的细节和层次，从而更加贴近真实的室内环境。

本章小结

本章首先介绍了卧室室内模型的预览环节，让读者对即将创建的卧室空间有一个整体的认知；其次详细介绍了卧室室内模型的绘制过程，包括墙体的构建、窗户与大门的设计与放置、材质的赋予以及家具软装的添加。通过本章的学习，读者能够掌握一个卧室室内三维模型从基础框架到细节装饰制作的全过程。

第 10 章
楼房建筑建模综合实战

楼房作为一种重要的建筑形式，其设计与建造需精准且富有创意。SketchUp 提供了丰富的工具集，使读者能够轻松创建、修改和可视化建筑模型。本章将通过实例操作，展示如何运用 SketchUp 构建出既符合实际需求又富有艺术美感的楼房模型。

本章重点

- 了解预览楼房建筑模型
- 掌握绘制楼房建筑模型的方法

思政目标

- 在建筑结构建模中严格遵循安全标准，引导读者以对生命负责的态度进行设计，杜绝任何安全隐患
- 在研究与设计传统建筑模型过程中，深入理解中华文化的深厚底蕴，增强读者文化认同感与自信心

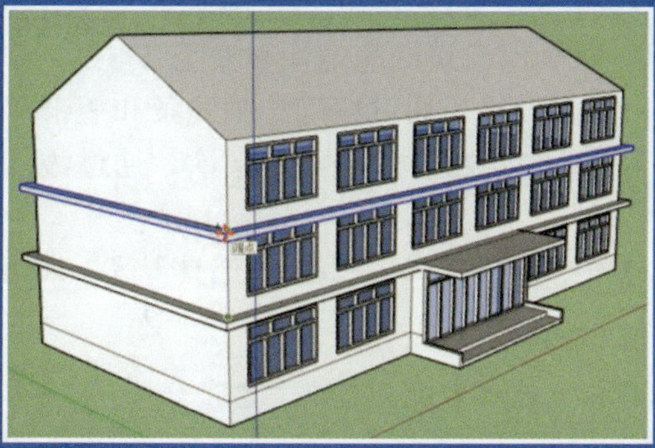

10.1　预览楼房建筑模型

本案例绘制的是一栋办公楼的建筑模型，在使用 SketchUp 开始绘制模型之前，先预览一下模型效果，如图 10-1 所示。这栋办公楼将融合现代设计元素与实用性，成为城市中的一道亮丽风景线。通过预览效果，用户可以对楼房建筑模型的整体设计有一个初步的了解，为后续绘制工作奠定坚实基础。

图 10-1　效果展示

10.2　绘制楼房建筑模型

本节将进入楼房建筑模型的绘制阶段，通过一系列细致的操作，带领读者一步步构建出这栋办公楼的三维模型。本节将详细介绍每个绘制步骤，确保用户能够轻松掌握并创建出令人满意的建筑模型草图。

10.2.1　绘制楼体效果

绘制楼体效果

办公楼的楼体是建筑模型的核心组成部分，承载着建筑的主要功能和结构。在结构上，楼体通常采用钢筋混凝土框架或钢结构，以确保建筑的稳定性和安全性。在绘制过程中，用户需要注重楼体的轮廓线和立面效果。通过精确绘制线条和矩形等基本形状，可以构建出楼体的基本框架。同时，用户还需要考虑楼体的分段和层次，通过添加细节和装饰来增强其视觉效果。

下面将使用 SketchUp 的基本工具，如直线工具、矩形工具和推/拉工具等，来绘制出楼体的基本形状和结构。其具体操作方法如下。

Step 01　在“欢迎使用 SketchUp”对话框的“默认模板”选项卡中，选择“建筑（米）”模板，如图 10-2 所示，新建一个模型文件。

Step02 在“样式”面板的“编辑”选项卡中，❶单击背景设置图标，切换至对应选项卡；❷单击“背景”色块，如图 10-3 所示。

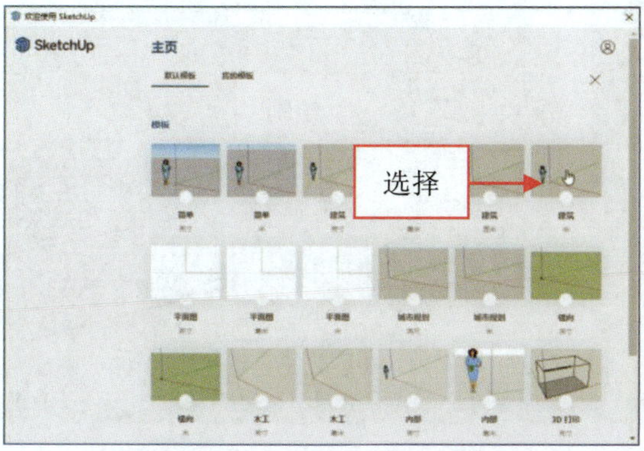

图 10-2　选择“建筑（米）”模板

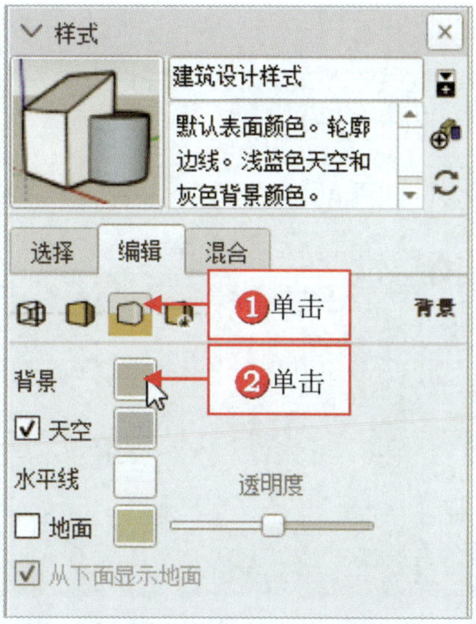

图 10-3　单击“背景”色块

Step03 弹出“选择颜色”对话框，设置 HSB 参数值分别为 109、23、74，如图 10-4 所示。

Step04 单击“确定”按钮，即可将背景修改为浅绿色，如图 10-5 所示。

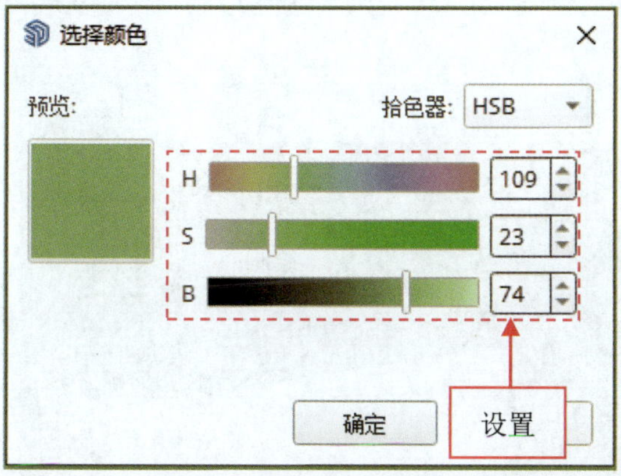

图 10-4　设置 HSB 参数值

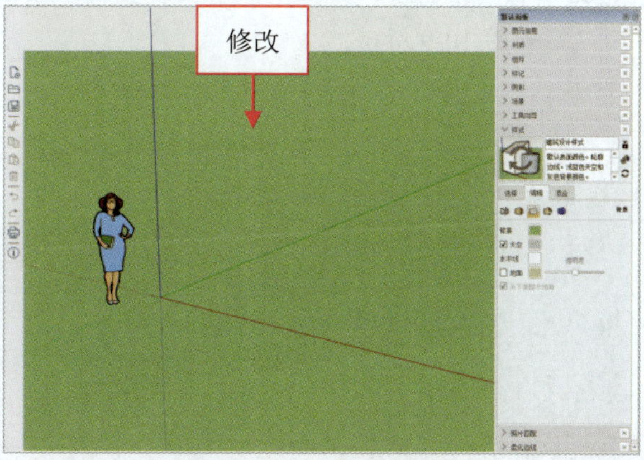

图 10-5　修改背景颜色

▶ 专家指点

HSB 参数值指的是色相、饱和度、明度（也称为亮度）这 3 个参数。色相决定颜色的基本特性，如红、绿、蓝等；饱和度描述颜色的纯度或强度，越高越鲜艳；明度表示颜色的明暗程度，越高越亮。

在图像处理和色彩学中，HSB 参数值常被用于调整图像色彩，使其更符合视觉需求，同时在艺术创作、设计配色等领域也发挥着重要作用。

Step05 单击“天空”复选框右侧的色块，弹出“选择颜色”对话框，设置 HSB 参数值分别为 202、58、98，单击“确定”按钮，即可将天空修改为浅蓝色，如图 10-6 所示。

Step 06 在“绘图”工具栏中，单击“矩形”按钮，选取该工具，绘制一个合适大小的矩形，如图 10-7 所示。

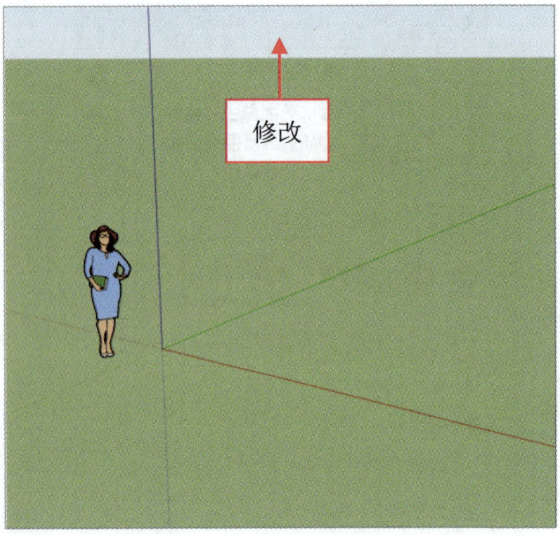

图 10-6 修改天空颜色

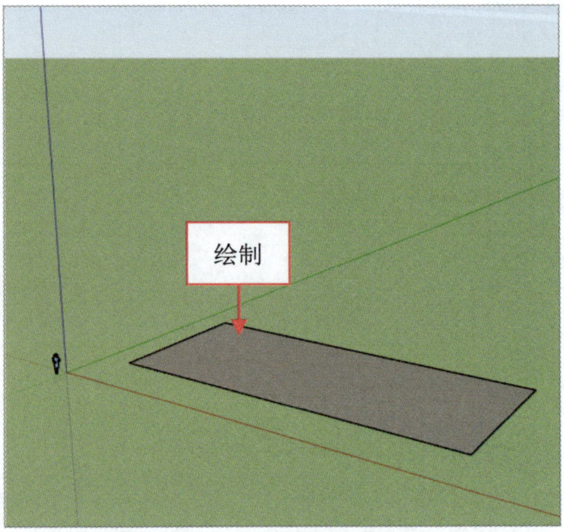

图 10-7 绘制一个矩形

Step 07 在“编辑”工具栏中，单击“推/拉”按钮，选取该工具，并沿着高度方向拉伸矩形，如图 10-8 所示，将其作为楼体的大体模型。

Step 08 在“绘图”工具栏中，单击“直线”按钮，选取该工具，在顶面沿中点绘制一条直线，如图 10-9 所示。

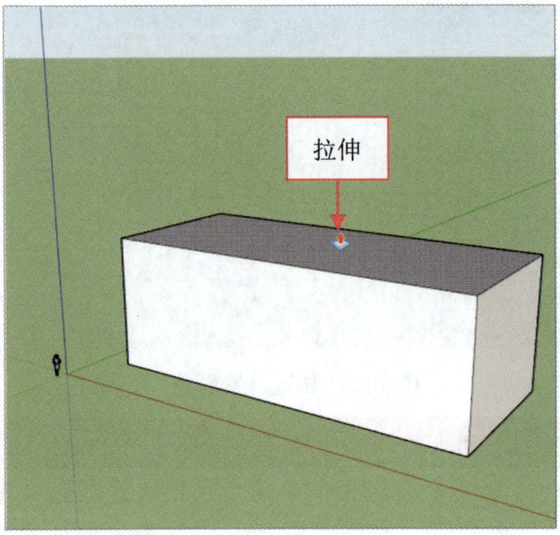

图 10-8 拉伸矩形

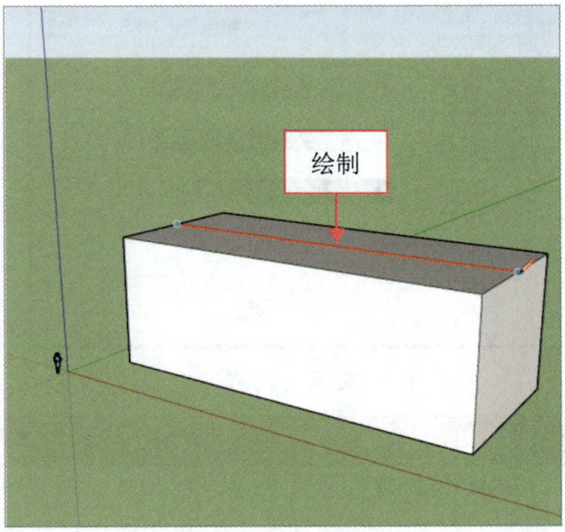

图 10-9 绘制一条直线

Step 09 按住鼠标滚轮并拖曳，将视图旋转到楼体的侧面，使用选择工具选择中间的直线，如图 10-10 所示。

Step 10 单击“编辑”工具栏上的“移动”按钮，选取该工具，按住直线沿着蓝色轴线向上拖曳，如图 10-11 所示，绘制出屋顶的大体模型。

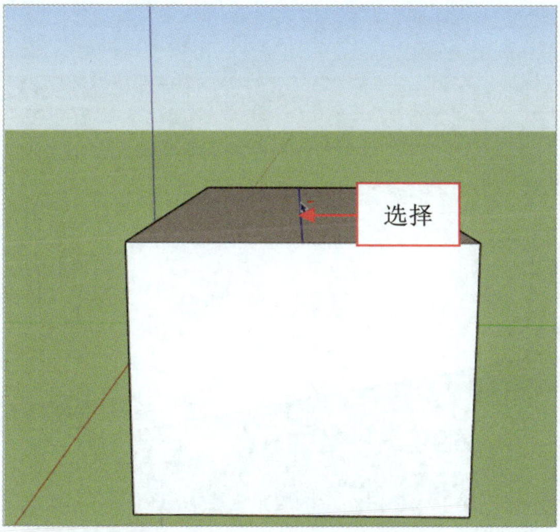

图 10-10　选择中间的直线

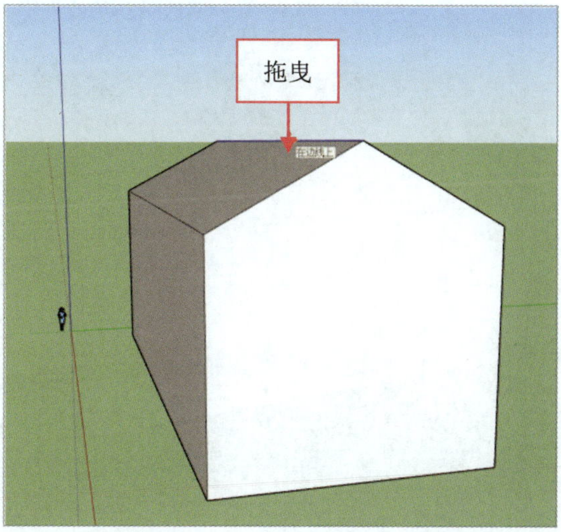

图 10-11　向上拖曳直线

10.2.2　分割楼体模型

分割楼体模型

为了更好地管理楼房建筑模型的结构，接下来需要对楼体模型进行分割，将其分为 3 层。其具体操作方法如下。

Step 01 适当调整视图角度，使用选择工具框选模型底面的矩形，如图 10-12 所示。

Step 02 使用移动工具将底面的矩形向上复制移动至合适位置，分割出楼房的围墙，如图 10-13 所示。

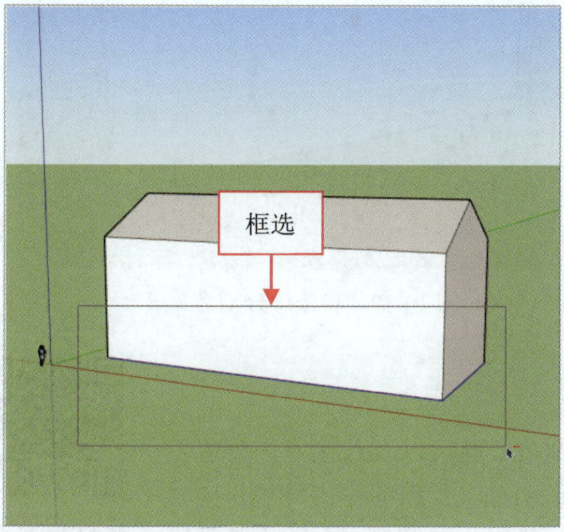

图 10-12　框选模型底面的矩形

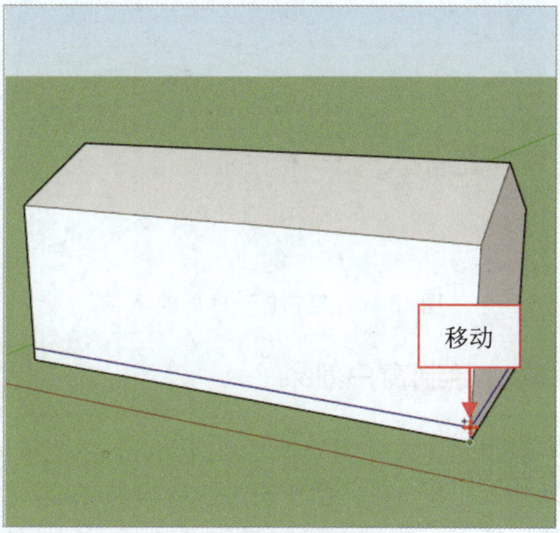

图 10-13　分割出楼房的围墙

Step 03 选择楼体立面的边线，单击鼠标右键，在弹出的快捷菜单中选择“拆分”选项，如图 10-14 所示。

Step 04 在“段”输入框中输入 3，将边线拆分为 3 段，如图 10-15 所示。

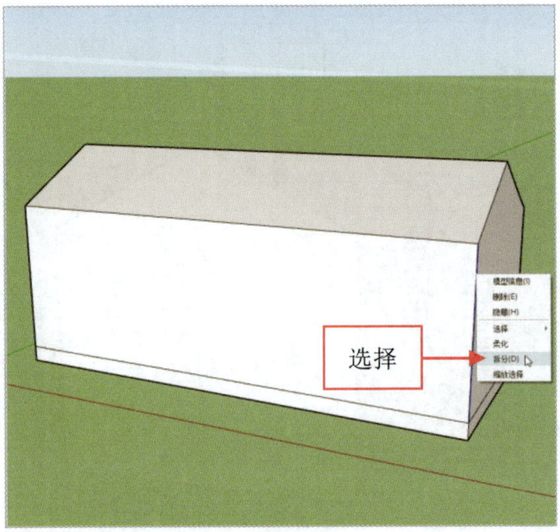

图 10-14　选择“拆分”选项

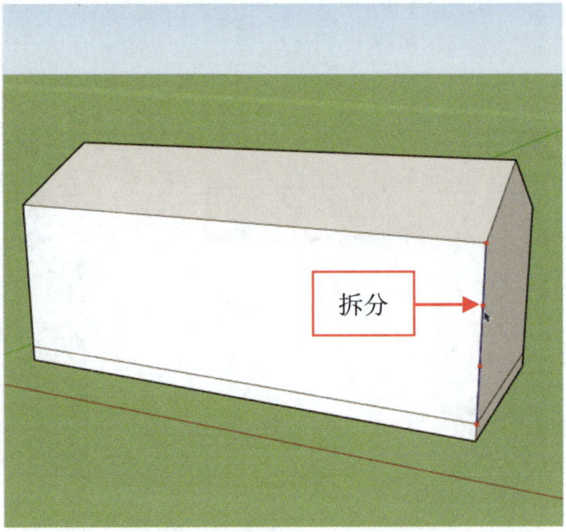

图 10-15　将边线拆分为 3 段

Step 05　使用选择工具选择模型底面的矩形，并使用移动工具将其向上复制移动到相应的等分点上，如图 10-16 所示。

Step 06　执行操作后，即可将楼体分割为 3 层，如图 10-17 所示。

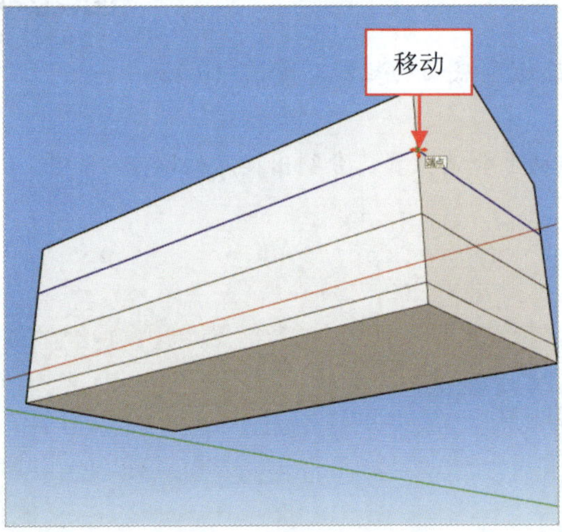

图 10-16　复制移动底面的矩形

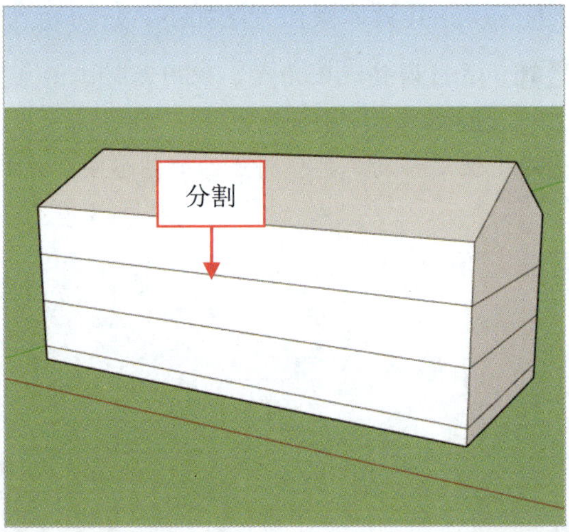

图 10-17　将楼体分割为 3 层

10.2.3　绘制窗户效果

绘制窗户效果

窗户是建筑外观的重要组成部分，主要承担采光、通风以及连接室内外视觉等功能。在建筑中，窗户通过引入自然光线，营造明亮、开放的室内环境，同时节约电能。另外，窗户还允许新鲜空气进入室内，排出污浊空气，有助于维持室内空气质量。窗户还是室内与室外之间的视觉桥梁，能让人欣赏到室外的美景。因此，窗户在建筑中起着至关重要的作用，是提升建筑美观性、舒适度和功能性的关键因素。

在绘制窗户效果时，应充分考虑其功能和美学价值，确保设计既实用又吸引人。下面介绍绘制窗户效果的操作方法。

Step 01 选取矩形工具，在第一层楼的左侧绘制一个合适大小的矩形，如图 10-18 所示。

Step 02 使用直线工具，在窗户的轮廓中绘制一条水平方向的直线，如图 10-19 所示。

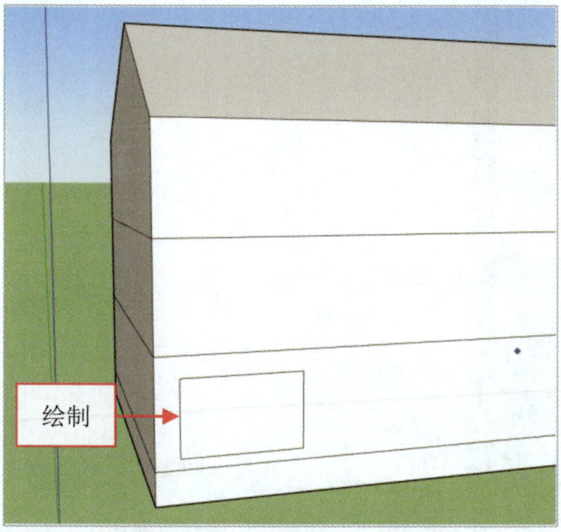

图 10-18　绘制一个矩形

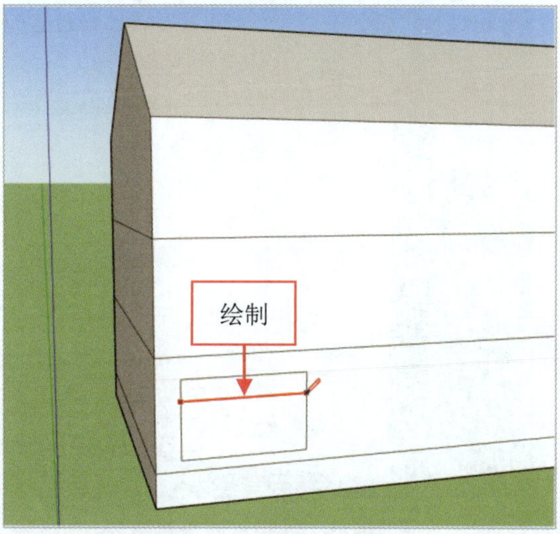

图 10-19　绘制水平直线

Step 03 在上一步绘制的直线上单击鼠标右键，在弹出的快捷菜单中选择“拆分”选项，将其等分为 4 段，如图 10-20 所示。

Step 04 使用直线工具，在水平线的等分点上绘制一条垂直方向的直线，至窗户的下轮廓边线上，如图 10-21 所示。

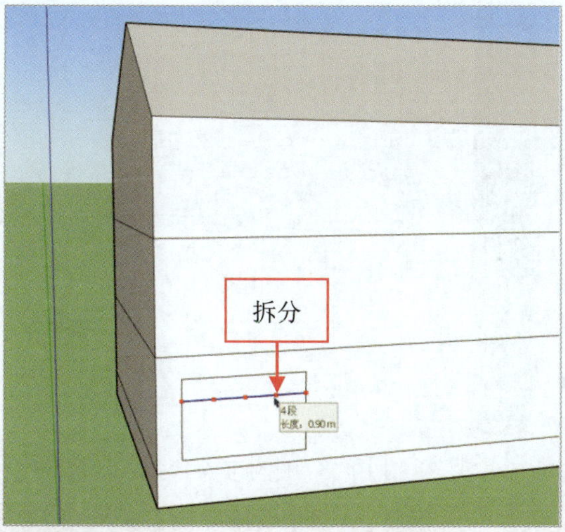

图 10-20　拆分水平直线

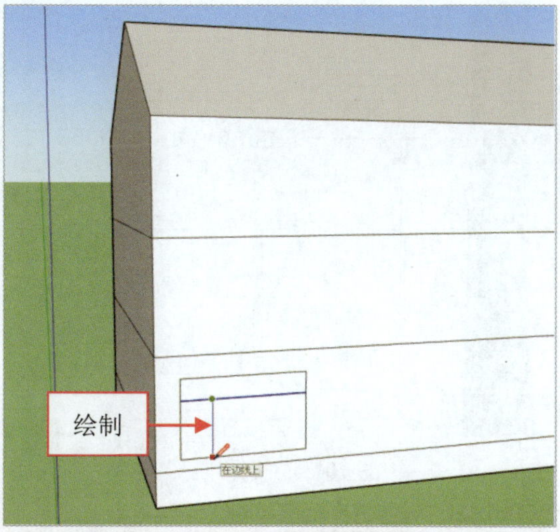

图 10-21　绘制垂直直线

▶ 专家指点

四开窗的设计能更好地满足通风和采光需求，而顶窗则可以增加自然光的照射。四开窗的宽度一般在 90 ~ 120 cm，高度在 2 ~ 2.4 m。

Step 05 使用相同的操作方法，在其他的等分点上绘制垂直直线，如图 10-22 所示。

Step 06 重复步骤 3～步骤 5 的部分操作，将窗户轮廓的顶部边线拆分为 3 段，并使用直线工具绘制相应的垂直直线，如图 10-23 所示，进一步分割出窗户的结构。

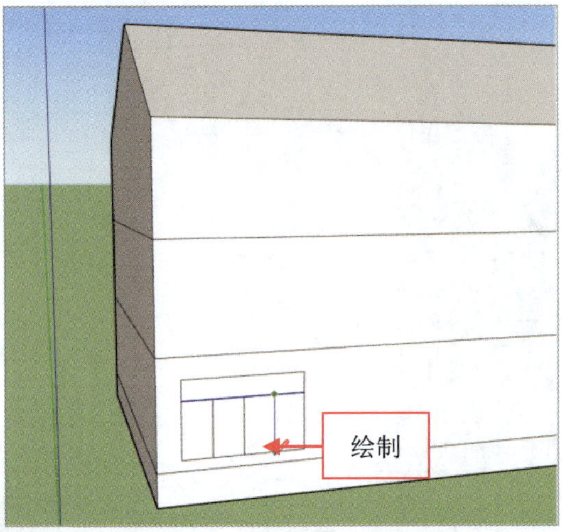

图 10-22　绘制其他垂直直线

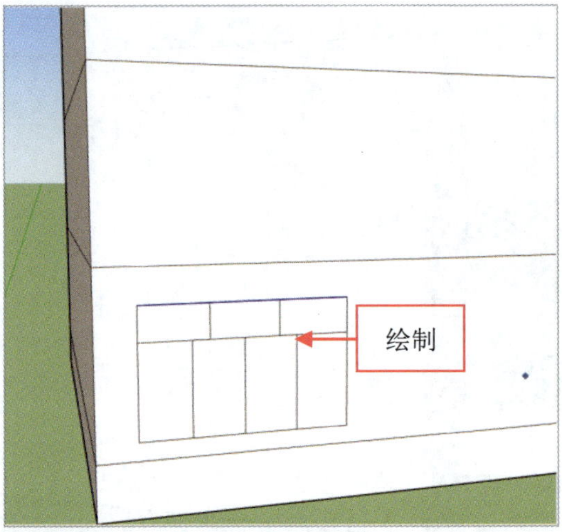

图 10-23　绘制相应的垂直直线

Step 07 在“编辑”工具栏中，单击“偏移”按钮，选取该工具，将所有分割出来的矩形向内偏移，如图 10-24 所示，绘制出窗户的框架结构。

Step 08 在“使用入门”工具栏中，单击“删除”按钮，选取该工具，删除窗户结构中的多余线条，如图 10-25 所示。

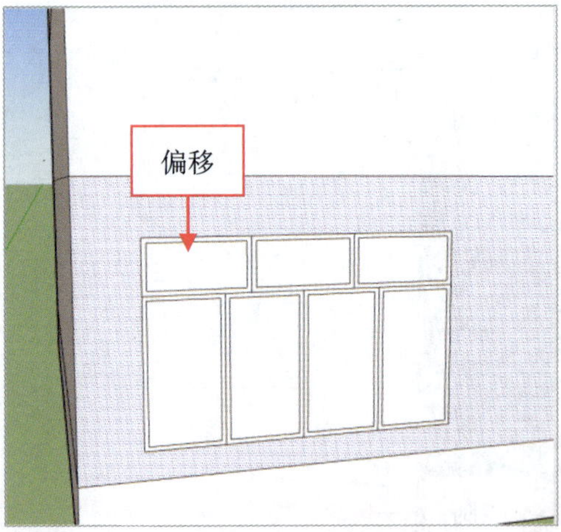

图 10-24　偏移矩形

图 10-25　删除多余线条

▶ 专家指点

在绘图之前，用户最好先确定窗户的尺寸、位置和类型。提前做好这些准备可以大幅减少反复修改的时间，确保数据的精确性。

Step 09 按住【Ctrl】键的同时，使用选择工具同时选中窗户四周的轮廓线，如图 10-26 所示。

Step 10 使用偏移工具将轮廓线向外偏移一段距离，如图 10-27 所示，使其与窗户内部的窗框宽度一致。

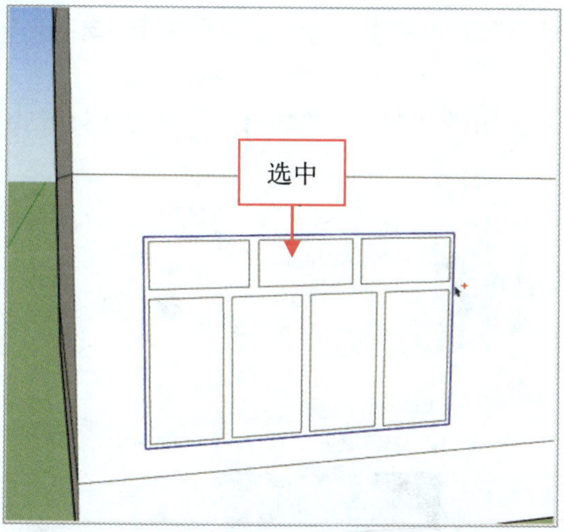

图 10-26　选中窗户四周的轮廓线

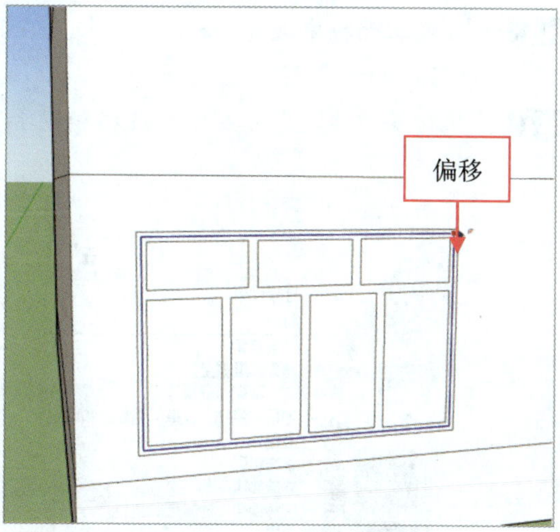

图 10-27　偏移轮廓线

Step 11　使用删除工具，删除窗框中的多余线条，如图 10-28 所示。

Step 12　使用推/拉工具将绘制好的各个窗框分别向内推进，如图 10-29 所示，绘制出一个完整的窗户模型。

图 10-28　删除窗框中的多余线条

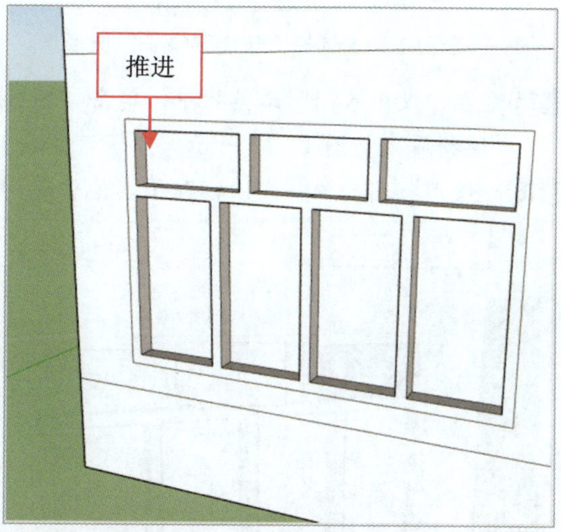

图 10-29　向内推进各个窗框

▶ 专家指点

使用 SketchUp 绘制窗户模型的基本流程如下。

- **绘制墙面：** 使用 SketchUp 的矩形工具绘制一个墙面，将其作为窗户的背景。
- **创建窗洞：** 在墙面上使用矩形工具绘制一个与窗户大小相同的矩形区域，这个区域将作为窗洞，确保窗洞的位置和大小符合设计要求。
- **推拉窗洞：** 选中绘制的矩形窗洞，使用推拉工具将其推进到墙面内，形成一个开口，这就是窗户的洞口。

为了增加窗户的真实感，可以为窗框添加一些细节，如窗台、窗沿、窗框装饰等元素。这些元素可以通过绘制线条和形状，然后使用推拉工具将其拉出适当的厚度来实现。

Step 13 在默认面板中展开“材质”面板，在其中的路径列表框中选择“玻璃和镜子”选项，如图 10-30 所示。

Step 14 执行操作后，即可显示“玻璃和镜子”材质，选择“半透明的玻璃蓝”材质，如图 10-31 所示。

图 10-30　选择“玻璃和镜子”选项

图 10-31　选择“半透明的玻璃蓝”材质

Step 15 在“使用入门”工具栏中，单击“颜料桶”按钮，选取该工具，单击窗框内部，赋予玻璃材质，如图 10-32 所示。

Step 16 使用相同的操作方法，赋予其他玻璃材质，如图 10-33 所示。

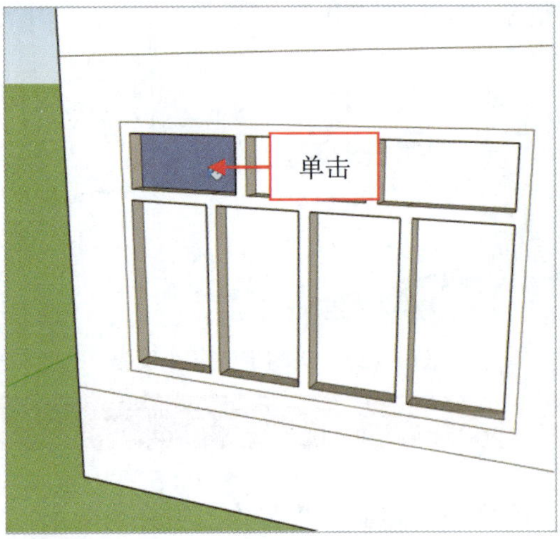

图 10-32　赋予玻璃材质

图 10-33　赋予其他玻璃材质

10.2.4　复制窗户效果

为了提高绘制效率，用户可以使用 SketchUp 的复制功能来快速生成多个窗户模型，同时通过调整复制参数，可以轻松实现窗户的均匀分布和排列。其具体操作方法如下。

复制窗户效果

Step 01　使用选择工具框选绘制好的单个窗户模型，如图 10-34 所示。

Step 02　使用移动工具将窗户模型向左复制移动至合适位置，如图 10-35 所示。

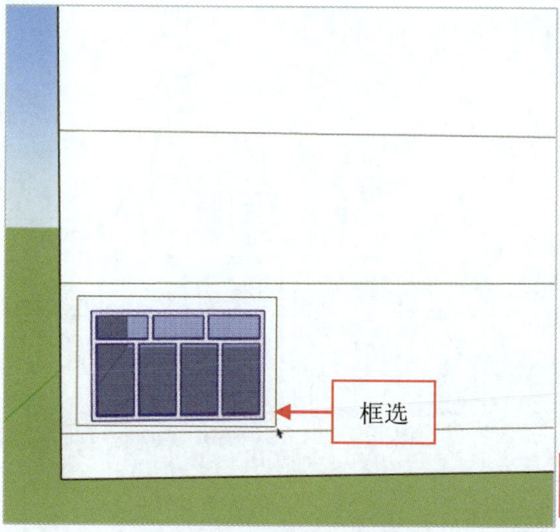

图 10-34　框选单个窗户模型

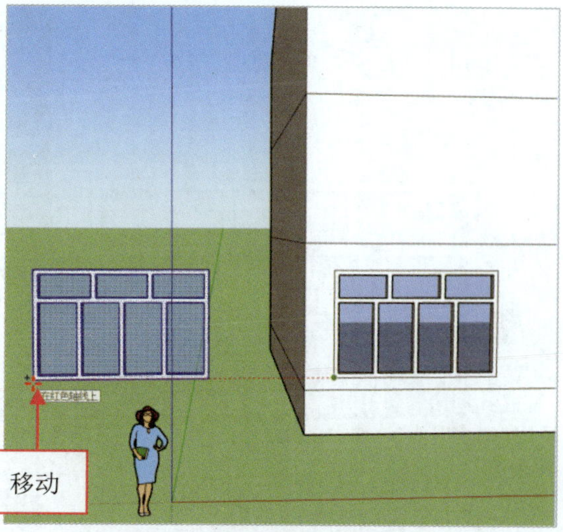

图 10-35　复制移动至合适位置

Step 03　在复制的窗户模型上单击鼠标右键，在弹出的快捷菜单中选择“创建组件”选项，如图 10-36 所示。

Step 04　执行操作后，弹出“创建组件”对话框，❶设置“定义”为“窗户”“黏接至”为“垂直”，设置组件名称并使其对齐至所有平面；❷选中“切割开口”复选框，如图 10-37 所示，用于实现窗户在墙体上的开洞操作。

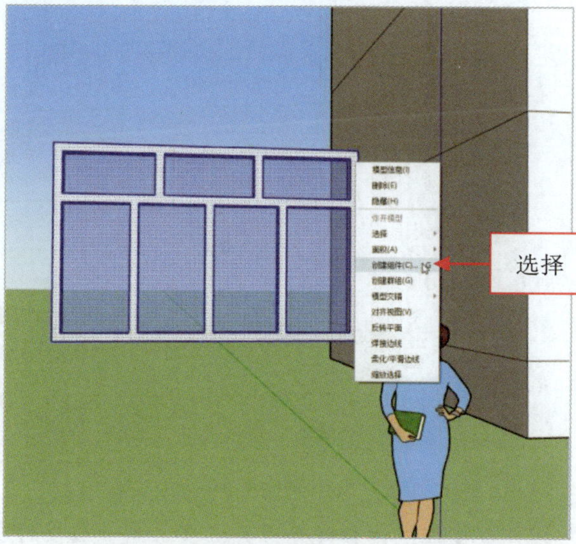

图 10-36　选择“创建组件”选项

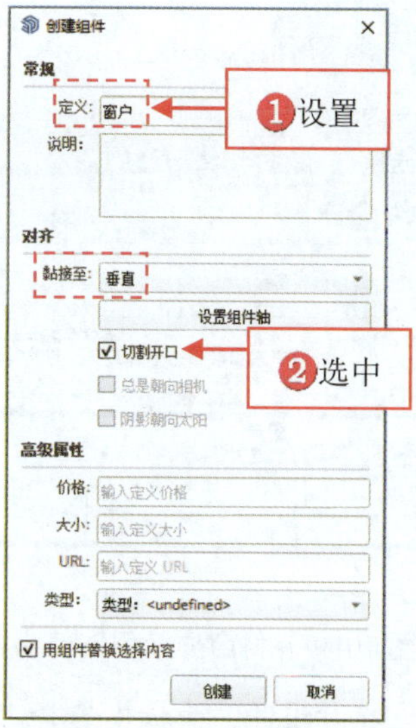

图 10-37　设置组件属性

▶ 专家指点

组件开洞只能对单个的面进行切割，双面墙体等是不能进行切割的，同时组件切口的坐标切面要含有线、面的元素才能进行开洞。

Step 05 单击“设置组件轴”按钮，捕捉窗框下边线的端点，设置一条水平轴，如图 10-38 所示。

Step 06 捕捉窗框左边线的端点，设置一条垂直轴，如图 10-39 所示。

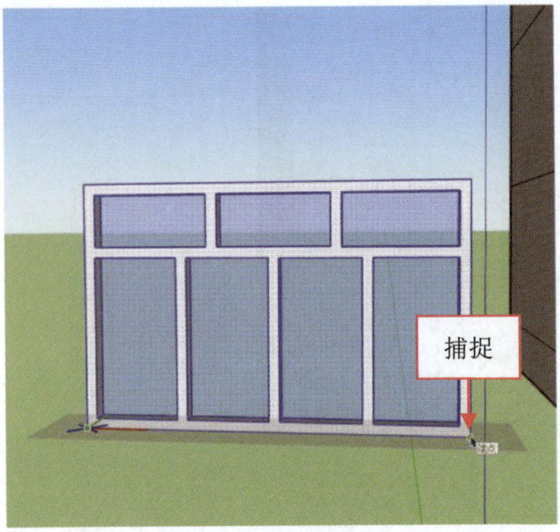

图 10-38　设置水平轴

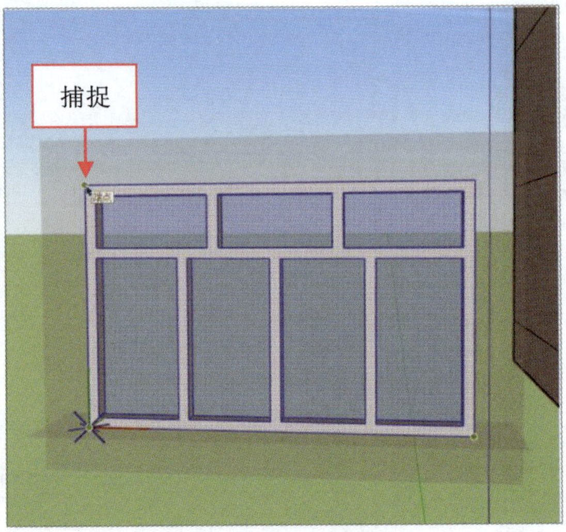

图 10-39　设置垂直轴

Step 07 执行操作后，返回“创建组件”对话框，单击“创建”按钮，即可将窗户模型创建为组件，并将其自动添加到“组件”面板中，如图 10-40 所示。

Step 08 在绘图区中，删除所有的窗户模型，如图 10-41 所示。

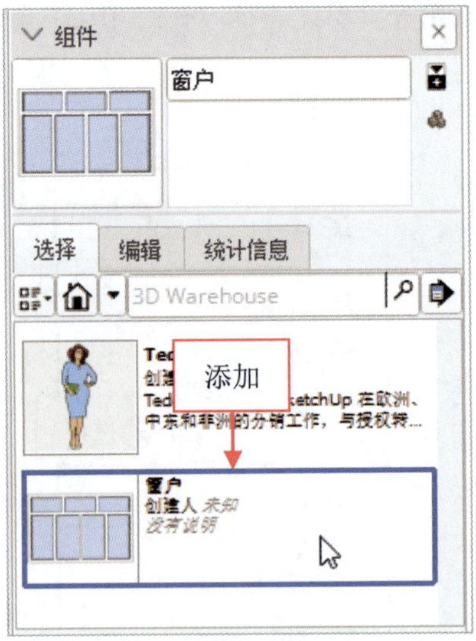

图 10-40　将窗户模型创建为组件

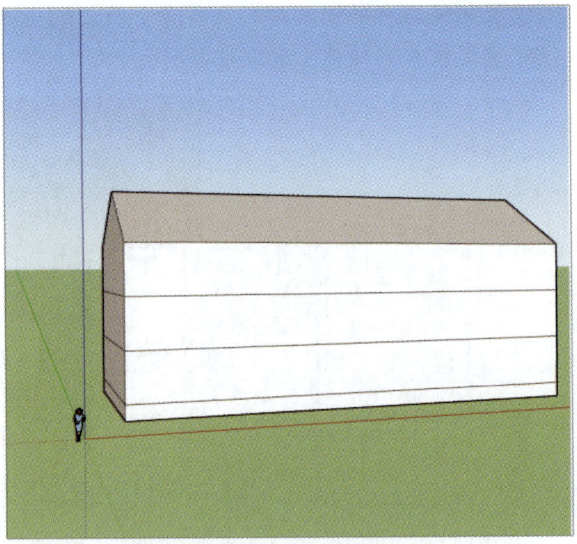

图 10-41　删除所有的窗户模型

Step 09 在“组件”面板中选择“窗户”组件，按住鼠标左键并将其拖曳至第一层楼的左侧，如图 10-42 所示。

Step 10 缩小视图，使用移动工具将“窗户”组件向右复制移动至合适位置，如图 10-43 所示。

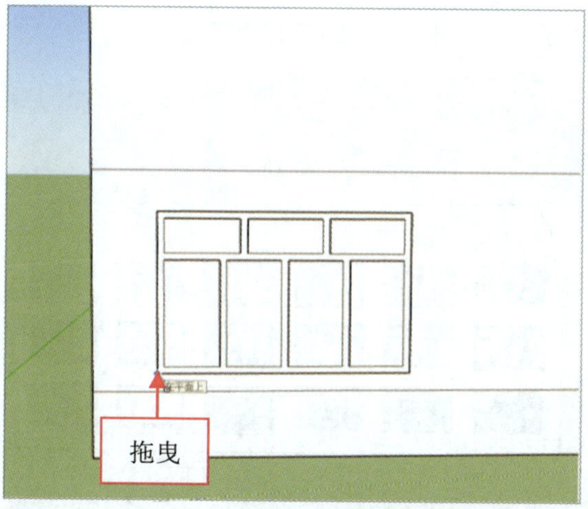

图 10-42 拖曳“窗户”组件

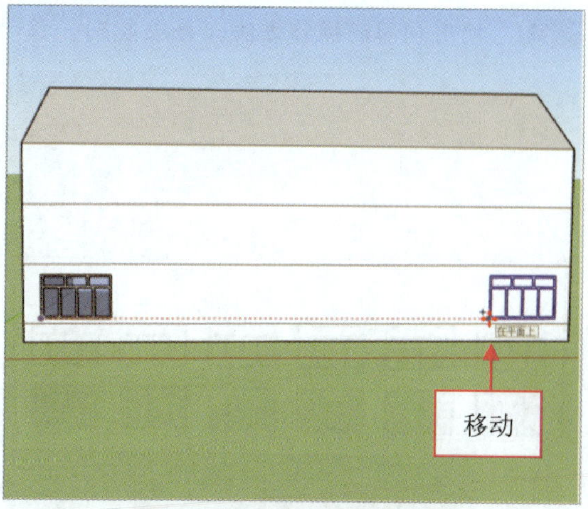

图 10-43 向右复制移动组件

Step 11 在“距离”输入框中输入/5，即可将“窗户”组件阵列 5 份，如图 10-44 所示。

Step 12 按住【Ctrl】键的同时，使用选择工具同时选中所有的“窗户”组件，如图 10-45 所示。

图 10-44 阵列“窗户”组件

图 10-45 选中所有的“窗户”组件

▶ 专家指点

阵列对象对于创建具有重复结构的设计非常有用，如窗户、栏杆、旋转楼梯、阵列型景观柱等。阵列对象的具体作用如下。

- **提高建模效率：** 通过快速复制和排列对象，减少手动操作的次数，从而节省时间。
- **保持设计的一致性：** 确保每个对象在尺寸、形状和间距等方面保持一致，使整体设计更加和谐统一。
- **创建复杂的图案和形状：** 通过结合不同的阵列方式和参数设置，可以生成复杂的图案和形状，丰富设计效果。

Step 13 按住【Ctrl】键的同时，使用移动工具将“窗户”组件向上复制移动至合适位置，如图 10-46 所示。

Step 14 使用相同的操作方法，再次复制并移动“窗户”组件，如图 10-47 所示。

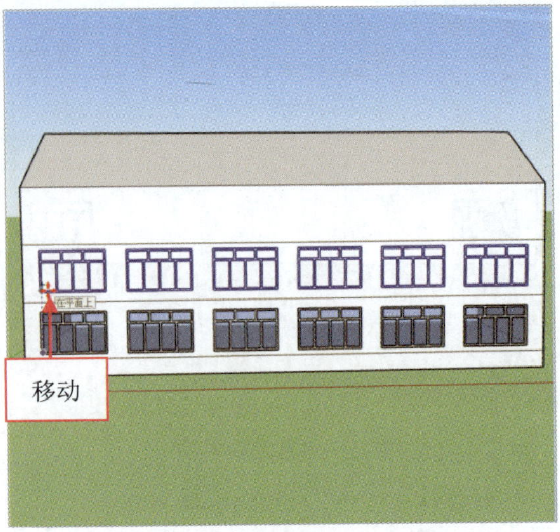

图 10-46 向上复制移动“窗户”组件

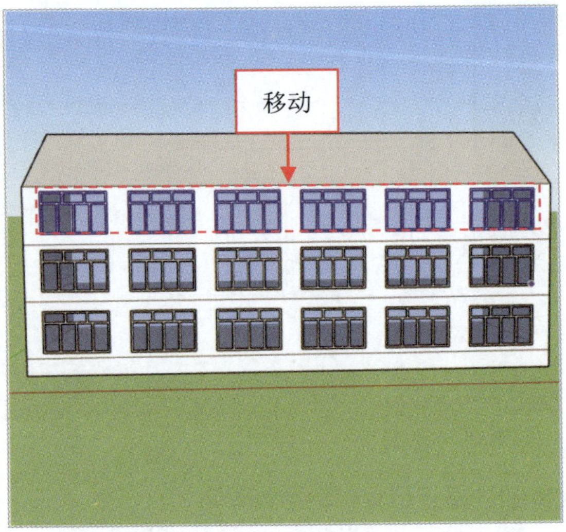

图 10-47 再次复制并移动“窗户”组件

10.2.5 绘制门廊效果

门廊作为办公楼建筑的入口部分，其设计至关重要。下面将绘制出门廊的基本形状，并通过添加细节来使其更加生动和立体。其具体操作方法如下。

绘制门廊效果

Step 01 使用选择工具选择第一楼中间的两个“窗户”组件，按【Delete】键将其删除，如图 10-48 所示。

Step 02 使用矩形工具在第一层楼的中间位置绘制一个矩形，如图 10-49 所示，作为大门的轮廓。

图 10-48 删除相应“窗户”组件

图 10-49 绘制一个矩形

Step 03 使用删除工具，删除门框中的多余线条，如图 10-50 所示。

Step 04 使用推/拉工具将门的轮廓向外拉伸出一定的厚度，如图 10-51 所示。

图 10-50　删除门框中的多余线条

图 10-51　向外拉伸门的轮廓

▶ 专家指点

建筑的门廊结构是指建筑物门前突出的有顶盖和支柱（或墙体）的通道，是室外与室内的过渡空间。

门廊通常具有半围合的空间特性，能够为人们提供一个歇脚、休闲、躲雨的地方。门廊的形式多样，包括外凸式和内凹式等，这些形式不仅满足了建筑美观性的需求，还考虑到了实用性和舒适性。例如，外凸式的门廊能够扩大门前的活动空间，而内凹式的门廊则能更好地与建筑内部相融合。

门廊的设计还注重与周围环境的协调。通过巧妙地利用门廊的空间特性，可以引导人流、暗示空间的存在，同时增强建筑的整体层次感。

Step 05　使用矩形工具在门头的顶部绘制一个矩形，分割出屋檐的轮廓，如图 10-52 所示。

Step 06　使用矩形工具在门头的底部绘制一个矩形，分割出台阶的轮廓，如图 10-53 所示。

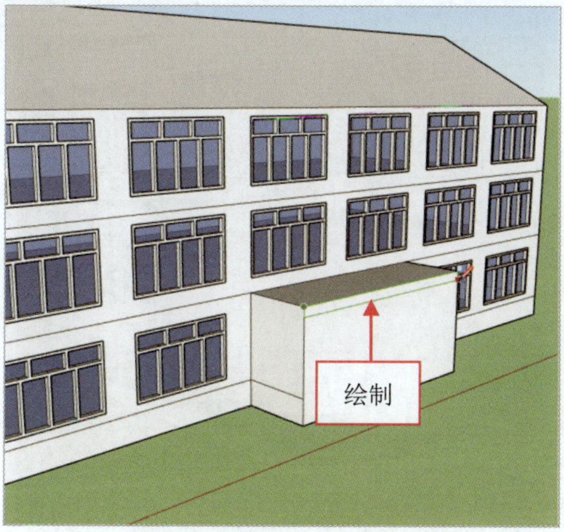

图 10-52　分割出屋檐的轮廓

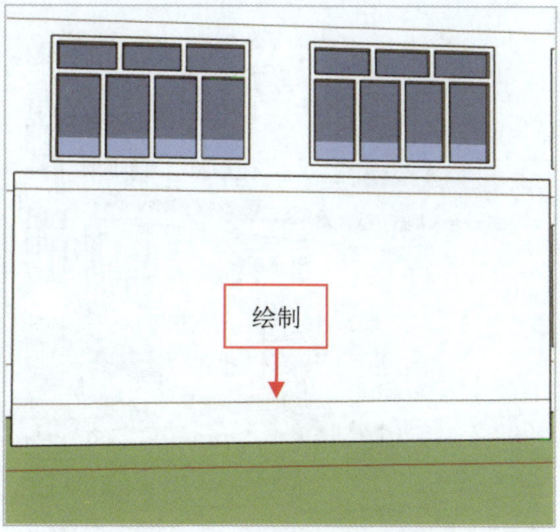

图 10-53　分割出台阶的轮廓

Step 07 ❶使用矩形工具在门头的左下角绘制一个矩形；❷使用移动工具将其向右复制移动至合适位置，分割出门廊墙体的轮廓，如图 10-54 所示。

Step 08 将左侧矩形的右边线等分为 3 段，并使用直线工具在各个等分点上绘制水平方向的直线，如图 10-55 所示。

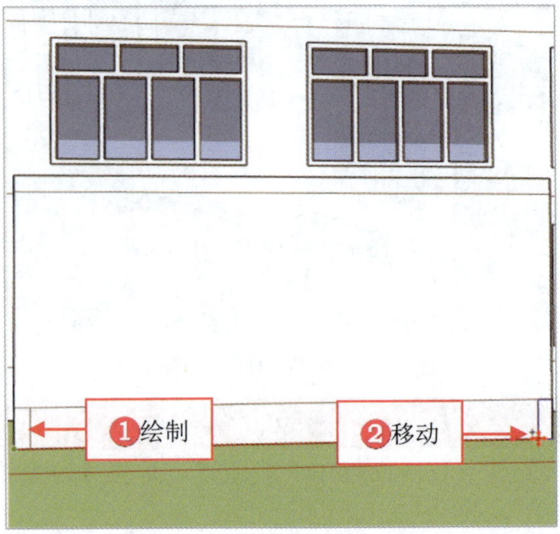

图 10-54　分割出门廊墙体的轮廓

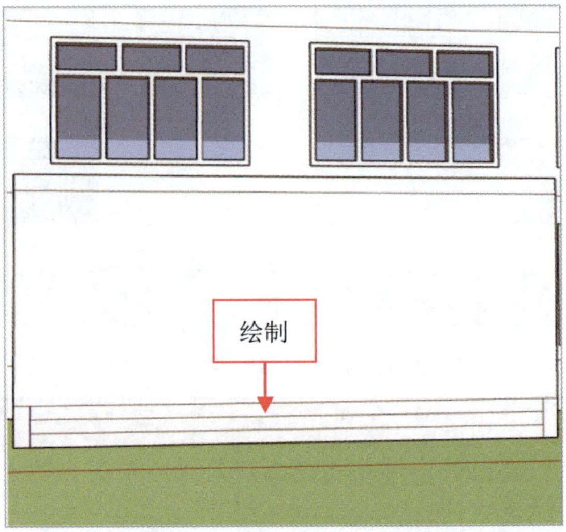

图 10-55　绘制水平方向的直线

▶ 专家指点

门廊台阶的级数、宽度和高度需根据人流和使用需求来确定。例如，人流量大的建筑，如体育场馆、影剧院等，通常会设计得更宽更平缓，以确保疏散安全。

Step 09 使用推/拉工具将门头中间的矩形向内推进一定的距离，使其呈现出一种凹陷的效果，如图 10-56 所示。

Step 10 使用推/拉工具将门头底部的矩形向下推进一定的距离，改变门头的设计效果，如图 10-57 所示。

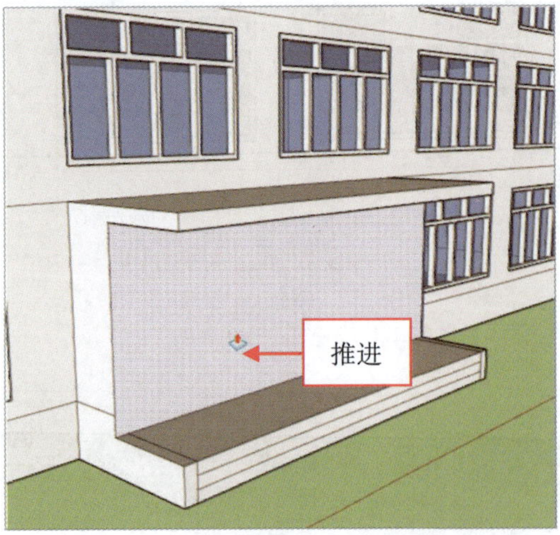

图 10-56　向内推进门头中间的矩形

图 10-57　向下推进门头底部的矩形

Step 11　使用推/拉工具将门头底部的矩形向内推进一定的距离，绘制出台阶的形状，如图 10-58 所示。

Step 12　使用删除工具，删除门头中的多余线条，如图 10-59 所示。

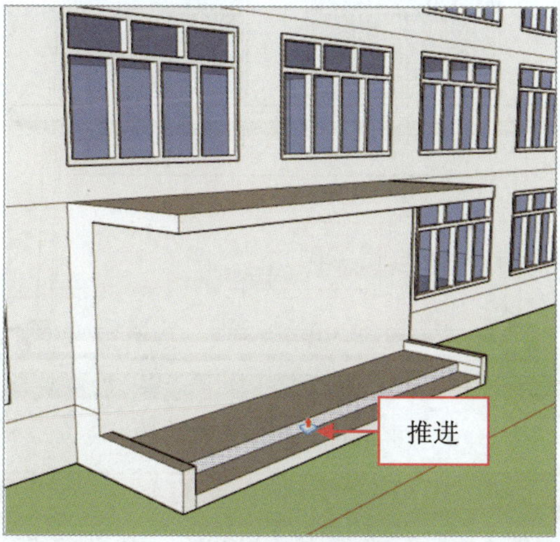

图 10-58　绘制出台阶的形状

图 10-59　删除门头中的多余线条

10.2.6　绘制大门效果

大门是建筑的门面，其设计应体现建筑的风格和特点。下面将使用 SketchUp 的绘图工具来绘制出大门的基本形状，并通过调整材质来增强其视觉效果。其具体操作方法如下。

绘制大门效果

Step 01　选取矩形工具，在门头中间绘制一个矩形，如图 10-60 所示。

Step 02　使用偏移工具将矩形向内偏移一段距离，如图 10-61 所示。

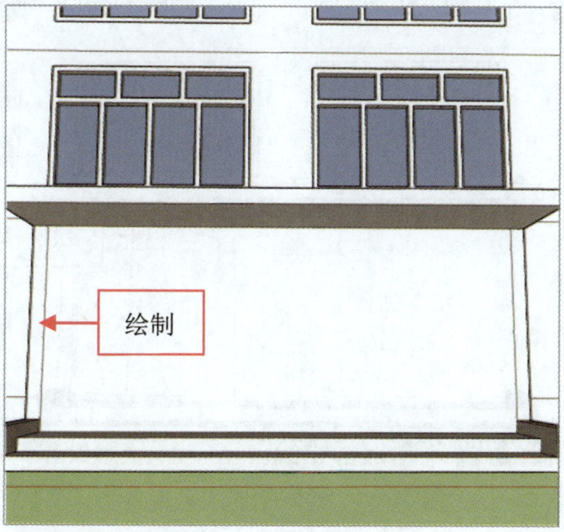

图 10-60　绘制一个矩形

图 10-61　将矩形向内偏移

Step 03　使用直线工具，在矩形的轮廓中绘制一条水平方向的直线，如图 10-62 所示。

Step 04　将水平直线等分为 8 段，在水平线的等分点上绘制一条垂直方向的直线，如图 10-63 所示。

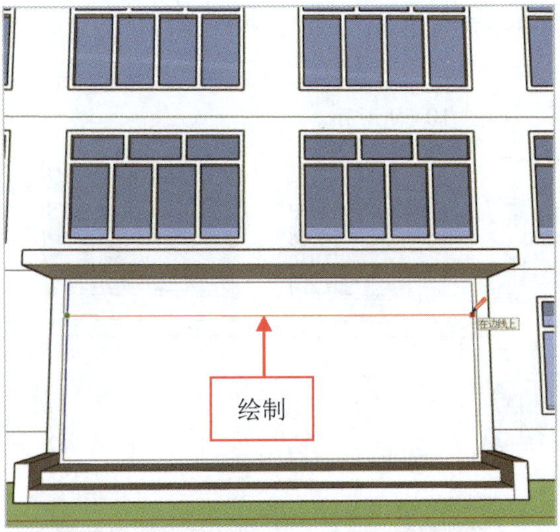

图 10-62　绘制水平直线

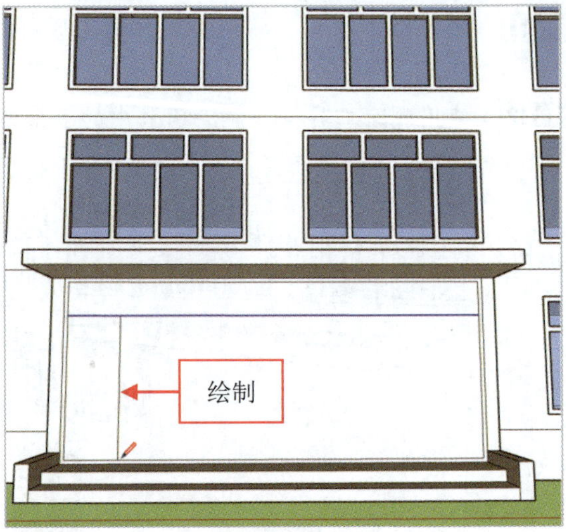

图 10-63　绘制垂直直线

▶ 专家指点

办公楼大门的宽度应不少于 1 m，高度不低于 2.1 m，确保人员进出和办公设备搬运的顺畅。同时，根据办公室面积合理设置门的数量，面积超过 120 m^2 建议设置两个门。大门作为整体工程的一个局部，其形式应与建筑的形式保持一致，同时可以采用简洁的色调和合适的饰面材料，如天然石材或复合铝板，营造统一、协调的视觉效果。

Step 05　使用相同的操作方法，在其他的等分点上绘制垂直直线，如图 10-64 所示。

Step 06　重复步骤 4 ~ 步骤 5 的操作，将门头矩形轮廓的顶部边线等分为 6 段，并使用直线工具绘制相应的垂直直线，如图 10-65 所示，进一步分割出大门的结构。

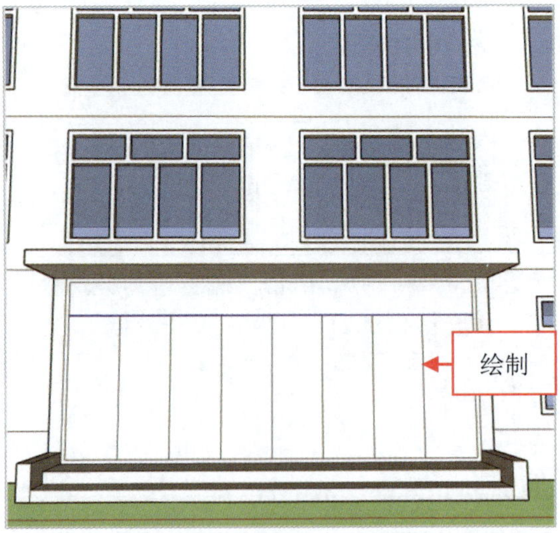

图 10-64　绘制其他垂直直线

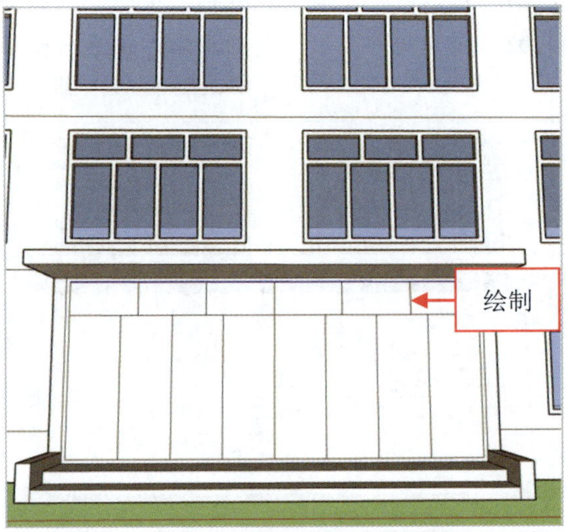

图 10-65　绘制相应的垂直直线

Step 07　使用偏移工具将所有分割出来的矩形向内适当偏移，如图 10-66 所示，绘制出大门的框架结构。

Step 08　使用删除工具，删除大门结构中的多余线条，如图 10-67 所示。

图 10-66　偏移矩形

图 10-67　删除多余线条

Step 09　使用推/拉工具将绘制好的各个门框分别向内推进，如图 10-68 所示，绘制出门框和窗框效果。

Step 10　使用颜料桶工具为大门赋予“半透明的玻璃蓝”材质，如图 10-69 所示，使整体环境更加明亮和宽敞。

图 10-68　向内推进门框和窗框

图 10-69　赋予大门材质

▶ 专家指点

“半透明的玻璃蓝”材质是一种具有一定透明度和蓝色色调的材质，模拟了真实世界中半透明蓝色玻璃的外观。这种材质在建筑设计、室内设计和三维可视化等领域中具有广泛的应用。

通过为模型中的窗户、玻璃隔断等元素应用“半透明的玻璃蓝”材质，可以营造出更加真实、立体的视觉效果，提升整体设计的美感。同时，该材质具有一定的透明度，可以模拟光线穿透玻璃的效果，使模型在渲染时呈现出更加自然的光影效果。

10.2.7 绘制装饰线效果

装饰线可以为建筑增添细节和层次感。下面将介绍如何绘制出简洁而富有美感的装饰线，并通过调整其位置和大小来使其与整体设计相协调。其具体操作方法如下。

绘制装饰线效果

Step 01 按住鼠标滚轮旋转视图，切换至模型底部，使用直线工具在大门下面绘制一条直线，如图 10-70 所示，分割平面。

Step 02 使用选择工具双击选中模型底面的矩形，如图 10-71 所示。

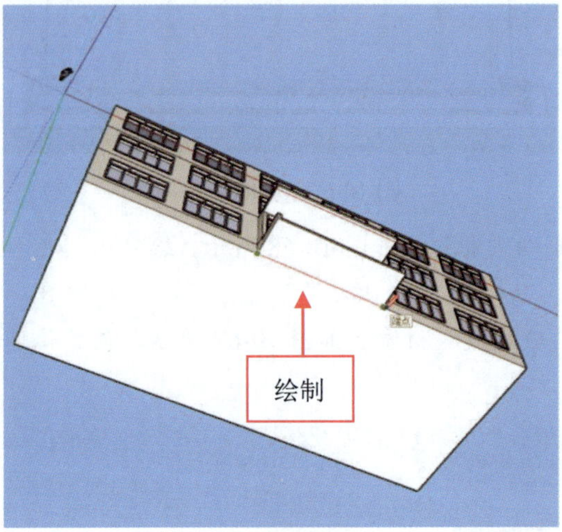

图 10-70　绘制一条直线

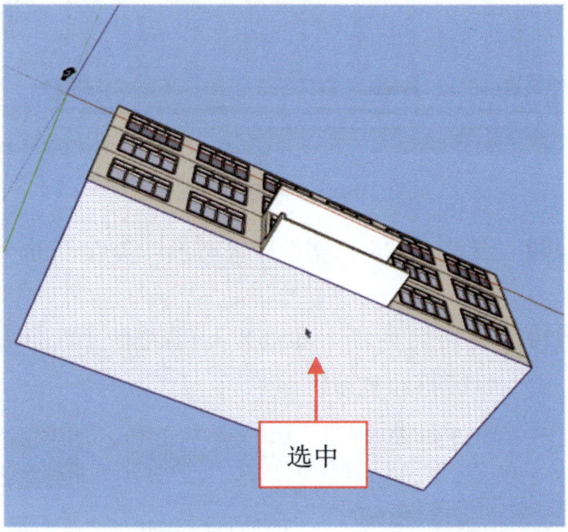

图 10-71　选中模型底面的矩形

Step 03 调整视图至模型的正面，并适当缩小视图，使用移动工具将矩形向左复制移动至合适位置，如图 10-72 所示。

Step 04 使用偏移工具将矩形向外适当偏移，如图 10-73 所示。

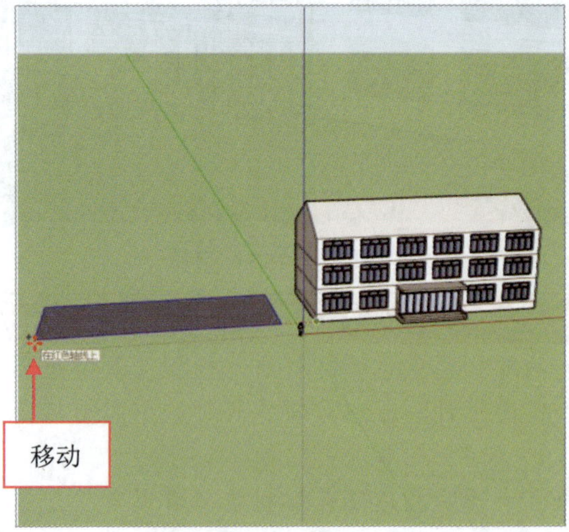

图 10-72　向左复制移动矩形

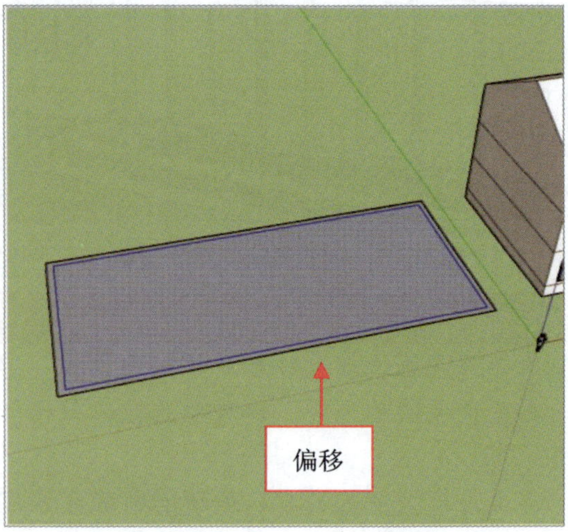

图 10-73　向外适当偏移矩形

Step 05 使用选择工具选中中间的矩形，按【Delete】键将其删除，如图 10-74 所示。

Step 06 适当放大视图，使用推/拉工具适当向上拉伸矩形边框的高度，如图 10-75 所示，绘制出装饰线的大体效果。

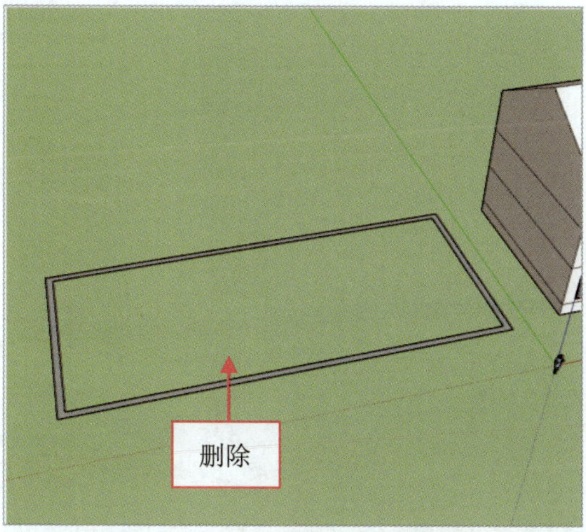

图 10-74　删除中间的矩形

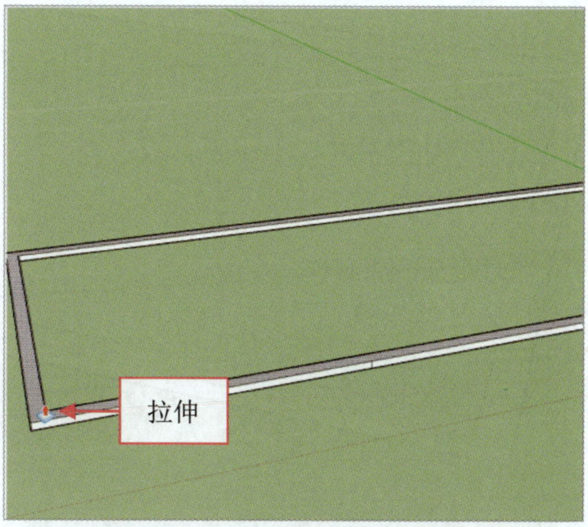

图 10-75　拉伸矩形边框的高度

Step 07 删除装饰线模型上的多余直线，使用选择工具双击选中装饰线模型，单击鼠标右键，在弹出的快捷菜单中选择“创建组件”选项，如图 10-76 所示。

Step 08 执行操作后，弹出“创建组件”对话框，设置“定义”为“装饰线”，如图 10-77 所示，修改组件的名称。

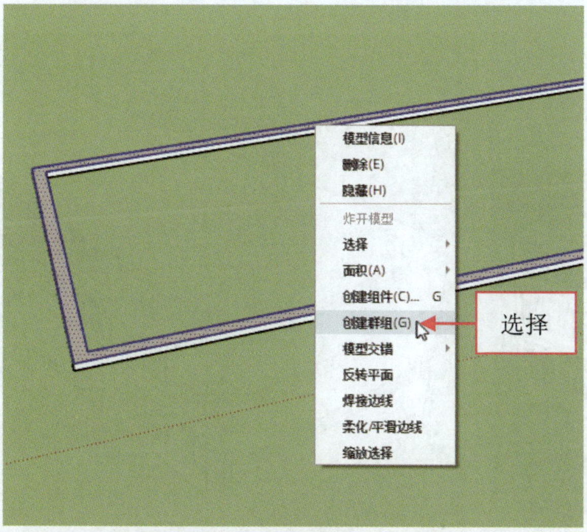

图 10-76　选择“创建组件”选项

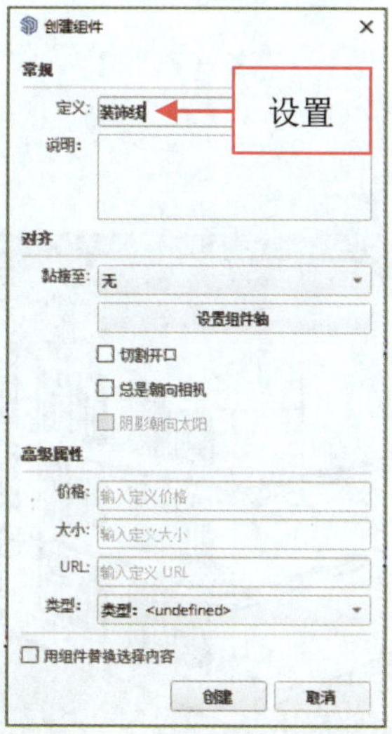

图 10-77　修改组件名称

> **▶ 专家指点**
>
> 建筑楼层之间的屋檐通常是指楼层边缘伸出的部分，这一结构在功能上主要用于遮风挡雨，保护墙体。一般来说，屋檐的宽度要结合房子的整体设计来确定。传统中式建筑一般屋檐比较宽，约为 1 m 或者更宽，以体现美观和防雨效果；而现代简约风格的建筑则可能宽度较窄，可能在 30 ~ 50 cm。

Step 09 单击“创建”按钮，创建组件，使用移动工具捕捉模型内部的端点，如图 10-78 所示。

Step 10 按住鼠标左键并拖曳，将装饰线模型移动到一楼和二楼的分割线位置上，如图 10-79 所示。

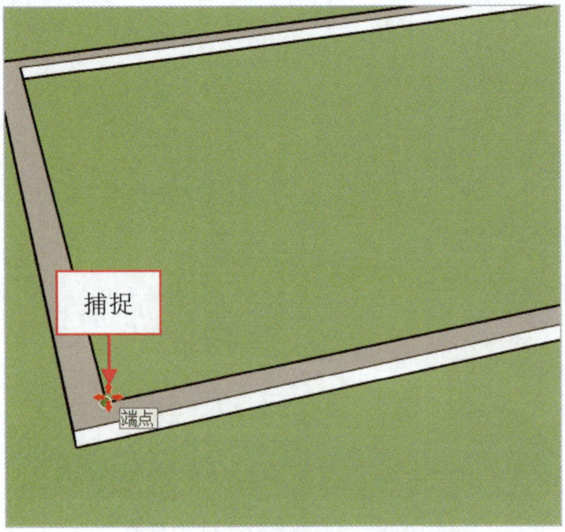

图 10-78 捕捉模型内部的端点

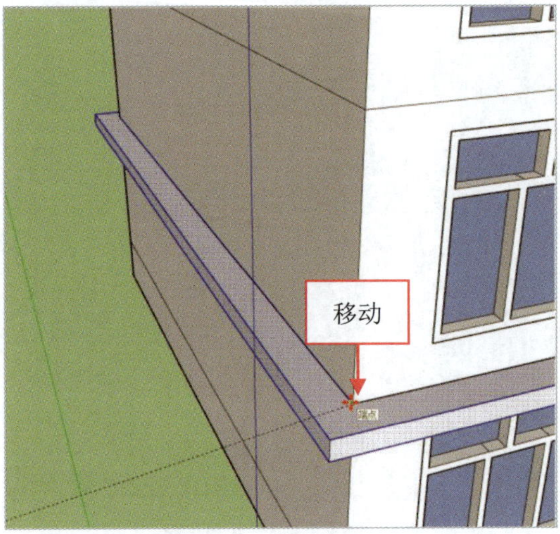

图 10-79 移动装饰线至合适位置

Step 11 使用移动工具将装饰线模型向上复制移动至二楼和三楼的分割线位置上，如图 10-80 所示，确保装饰线在不同楼层间保持一致性和美观性。

Step 12 使用移动工具将装饰线模型向上复制移动至屋顶位置处，如图 10-81 所示，可以增强建筑整体的视觉效果。

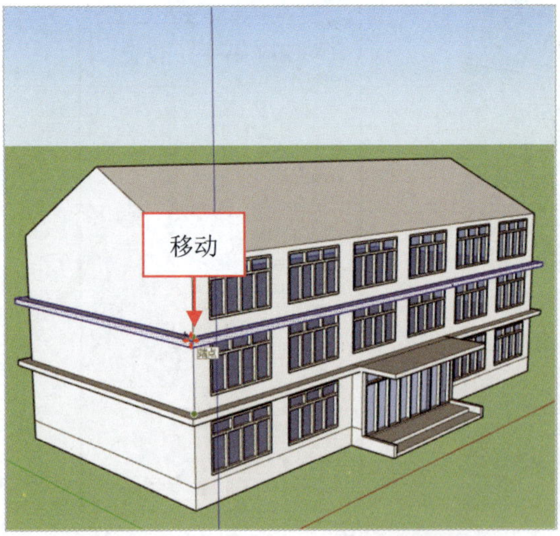

图 10-80 向上复制移动装饰线模型

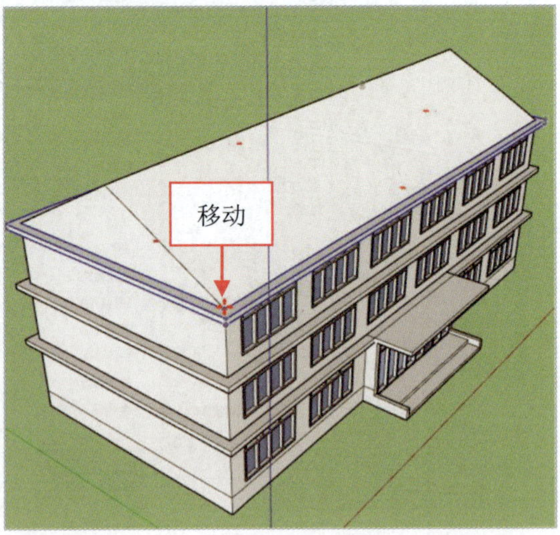

图 10-81 向上复制移动至屋顶位置处

▶ 专家指点

装饰线可以是简单的线条，也可以是复杂的图案，其主要作用是增强建筑的美观性和层次感。通过装饰线，可以划分建筑物的不同层次，使整体外观更加协调和有序。同时，装饰线还能反映建筑风格和时代特征，提升建筑的艺术价值。

10.2.8　添加材质效果

添加材质效果

材质是赋予建筑模型生命力和真实感的关键，能够使建筑外观更加逼真、立体，有助于更好地展示设计理念。下面将为模型添加合适的材质效果，如瓦片、墙壁等，通过调整材质的参数，可以使模型更加逼真和生动。其具体操作方法如下。

Step 01　展开“材质”面板，在路径列表框中选择“屋顶”选项，如图 10-82 所示。

Step 02　执行操作后，即可显示“屋顶”材质，选择“多色屋顶瓦”材质，如图 10-83 所示。

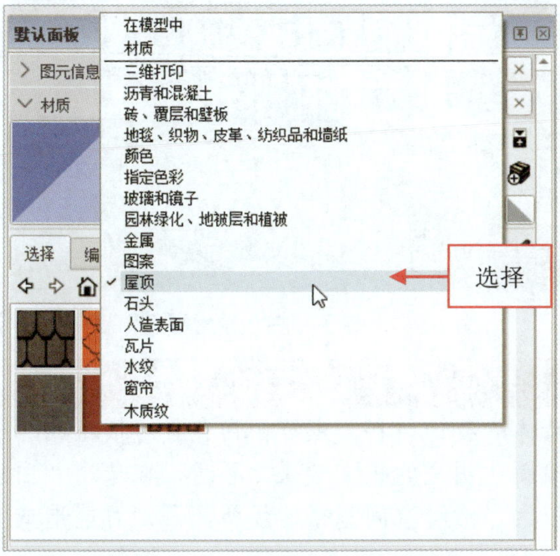

图 10-82　选择“屋顶”选项

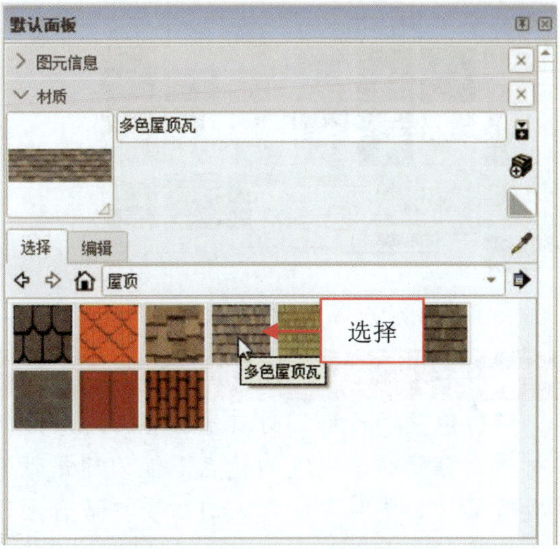

图 10-83　选择“多色屋顶瓦”材质

Step 03　使用颜料桶工具单击屋顶模型，赋予相应的材质效果，如图 10-84 所示。

Step 04　使用相同的操作方法，为其他屋顶平面赋予相同的材质，如图 10-85 所示。

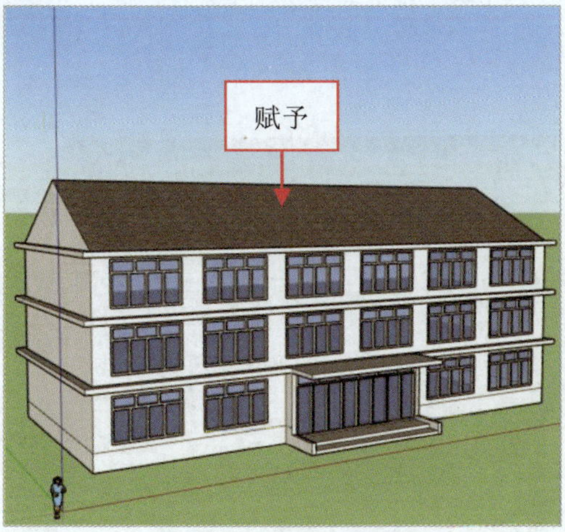

图 10-84　为屋顶赋予材质

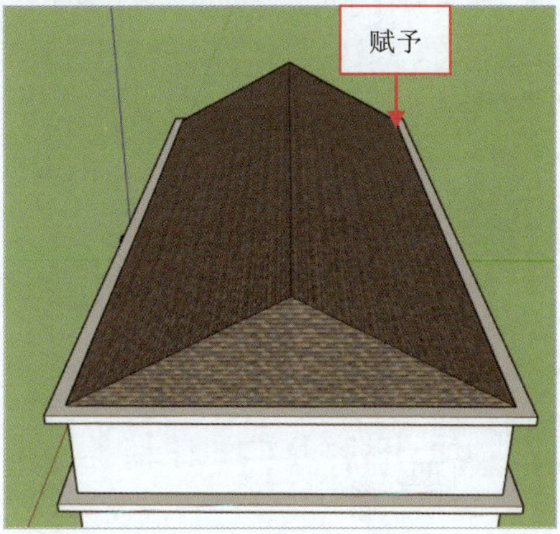

图 10-85　为其他屋顶平面赋予材质

Step 05 在“材质”面板的路径列表框中，❶选择“砖、覆层和壁板”选项；❷在其中选择“白色壁板覆层”材质，如图 10-86 所示。

Step 06 使用颜料桶工具为建筑墙体赋予“白色壁板覆层”材质，如图 10-87 所示。

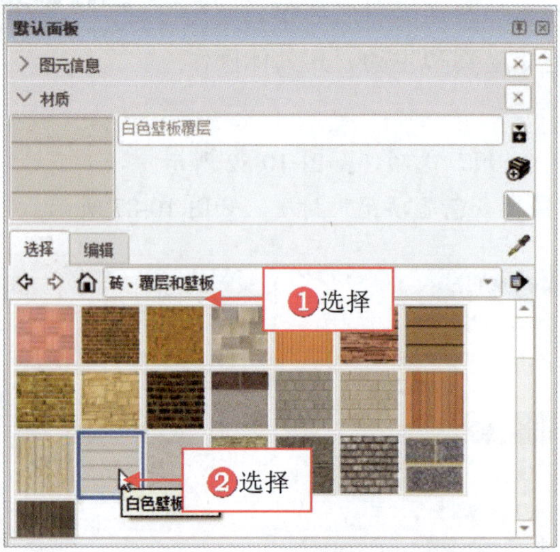

图 10-86　选择“白色壁板覆层”材质

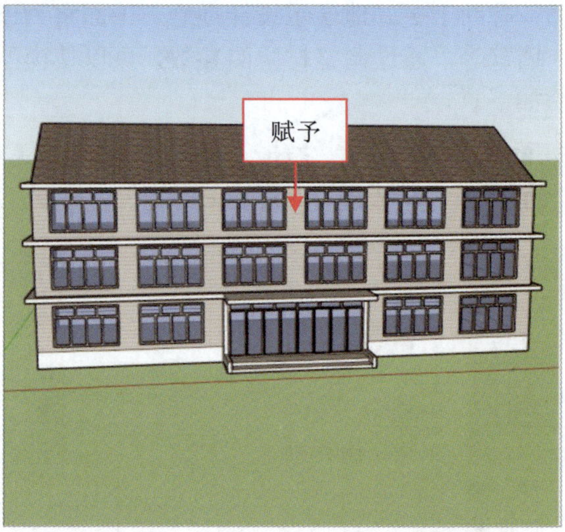

图 10-87　赋予“白色壁板覆层”材质

> **▶ 专家指点**
>
> “白色壁板覆层”材质是一种常用于建筑墙体的装饰材料，主要由白色护墙板组成。这种材质具有简约、大气的特点，能为建筑带来清新、明亮的视觉效果。不过，在选用“白色壁板覆层”材质时需注意，该材质更适合面积较大、活动空间宽裕的场所，否则可能造成空间压抑感。

Step 07 在“材质”面板的路径列表框中，❶选择“沥青和混凝土”选项；❷在其中选择“混凝土烟熏色”材质，如图 10-88 所示。

Step 08 使用颜料桶工具为建筑围墙赋予“混凝土烟熏色”材质，如图 10-89 所示。

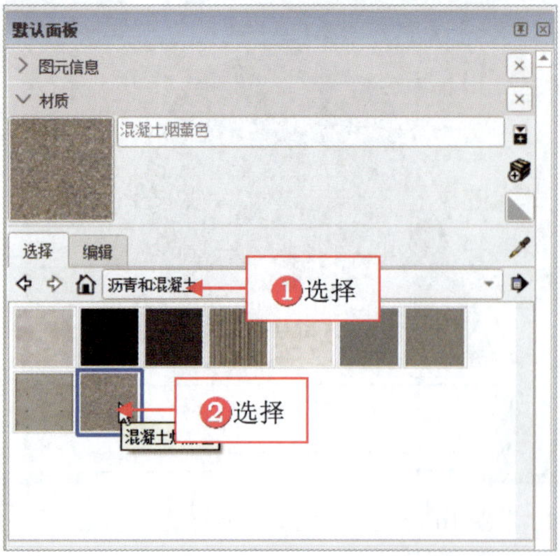

图 10-88　选择“混凝土烟熏色”材质

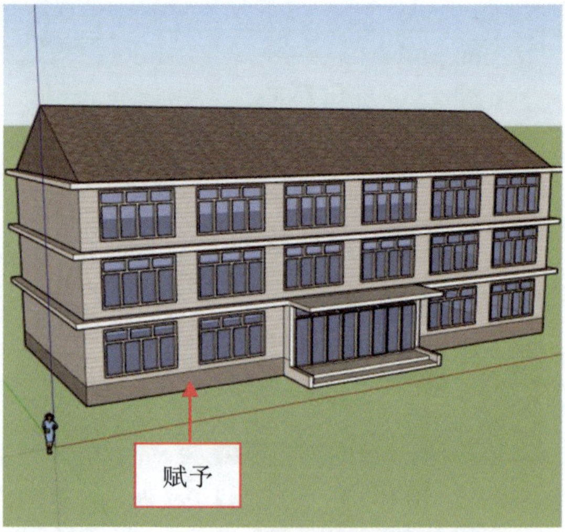

图 10-89　赋予“混凝土烟熏色”材质

▶ 专家指点

"混凝土烟熏色"是一种模拟真实烟熏色混凝土板效果的材质，能够呈现出深沉、稳重的烟熏色调，同时带有独特的纹理和光泽感。"混凝土烟熏色"材质可用于墙面、地面等建筑表面，营造出现代、简约的装饰风格。

Step 09　在"材质"面板的路径列表框中，❶选择"石头"选项；❷在其中选择"大理石石材"材质，如图 10-90 所示。

Step 10　使用颜料桶工具为装饰线和台阶等模型赋予"大理石石材"材质，如图 10-91 所示。

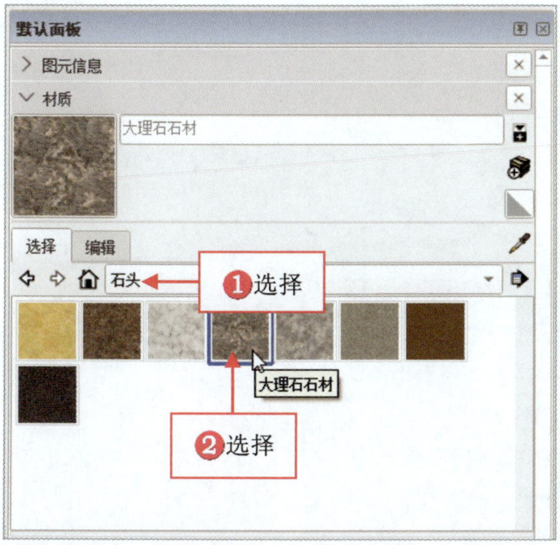

图 10-90　选择"大理石石材"材质

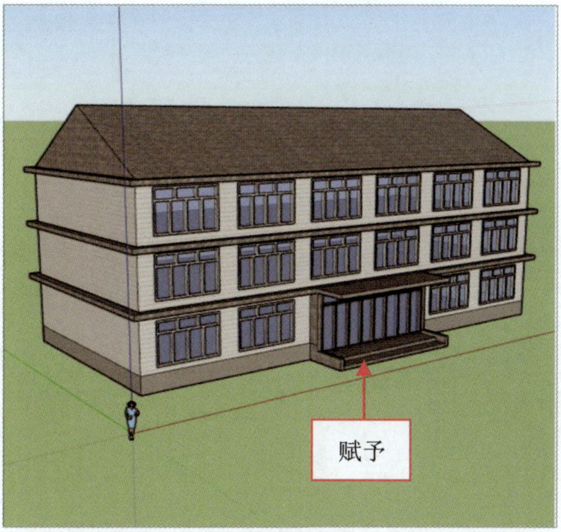

图 10-91　赋予"大理石石材"材质

▶ 专家指点

"大理石石材"是一种高度模拟真实大理石效果的材质，具有细腻的纹理和自然的色泽，能够呈现出大理石独特的光泽感和质感，使模型更加逼真和立体。

本章小结

本章首先介绍了楼房建筑模型的预览效果，为后续的建模工作提供了清晰的指导和目标；其次详细介绍了绘制楼房建筑模型的各个步骤，包括楼体效果的绘制、楼体模型的分割、窗户效果的绘制与复制、门廊及大门效果的绘制，以及装饰线效果的添加；最后还着重介绍了如何为楼房建筑模型添加材质效果，以提升模型的逼真度和视觉表现力。通过本章的学习，读者能够掌握何运用 SketchUp 构建出既符合实际需求又富有艺术美感的楼房模型。